面向 21 世纪课程教材
Textbook Series for 21st Century

环境管理学
Huanjing Guanlixue
（第三版）

叶文虎　张　勇　编著

高等教育出版社·北京

内容提要

　　本书是"面向21世纪课程教材"。作者凭借自己长期在环境科学,尤其是在环境管理学领域的科研和教学实践,系统地总结和介绍了环境管理学的研究成果,并从理论、方法、管理实践及全球环境管理四个方面搭建了全书框架。全书内容涵盖环境管理学的基本概念、基本理论,阐述了环境管理的政策方法和技术支持方法,对区域环境管理、废弃物环境管理、企业环境管理、自然资源环境管理,以及国内外环境管理情况等,便于学生从总体了解和掌握环境管理学的全貌。

　　根据学科发展和教学需求,本书对第二版的内容进行了更新和完善,并增加了企业环境经营等内容,以适应当前大学生学习和实践的需要;此外,本书还通过丰富多彩的阅读材料增加了书的可读性和趣味性,以概念回顾、思考和讨论题、练习与实践题的形式设计了复习题,有利于学生巩固和练习已学过的知识。

　　本书可作为高等院校环境科学专业的教材,也可供有关专业及从事环境保护和环境科学研究的专业人员使用。

图书在版编目(CIP)数据

　　环境管理学 / 叶文虎,张勇编著. --3 版. --北京:
高等教育出版社,2013.7(2020.12重印)
　　ISBN 978-7-04-037571-8

　　Ⅰ.①环… Ⅱ.①叶…②张… Ⅲ.①环境管理学-
高等学校-教材 Ⅳ.①X3

　　中国版本图书馆 CIP 数据核字(2013)第 119219 号

| 策划编辑　陈　文 | 责任编辑　陈　文 | 封面设计　李树龙 | 版式设计　童　丹 |
| 插图绘制　尹　莉 | 责任校对　王　雨 | 责任印制　刘思涵 | |

出版发行	高等教育出版社	网　　址	http://www.hep.edu.cn
社　　址	北京市西城区德外大街4号		http://www.hep.com.cn
邮政编码	100120	网上订购	http://www.landraco.com
印　　刷	唐山市润丰印务有限公司		http://www.landraco.com.cn
开　　本	787mm×960mm　1/16		
印　　张	27	版　　次	2000 年 6 月第 1 版
			2013 年 7 月第 3 版
字　　数	490 千字		
购书热线	010-58581118	印　　次	2020 年 12 月第 11 次印刷
咨询电话	400-810-0598	定　　价	39.50 元

本书如有缺页、倒页、脱页等质量问题,请到所购图书销售部门联系调换

版权所有　侵权必究

物 料 号　37571-00

第三版序言

《环境管理学》第三版终于脱稿了。尽管是第三版,但对于"环境管理学"作为一个学科的形成而言,仍是过程中的阶段性成果。

对教师和教材而言,最担心的事莫过于"误人子弟",对于这本在中国高校采用十分广泛的教材,我们在编写时始终是"如履薄冰"。因为尽管还只是阶段性的成果,但它在基本原理的认定上,在基本概念的表述上,在方法的凝练上都不允许出现方向性的错误。因此,我们必须反复思考,仔细斟酌。

在本质上,环境管理是人类社会自我管理的一个重要组成部分,它要体现的是人类对自身生存基础的尊重和爱护。由于对人类与自然环境关系的处理,不可能有"第三方"的力量来介入,因此,这一关系能否和谐完全取决于人类自身的理性回归。这是"环境管理学"作为一门重要学科或学术领域的根本依据。而人类的理性回归,主要体现在人类社会的三大主体——政府、企业、公众如何形成一个相互促进、相互制衡的整体,去处理人类与自然环境的关系。这是构建"环境管理学"基本理论体系和方法体系的根本出发点和基线。如何把这一实质用直白的语言体现在教材中是一个很大的挑战。

我们已经尽心尽力,我们还将继续努力求索。

总结前人的知识,提出新的看法和思路是不容易的,但要把新的认识和思路准确、直白地体现在教材的内容和文字上就更为不易。为此,我要特别感谢我的学生张勇博士,他在《环境管理学》第二版的基础上,具体完成了第三版的编撰和写作。

最后,我还要感谢为本书提供写作素材、修改建议和评论意见的学生、教师和各界人士,特别是感谢高等教育出版社的陈文女士和以这本书为教材的"环境管理学"任课教师,正是这些同行的共同努力,环境管理学才能在中国环境教育界不断完善。

叶文虎

2012 年 8 月于北京圆明园

第二版序言

经过一年多的努力,《环境管理学》第二版终于脱稿了。

《环境管理学》第一版刊印于 2000 年 6 月,书中的认识和资料则是 1999 年甚至是 1998 年以前的,迄今已有七八年了。第一版发行了十万册左右,作为教材,它给读者介绍了环境管理有关的基本知识、基本理念、基本理论和方法,起到了一定的入门作用。但随着时间的流逝,时代在前进,人类社会的认识在深化,人类社会对自己环境行为的"管理"也在飞速地发生着巨大的改变。因此,修订第一版就提上了议事日程。在高等教育出版社陈文同志的鼓励、帮助包括笑容可掬的敦促下,当然还包括我的学生,现为华东师范大学教师的张勇博士的支持下,我终于接受了修订的任务。

由于国内外环境管理有了许多新的实践,也由于"环境管理学"的教学有了许多新的实践,因此与第一版相比,第二版作了较大的改动。除了章节作了很大的调整,内容作了很多的充实与更新外,还在正文之外补充了很多"阅读材料"。补充这些"材料"的目的是为了使读者能较深刻地理解和把握正文中的相关内容。

这里,我特别要强调的是,没有张勇博士全身心的投入,这本书的修订是不可想象的。张勇博士在上海工作,承担着繁重的教学、科研,为了这本书的修订,他挤出时间在上海—北京之间穿梭往来与我讨论,光是章节目录的调整就往返了三次。看来,电话、书信、e-mail 都不及面对面的交流与沟通。另外,第二版的全部文字初稿也都是由张勇博士一人修改、撰写和录入的。可以毫不夸张地说,没有张勇博士的辛勤劳动,就没有这本第二版。

最后,我再一次衷心地感谢陈文、张勇两位同志,感谢高等教育出版社,感谢用这本教材授课的同行们。

叶文虎
2006 年 5 月于北京大学中关园

第一版序言

环境管理是人类的一种行为,一种社会行为。从表面上看,似乎可以理解为管理环境的行为。然而它实际上是人类管理自己作用于环境行为的一种行为。这句话,说起来有点像绕口令,但它揭示了环境管理的实质,指出了环境管理困难的根源。

环境管理学是环境科学体系中最重要的一个分支学科。尽管从传统的对"科学"的认识出发,至今仍无法给环境科学一个十分贴切的定义。但这并不妨碍我们把环境管理学定义为一门为环境管理提供理论依据、方法依据甚至是技术依据的科学。

实际上,自从人类形成社会以来,就一直以自己的社会经济活动作用于自然环境,以求得自身的生存与发展。在这个过程中,自然环境发生了变化,人类生存方式(生产方式、生活方式和组织方式)以至决定人类社会行为取舍的思想、观念、感情也在发生变化。

人类、人类社会就是在人与自然环境这种相互作用、协同变化的过程中演进的。应该说,在人类社会演进的过程中,人类从来没有停止过对自己行为的管理,特别是没有停止过对自己作用于自然环境行为的"管理",只不过是自觉程度,或者说是理性程度的高低不同而已。

人类的自觉程度决定于人与自然环境冲突的激烈程度。在漫长的历史年代中,人与自然环境的矛盾虽然始终存在,但从来没有在全世界范围内紧张到使人感受到"生存危机"。只是到20世纪中叶以后,人们才惊诧地发现,环境危机已"突如其来"地降临到自己的头上。开始,人们对此不以为然,以为凭借自己的、已被历史证实为"战无不胜、攻无不克"的技术,一定可以制止环境的恶化,扭转环境恶化的趋势。然而曾几何时,人类不得不从单纯迷恋治理技术的局限中跳出来,转而向"管理"寻求出路。

向"管理"寻求出路,本质上就是改变自己的生存方式以及相应的基本观念。由于人类的生存方式和基本观念具有的国际性和历史阶段性,因此环境管理的理论体系甚至理论框架一直飘忽不定、难以捉摸。这大概就是环境管理学千呼万唤出不来的根本原因。

这次,受教育部环境科学教学指导委员会和高等教育出版社的委托,我们才鼓起勇气,壮着胆子动手写这本书,并于 21 世纪初奉献给读者。好在环境管理工作在不断进行着,因而环境管理学也会在实践的滋养下得到不断地完善。

本书的第一、二章由北京大学叶文虎、韩凌执笔,第三章由北京大学叶文虎、梅凤桥执笔,第四、五章由东北师范大学尚金城、王晖联执笔,第六、七章由华东师范大学王云、杨凯执笔,第八、九章由武汉大学朱发庆、章玲执笔。全书由叶文虎统一修改定稿。

由于我们水平有限,实践不足,书中错误、疏漏之处敬请各位专家、学者指正。

叶文虎

2000 年 3 月于北京大学中关园

如何学习本书

　　环境管理学是有趣的,但也是难学的。编写这本教科书时我们想努力让初学者能够觉得很容易。但你作为学生也要注意自己的学习方法。经验表明,如果你在学这本书时采取积极参与的态度,你就会在考试和以后的岁月中受益匪浅。这里向你们介绍几个阅读这本书的秘诀。

　　1. 上课之前要先读书。学生在上课之前最好先阅读一下书本的相关章节,对课程内容有个大致的了解。

　　2. 读书时要边读边琢磨,而不只是划重点线。当你读完一节时,要花几分钟时间思考一下,用自己的话总结一下刚刚读过的内容,在书的空白处上写下你的概述。当你读完一章时,比较一下你的概述与该章后的关键词,看看自己是否抓住了要点。

　　3. 考考自己。在每章后的概念回顾中,有每章需要掌握的基础知识,看自己是否能够理解和回答。如果不能,你就应该再去读几遍。

　　4. 运用,运用,运用。每章结尾的"思考与讨论题"是用来测验你对本章内容的理解,而"练习与实践题"则是帮助你运用并扩充所学内容。因此,要认真完成这些题。对新知识的运用越多,你对这些新知识的掌握就会越牢固。

　　5. 注意书本外的阅读与思考。正文和"阅读材料"中都提供了一些参考文献及其网址,以及一些概念术语,上网搜索和阅读它们,是对本章知识的一个拓展和补充,并且你可以从网站上了解自己感兴趣的方面,帮助你学习环境管理学。

　　6. 与同学切磋和讨论。学习本书并独立完成练习题以后,要多与同学一起讨论。所有教师都知道,学习某种东西最好的方法莫过于和别人交流。

　　7. 要重视从现实世界的例子中学习。陷于数字、图形和陌生的名词中,很难让人领会环境管理学的含义。贯穿全书的阅读材料有助于提醒你这一点。不要跳过这些内容,这些内容告诉你环境管理学理论是与我们生活中发生的事件息息相关的。

　　8. 把环境管理学思维运用到日常生活中。你可以尝试用环境管理学的知识分析报纸上读到的,电视里看到的,网络上显示的和亲身经历的环境事件,并思考可以用哪些环境管理手段去解决这些问题。

目 录

第一章
绪　论

第一节　环境问题与环境管理

一、环境问题及其产生原因

（一）环境问题

严格说来,一切危害人类和其他生物生存和发展的环境结构或状态的变化,均应称为环境问题。但环境科学所说的环境问题,一般不包括由自然因素如地震、火山爆发等引发的环境变化,故所指的是狭义环境问题。

不论是广义的还是狭义的,环境问题自古有之,但在不同时期有不同的表现形式,对人类和其他生物的影响不同,因而人类对环境问题的认识程度也不相同。

在农业文明以前的整个远古时代,人类以渔猎和采集为生,人口数量极少,生产力水平极低,对自然环境的干预,无论在程度上还是在规模上,都微乎其微,因而可以认为不存在当前所说的环境问题。

从农业文明时代开始,人类掌握了一定的劳动工具,具备了一定的生产能力,在人口数量不断增加的情况下,对自然环境开发利用的强度也在不断加大。于是在局部地区出现了因过度放牧和毁林开荒引起的水土流失和土地荒漠化。这些成为农业文明时代的主要环境问题。它们迫使人们经常地迁移、转换栖息地,有的甚至酿成了覆灭的悲剧。恩格斯在100多年前就曾指出:"美索不达米亚、希腊、小亚细亚以及其他各地区的居民,为了得到耕地,把森林砍完了;但是他们做梦都想不到,这些地方竟因此成了荒芜不毛之地。因为他们使这些地方失去了森林,因而失去了积聚和贮存水分的中心……他们更没料到,这样做竟使山泉在一年中的大部分时间内枯竭了;而在雨季,又使凶猛的洪水倾泻至平原上。"恩格斯的这段论述,是对农业文明时期环境问题的写照。但纵观农业文明的历史,环境问题还只是局部的、零散的,还没有上升为影响人类社会生存和发

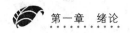

展的问题。

进入工业文明时代以来,科学技术水平突飞猛进,人口数量急剧膨胀,经济实力空前提高。在追求经济增长的驱使下,人类对自然环境展开了前所未有的大规模的开发利用。在这一时期,人类在创造了极大丰富的物质财富的同时,也引发出了深重的环境灾难。环境问题具有了与以往完全不同的性质,已经上升为从根本上影响人类社会生存和发展的重大问题。

进入20世纪之后,资源过度开发、环境污染和生态破坏的形势愈演愈烈。区域环境质量的下降、温室效应引发的全球气候变暖、南北极上空臭氧层的破坏、酸雨区的扩展、淡水和森林等自然资源的耗竭、全球生物多样性的减少、有害废弃物的大量产生和堆弃等一系列的环境问题,成为当今世界最重要的全球性问题之一,也成为人类社会实现持续发展的最重要障碍之一。

阅读材料1:当今世界的环境状况

全球环境展望(Global Environment Outlook,GEO)是一份反映全球环境状况的系列报告,由联合国环境规划署(United Nations Environment Programme,UNEP)发布。这个系列报告由来自环境科学各个领域的专家共同撰写,为决策者、公众描述和评估全球环境的现状、趋势和前景。以下内容是GEO-5为"里约+20"峰会最新综述的1972—2012年间的全球环境状况,内容略有删节。

大气

由于采取了各种各样的机制和行动,一些大气问题已经得到了有效解决,收益远远超过了成本。如通过《蒙特利尔议定书》在保护平流层臭氧层(高层大气中的臭氧)目标方面取得重大进展,臭氧消耗物质的生产和使用均已大幅减少,中纬度臭氧消耗物质指标自1994年以来改善了31%,预计在1985至2100年间,仅仅出生于美国的人口中,就可以避免2 200万例白内障。

其他大气环境问题解决的进展各有不同。对流层臭氧(低层大气中的臭氧)污染问题仍然难以解决。非洲、亚洲和拉丁美洲部分地区的城市颗粒物浓度仍远远超出国际指导准则。改进空气质量信息发布方式,将有助于提高人们对这一问题的认识。

避免气候变化的不利影响这一国际商定目标是目前最为严峻的挑战之一。鉴于降低碳密度在消费与生产方面所取得的进展不及消费水平的提高,要实现《联合国气候变化框架公约》规定的目标①，不仅仅需要履行现有承诺，还需要实现向全球低碳经济的根本转变。此外，必须在制定与实施气候变化国家行动计划方面取得进展，应采取配套行动控制一些既为污染物又是使地球变暖的因素，如黑炭、甲烷和对流层臭氧，以更节约的方式在短期内降低温度上升的速度，同时减轻人类健康和粮食生产所面临的风险。

土地

近年来，土地资源所承受的压力有所增加。由于不正当的利益驱动，仅滥砍滥伐和森林退化就很可能给全球经济造成比2008年金融危机更大的损失。改善土地资源状况及改进可持续的土地管理制度以防止土地退化，已被视为一项重要目标。亚马孙河流域经验表明，在森林监测、土地使用权、执法等问题上推行新政策等，对降低森林砍伐率有重大影响。

某些森林和农林制度，以及为减少将土地改作他用而付出的各种努力，为保持和增加陆地碳储量、保护生物多样性提供了保障。妥善的森林管理包括退化林的自然再生与重新造林，与此同时采用各种补偿造林的综合机制并推行混农林业，对林地转非林地用途进行规范管理。

不过，总体而言，挑战是严峻的，而成就相对寥寥。森林丧失率，尤其是热带森林丧失率，仍然高得惊人。迅速增长的人口、经济发展和全球市场，提高了对粮食、牲畜饲料、能源、原材料的需求，从而加剧了土地所承受的压力，正在引起土地用途转变、土地退化、土壤侵蚀，并对保护区造成压力。土地使用决策往往认识不到生态系统服务的非市场价值，且往往忽视生产力的生物物理限制，包括气候变化给肥沃地区造成的额外压力。许多旨在保护生态系统的干预措施也未能充分吸引土著、当地社区和私营部门参与，未能考虑到当地的价值观念。此外，保护与发展相结合的方法并不总能与当地的土地使用法规轻易调和。

尽管如此，创建可持续的土地管理制度的可能性依然存在，如当前一些最为活跃的生态系统服务付费及因地制宜的综合管理。但这需要解决数据与监测工作严重不足、土地问题国际商定目标不切实际或不明确等问题。

淡水

世界有26亿人口仍然缺乏基本的卫生设施，这与"千年发展目标"中获得安全饮用水和获得基本卫生设施的要求还有相当差距。许多地区已达到或

---

① 减少全球温室气体排放，以使全球平均温度的上升幅度控制在高出工业化前水平2℃以下的水平。

超出了水资源(地表水和地下水)可持续发展的限度,水需求仍持续增高,与水有关的压力和冲突正在迅速升级。过去 50 年间,全球水资源抽取量增加了 3 倍;地下蓄水层、流域和湿地风险日增,但监测与管理却往往不力。1960 年到 2000 年之间,全球地下水储量的减少率增加了两倍。80%的人口目前生活在水安全面临高度危险的地区,发展中国家的 34 亿人口承受着最严重的水安全威胁。

预计至 2015 年仍有大约 8 亿人口无法获得卫生的饮用水。在许多国家,对水资源综合管理和可持续发展至关重要的水文、水资源可利用量及水质方面的数据收集、监测和评估工作仍然匮乏,必须予以改进。

水、能源、社会经济发展及气候变化在根本上是联系在一起的。传统化石能源生产导致的温室气体排放增多和气候变化,也是水资源短缺、洪水和干旱等极端气候事件、海平面上升,以及冰川和极地海冰流失的部分成因。旨在应对气候变化的举措,也可能对水环境产生影响。如水电工程在部分程度上导致水系分割,而某些太阳能基础设施建设则要耗费大量的水。随着缺水问题的加剧,某些地区将被迫更多地依赖雨水收集和流域管理;咸水淡化会对缓解缺水情况有所助益,但需大量的能源、财政和人力资源,以及技术援助。

有必要进一步提高用水效率。全球水足迹总量的 92%与农业有关。仅靠现有技术,即可将灌溉效率提高大约 1/3。预防和减少点源和面源污染也有助于增加水资源可利用量。尽管过去 20 年间在水资源综合管理方面已取得重大进展,但供水和用水压力的总体增长速度仍需要改善用水管理加以适应。

海洋

已签订了若干全球性、区域性和次区域性公约、议定书和协定,以保护海洋环境免受污染,支持综合而可持续地利用海洋和沿海资源,及以生态系统为基础的水资源管理。尽管如此,海洋退化迹象仍持续不绝。自 1990 年以来,沿海地区的富营养化现象已显著上升,至少有 415 个沿海地区已表现出严重的富营养化现象,而其中只有 13 个正在恢复。海洋垃圾、海洋酸化现象也较为突出,需要做更多的研究。得到保护的海洋面积不到总面积的 1.5%,这与《生物多样性公约》要求到 2020 年前达到 10%的目标还有差距。沿海地区和海洋资源的可持续管理,包括建立海洋保护区,还需要采取国家行动,需要各级的有效协调与合作。

生物多样性

保护区现已覆盖将近 13%的全球土地总面积,土著社区和当地社区所管理的区域日益得到了认可。然而,仍然需要在各保护区之间建立生物走廊,以避免各保护区彼此隔绝。已采取了各种保护性的政策、规章和行动,包括减少生境丧失、土地转用、污染负荷，以及濒危物种的非法贸易，以及鼓励物种恢复、可持续采收、生境恢复以及外来入侵物种管理。尽管如此，物种的大量、持续丧失还是在一定程度上促成了生态系统的恶化。自1970年以来，脊椎动物种群已减少了30%；某些自然生境减少了20%。由不可持续的农业和基础设施开发、不可持续的开采利用、污染和外来入侵物种所引起的生境丧失与退化，以及气候变化的深远影响，仍然是陆地和水生生物多样性所面临的主要威胁。上述种种现象均减少了生态系统服务，进而可能威胁粮食安全，危及人类健康与福祉的改善。

化学品和废弃物

目前在市场销售的化学品有大约248 000种，是农业生产、病虫害控制、工业制造、尖端技术、医药和电子等领域的基础；与此同时，某些化学品内在的危险特性也给环境和人类健康带来了风险，如我们无所作为，其代价很可能是巨大的。目前，一些化学品和废物管理是通过《巴塞尔公约》、《鹿特丹公约》和《斯德哥尔摩公约》、《国际化学品管理战略方针》等区域性和全球性多边协定来进行的，但仍有更多引起全球关切的化学品需要用此类协定来处理。

城市化在部分程度上导致更多废弃物的生成，包括一般的电子废弃物以及工业和其他活动所产生的、更为危险的废弃物。经济合作与发展组织成员国2007年产生了大约6.5亿t的城市废物，年增长率约为0.5%～0.7%，其中15%是电子废物。有迹象表明，大部分电子废物的最终归宿是发展中国家，而在全球范围内，到2016年发展中国家生成的电子废物可能是发达国家的两倍。

许多发展中国家处于暂时性监管真空的风险之中。化学品的生产正在从发达国家向发展中国家转移，而发展中国家的化学品使用量正在迅速增长，但化学品风险管理制度却难以同步，且存在数据严重缺乏的问题。令人担忧的是，很多国家缺少必要财政、技术和基础设施能力，难以进行无害化管理。由于缺乏数据，该领域国际商定目标实现、改进方案和政策效果方面，确知信息寥寥无几。

许多国家都存在着废物管理政策，但其贯彻实施的结果却成败不一。仅靠循环利用不足以解决问题，在这种情况下，废物管理方面的问题很有可能加剧，而超出各国的应对能力。因此，废物预防、废物减量－再利用－再循环以及资源回收等问题均需予以关注。同时，要关注诸如干扰内分泌的化学品、环境中的塑料、露天焚烧，以及纳米和化学材料在产品制造和使用中出现的新问题，并防止其对人类健康和环境造成危害。

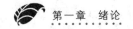

环境问题的严重性,使人们终于不得不对环境问题的产生和解决给予更加深刻的认识和关注。

人们首先认识到,环境问题可以分为多种类型。从环境问题的性质上分有:环境污染问题,包括大气污染、水体污染、土壤污染和生物污染;由环境污染演化而来的全球变暖、臭氧层破坏、酸雨等二次污染问题;诸如水土流失、森林砍伐、土地荒漠化、生物多样性减少等生态破坏问题;煤炭、石油等矿藏资源的衰竭问题。从介质上分有大气环境问题、水体环境问题、土壤环境问题等。从产生原因上分有农业环境问题、工业环境问题和生活环境问题等。从地理空间上分有局地环境问题、区域环境问题和全球环境问题,等等。

人们还认识到,不同的环境问题之间并不是相互独立的,它们互为因果,相互交叉,彼此助长强化,从而使问题更加复杂化。总的说来,环境问题是整个地球在人类无度作用之下发生的系统性病变的表现。环境的恶化,使人类失去了洁净的空气、水和土壤,破坏了自然环境固有的结构和状态,干扰了生态系统中各要素之间的内在联系。可以毫不夸张地说,人类正前所未有地陷入环境问题的包围、困扰之中,面临空前严峻的挑战。

环境问题发展到危及人类生存和发展的程度,根源在于人类社会的生存方式和发展方式的不当。因此,解决环境问题必须首先依靠人类整体的环境觉醒,依赖于人们对环境问题产生根源的深入认识和自身行为的反思。

(二) 环境问题产生的原因

近几十年来,为了寻求环境问题的解决途径,人类一直在思考环境问题产生的原因。由于人们最初感知环境问题是从局地工业污染开始的,因此在相当长的一段时间里,人们将环境问题产生的原因仅仅看作是生产技术方面的问题,于是对各种污染的治理成了在这段时期环境保护的主要工作。在这段时期,环境治理的费用一般占发达国家 GNP 的 1% ~2%,在发展中国家也要占到 0.5% ~1%。但在耗费了大量的人力、物力和财力之后,人类还是看不到从根本上消除产生环境问题根源的希望。

面对这一现实,人们开展了进一步的探索,发现环境问题的产生,是由于单个的生产厂商将环境成本转嫁给社会的结果,这就是主流经济学中著名的"环境外部性"理论。该理论认为,由于将环境资源作为可以自由取用的公共物品,因此生产厂商无需对生产过程中消耗的环境资源支付费用,也就是说,产品成本中没有将应包括在内的环境成本包括在内,而是将其转嫁给社会,转嫁给政府,从而使这部分成本被外部化。基于这样一种认识,在这一时期,社会特别是政府对生产者采取了许多经济手段,以图达到控制环境污染的目的。当然,这对环境问题的解决起到了积极的作用。同时也使环境经济学这门学科迅速地成长发展起来。但是,环境问题仍在继续恶化。

1972 年,罗马俱乐部发表了《增长的极限》一书,该书通过对全球经济增长模型的计算分析指出,如果按照目前的经济增长速度,地球系统的支撑能力将无法维持。该书第一次将环境问题与经济增长问题联系在一起来寻找环境问题产生的根源,而不是局限于从生产技术上去找根源。1987 年,联合国世界环境与发展委员会发表了《我们共同的未来》,又进一步将环境问题与社会发展问题联系起来思考,并明确指出,环境问题产生的根本原因就在于人类的发展方向、发展道路和发展方式。人类要想继续生存和发展,就必须改变目前的发展方式。也就是说,人们已经认识到目前的发展道路和发展方式不能也不应再继续下去,因而必须选择一条新的"可持续发展"的发展道路。然而,走什么样的发展道路,采用什么样的发展方式,是由发展观决定的。而发展观又是与人类社会的世界观、价值观、道德观等基本观念密切联系在一起的。它们相互影响,共同决定着人类的发展道路和发展方式。

既然环境问题的产生是由于人类不可持续的发展方式决定的,那么对支配人类行为的基本观念进行反思,对人类发展历程进行反思,应当是探寻环境问题产生根源的出发点。

阅读材料2:人类文明发展的三个阶段

迄今为止,人类的发展进程大体经历了三个阶段:原始文明阶段、农业文明阶段和工业文明阶段。

1. 原始文明阶段

在这一阶段,人与自然的关系十分密切。采集和狩猎是人类的基本生存方式,此时人类完全依赖自然环境生存,相对于自然环境的运行来讲,人类的生产活动能力极低,不足以改变自然环境的运行,只能是以被动适应自然环境的运行为主要生存方式,因此不会出现人为的环境问题。

2. 农业文明阶段

这一阶段是自然人文主义占主导的时期。自然人文主义是农业文明条件下人与自然相互作用的产物,它是东方古代文明中的核心部分,它最突出的特征就是以"天人合一"的整体观来看待人和自然的有机统一。

中国的道家认为,人是由自然产生的。人和自然的关系是亲如母子的关系,人的生命应与自然相融。老子说"天下有始,以为天下母,即得其母,以知其子;既如其子,复守其母,没身不殆"(《老子·道德经》52章)。老子的这种

看法,体现了建立在农业生产基础之上的中国古代社会对自然环境的强烈依赖,以及高度的尊重与关切。人类是自然生命网络上的一个环节,必须遵从自然的生长、发育、成熟、收藏的规律,遵循季节、气候的变化节律,与自然保持和谐一体的关系,才能在宇宙中找到自己生存的最深厚的根源。

因此,道家特别强调人类应当顺从天地的"自然之道"。对于事物来说,就是要辅助其自然生长和发展,反对强加于自然的狂妄作为。针对春秋战国统治者违背自然之道,利用知识和技术强行所为,造成社会大动乱和自然大破坏的局面,庄子愤慨地指出:"上诚好知而无道,则天下大乱矣! 何以知其然邪? 夫弓弩、毕、弋、机变之知多,则鸟乱于上矣;钩饵罔罟、罾笱之知多,则鱼乱于水矣;削格、罗落、置罘之知多,则兽乱于泽矣……故上悖日月之明,下烁山川之精,中堕四时之施;惴耎之虫,肖翘之物,莫不失其性。甚矣,夫好知之乱天下也"(《庄子·胠箧》)。庄子的这一段言论,是鲜明地反对把知识和技术用于违背自然之道。用今天的话来讲,就是反对把科学技术用于对人和自然的破坏,反对科学技术的非人性化和非自然化。

但是,道家把这一思想引申到与科学技术的对立面,主张"绝圣弃智",毁绝技巧,追求完全返回到人与自然混沌不分的蒙昧时代,则是消极的。在这一方面,儒家弥补了道家的不足。它主张发挥人的积极性和能动性,"裁成天地之道,相辅天地之宜","范围天地之化而不过,曲成万物而不遗"。这是一种原始的尊重自然的规律,合理利用自然的思想。此外,儒家思想中有着丰富的生态学知识,如"方以类聚,物以群分"、"得养则长,失养则消"、"虽有镃基,不如待时"等,分别阐述了儒家对生物种群、营养物质流动和季节节律的理解和认识。在这些认识的基础上,儒家又衍生出一系列自然保护的思想,如"草木零落,再入山林"的山林资源保护思想;"钓而不纲、戈不射宿"的动物资源保护思想;"得地则生,失地则死"的土地资源保护思想等。儒家追求的目标就是"与天地同参",如"圣王之制也:草木荣华滋硕之时,则斧斤不入山林,不夭其生,不绝其长也。鼋鼍鱼鳖鳅鳝孕别之时,罔罟毒药不入泽,不夭其生,不绝其长也"(《荀子·王制》)。

这里还应该一提的是佛教的思想。佛教作为中国的第一大教,对中国文化的影响深刻而长远。佛教主张简朴,克制人的消费欲,主张非暴力,将不杀生作为戒律之首。将安恬和谐作为禅悟的最高境界,如印度佛典中《长老歌》云:"岩岩从阿,清溪围绕,猿鹿来游,峨峨丛岩,草菌所蔽,青翠欲滴,我心则喜。"这种精神境界有利于生态环境的保护,因此寺庙所在处的环境质量一般都比较高,不少地方的林木就是得益于佛教的力量才保护下来的。

对大自然的崇拜和依赖,不仅仅存在于东方文明的传统中。事实上,对处于农业文明时代的人类来讲,这种感情和思想是普遍存在的。这一点,体现在世界各地的宗教中。例如,锡克教的教义为:"空气是生存力量,水是一切之源,而大地则是万物之母,日夜是乳母,在怀中抚摩着造物主的所有产儿"。《古兰经》和《圣训》主张,不要砍伐树木,不要弄脏河水,不要伤害动物,要善待真主的创造物。

总体来说,在农业文明时代,人类对于自然环境有较强的依赖性,人类的生活与生产方式还直接受制于自然环境。尽管也发生过由于人类活动而使得自然环境恶化的实例,但从整体上看,人类与自然环境的关系还是比较和谐的。

3. 工业文明时期

工业文明肇始于作为西方文明源头的古希腊文化。

按照冯友兰先生的说法,希腊人生活在海洋国家,靠商业维持繁荣。他们在根本上是商人。商人要打交道的首先是用于商业账目的抽象数字,然后才是具体的东西。因此希腊文化以数字为其出发点,发展了数学的推理,形成了万物源于数的观念。公元2世纪,在犹太/基督教的圣经中,提出上帝创世说不久,托勒密便建立了"地心说"体系,于是中世纪的神学目的论就和地心说体系结合起来,一起为上帝和人统治自然的人–神体系服务。在文艺复兴时期,毕达哥拉斯和柏拉图关于自然界的真谛在于数学构造的思想,又进一步推动了人们对自然界奥秘的探求。柏拉图主义的数学设计观念支配了从哥白尼到开普勒的数理天文学的发展,而伽利略则首先明确提出了机械自然观的基本框架:"第一,把自然界完全还原为一个量的、数学的世界,千百种感性的质的东西被抛弃在一边,自然界中只有物质微粒的运动,别无其他;第二,把人从自然界中分离出来,把人的因素从自然界中清除出去,使人成为自然界的旁观者,而不是参加者。"可见这里已经具有把自然界完全客观化的思想萌芽,从而逐步形成使人的主观因素与之对立,并以数量化的分析方法来认识自然,从而产生了支配自然的思想。到了17世纪,培根、笛卡儿和牛顿等人则真正完成了机械论世界观,其要点是:① 以主体和客体分裂对抗的二元论为公理性前提;② 崇拜知识和科学技术力量;③ 把自然机械化、简单化。

这种机械论世界观很快影响到医学、地理学、生物学以至经济学、法学等学科中,最终深刻地影响了哲学。在这种情况下,无论是社会经济体制,还是国家政治体制,无不打上机械论的烙印,甚至人们的思想道德观念和生活习惯。使得人们认为这些既成的观念是天经地义的,特别严重的是刺激了人们

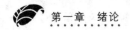

的消费欲。

　　人的消费方式是一种生活习惯,但从深层次上看,是人生价值的表现。文艺复兴运动强调人的个人价值,把人的精神寄托从对天国的向往拉回到对现世的追求,使社会为人的发展提供了较多的机会,这是一次伟大的、进步的变革。然而,这种进步在鼓励人性角度的同时,也煽起了野火一般的物欲,造成所谓的"人本质的异化"。进入工业社会以后,人本质的异化达到了登峰造极的地步。不少人的消费在很大程度上已不是为了满足自己生存发展的需要,而是为了体现自己的存在和价值。正如西方经济学家凡勃仑所说:"一个人要使他日常生活中遇到的那些漠不关心的观察者对他的金钱力量留下印象,唯一可行的办法是不断显示他的支付能力。"

　　这样价值观激起的恶性的消费和恶性的开发,巨浪般地吞噬着自然资源,毁坏着自然环境。反过来,又危害着人类自身。显然,这种自由,使人又陷入了新的桎梏,形成不符合人的本质的社会状态。

　　资料来源:叶文虎、毛志锋,三阶段论:人类社会演化规律初探,中国人口·资源与环境,1999,9(2):1-6。本阅读材料在该文基础上改写完成。

　　从上述可见,人类将自己异化于大自然,以自己为中心,按照自己的尺度和意志对自然界中的所有事物进行操纵,最终使自然界遭到严重的破坏,生态系统不断退化。破坏和退化又反过来使人类社会面临资源短缺、能量枯竭、环境污染和生态破坏等危机。这才是环境问题产生并不断恶化的根源。

　　由于人类社会与自然环境相互作用的最基本表现是物质流动,因此上述的这些问题在相应的物质流动特征上会得到充分的表现。从物质流动的角度,人类社会发展的三个阶段如图1-1所示。

　　图1-1表明,以物质生产活动为基础的人类社会的生存和发展,是建立在自然环境基础之上的。人类社会从自然环境中索取资源后,通过加工、流通、消费、弃置等一系列环节,将废弃物又排放到自然环境中去。这一链条式的物质流动过程构成了人类所有活动和文明的物质基础。

　　在原始文明和农业文明阶段,人类社会的物质流总量比较少,索取和弃置都没有超过自然环境的资源供给和废弃物消纳能力。因此,人们产生了对自然的"取之不尽、用之不竭"的认识。但在人类进入工业文明时代以后,人类社会在索取、加工、流通、消费、弃置一系列环节中"流过"的物质总量,较农业文明时代有了巨幅增长,人类创造的物质财富总量远远地超过了历史上所创造的财富的总和。同样,人类从自然环境中索取的资源总量,以及向自然环境中排放的废弃物总量,也都远远地超过了历史上的总和。

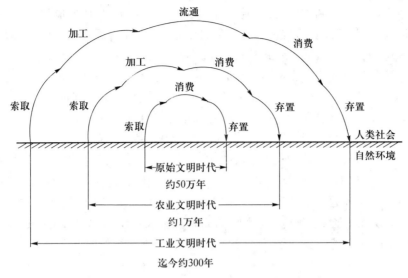

图 1-1　人类社会与自然环境之间的物质流动示意图

伴随着人类社会占用物质流量增长的,是地球上人口数量无节制地增加、人类生产能力的极大飞跃,以及人类需求和消费的无度膨胀。于是,人类与自然环境有限的资源供应和废弃物容纳能力之间产生了严重的、不可调和的矛盾。这对矛盾是人类社会发展进程中的基本矛盾,随着这对矛盾的逐渐激化,环境问题日益严重起来。

二、环境科学与环境管理

(一) 环境科学的产生

恩格斯有一句名言:"社会需要比十所大学更能推动科学的发展"。环境科学是伴随着对环境问题及其解决途径的研究而诞生和发展的。

在人类社会的原始文明和农业文明时期,虽然出现了这样或那样的环境问题,但总的说来,环境问题还是不严重的。所以人们没有认识到,更没有明确地形成和提出"环境问题"的概念。到了工业文明时代,特别是 20 世纪中叶以后,人类社会对环境的冲击力大大增强,以"八大公害"为代表的全球范围内的环境污染和破坏逐渐严重到对人类生存和发展构成了巨大威胁的程度。于是,环境问题才开始作为一个重大的科学技术问题由一些科学家提出,而如何解决环境问题才第一次被提上整个人类社会的议事日程。

在 20 世纪五六十年代,来自化学、生物学、地学、经济学、社会学、医学,以及其他自然科学、技术科学、管理科学、社会科学、工程科学等各个学科的科学家分别用本学科的理论和方法研究环境问题,形成了环境化学、环境地学、环境生物学、环境经济学、环境管理学、环境医学和环境工程学等一系列交叉学科,构成了现代环境科学的由多学科到跨学科的庞大的学科体系。

环境科学是一门以交叉为特点的综合科学,它以环境学为核心,包括环境自然科学、环境工程科学、环境社会科学、环境人文科学、环境管理科学等主要分支学科。环境学着重研究人类社会与自然环境相互作用的基本规律;环境自然科学着重研究人类社会活动对自然环境作用和影响的基本关系与规律,以及改善途径;环境工程科学着重研究预防、控制和治理环境污染和生态破坏的技术手段;环境管理科学着重研究调整人类社会的经济、社会、生活等行为和活动,以消除和杜绝环境问题产生的根源;环境社会科学着重研究产生环境问题的经济社会原因及其解决途径;环境人文科学着重研究涉及环境问题及其解决过程中的哲学、历史、文化等人文问题。环境科学的这种分类体系如图1-2所示。

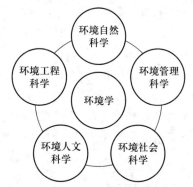

图1-2　当前环境科学的一种分类体系

(二) 环境科学的内涵、功能与作用

由上所述可见,环境科学不仅要研究自然环境在人类活动影响下的变化规律,更重要的是要研究调整和控制人类行为的方法以达到人类社会与自然环境和谐、协同演进的目的。从根本意义上来看,这是一类非常重要的关于人类活动的组织、协调、控制活动的全过程。

下面通过阅读材料3说明在解决具体环境问题的过程中,环境科学、环境工程、环境管理各自的任务和作用。

阅读材料3:一次性餐盒污染防治中环境科学、环境工程和环境管理

一次性餐盒污染是一种典型的"白色污染",在中国城市和广大农村地区是一种久治不愈的污染顽症。因此,针对一次性餐盒污染问题,环境科学、环境工程、环境管理等学科都开展了大量研究,见表1-1。

表1-1 环境科学、环境工程、环境管理对一次性餐盒污染的研究

学科	研究内容
环境科学	研究塑料餐盒化学组分、潜在的有害成分、自然环境降解规律、对土壤、大气、景观的环境影响等
环境工程	研究制造污染较少的纸质餐盒或更容易降解的塑料餐盒;研究塑料餐盒的工程填埋、处理、焚烧、资源化技术等
环境管理	通过法规、行政、经济等多种手段,规范、控制和调整一次性塑料餐盒生产、消费、回收、处理,其中涉及一次性餐盒"生命周期"各个环节中多个主体的利益和行为关系,形成表现为制度、机制、体系、体制等形式的相关主体的行为规则,从而达到预防和消除污染的目标

在一次性餐盒污染的治理中,上海市的实践可能最为成功,其成功的经验可归纳为"三分钱模式"。

在2000年之前,上海市白色污染比较严重,漂浮在黄浦江上、遗弃在铁路两旁、散落在大街小巷的一次性塑料餐盒,既严重影响市容又污染环境。为此,上海市政府在2000年6月专门颁布了《上海市一次性塑料餐盒管理办法》。该办法规定,上海按照"谁生产、谁处置"的原则,由上海市环卫局作为管理部门向生产一次性塑料餐盒的厂家按每只3分钱的标准收取污染治理费,作为回收利用的经费。

在3分钱中,1分钱是付给回收者的劳务费。有了这1分钱,废品回收人员每收集一个废餐盒就有了1分钱的收益。于是,上海街头出现了一支专门收集一次性塑料餐盒的队伍。全市每天产生80多万只一次性塑料餐盒中的70%被他们收集起来。

另1分钱是一次性餐盒处理处置的补贴。在江苏昆山,一家台商自筹资金500万元建成昆山保绿塑料再生处理公司,堆积如山的一次性餐盒被他们制造成为再生塑料粒子,在2000年这种再生产品售价800元/t,而到2005年,售价5 000元/t还供不应求。

第三个1分钱是管理部门的管理费和执法成本。被用于全市30多个一次性餐盒集中收集点、4个大型中转站,以及相应的环卫人员、运输车辆配置的运行费用,还有环卫执法人员日常执法和打击"黑餐盒"(不交3分钱的餐盒)所需费用。

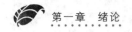

　　"三分钱模式"实行后，从 2000 年到 2005 年，上海市累计回收一次性餐盒 12 亿余只，重 6 854 t，利用它们制造再生塑料粒子 3 687 t，创效益 1 800 万元，昔日令人头疼的"白色垃圾"变成了"白色资源"。昔日城里和农村到处丢弃的一次性废餐盒已不见了踪影，白色污染得到彻底根治，市容环境面貌大为改善。

　　鉴于一次性塑料餐盒回收再利用成效显著，从 2006 年开始，发泡塑料杯、泡沫面碗和托盘等多种新型白色废弃物也将陆续纳入上海回收再利用的范围。而"三分钱模式"的成功管理机制，也可在废塑料袋、一次性废旧电池、废旧家电、废旧电脑等可资源化垃圾的污染治理和回收利用中进行推广和借鉴。

　　3 分钱虽少，对于我们探寻解决环境问题的途径，却带来了新的启发。采取符合经济规律的市场手段，辅之以监督、检查、罚款等行政手段，构建起一次性餐盒环境管理的制度体系，从而规范和控制了一次性餐盒在"生产—流通—使用—回收—处理处置"全过程中的物质流动，使其污染得到根本性控制。另外，通过这一环境管理体系，有关一次性餐盒污染的环境科学研究和环境工程技术也得到了有效应用。可见，在一次性餐盒污染这一环境问题的解决中，环境科学、环境工程和环境管理，需要各尽其职，缺一不可。

三、环境管理的任务

　　由上所述可见，环境问题的产生并且日益严重的根源，在于人们自然观和发展观上的错误，进而导致人类社会行为的失当。也就是说，环境问题的产生原因可以分别从三个层次来认识：一是在思想观念层次；二是在社会行为层次；三是在人类社会与自然与环境系统的物质流动层次。

　　依据这样的思考，环境管理的基本任务为：转变人类社会关于自然环境的基本观念，调整人类社会直接和间接作用于自然环境的社会行为，控制人类社会与环境系统构成的"环境–社会系统"中的物质流动，进而形成和创建一种新的、人与自然相和谐的生存方式，更好地满足人类生存与发展的环境需求。

（一）转变环境观念

　　观念的转变是根本。观念的转变包括消费观、伦理道德观、价值观、科技观和发展观直到整个世界观的转变。这种观念的转变将是根本的、深刻的，它将带动整个人类文明的转变（表 1–2）。

　　当然，要从根本上扭转人类既成的观念，显然不能单纯通过环境管理及其教育，但是环境管理却可以通过建设一种环境文化来为整个人类文明的转变服务。环境文化是以人与自然和谐为核心信念的文化，环境管理的任务之一就是要指导和培育这样一种文化,以取代工业文明时代形成的,以人类为中心,以自然环境为征服对象的文化。环境管理还要将这种环境文化渗透到人们的思想意识中去,使人们在日常的生活和工作中能够自觉地调整自身的行为,以达到与自然环境和谐的境界。

表1-2 环境观念的转变

观念	传统观念	理想观念
发展观	单纯追求经济增长,追求 GDP	认同自然环境是人类社会存在的基础,追求人的全面发展和社会的健康发展
伦理观	局限于人与人之间的伦理	扩展到人与自然之间的伦理
价值观	环境无价	环境有价、生态有价
科学观	对外部世界的割裂的认知	扩展到对包括人在内的、综合的整体的认知
消费观	过量消费、奢侈消费	节约型、环保型消费

文化在人类的发展进程中一直起着巨大的作用。只有摒弃那种视环境为征服对象的文化,塑造新的环境文化,才能从根本上去解决环境问题。所以,从这个意义上来讲,环境文化的建设是环境管理的一项长期的根本性的任务。

(二)调整环境行为

相对于对思想观念的转变而言,环境行为的调整是较低层次的,然而却是更具体、更直接的调整。

人类的社会行为可以分为政府行为、企业行为和公众行为三大类。政府行为是国家层面的管理行为,诸如制定政策、法律、法令、发展规划并组织实施等;企业行为是指各种市场主体包括企业和生产者个人进行的商品生产和交换的行为;公众行为则是指公众在日常生活中诸如消费、居家休闲、旅游等方面的行为。这三种行为相互制约,也相互促进,它们的转变都会对环境产生不同程度的影响。

这三种行为相辅相成,它们在对环境的影响中分别具有不同的特点。其中政府行为起着主导作用,因为政府可以通过法令、规章等在一定程度上约束和引导市场行为和公众行为。表1-3介绍了典型的环境行为转变过程。

另外,在这三种行为中,政府的决策和规划行为,特别是涉及资源开发利用或经济发展规划的行为,往往会对环境产生深刻而长远的影响,其负面影响一般很难或无法纠正。市场的主体一般是企业,而企业的生产经营行为一直是环境污染和生态破坏的直接制造者。不仅在过去,而且在将来很长的一段时期内,它们都将是环境管理的重点。公众行为对环境的影响在过去并不是很明显,但随着人口的增长尤其是消费水平的增长,公众行为对环境的影响在环境问题中所占的比重将会越来越大。如从全球来看,生活垃圾产生量占整个固体废弃物产生量的70%,大大超过了工业固废的量。由于消费方式的原因,大量的产品并未得到循环利用,这不仅加剧了固体废弃物对环境的污染,而且对资源的持续利用也是一个损害。因此,在政府的环境行为中,应把引导、扶持、培育"废弃物再利用"作为一个新的产业部门来发展;同时还应该通过各种行政、法律和宣传的手段来影响消费方式的改变,进而"倒逼"生产方式的转变。

表1-3 环境行为的转变

	不良行为	理想行为
政府行为	环境保护投入不足 轻视环境公共责任 轻视环境与可持续发展的战略地位	充足的环境预算 重视政府的环境公共责任 制定并坚持推行环境保护和可持续发展战略
企业行为	排污 污染环境 资源高消耗 只关注经济利益、漠视环境和社会责任	清洁生产和零排放 通过 ISO14000 认证 循环经济 关注企业环境形象和责任
公众行为	随意丢弃生活垃圾 浪费水电、煤气 漠视环境	生活垃圾分类收集 节约能源、资源 积极参与环境保护

(三)控制"环境-社会系统"中的物质流

人的行为从另外一个角度还可以分为两大类。一类是人与人之间的行为,另一类是人类与自然环境之间的行为。确切地说,是人类社会作用于个体人的行为,以及人类社会作用于自然环境的行为。因为个体人与个体人之间的行为不一定体现在物质流动上,如人与人之间的关心、友爱行为,人们所进行的诗歌、音乐等精神文化的创造与交流等。但人类社会作用于个体人和自然环境的行为则大多会体现在对应的物质流,以及基于物质流的能量流和信息流上。

人与人之间的相互作用可以是物质的,也可以是情感的,在很多情况下,人与人之间的情感交流可能会更重要,这是由人的天性所决定。但人与自然环境之间的相互作用则大多与物质流动有联系。因此,环境管理在管理人的行为的同时,一定还要着眼于这些行为在物质流动过程中的反应。

在理论上,物质流是一个比较抽象的概念,不容易把握。而在实际工作中,物质流则是一个再明显不过的事实。比如前面讲的一次性餐盒的例子中,环境管理的对象涉及餐盒的丢弃行为、分拣行为、收集行为、运输行为、处理处置行为,而所有这些行为都是以实物(废餐盒)的流动作为物质基础的,实际上,对这些行为的管理,就是对废餐盒物质流的管理。对行为的管理与对作为行为载体和实质内容的物质流的管理是密不可分的。

从物质流角度看,工业文明时代的一大特点是人类的行为越来越多地使物质退出了它在"环境-社会系统"中固有的循环,成为污染物。换句话说,就是以破坏物质循环为代价和手段来创造物质财富。而环境管理学就是要探寻一条既能尊重和不破坏大自然固有的这种物质循环,又能创造物质财富的新的发展道路,这条道路是一种超越了工业文明的新的文明形态。

(四)创建人与自然和谐的生存方式,建设人类环境文明

由以上的分析可见,环境管理的三项任务是相互补充、构成一体的。完成环境管理三项任务的目的,就是使物质在人类社会中的流动,人类社会行为的机制、组织形式以及个人的日常生活等各种活动,符合人与自然和谐发展的要求。进而以规章制度、法律法规、社会体制和思想观念的形式体现和固化下来,从而创建一种新的生产方式、消费方式与社会组织方式,最终形成一种新的、人与自然和谐的人类社会生存方式。

人类社会的这种新的生存方式是转变环境观念、调整人类行为、控制环境物质流的结果,更是时代所创新出来的人类新文明。人类将充分发挥自己的才能和智慧,在对环境问题的反思中去创造这种新的生存方式(也可以把这种新的生存方式称之为环境文明和绿色文明),这是环境管理的最终目的。

第二节　环境管理的主体与对象

环境管理的主体和对象,是指"谁来管理?"和"管理谁?"的问题,这是环境管理的基本问题。其广义的理解,是指环境管理活动的参与者或相关方,包括政府主体、企业主体和公众主体,而不是局限于狭义的有行政权力的所谓"管理者"。

一、政府

(一)作为环境管理主体的政府

作为社会公共事务的管理主体,政府包括中央和地方各级的行政机关,在广

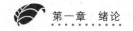

义上它还应包括立法、司法等机关,当然政府也应是环境管理的主体。在政府、企业和公众三大社会行为主体中,政府是整个社会行为的领导者和组织者,同时它还是各国利益冲突的协调者和发言人。政府能否妥善处理政府、企业和公众的利益关系,促进保护环境的行动,对环境管理起着决定性的作用。

政府作为环境管理主体的具体工作主要包括制定恰当的环境发展战略,设置必要的专门环境保护机构,制定环境管理的法律法规和标准,制定具体的环境目标、环境规划、环境政策制度,提供公共环境信息和服务,开展环境教育,以及在以国家为基本单位的国际社会中,参与解决全球性环境问题的管理等。

阅读材料4:政府在环境管理中的主导作用

与其他社会组织相比,政府在环境保护能力上具有极其明显的优势。事实上,环境保护已经成为当代政府的一项基本职能。政府在征税、立法和执法、制定标准、行政处罚、国际合作、公共信息服务等方面享有的充分资源和强大力量,使政府必然地在环境管理中发挥不可替代的主导作用。

经济合作与发展组织(Organization for Economic Co-operation and Development, OECD)是由34个市场经济国家组成的政府间国际经济组织,旨在共同应对全球化带来的经济、社会和政府治理等方面的挑战和机遇。OECD认为,良好的环境是健康经济的前提。根据成员国的环境管理经验,其认为政府在环境管理中的作用主要是规制和监督,主要体现以下方面:

● 制定环境保护法规标准,这相当于制定企业进入市场的环境准入条件,为企业创造公平的环境竞争机制;

● 通过各种手段依法监督对生态环境有影响的社会经济活动,指导地方政府和行业部门的环境保护;

● 开展环境保护宣传教育,通过自愿协议和责任制度引导企业和公众实现环境友好行为;

● 参加全球环境保护合作行动,代表国家履行有关国家环境条约和环境义务;

● 在必须由政府投入的环境保护基础设施领域进行投资,有效地提供环境质量公共物品和服务;

● 把政府决策对环境的影响降低到最低程度,实现科学、民主和可持续发展决策。

（二）作为环境管理对象的政府

政府行为是人类社会最重要的行为之一，主要有：① 作为投资者为社会提供公共消费品和服务，如控制军队、警察等国家机器，提供供水、供电、铁路、邮政、教育、文化等公共事业服务。② 作为投资者为社会提供一般的商品和服务，以国有企业的形式控制国家经济命脉。③ 掌握国有资产和自然资源的所有权及相应的经营和管理权。④ 对国民经济实行宏观调控和对市场进行政策干预。

政府行为的内容和方式包容极广。无论是提供公共事业和服务，在重要行业实行国家垄断，还是对市场进行调控，政府行为对环境所产生的影响均具有极大的特殊性。它涉及面广、影响深远又不易察觉，既有直接的一面，也有间接的一面，既可以有重大的正面影响，又可能有巨大的难以估计的负面影响。

要防止和减轻政府行为造成和引发环境问题，主要应考虑三个方面。第一是政府决策的科学化。要建立科学的决策方法和决策程序，中国提出的科学发展观是一个很好的开端。第二是政府决策的民主化。公众（包括各种非政府组织或社会团体）能否通过各种途径对政府的决策和操作进行有效的监督，具有最根本和决定性的意义。第三是政府施政的法制化。特别是要不折不扣地遵守有关环境保护法规的要求。不难看出，这三个方面既对世界各国政府和政治家提出了很高要求，也是解决环境问题的必由之路。

二、企业

（一）作为管理主体的企业

企业是人类在与自然环境作用过程中的一个产物，它在社会经济活动中虽然是以追求利润为中心的独立的经济单位，但它以自己独特的生产方式和经营方式，通过向社会提供的产品、制造的物质财富和货币财富，影响着社会的组织方式、消费方式，及至价值观念和文化，进而通过激化很多深层次的矛盾，推动着社会的进步与文明的演进。具体说来，企业是各种产品的主要生产者和供应者，是各种自然资源的主要消耗者，同时也是社会物质财富积累的主要贡献者。

与政府管理相区别，对于企业而言，环境管理一词在本质上是一种"环境经营"的含义。从环境经营的角度看，企业环境管理的第一层次的要求，在生产经营活动中主动遵守政府的环境法律法规标准和公众的环境要求，这也是最基本的要求。第二层次的要求，是要承担包括环境在内的企业社会责任。而第三层次的要求，是企业还可以进一步通过"环境经营"，将"环境"纳入经营活动本身，做到既能创造经济效益，又能保护环境，甚至通过保护环境而创造更多经济效益。

迄今为止的企业活动，多是以"破坏自然环境而赚钱"为特征的传统产业活

动,这是造成当前环境问题的主要原因。而通过企业社会责任和环境经营,如果能够将"破坏自然环境而赚钱"的产业活动,改变为"保护自然环境而赢利"为特征的绿色产业活动,那么,就可以真正使保护自然环境与增加经济效益和社会福利和谐统一。从社会发展的角度看,这样的企业环境经营,无疑将成为推动绿色文明发展的重要力量。

因此,企业作为环境管理的主体,其行为对一个区域、一个国家乃至全人类的环境保护和管理有着重大的影响。

阅读材料5:什么是企业社会责任

现代人对"企业"或"公司"一词,已经再熟悉不过了。我们的财富来源、就业岗位、创业理想、衣食住行、网络通讯、旅行度假、情感寄托、人际交往,都与公司这个组织有着千丝万缕的联系。公司让人爱恨交织,一方面它唯利是图,以利润为中心,另一方面它又是大量新理念、新技术、新产品的创造者,是科技创新和文化再造的助推器。虽然现代意义上的公司,比我们熟悉的另一个组织"政府"要晚出现上千年,但伴随着工业革命而来的公司一经出现,就显现出巨大的"公司的力量",成为至今为止最有效的经济组织形式和最富有的社会实体组织,在经济发展中占据了无可争辩的统治性地位,从而彻底地改变了以往人类社会中政府一家独大的组织结构,把人类社会带入了工业文明时代。

公司以利润为中心,在很多人的印象中是唯利是图,甚至无商不奸,那么,为什么还会成为环境管理的主体呢?答案就在于企业社会责任(corporate social responsibility, CSR)。CSR一般泛指企业的营运方式达到或超越道德、法律及公众要求的标准,除了考虑自身的财政和经营状况外,也要考虑对社会和自然环境的影响,商业运作必须符合可持续发展的要求。2010年11月,国际标准化组织发布了企业社会责任标准ISO26000,将包括企业在内的各个组织的社会责任定义为"社会责任是一个组织用透明、合乎道德规范的行为,对它的决策或者活动在社会和环境中产生的影响负责",其性质是"对社会负责任的组织行为"。

环境在ISO26000中是与组织管理、人权、劳工标准、公平运营、消费者、社区参与及发展相并列的七个核心议题之一。在CSR中,环境责任包括了采取预防性方法、采用有利环境的技术和实践、循环经济、防止污染、可持续消费、气候变化、保护和恢复自然环境等多个方面。可见,有了CSR,环境已成为企业可持续发展战略的重要组成部分,也成为很多公司竞争的新领域。因此,使企业成为环境管理主体不仅可能,而且十分必要。

但从企业在引领人类文明进步中的地位和作用来看,CSR 还应该扩展到环境经营。在人类由农业文明向工业文明的转型中,那些最早生产出蒸汽机、电动机、钢铁、石油、电话电视、汽车、轮船、纺织品、化肥、农药的公司居功至伟。而在当前,人类社会正在由工业文明向环境文明或绿色文明转型。此时人类的文明进步对企业提出的更根本的要求是,通过环境经营创造出新文明所需要的绿色产品和绿色服务,以从环境危机当中拯救人类社会和地球环境。这正如 Paul Hawken 在《商业生态学》指出的那样:"商业、工业和企业是全世界最大、最富有、最无处不在的社会团体,它必须带头引导地球远离人类造成的环境破坏。"显然,对于企业来说,没有什么社会责任会比这个更重要和更有意义了。

企业行为对资源环境问题有非常重要的影响,主要表现在:① 企业是资源、能源的主要消耗者;② 企业特别是工业企业是污染物的主要产生者、排放者,也是主要的治理者;③ 企业是经济活动的主体,因此也是保护环境工作的具体承担者,绝大多数的环境保护行动都需要企业的参与才能落实。

企业的环境管理和环境经营,一般应包括制定环境目标、规划,绿色设计,绿色营销,开展清洁生产和循环经济,通过和执行 ISO14000 环境管理体系标准,以及发布企业环境报告书多个方面。以上这些行为对政府和公众有很大影响。只有企业能够设计和生产出绿色产品,公众才能使用;只有大量的企业不断开发绿色环保的先进技术和经营方式,才能推动政府在完善法律、严格标准等方面加强环境管理。从这个意义上讲,企业环境管理既是与政府、公众的环境管理行为互动,又发挥着实质性的推动作用。

（二）作为环境管理对象的企业

要防止或减轻企业行为造成和引发环境问题,主要应考虑以下几个方面:

① 从企业调控自身行为的角度,应加强企业环境管理和环境经营。

② 从政府对企业行为调控的角度,主要有:形成有利于企业加强环境保护的市场竞争环境,在宏观上加强对企业环境保护工作的引导和监督;严格执行环境法律法规,制定恰当的环境标准,实行各种有利于提高企业环境保护积极性的政策,创造有利于企业环境保护的法治环境;加强对有优异环境表现的企业的嘉奖,与企业携手共创环境友好型的社会。

③ 从公众对企业行为调控的角度,主要有:作为消费者购买和消费绿色产品和服务;作为个体或通过社会团体对企业破坏环境的行为进行监督;作为政府的公务员或企业的员工,通过自身的工作促进企业环境保护。

三、公众

（一）作为环境管理主体的公众

公众包括个人与各种社会群体。他们是环境问题的最终承受者,也是环境管理的最终推动者和直接受益者。公众能否有效地约束自己的行为,推动和监督政府和企业的行为,是公众主体作用体现与否的关键。

公众作为环境管理的主体作用主要是以散布在社会各行各业、各种岗位上的公众个体,以及以某个具体目标组织起来的社会群体的行为来体现的。在某些情况下,公众个体通过自己的行为可以起到监督政府和企业行为的作用。但在更多的情况下,公众通过自愿组建的各种社会团体或社会组织来参与环境管理工作。参与,是公众作为环境管理主体的主要"组织"形式。公众环境管理的社会组织可以是非政府组织(如各种民间环保组织)、非营利性机构(如环境教育、科研部门),其具体内容很多,根据这些组织和机构的性质和功能而定。

阅读材料6:为什么环保需要社会组织的参与?

社会组织有多种称谓,如非政府组织(non-government organization, NGO)、非营利组织(non-profit organization, NPO)、志愿者组织,慈善组织和公益组织等。尽管名称不一,但内涵上区别不大。与政府、企业不同,社会组织具有非营利性、非政府性、独立性、志愿性、公益性等基本特征。社会组织的目标,通常是支持或处理个人关心或者公众关注的议题或事件。因此,其所涉及的领域非常广,如慈善、贫困、教育、法律、卫生、宗教、学术和环保等。由于社会组织可以弥补社会需求与政府供给、企业服务之间的落差,有时也称为第三部门,与政府(第一部门)、企业(第二部门)并列,以示其重要性。

社会组织在环境保护中发挥着越来越重要的作用。有专家认为,政府机构的特点是有强制力,所以它应该只做那些需要发挥强制力的事情,比如说强制你不能破坏环境,不能把质量不合格的食品卖给老百姓等。但是与慈善、扶贫、教育等一样,环境保护除了需要政府强制力,还需要很多非强制的要素,如公益的热心、事业的激情、无偿的付出、专业的知识、丰富的经验、共享的信息、广泛的人脉、一线的调查、细致的工作、高度的耐心和长期的关注,以及相对超脱的动机、相对独特的融资渠道、相对透明的财务管理、相对时尚的工作方式、对特定困难群体的关怀、对解决具体问题的专注、与政府或企业界多层次的沟通和协调等。这些都是政府部门或企业难以做到,或不愿意做的,但正是社会组织的长处。因此,社会组织在公共管理中可以发挥非常独特、非常重要和不可替代的作用。他们以独特的视角,能够充分地发挥监督政府、监督企业的重要作用,成为环境保护一支重要的主力军。

公众,按最普遍的理解,是大量离散的个人。尽管如此,他们的重要性可以和政府、企业相提并论,这主要是因为:

① 公众和公众行为是社会的基石,是政府行为和企业行为的对象。公众是政府的服务对象,政府希望得到公众的拥护和支持,希望公众能够在政府法律、政策的框架下选择和安排自己的行为。公众是企业的员工和产品的消费者,企业希望自己的产品和服务能被公众所接受和喜爱,从而获得利润,还希望公众能成为为企业工作的劳动者(发明人、设计人、生产加工者和销售者等)。

② 公众和公众行为涵盖和渗透到了社会生活各个方面,远远不能被政府行为和企业行为所替代或包含,比如公众的社会心理活动、公众的个人兴趣追求、感情抒发及公众风俗习惯等,这些公众行为所反映的是社会文化。在很大程度上,这种文化对于社会发展具有更深层次的影响。

公众行为对环境问题有非常重要的影响,主要表现在:① 公众每个个体为了满足自身生存发展,需要消费物品和服务,这是造成资源消耗和废物产生的根源;② 公众的生活方式对环境问题的影响重大,如农民和城市居民的生活和消费方式所产生的废弃物就有很大区别,造成的环境问题也大不相同;③ 公众通过各种途径影响政府和企业行为,对环境保护产生间接的影响,由于认识的差异和看法的离散,这种间接的影响虽然非常难以把握,但往往会具有决定性作用。

阅读材料7:从厦门PX事件看公众在环境管理中的作用

厦门PX项目是台资企业腾龙芳烃(厦门)有限公司投资,计划年产80万t对二甲苯的化工厂项目,PX为对二甲苯的简称。2004年2月,国务院批准同意该项目投资108亿元,在厦门市海沧开发区建设。2005年7月,PX项目通过国家环保总局的环评报告审查;2006年7月获得国家发改委核准;10月,完成征地拆迁1 920亩[①];11月,PX项目正式开工建设。

可见,PX项目符合国家相关项目法规和建设程序,更得到了厦门市委、市政府的鼎力支持。但是,PX作为一种重要的化工原料,属于低毒、易燃物质,

---

① 1亩 = 666.7 m²。

是一种危险化学品。80 万 t PX 项目，在国际上也属于特大型化工建设项目。但是，当地政府却有意或无意地对外封锁了 PX 项目消息，市民在很长时间内都不知道此事。

在 2007 年 3 月的全国政协会议上，由中国科学院院士、厦门大学教授赵玉芬发起，105 名全国政协委员联合签名呼吁厦门 PX 项目迁址的议案，被列为"一号提案"，并被《中国青年报》报道，引起各大媒体广泛转载。然而，厦门的所有地方媒体都"封杀"了这条报道。媒体和舆论的热点在外围，而厦门本地的居民甚至不知道大家在讨论的 PX 跟自己有什么关系。

2007 年 5 月下旬，随着 PX 项目建设推进，更多的信息通过媒体、网络、手机短信等渠道被披露。由于 PX 项目的厂址靠近居民稠密区以及大专院校，厂址 5km 半径范围内的人口超过 10 万，居民区与厂区最近处不足 1.5km；PX 项目的专用码头，就设在生活有中华白海豚、白鹭、文昌鱼的厦门海洋珍稀物种国家级自然保护区之内。因此，抗议维权之声在网络中迅速蔓延！

在各方抗议压力不断加大的情况下，5 月 30 日，厦门市常务副市长丁国炎正式宣布了缓建"海沧 PX 项目"的决定。6 月 1—2 日，上万厦门市民自发到市政府门口聚集，以"散步"的方式，表达对厦门有史以来最大化工项目的不满和抗议，呼吁项目停建或迁址。

6 月 7 日，由国家环保总局组织各方专家，对海沧 PX 项目进行全区域总体规划环评。12 月 8 日，在厦门市委主办的厦门网上，开通了"环评报告网络公众参与活动"的投票平台；9 日，投票突然被中止，10 日投票平台被撤销。投票结束时的结果显示，有 5.5 万票反对 PX 项目建设，有 3 000 票支持，民心向背，显而易见。12 月 13 日，厦门举办"厦门市重点区域（海沧南部地区）功能定位与空间布局环境影响评价公众参与座谈会"，参会的市民代表由公开摇号产生，在 49 名市民代表中有超过 40 位坚决反对上马 PX 项目，随后发言的 8 位人大代表、政协委员，也仅 1 人支持复建项目。

福建省政府和厦门市政府最终决定顺从民意，停止在厦门海沧区建设 PX 项目，将该项目迁往漳州古雷半岛。

资料来源：根据相关新闻报道综合编写。

（二）作为环境管理对象的公众

要解决公众行为可能造成和引发的环境问题，主要应考虑以下几个方面：

① 从公众调控自身行为的角度，公众应提高环境意识，购买和消费绿色产品和服务，养成保护环境的习惯，如垃圾分类、废物利用等，积极参与有利于环境保护的活动，如成为环保志愿者，参加环保社团等社会组织的活动。

② 从政府对公众行为调控的角度,应当加强对公众环境意识的教育和培养;通过制定法律法规规范公众的生活和消费行为,使之有利于环境保护;规范和引导公众和 NGO 的环境保护工作。

③ 从企业对公众行为调控的角度,应当提供绿色的时尚环保产品引导公众的消费潮流,尽可能满足公众对绿色消费的需求;对企业员工不利于环境的行为进行约束和控制;与 NGO 合作来影响和引导公众行为。

阅读材料8:绿色生活的50个小妙招

拯救地球是许多人一生追求的目标。你也许会认为倡导绿色是一件奢侈、昂贵的选择,但由美国 David Bach 编著的 *Go Green, Live Rich* 一书却介绍了绿色生活、轻松致富的 50 个小妙招(表1-4)。在日常生活中,只要多一点耐心和细心,就可以将环保变成自己的习惯行为。

表1-4　绿色生活50个小妙招

领域	妙 招		
了解你的影响	计算你的碳排放量	小事情大变化	
精明驾驶	提高汽车的燃油性能 换一辆混合动力车	爱车保养小贴士 尽量少开车	使用生物柴油 减少旅行
合理利用能源	建立一个能耗账目 及时检查 使用环保能源	拔掉插头 做节能之星 改用节能灯光	调节温度 种树
节约用水	关掉水龙头	种植绿色草坪	
绿色房产战略	环保型房屋	申请环保贷款	
花销更少	买大包装商品 自带购物袋 少吃肉	使用再生纸 环保清洁 环保化妆品	环保装修 自己种菜
循环再利用	买卖各种东西	不订阅邮寄宣传品	垃圾按量收费
创造绿色家庭	绿色宝宝 绿色宠物	绿色节假日 假期去做义工	到户外去
绿色工作	自己带工作餐 绿色电脑	打印前要三思 远程办公	电子化生存 做一个环保商旅人士
绿色投资	绿色投资	尝试环保直销	开展一项绿色事业
给予绿色	加入一个环保组织 碳抵消方案	加入绿色社团 绿色选举	申请绿色食物卡

资料来源:大卫·巴赫著,绿色生活,轻松致富,中信出版社,2009。

第三节　环境管理学的形成与发展

一、环境管理学的形成

简单地讲,环境管理学就是专门研究环境管理基本规律的一门科学,其形成与发展是与人们对于环境问题的认识过程和环境管理实践紧密联系在一起的。从这个角度看,环境管理和环境管理学的发展大致经历了四个阶段。

(一)把环境问题作为一个技术问题,以治理污染为主要管理手段的阶段

这一阶段大致从 20 世纪 50 年代末,即人类社会开始意识到环境问题的产生开始到 70 年代末。

由于最初人们直接感受到的环境问题主要是"公害"问题,即局部的污染问题,如河流污染、城市空气污染等。这时,人们认为"公害"问题是一个通过发展科学技术就可以得到解决的单纯技术问题。因此,这个时期的环境管理原则是"谁污染、谁治理",实质上只是环境治理,环境管理成了治理污染的代名词。这主要表现在以下一些方面:

① 在政府管理上,政府环境管理机构的设置就体现了单纯治理污染的这样一种认识。如中国一开始成立的环保机构就叫做"三废治理办公室"。在这一时期,各国政府每年从国民收入中抽出大量的资金来进行污染治理,如美国的污染防治费曾经就占到 GNP 的 2% 。

② 在法律上,颁布了一系列防治污染的法令条例,如美国的《清洁空气法》、中国的《大气污染防治法》等。可以说,环境保护法律主要是在这一时期创立的。这些法律的基本特点都是针对某一单项环境要素或某一类污染及其治理问题。

③ 在技术上,致力于研究和开发治理各种污染的工艺、技术和设备,用于建设污水处理厂、垃圾焚烧炉和废弃物填埋场等。

④ 在科学研究上,各个学科分别从不同的角度研究污染物在自然环境中的迁移转化降解规律,研究污染物对人体健康的影响,从而形成了早期环境科学的基本形态,如环境化学、环境生物学、环境地学、环境医学和环境工程学。

这一时期的工作对于减轻污染、缓解环境与人类之间的尖锐矛盾,起了很大的作用,也取得了不少成果。如英国的泰晤士河一度曾被污染成生物无法生存的水体,在经过政府的大力治理后重新变清。但总体说来,这一时期的工作因为没有从杜绝产生环境问题的根源入手,因而并没能从根本上解决环境问题,只是

花费大量的人力、物力和财力去治理已产生的污染问题。但与此同时,新污染源又不断地出现,治理污染成了国家财政的一个巨大负担,就连美国这样有着雄厚经济实力的国家都不堪重负。

(二) 把环境问题作为经济问题,以经济刺激为主要管理手段的阶段

这一时期大致从 20 世纪 70 年代末到 90 年代初。

随着时间的推移,其他环境问题诸如生态破坏、资源枯竭等问题也都陆续凸现出来,加之末端治理污染的技术并没有取得预期的效果。于是,人们开始反思环境问题产生的根源,认识到酿成各种环境问题的原因在于经济活动中环境成本被外部化。因此,开始把保护环境的希望寄托在对生产活动过程的管理上。这一时期环境管理思想和原则就变为"外部性成本内在化",即设法将环境的成本内在化到产品的成本中去。具体说来,就是通过对自然环境和自然资源进行赋值,使环境污染和破坏的成本在一定程度上由经济开发建设行为负担。这一时期最重要的进步就是认识到自然环境和自然资源的价值性。所以,对自然资源进行价值核算,用收费、税收、补贴等经济手段以及法律的、行政的手段进行环境管理,成为这一阶段的主要研究内容和管理办法,并被认为是最有希望解决环境问题的途径。在这一时期,环境评价、环境经济学、环境法学等得到蓬勃的发展。但大量实践表明,经济活动为其现行的运行准则所制约,因而很难或不可能在其原有的运行机制中给环境保护提供应有的空间和地位,对目前的经济运行机制进行小修小补是不可能从根本上解决环境问题的。

(三) 把环境问题作为一个社会发展问题,以协调经济发展与环境保护关系为主要管理手段的阶段

1987 年,联合国环境与发展委员会出版了《我们共同的未来》,1992 年联合国环境与发展大会又通过了《里约宣言》,这标志着人类对环境问题的认识提高到一个新的境界。人们终于认识到环境问题是人类社会在传统自然观和发展观支配下的发展行为造成的必然结果。

多年来解决环境问题的实践与思考,终于使人们觉悟到,要真正解决环境问题,首先必须改变人类的发展观。发展不能仅局限于经济发展,不能把社会经济发展与环境保护割裂开来,更不应对立起来。发展应是社会、经济、人口、资源和环境的协调发展和人的全面发展。这就是"可持续发展"的发展观,也就是说,只有改变目前的发展观及由之所产生的科技观、伦理观、价值观和消费观等,才能找到从根本上解决环境问题的途径与方法。如此,环境管理的思想和原则也正在作相应的改变。

近年来,随着人类认识的一步步深化,人们在不同的领域里进行着探索。如生命周期评价(life cycle assessment, LCA)的提出就是一个很好的例子。与环境影响评价不同,LCA从产品着眼,包括产品服务在内,对原材料开采、加工合成、运输分配、使用消费和废弃处置的产品生命的全过程进行环境评价。这种方法的特点是面向产品的生命过程,而不是仅仅面向产品的加工过程。更为重要的是因为产品流动是人类社会-自然环境系统中物质循环流动的载体,抓住了产品的管理,就是抓住了在人与自然之间物质循环的关键。又如,德国Wuppertal研究所的史密特教授提出的单位服务量物质强度(material intensity per unit service, MIPS)的概念和思路,它从单位服务的物质消耗角度来考察人们的行为对环境的影响,从而使人们在生活的各个方面都顾及对环境的影响,使人类的社会行为尽可能少地消耗自然资源。MIPS还被世界工商业可持续发展委员会(World Business Council for Sustainable Development, WBCSD)采纳和推荐。这些例子表明人们对环境问题已经开始有了更本质的认识,努力接近自然系统运行的规律,进而探索减轻对自然环境系统压力的方法。

(四)把解决环境问题作为人类文明演替推动力的新阶段

以上三个阶段的环境管理思想与方法的演变,说明了人类是可以逐渐认识并把握自然的存在价值的,更说明了在严重的环境问题面前,觉醒了的人类完全有可能克服这个发展的难题和障碍。

在环境问题的压力面前,人类已经进步到有意识地探索与自然和谐共处的道路的阶段。从管理的角度,如何进一步保护好自然环境,甚至是"经营"好自然环境,使良好的自然环境成为经济发展的又一推进力,成为社会进步的又一重要目标,进而成为人类社会文明的重要组成部分,已经提上议事日程。因此,在新发展观、新发展模式、新的思想形成过程中,环境问题已经成为一个重要的人类文明演替的推动力,而环境管理作为人类对自身与自然相沟通的管理手段,正在成为人类社会由工业文明向环境文明演变的重要工具。

这一阶段目前还在进行和探讨之中,它将会是一项长期而艰难的变革,因为这是时代的转折,是人类文明的又一次深刻改变。

二、环境管理学的概念和特点

(一)环境管理学的概念

环境管理学是为环境管理提供理论、方法和技术依据的一门科学。

环境管理所要解决的不是单纯的技术问题,也不是单纯的经济问题,而是人类社会的发展同自然环境相协调的问题。因而环境管理学是一门社会发展与环境保护相结合的综合科学。

环境管理面对的是整个社会经济-自然环境系统,努力将自然规律和社会规律相匹配和耦合,以解决环境问题。从这个意义上讲,环境管理具有独特的规律,这并不是单纯的管理学、经济学或环境学所能胜任的。因此,从更宽泛的意义上来说,也可以认为是人类行为的组织学。

（二）环境管理学的特点

不难看出,环境管理学具有以下特点:

首先,环境管理学是在传统的自然科学与社会科学交叉、综合基础上形成的一门新学科。这与环境管理学所面对的对象有关,因为环境管理学所面对的既不单是自然环境,也不单是人类社会,而是人类社会与自然环境组成的复杂系统,我们把它称之为"环境社会系统"。因而它既需要汲取社会科学中的管理学、经济学、伦理学等学科的精髓,也需要吸收自然科学（如生态学、生物学等）的成果。

其次,环境管理学是复杂性的科学。环境管理所面对的对象是自然环境和人类社会构成的复杂巨系统,该系统成分多样,结构复杂,并表现出多种多样的功能,且随着时间的变化表现出动态性的特点。从目前来看,人类对该系统的了解还很少,这就决定了环境管理学的发展有着广阔的空间,也面临着极大的困难。

再次,环境管理学是新兴的、正在发展的科学。目前,环境管理学的基本理论、基本概念尚不完善,方法也很不完备,对一些重要的基本概念和研究领域还存在较大的争议。这些都是将来要继续深入研究和不断完善的问题。

阅读材料9：环境管理、资源管理、生态管理的联系与区别

环境管理、资源管理、生态管理是当前环境科学专业中最常见常用的名词,它们具有很强的交叉性、互补性和替代性,但又各有其侧重点,如表1-5所示。

表1-5　环境管理、资源管理、生态管理的联系与区别

类别	环境管理	生态管理	资源管理
管理主体	人类社会 （政府、企业、公众）	人类社会 （政府、企业、公众）	人类社会 （政府、企业、公众）
管理客体	作用于自然环境的人类社会行为	自然生态系统和近自然的人工生态系统	具有价值,特别是经济价值的自然资源
管理的具体对象	政府行为、企业行为和公众行为,以及作为这些行为的物质载体的物质流、能量流、资金流等	物种;生态系统（结构与过程）;景观（包含人类的生态系统）	矿物、木材、皮张;清洁的空气、洁净的水;土地、自然的荒野

续表

类别	环境管理	生态管理	资源管理
遵循或利用的科学规律	人类行为的规律 环境规律	自然规律 生态学规律	经济学规律 资源学规律
管理目标	改善人类社会的行为方式、消除人类对自然环境的不利影响,达到人与自然和谐	自然生态系统保育的目标(有利或不利于自然生态系统)	获取资源利用的最大价值,特别是经济价值
管理特征	着重于管理可能对生态环境造成不良影响的人类社会行为;是人类管理"自己的行为"	着重管理接近自然状态的自然生态系统,是人类"代为管理""除自己之外的其他生态系统"	着重于自然资源的经济属性,自然界的"有用物质",是人类管理"自己的财富"
举例	政府对排放污水、废气、噪声行为的管理;企业EHS体系管理;公众和NGO的环境参与等	农田生态系统、自然保护区自然生态系统、珍稀物种、城市绿化系统等的管理	土地、水、海洋、矿产、草原、生物、农业等资源管理
起点不同	污染治理	生物保护	资源开发

三、环境管理学的内容

环境管理学的内容比较宽广。按照不同的分类方法,有不同分类结果。

(一)按管理领域划分

所谓管理领域,是指环境管理行动要落实到的地方。环境管理行动落实在水、气、土、声、辐射、生态等自然环境要素上,即为要素环境管理。其管理内容为环境要素的环境质量,以及水体、土壤、大气、噪声、辐射等污染物排放的管理。

环境管理行动落实在人类社会的产业活动中,如工业、农业、服务业,即为产业环境管理。其管理内容为在这些产业活动中向环境排放污染物的行为,如管理工厂企业排放废水、废气、废渣,农田化肥农药污染,餐厅油烟气污染,歌厅噪声污染,以及开展清洁生产、ISO14000标准认证等。

环境管理行动落实在一定的区域范围内,如城市、农村、流域、开发区,等等,即为区域环境管理。其管理内容为该区域范围内人类作用于环境的行为,如城市建设、农田污染、流域水污染控制和开发区环境规划等。

环境管理行动落实在环境管理的主体上,可以分为政府环境管理、企业环境管理和公众环境管理。

（二）按环境物质流划分

环境管理也可以根据"环境社会系统"中的物质流划分,分为区域环境管理、废弃物环境管理、企业环境管理、自然资源环境管理四大领域。本书第五、六、七、八章的内容就是依据此类划分安排的,见图1-3。

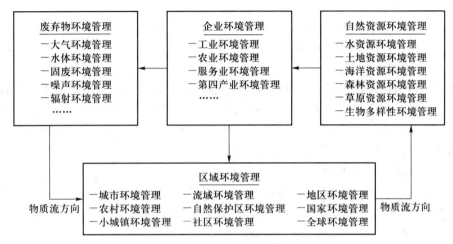

图1-3　按环境物质流过程划分的4个环境管理领域

1. 区域环境管理

由于城市、农村等区域与我们的日常生活密切相关,城市的大气污染、农村的生活垃圾,是大多数人了解、认识和探究环境问题的起点。因此,区域环境管理就成为了环境管理研究和工作的起点。

由于区域是地球表层相对独立的面积单元,不同区域上的人类社会和自然环境,都具有非常明显的区域特征。从物质流的角度,区域环境是各种环境物质流交流、汇通、融合和转换的场所。因此,对于自然资源环境管理、企业环境管理和废弃物环境管理,无论是管理的目标,还是具体政策和行动,都必须落实到一定的区域上才能发挥作用,都必须关注对区域环境所造成的影响和所受到的制约。因此,区域环境管理可以看作是前三类环境管理在某一个特定区域(如在城市、农村、流域)的综合或集成,从而构成了环境管理的核心。

广义的区域环境管理还包括以国家边界为地域范围的国家环境管理和以地球表层为空间范围的全球环境管理(见本书第九、十章的内容)。

2. 废弃物环境管理

众所周知,区域环境问题是由废弃物排放后污染环境造成的。因此,按物质

流动方向溯源,很早就开展了废弃物环境管理的研究和工作。废弃物环境管理的任务,就是运用各种环境管理的政策和技术方法,尽可能地减少废弃物向自然环境中的排放,或者使排放的废弃物能与自然环境的环境容量相协调,以不损害环境质量。废弃物环境管理不仅注重废弃物本身的管理,还要从区域的角度,关注废弃物排放到环境之后产生的环境影响,并根据环境质量情况对废弃物排放提出要求。

3. 企业环境管理

从物质流的方向再溯源,废弃物是在企业生产过程和产品消费过程产生的。因此,要控制废弃物,就必须对企业活动进行环境管理。企业活动包括开采自然资源、原料提炼、加工、转化、生产、运输和消费等多个环节,是创造物质财富的过程。不恰当的企业活动也是破坏生态、污染环境的主要原因。因此,企业环境管理的任务是创建一个资源节约和环境友好的生产过程。其内容包括政府部门对企业的监督管理,企业作为主体对自身的环境管理(环境经营)活动,以及公众和 NGO 对企业环境经营管理活动的监督等。

4. 自然资源环境管理

最后,我们发现,所有废弃物最终的来源都是自然资源。由于废弃物一方面是浪费自然资源,另一方面又污染更多的自然资源。因此,自然资源的保护与管理,成为环境管理清本溯源的必然要求。自然资源的开发利用是人类社会生存发展的物质基础,也是人类社会与自然环境之间物质流动的起点。因此,自然资源的保护与管理,就成为了环境管理的起点和首要环节。自然资源的保护与管理,实质是管理自然资源开发和利用过程中的各种社会行为,具体包括水资源、土地资源、森林资源、草地资源、海洋资源和生物多样性资源的管理等。

主要概念回顾

人与自然	农业文明	企业社会责任	环境物质流
环境问题	工业文明	环保 NGO	环境文明
狭义环境问题	政府行为	环境科学	环境社会系统
全球环境问题	企业行为	环境管理	三分钱模式
人类文明演替	公众行为	环境观念	厦门 PX 事件
原始文明	行政管理	环境行为	

思考与讨论题

1. 对于全球气候变暖的原因,人们的争议越来越激烈:很多人认为主要原因是人类在近一个世纪以来无节制地使用矿物燃料,排放出大量 CO_2 等温室气体;也有一些学者对此观点持怀疑态度,他们认为地球气候长久以来一直处于不断变化的过程中,期间存在各种复杂的原因,如太阳活动、火山活动或大洋热盐环流的变化,都对温度的年代际变化有重要影响。对这个问题你持何种观点? 你认为该如何认识人类活动和环境问题之间的关系?

2. 人类社会与自然环境相互作用的最基本形态是物质流动,随着人类社会的进步和发展,物质流动的环节逐渐增多。在工业文明时代,这一链条式的物质流动过程涉及了索取—加工—流通—消费—弃置五个环节。在生态文明崛起的今天,你认为物质流动的环节将会继续增多还是有所简化? 请说明你的理由。

3. 政府作为社会公共事务的管理主体,是环境管理中的主导性力量。政府行为对环境所产生的影响具有极大的特殊性,它涉及面广、影响深远又不易察觉,既可以有重大的正面影响,又可能有难以估计的负面影响。你认为政府在进行环境管理时,该如何确保将对环境造成的负面影响降至最小?

4. BP 是世界上最大的石油和石化集团公司之一,其员工遍布全世界,在百余个国家拥有生产和经营活动。对于环境管理,BP 在新能源开发、控制温室气体排放、废弃物利用等方面都有所建树。然而,2010 年 BP 在墨西哥湾的漏油事件将它推向了舆论的风口浪尖。请查阅相关资料,了解事件的详细经过;并从环境管理的角度出发,评判一个公司社会责任的标准是什么,是千功抵一过,还是一过抹千功? 对于大型跨国公司,在全球范围内进行环境管理的困难有哪些?

5. 一些从未受过环境管理专业教育的人在日常生活中可能也会有符合可持续发展要求的行为方式,如随手关灯、厨房用水冲厕、垃圾分类等,这些环保行为的产生可能并非有意识的。你认为环境观念和环境行为之间的关系是怎样的? 请具体解释。

练习与实践题

1. 你是否了解环境科学专业的学生在校期间可以参加的专业活动以及毕业之后可能从事的工作有哪些? 请查阅相关资料并作总结。想一想如何让自己在这个领域更专业、更具竞争力?

2. 试着将“绿色生活的 50 个小妙招”中的绿色生活方式介绍给你的亲戚或朋友,在通俗的讲解中尽量融入环境管理的专业理念,记录他们的问题并看你能否解决,试着扩充这 50 个小妙招。

3. 找到一个环保部门的公务人员,问一问他都在做哪些工作? 在工作中都碰到了哪些环境问题,是如何解决的?

4. 找到一个企业经理,问一问企业是如何看待环境问题和企业社会责任的,如何解决企业利润与污染治理之间的矛盾?

5. 找到一个环保 NGO 组织,询问其组织和工作模式;作为一个志愿者,询问你能在其中做什么贡献?

6. 2010 年香港一名老妇以两份环评报告未评估臭氧、二氧化硫和悬浮微粒影响为由,认为特区政府批准港珠澳大桥香港段环境许可证非法,向香港高院提请司法复核并获支

持,导致工期延误。对此,一些人认为,这位老妇因担心自己身体健康受工程影响而提起"乱诉",导致工程受到严重影响,影响了数百万香港居民的福祉;还有人认为老妇以公共利益为重,如此维权意识,可敬可佩。对此事你如何看待?请查阅相关资料,了解事件的详细经过。你认为公众在环境管理中应发挥怎样的作用?

第二章
环境管理的理论基础

第一节 环境管理的理论基础（Ⅰ）：可持续发展理论

一、可持续发展的由来

（一）环境问题与可持续发展的提出

对环境问题产生根源和解决途径的不断思考和反省，是现代可持续发展思想产生的重要根源。

以 20 世纪 60 年代的《寂静的春天》、70 年代的《增长的极限》、1972 年第一次人类环境会议通过的《人类环境宣言》为代表的一系列学术著作、政府文件和国际条约，都是人们对环境问题深刻反思的结果。这些反思，使人类认识到环境问题的实质和根源在于环境与发展的关系。

20 世纪 80 年代初，联合国向全世界发出呼吁："必须研究自然的、社会的、生态的、经济的以及利用自然资源过程中的基本关系，确保全球持续发展。"1983 年成立的联合国世界环境与发展委员会（The United Nations World Commission on Environment and Development，WCED）经过三年的考察，对人类在经济发展和环境保护方面存在的问题进行了全面和系统的评价，一针见血地指出："过去我们关心的是发展对环境带来的影响，而现在我们则迫切地感到生态的压力，如土壤、水、大气、森林的退化对发展带来的影响。不久前我们感到国家之间在经济方面相互依赖的重要性，而现在我们则感到国家之间在生态学方面相互依赖的情景，生态与经济从没有像现在这样相互紧密地联系在一个互为因果的网络之中。"该委员会在 1987 年提交的报告——《我们共同的未来》中对未来的发展提出了明确定义，即"可持续发展"，认为可持续发展是既满足当代人的需要，又不损害后代人满足其需要能力的发展。这一定义后来被广泛使用。

可持续发展的提出，是人类对于自身发展认识的一次重大飞跃。人类要想继续生存和发展，就必须改变目前的生存方式和发展方式，走可持续发展的道路。

（二）可持续发展的主要原则

可持续发展有十分丰富的内涵,但一般而言,其基本原则有三个方面:

① 持续性原则。资源和环境是可持续发展的主要限制性因素,是人类社会生存和发展的基础。因此,资源的永续利用和环境的可持续性是人类实现可持续发展的基本保证。人类的发展活动必须以不损害地球生命支持系统的大气、水、土壤、生物等自然条件为前提,其强度和规模不能超过资源与环境的承载能力。

② 公平性原则。包括代内公平和代际公平。代内公平是指世界各国按其本国的环境与发展政策开发利用自然资源的活动,不应损害其他国家和地区的环境;给世界各国以公平的发展权和资源使用权,在可持续发展的进程中消除贫困,消除人类社会存在的贫富悬殊、两极分化状况。代际公平是指在人类赖以生存的自然资源存量有限的前提下,要给后代人以公平利用自然资源的权利,当代人不能因为自己的发展和需求而损害后代人发展所必需的资源和环境条件。

③ 共同性原则。可持续发展是全人类的发展,必须由全球共同联合行动,这是由于地球的整体性和人类社会的相互依存性所决定的。尽管不同国家和地区的历史、经济、政治、文化、社会和发展水平各不相同,其可持续发展的具体目标、政策和实施步骤也各有差异,但发展的持续性和公平性是一致的。实现可持续发展需要地球上全人类的共同努力,追求人与人之间、人与自然之间的和谐是人类共同的道义和责任。

可持续发展的这三大原则,在下面的阅读材料中可以得到强烈的感受。

阅读材料 10:12 岁小姑娘 Severn Suzuki 在 1992 年地球峰会的发言

Hello,我是珊文·铃木,代表 E.C.O.——关注环保儿童组织。

我们是几个十二三岁的加拿大小孩:Vanessa,Morgan,Michelle 和我。我们自己筹钱,旅行了 5 000 miles① 来这儿告诉你们大人,你们必须改变。我今天来这儿,没有什么隐藏的理由。我是在为我的未来抗争。

失去我的未来并不像输掉一场竞选,或者股市上的一些点数。我来这儿是为了所有未来的一代又一代。

我来替世界上所有饥饿的小孩讲话,因为他们的哭声没有人听到。

---

① 1 mile = 1 609.344 m。

我来替地球上正在死去的数不清的动物讲话，因为他们没有地方可去。必须有人听听我们的声音。

　　我现在不敢出去晒太阳，因为臭氧层有破洞。我害怕呼吸空气，因为我不知道里面有什么化学成分。

　　我曾经和爸爸一起在温哥华钓鱼，直到几年前我们发现鱼都得了癌症。现在每天我们都能听到动物和植物灭绝的消息——它们再也回不来了。

　　在我的生命里，我梦想着看见大群的野生动物，看见到处是鸟和蝴蝶的热带丛林，但是现在我不知道我的孩子还能不能看到它们的存在。

　　你们像我这么大的时候也需要担心这些事情吗？

　　这些都在我们的眼前发生，可是我们却假装我们有无穷无尽的时间和办法去解决问题。我只是个小孩，我没有解决这些问题的答案，但是我想要你们知道，你们也没有！

　　你们没有办法修补臭氧层的破洞，不能让三文鱼回到已经干涸的河流，没有办法让灭绝的动物重新出现，也无法让已经变成沙漠的地方重新成为森林。

　　如果你们没有办法去修补，就请不要再去破坏！

　　在这里，你们也许是政府的代表、商业人士、组织者、记者或者政治家，但你们也是父亲和母亲，兄弟和姐妹，叔叔和阿姨……而且，你们所有人都是你们父母的小孩。

　　我只是一个小孩，可是我却知道我们都是一个大家庭的成员，这个家庭有50亿人，3 000万个物种，我们共享着同样的空气、水和土壤。国界和政府永远也改变不了这个事实。

　　我只是一个小孩，可是我却知道我们是一个整体，应该为了同样的目标一起努力。

　　我很生气，但我不盲目。我很害怕，但我不怕把我的感觉告诉全世界。

　　在我的国家，我们浪费太多，买了又扔掉，买了又扔掉，却不肯分享给需要的人。甚至当我们已经拥有太多的时候，还是怕会失去财富，不愿与人分享。

　　我只是一个小孩，可是我却知道如果所有花在战争上的钱都被用来终止贫穷、找寻环境问题的答案，这个地球会变成多美好的地方！

　　在学校，甚至是在幼儿园，你们就教我们要做个乖孩子。教我们不要打架、要谦让、要尊重别人、要清理弄脏的地方、不要伤害动物、要分享、不要自私。

　　那你们为什么却在做着不让我们做的事？

　　不要忘了你们为什么来参加这些会议，为谁来参加——我们是你们的孩子。你们在决定着我们在什么样的世界里成长。父母在安慰孩子的时候应该能说"一切都会好的"、"我们正在尽力"和"这不是世界末日"。但是我想你们再也说不出这些话了。你们真的还把我们放在头等重要的位置吗？我爸爸总是说："你所做的才代表了你,而不是你所说的。"

你们所做的事情,让我在夜晚哭泣。你们大人说你们爱我们。我恳请你们,言行一致。谢谢。

（三）可持续发展的实践进展

由于可持续发展关系到当今人们的生存和发展,关系到经济的持续发展,关系到社会的繁荣安全,关系到人类整体素质的提高,所以这一思想的提出立即引起了世界各国的关注。

在国际组织层次上,几乎所有的国际组织都对可持续发展做出了积极的回应,而联合国是推进可持续发展最重要的机构。1992年,第一次联合国环境与发展大会在巴西里约热内卢召开,通过了《里约环境与发展宣言》和《21世纪议程》两个关于可持续发展的纲领性文件,使可持续发展得到了世界上最广泛和最高级别的政府承诺。《里约环境与发展宣言》提出了实现可持续发展的27条基本原则,旨在保护地球永恒的活力和整体性,建立一种全新的、公平的"关于国家和公众行为的基本准则",成为开展全球环境与发展合作的框架性文件。《21世纪议程》旨在建立21世纪世界各国在人类活动影响环境的行动规则,为保障人类共同的未来提供一个全球性的战略框架,是世界范围内可持续发展在各个方面的行动计划。这次大会为人类走可持续发展之路作了总动员,被誉为人类迈向可持续发展新文明的一座重要里程碑。

在国家层次上,很多国家积极行动起来实施可持续发展战略,据联合国估计,有100多个国际组织和机构设立了专门的可持续发展委员会,约有1 600个地方政府制定了当地的《21世纪议程》,大多数国家都制定了适合本国国情的可持续发展的规划和政策。

中国政府在1994年率先编制了《中国21世纪议程》及其"优先行动",将可持续发展作为国家发展的基本战略。追求可持续发展,建设人与自然和谐的社会,已经成为中国政府、企业和公众的共识。

1996年,美国政府出台了《美国国家可持续发展战略:可持续的美国和新的共识》,同时宣布由总统可持续发展委员会和可持续社区联合中心两个机构负责实施美国的可持续发展战略。

二、可持续发展的主要基本理论

(一)可持续发展基本理论研究的几个主要流派

迄今为止,可持续发展的基本理论仍在进一步探索和形成之中。

当前可持续发展理论的研究主要有以下几大流派,分别是生态学方面的、经济学方面的、社会学方面的、系统学方面的和环境社会系统发展学方面的。它们分别从不同的角度,不同的方面,探讨了可持续发展的基本理论和方法。

> ┌── **阅读材料11:可持续发展基本理论研究的几个主要流派** ──┐
>
> 生态学方面:认为生态、环境和资源的可持续性是人类社会实现可持续发展的基础。它们以生态平衡、自然保护、环境污染防治、资源合理开发与永续利用等作为其最基本的研究对象和内容,将"环境保护与经济发展之间取得合理的平衡"作为衡量可持续发展的重要指标和基本手段。流派的研究以挪威原首相布伦特兰夫人和巴信尔等人的研究报告和演讲为代表,最具有代表性的指标体系是 Costanza 等人提出的生态服务(eco-service)指标体系。
>
> 经济学方面:认为经济的可持续发展是实现人类社会可持续发展的基础与核心问题。它以区域开发、生产力布局、经济结构优化、物资供需平衡等区域可持续发展中的经济学问题作为基本研究内容,将"科技进步贡献率抵消或克服投资的边际效益递减率"作为衡量可持续发展的重要指标和基本手段,充分肯定科学技术对实现可持续发展的决定性作用。该流派的研究以世界银行的《世界发展报告》、莱斯特·布朗、Macneill 和 Pearce 等有关"绿色经济"的研究为代表,最具有代表性的指标体系是世界银行的"国民财富"评价指标体系。
>
> 社会学方面:认为建立可持续发展的社会是人类社会发展的终极目标。它以人口增长与控制、消除贫困、社会发展、分配公正、利益均衡等社会问题作为基本研究对象和内容,将"经济效率与社会公正取得合理的平衡"作为可持续发展的重要判据和基本手段,这也是可持续发展所追求的社会目标和伦理规则。该流派的研究以联合国开发计划署的《人类发展报告》为代表,其衡量指标以"人文发展指数(HDI)"、"真实进步指标(GPI)"、"可持续性晴雨表"等为代表。
>
> 系统学方面:认为可持续发展研究的对象是"自然—经济—社会"这个复杂巨系统,应用系统学的理论和方法,以综合协同的观点去探索可持续发展的本源和演化规律。该流派的研究以中科院可持续发展研究组牛文元等提出的

"可持续能力"指标体系,以及中国科学院《中国可持续发展战略研究报告》为代表。表2-1列出了该报告的历年主题。

表2-1 《中国可持续发展战略研究报告》历年主题

年度	年度主题	年度	年度主题
1999	中国可持续发展战略设计	2006	建设资源节约型
2000	中国可持续能力的资产负债分析	2007	水:治理与创新
2001	中国现代化研究报告	2008	政策回顾与展望
2002	可持续发展能力建设:中国10年	2009	探索中国特色的低碳道路
2003	中国可持续发展综合国力评价	2010	绿色发展与创新
2004	全面建设小康社会	2011	实现绿色的经济转型
2005	中国城市可持续发展战略研究	2012	全球视野下的中国可持续发展

环境社会系统发展方面:认为人类社会与自然环境构成的是一个不可分割的整体。人类的生存方式主要体现在人类社会的生产方式、生活方式和组织方式上,人类的生存方式决定于人类社会与自然环境的相互作用。该流派主张从环境社会系统健康发展的整体出发,通过各组成部分在界面活动中的协同共赢来推进可持续发展。该流派的研究以北京大学叶文虎的"三种生产"理论等一系列论著为代表。

(二) 可持续发展理论所要解决的问题

可持续发展思想有极其深厚的科学和人文内涵。可持续发展理论关注和研究的问题包括生态、环境、资源、社会、经济、人口和贫困等多个方面。但是,可持续发展究竟要解决什么问题? 它是什么问题都可以解决的"医治百病的良药",还是什么问题都解决不了的一种"空谈"理论呢? 学术界对这一问题还在讨论之中。

但无论可持续发展理论要解决什么问题,其内涵都强调人类发展过程中应合理利用自然资源,保护好生态环境,为后代维护、保留较好的资源条件,在提高生产力的同时提高人类素质,使人类社会得到健康的发展,促进人类的行为能力、社会福利、生活质量的全面提高。

阅读材料12:可持续发展究竟要解决什么问题?

可持续发展一词自20世纪80年代被提出以来,特别是自1992年以来,在全世界范围内被广泛传播,得到普遍认同和接受。其认同速度之快,影响范围之大都是空前的。这种现象意味着什么？为什么会出现这种现象？很值得我们去深思。我以为，需要思考的根本问题是：可持续发展一词的含义究竟是什么？它对人类的生存和社会的发展究竟有什么意义？我们究竟如何行动才算符合可持续发展的要求。

我以为，人类自始至终（如果有始终的话）都在为生存而努力，为更好的生存而努力。生存方式的改变和完善的过程就是发展。

人类，自结成群体以来，一直在发展着，从来也没有停止过。为什么到了20世纪80年代时才强调，而且特别强调要"可持续发展"呢？这是不是意味着人类一方面在十分努力地"发展"，一方面又在内心的深处存在着巨大的担心，担心这样的"发展"维持不下去，而且这种"担心"随着社会物质生活的富裕而越来越严重。说到底，这表明人类不但对自己当前的生存方式不满意，而且担心我们当前的生存方式将殃及子孙。出于对子孙后代关怀的天性，人类总是希望自己的"发展"能为子孙后代提供更加幸福、美满的生存状态，而且可以永久地、持续不断地发展下去。尽管人们对这样的"发展"一时还说不清楚是个什么样子，更不明白我们现在究竟应该怎样去做。但在内心深处总是坚信这样的一种"发展"是存在的，是应该去不懈追求的。显然，可持续发展思想不是从过去几千年人类的"发展模式"中推演出来的，也不是从现实的各种"成功"的"发展模式"中归纳总结出来的。同样在今天，可持续发展也不会是一个具体的"发展模式"，尽管是"新"的。至于在今后，它会不会成为一种模式，会不会成为一种同一的模式，或具有同一性的模式，那是以后的社会学家该研究的事。

既然可持续发展思想或概念不是源自于演绎、推理，也不是源自于归纳、总结，那么它是怎么孕育在广大人群内心深处的呢？我想，它唯一可能的来源就是人类先天具备的反思特性。人们从行为的效果中去反思行为，从对行为的反思进而去反思指挥行为的理论、方法，又进而去反思引导理论形成的观念。经过这样一层层的反思，人们不断修正自己的观念，不断改变自己的理论，不断调整自己的行为。其实，人类的历史就是不断反思、不断修正、不断改变、不断调整的过程。只不过修正、改变、调整的量与质不同而已。可持续发展的提出在人类历史上是一次重大的带有根本性意义的修正、改变和调整。

可持续发展思想源于对自工业革命以来人类发展历程的反思。与农业文明时代相比，工业革命以后形成的"发展模式"使人类的生存方式和生存状况发生了重大的改变。一方面，它推动着科学技术突飞猛进，使人们的物质生活飞速提高，使人类的物质财富极大丰富。另一方面，它又使人类饱尝战乱灾患的痛苦,面临越来越严重的自然资源枯竭、环境质量恶化的威胁。对此,人类在工业文明思想、理论体系内部曾经作过许多修正、改变和调整,但都无济于事,不能从根本上解决问题,于是人们进一步去反思整个工业文明的思想体系。通过这一步反思,人们仿佛"突然地""大彻大悟",明确地认识到,我们不能以自然为敌,不能去追求征服、主宰自然,更不能以此为价值尺度。

于是,人们从迷惘中豁然开朗,决定选择和追求与自然和谐的,能给人类带来更大自由和幸福的生存方式。我以为这就是可持续发展的灵魂和真谛,也是可持续发展思想迅速得到广泛认同的根本原因。然而,积重难返,积习难改,思想认识上的明确与行为的正确之间还有相当大的距离和相当长的时间滞后。其中有相当大的行为惯性要去克服,有相当多的理论难题要去研究解决。因为这是时代的转折,人类文明的转折。

资料来源:叶文虎编著,可持续发展引论,高等教育出版社,2001。

三、三种生产理论及其在环境管理学中的地位

(一) 三种生产理论的概念模型

三种生产理论认为,世界系统本质上是一个由人类社会与自然环境组成的复杂巨系统,可称之为"环境社会系统"。在这个系统中,人与环境之间有着密切的联系,这种联系具体表现在两者之间的物质、能量和信息的流动上。

在这三种流动中,物质的流动是基本的,它是另外两个流动的基础和载体。在物质运动这个基础层次上,又可以划分为三个子系统,即物资生产子系统、人口生产子系统和环境生产子系统。事实上,整个世界系统的运动与变化取决于这三个子系统自身内在的物质运动,以及各子系统之间的联系状况,也就是这里所说的"生产",即有输入、输出的物质转变活动的全过程。

三种生产理论是环境社会系统发展学的核心理论,其概念模型见图2-1。

(二) 物资生产、人口生产、环境生产的内涵及其联系

简单地说,物资生产指人类从环境中索取生产资源并接受人口生产环节产生的消费再生物,并将它们转化为生活资料的总过程。该过程生产出生活资料去满足人类的物质需求,同时产生加工废弃物返回环境。

人口生产指人类生存和繁衍的总过程。该过程消费物资生产提供的生活资料和环境生产提供的生活资源,产生人力资源以支持物资生产和环境生产,同时产生消费废弃物返回环境,产生消费再生物返回物资生产环节。

环境生产则是指在自然力和人力共同作用下环境对其自然结构、功能和状态的维持与改善,包括消纳污染和产生资源。

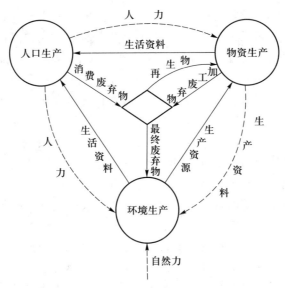

图 2-1　三种生产理论的概念模型

可见，三种生产的关系呈环状结构。其中任何一种"生产"不畅都会危害整个世界系统的持续运行；也可以说，人和环境这个大系统中物质流动的畅通程度取决于三种生产之间的协同程度。

物资生产环节，其基本参量是社会生产力和资源利用率。社会生产力对应于生产生活资料的总能力，而资源利用率表示"物资生产"从环境中索取的资源和从"人口生产"环节取得的消费再生物被转化为生活资料的比例。资源利用率愈高，则意味着在同等生活资料需求下，物资生产过程从环境中索取的资源愈少，加载到环境中的废弃物愈少。总的说来，社会生产力迅速增大，加工链节急剧增多，资源利用率急剧下降，是工业文明在物资生产方面的基本特征。

人口生产环节，其基本参量是人口数量、人口素质和消费方式。人口数量和消费方式决定了社会总消费，这是三个"生产"环状运行的基本动力，而社会总消费的无限增长，则是世界系统失控的根本原因。

人口素质涵盖人的科技知识水平和文化道德修养，它不但应决定人参加物资生产、环境生产的态度和能力，而且还应表现为调节自我生产和消费方式的能力。因此，人口素质的提高，不仅会体现在物资生产和环境生产的提高和人口生产的改善上，更重要的是还会体现在调节三种生产间关系的能力提高上。

消费方式是反映人的物质生活水平和文化道德水准的一个重要指标。穷奢极侈的唯享乐的生活方式为人类新文明所不齿。而提倡绿色消费、清洁消费、重视文化生活,是建立符合可持续发展要求的消费模式的主要内容。在工业文明时代,刺激消费恶性膨胀的理论和做法成为决定消费方式和消费水准的主要因素;人类的需求异化为商品,人成为商品生产的奴隶,从而无限加大了对环境资源的索取和对环境污染的载荷,这是工业文明发展模式不可持续的一大根源。

环境生产环节,其基本参量是污染消纳力和资源生产力。环境接受从物资生产环节返回的加工废弃物和从人的生产环节返回的消费废弃物,其消解这些废弃物的能力有一个极限,称为污染消纳力;当环境所接受的废弃物的种类和数量超过其污染消纳力后,就会使环境品质急剧降低。环境产生或再生生活资源和生产资源的速度也有极限,称为资源生产力。当物资生产过程从环境中索取资源的速度超过了环境的资源生产力时,就会导致作为资源的环境要素的存量降低。

因此,随着社会总消费的提高,仅仅保护环境是不够的,还必须主动地去建设环境,加强环境生产,提高环境的污染消纳力和资源生产力。认识到污染消纳力和资源生产力对世界系统运行的基本参数地位,将环境建设发展成为一种新的基础产业,才能使环境生产担负起其在可持续发展中的应有使命。在人口基数消费水准一时难以降低,而社会总消费和社会生产力又不断提高的现实前提下,加强环境生产最具紧迫性和长远意义。

(三)三种生产理论对人类社会发展过程及环境问题的解释

如前所述,人类社会迄今为止的文明历程可以分为原始文明、农业文明和工业文明三个阶段。在这三个阶段中,人类与自然环境组成的世界系统经历了漫长的演变过程,人类对该系统的认识也经历了一个复杂而曲折的历程,见图2-2。

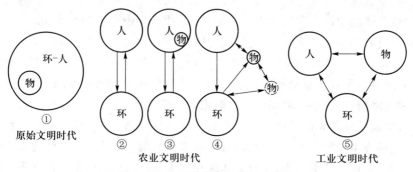

图2-2 世界系统演变过程示意图

如图2-2①所示,在原始文明时代,世界系统中起主导作用的是环境生产,此时人口数量非常少,物资生产能力非常微弱,基本上都包含在环境生产中。这时,人类与自然浑然一体，是自然界的一部分。因此，世界系统实际上就是自然环境。

图2-2②～④表明，在农业文明时代，人口生产与环境生产的相互作用成为世界系统运行的主导。依据人口生产的规模，农业文明时代又可划分为三个亚阶段：早期阶段，物资生产的作用还未在世界系统的运行中凸现出来；中期阶段，物资生产虽然有所显现，但只是作为人口生产的一个附属部分；随着物资生产规模的扩大，它逐渐发育成为一个独立的系统，而从人口生产子系统中脱离出来，这是农业文明的晚期阶段。

图2-2⑤表明，到了工业文明时代，物资生产的规模、功能、作用逐渐强大，其地位由从属上升为主导，从而能与人口生产、环境生产并列，共同通过环状连结构成了世界系统。

从一种生产到两种生产再到三种生产，反映了人类对世界系统的认识过程。在环境问题十分尖锐的今天，人类已经意识到了环境生产的存在，也认识到人口生产和物资生产，都必须与环境生产的能力相适应。承认环境生产的存在及其在世界系统中的基础地位，是解决环境问题的基本出发点。

阅读材料13：三种生产理论在环境管理学中的地位

三种生产理论对环境管理工作和环境管理学理论体系的建立具有重要的指导意义，主要表现在以下五个方面。

1. 三种生产理论阐明了人与环境关系的本质

三种生产环节间的物质联系关系表明，环境生产环节是人口生产环节和物资生产环节存在的前提和基础，物资生产在本质上依靠环境生产所产出的自然资源作为加工的原材料，依靠环境的自净能力来消纳排放出来的污染物，人口生产则是这个世界系统运行的原动力。世界系统的稳定运行就是依靠三种生产环节之间物质流动的畅通来保证的，"生产"一词反映了人与环境关系的动态性和发展性，阐明了人与自然关系的基础层面。

2. 揭示了环境问题的实质及其产生根源

从三种生产理论中我们可以看到，环境生产环节在输入—输出上的不平衡是造成环境问题的根本原因。在环境生产过程中，输入的是（除太阳能外）人类在消费和生产过程中排放的废弃物，这些废弃物不但不被环境亲和，而且还破坏和降低了环境对废弃物的消纳力和对资源的生产能力。这种输入、输出上的不平衡，导致了自然环境系统运行的不稳定，从而导致了世界系统结构和运行的不稳定。所以说，环境问题的实质就是导致三种生产环状结构运行不和谐的人类社会行为问题。这是我们研究环境问题及其解决途径的根本出发点。

3. 指明了环境管理的主要目标和任务

从三种生产构成的世界系统图上可以看出,要使它们能够和谐地运行,就必须使物质在这个系统中的流动畅通,必须使每一种生产环节的物质输入,输出均衡。也就是说,必须在现有的物质流动过程中再增加上一个功能单元。这个单元应能将人类在生产和生活中排泄的"废弃物",以与环境亲和的形态进入环境,或者重新转变成物资生产子系统可以利用的资源,以使人类社会对自然资源的开发强度、废弃物的排放强度与环境生产力匹配起来。因此,环境管理的主要目标和任务,就是推进这一新单元的建立,以保障三种生产物质流的畅通。

4. 明确了环境管理的主要领域和调控对象

依据三种生产理论还可以看到,环境问题的产生往往发生在不同"生产"系统的交互界面上,即相互交叉的地方。比如森林,一方面它的经济价值决定了人类应当采伐利用它,另一方面它的生态价值又决定了它不能被随意砍伐,这就使人类社会的行为在环境生产子系统和物资生产子系统的界面上发生了矛盾。另外,环境问题产生的直接原因常常在于自然的、地理的、行政的等各种不同边界上的活动不协调,如河流、海洋及其滨江、滨海地带,城市和农村的混合地带,或者省与省、市与市的交界处的活动等。这些都表明,环境管理的主要领域应当集中发生在多种多样的交互界面上的人类社会行为和行动。

5. 奠定了环境管理学的方法论基础

三种生产理论表明,为了人类社会的持续发展,人类必须以和谐人与环境的关系为目标,正确地管理好自己的社会行为。而要使物质在三种生产子系统之间的流动畅通,其方法就只能是协调和协同。把人类社会涉及三种生产运行的行为协同起来,把三个生产子系统自身的利益追求与世界系统物流畅通的要求协调起来。这就是环境管理学方法论的基础。

第二节 环境管理的理论基础(Ⅱ):管理学理论

一、管理学概述

(一)管理与环境问题

20 世纪中叶以后,环境问题日益严重,人与自然环境的矛盾激化,使在全世界范围内的人都感受到"继续生存的危机"。开始,人们对此不以为然,以为凭借自己的、已被历史证实为"战无不胜、攻无不克"的科学技术,一定可以制止环境的恶化,扭转环境恶化的趋势。然而事与愿违,科学技术在治理一部分环境问题的同时又引发了更多的新的环境问题。于是,人类不得不从单纯迷恋治理技术的局限中跳出来,转而向"管理"寻求出路。

向"管理"寻求出路,就是要进行环境管理。由于人类社会生存方式具有的传承性、国际性、历史性等特点,因此这是一项前所未有的艰巨的管理活动和任务。从这个角度讲,在决定人类前途命运的环境问题面前,环境管理是使人类社会得以持续生存和发展的最重要的管理活动。

显然,环境管理离不开现代管理学理论和方法的支持。这就需要环境管理的学习者、研究者和实践者,都能够了解、掌握并能运用一定的管理学知识。

(二) 管理与管理学

无论是管理者还是管理学家,对管理学的价值都是相当自信的。他们认为,在人类的活动中,无时不存在管理,无处不需要管理。一位叫德鲁克的美国管理学家认为:"在人类历史上,还很少有什么事情比管理的出现和发展更为迅猛,对人类具有更为重大和更为显著的影响"。另一位叫赫尔茨的德国管理学家则认为:"管理是由心智所驱使的唯一无处不在的人类活动"。

那什么是管理呢? 管理学至今还没有能够提供出一个确切并得到共识的定义。在通俗性的解释中,有人说管理就是管辖和处理;有人说管理就是通过其他人来进行工作;有人说管理就是决策;还有人说管理就是组织。在专业性的研究中,一些著名管理学家分别给出自己的定义。被称为"现代经营管理之父"的法约尔(Henri Fayol)认为,管理就是实施计划、组织、指挥、协调和控制。而作为"引发管理教学方法改革"全美最佳管理学入门教材的作者,唐纳利(James Donnelly)认为,管理就是由一个或者更多的人来协调他人的活动,以便收到个人单独活动所不能收到的效果而进行的活动。另一位世界上管理学与组织行为学领域最畅销教材的作者罗宾斯(Stephen P. Robbins)认为,管理是指同别人一起或通过别人使活动完成得更有效的过程。中国本土最畅销的管理学教科书作者,著名管理学家周三多教授则认为,管理是社会组织中为了实现预期的目标,以人为中心进行的协调活动,管理的本质是协调。

由以上定义可见,管理是一类非常重要的关于人类活动的组织、协调、控制、目标的活动和过程。

管理学是研究管理的一门科学,至今已有100多年的历史。值得说明的是,在管理类专业的教科书中,常常对管理学和管理科学有不同的理解。大多数管理学家认为,管理学包括管理科学,所谓的"管理科学",是指在管理学中特别注重使用数学模型的一个学派或一个分支。

（三）管理的基本职能

管理的五项基本职能是计划、组织、领导、控制和创新。尽管对管理的定义众说纷纭，但几乎所有的管理学教科书都把这五项职能作为教学的主要内容。

① 计划（planning）是指制定目标并确定为达成这些目标所必需的行动，计划职能包括定义目标、制定战略和子计划以及必要的协调活动等具体内容。

② 组织（organizing）是指为了实现计划目标，对需要做什么，怎么做，谁去做等问题进行安排的一种行动。计划的执行需要多人的合作，通过组织合作起来的行动，具有比各个个体行动的总和更大的力量、更高的效率。因此，组织是管理活动中最重要的职能。

③ 领导（leading）是指管理者通过指导和激励整合组织中所有群体和个体的行动，以实现组织目标的职能。

④ 控制（controlling）是指通过监控、评估等活动，及排除各种因素的干扰，以保证计划得以实施的行动。

⑤ 创新（innovation）是在计划、组织、领导和控制等各种管理活动中，面对新问题、新情况时采取的新方式和新方法。创新职能本身没有某种特有的表现形式，它总是在与其他管理职能的结合中表现自己的存在与价值。

管理的五项基本职能的关系如图 2-3 所示。

图 2-3　管理的五项基本职能的关系

（四）管理学的应用领域

美国学者菲力浦·科特勒（Philip Kotler）从社会经济的角度将整个社会组织划分为三大部门：第一部门是企业，第二部门是政府，第三部门是非营利组织。针对着这三类组织的性质，分别对应于政府管理、工商管理和社会组织管理。其中，政府管理和社会组织管理又合称为公共管理，工商管理又称为私人管理。

工商管理（business administration）是指工业和商业企业的管理，包括企业的经营战略制定和内部行为管理两个方面。工商管理的内容,可以从大学商学院MBA课程设置中得到初步的了解。美国商学院联盟将商学院划分为13个学科,它们是:会计(accounting)、战略(corporate strategy)、经济学(economics)、财务(finance)、人力资源管理(human resource management)、保险(insurance)、国际工商管理(international business)、组织行为(management behavior)、营销(marketing)、信息管理、运作管理(operations management)、运筹学(operations research)、房地产管理(real estate)及其他学科或综合性学科(others)。

政府管理是指政府组织对国家和社会公共事务的行政活动以及对内部事务进行的计划、组织、指挥、协调和控制等各项管理活动。政府管理的主体是行政机关,其根本原则是依法管理,并且有执行性、政治性、权威性的特点,目的是为社会提供优质的公共服务。

社会组织管理是NGO和NPO等组织对社会公共事务的管理,这些社会组织通过其专业化能力来满足社会公众的某类共同需求,从而体现对社会公共事务管理的职能。

二、管理学的主要理论

(一)管理学理论发展简介

管理学理论的形成和发展至今已有100余年的历史,大致可分为三个阶段。

第一阶段可称为科学管理阶段,在19世纪末管理学理论形成的初期。被称为管理学之父的泰勒强调科学管理,他主张采用科学方法提高劳动生产率,并着重从工业工程和经济学的角度来观察和分析各种物质因素,使资本家降低成本、增加利润。以泰勒、法约尔、韦伯为代表人物创立的"科学管理理论"、"管理过程理论"、"行政组织理论"形成了管理学的第一个学派:科学管理学派。

第二阶段可称为行为科学阶段,开始于20世纪二三十年代。梅奥等人着重研究影响生产力的人的因素,尤其是生产中的人际关系。他们研究生产组织中人的行为及这些行为产生的原因,涉及人的需要、动机、内驱力、个性、情绪和思想,特别是"人际关系"。由此,把管理科学从"科学管理"推进到"行为管理",形成了行为科学学派。

第三阶段可称为管理丛林阶段,开始于第二次世界大战后。在这一阶段,西方各种管理学派纷纷涌现,出现了百家争鸣的现象,形成所谓的管理学的理论丛林。

(二)现代管理学的主要理论

20世纪80年代后,管理学的理论丛林不断增加新的成员,这些"理论丛林"构成了现代管理学的主要理论内容。

阅读材料14：现代管理理论丛林

美国管理学家孔茨（Horold Koontz）在其著作《管理理论的丛林》（1961）和《再论管理理论的丛林》（1980）中，提出和论证管理理论处于"丛林"状态，认为该"丛林"至少可划分为11个学派。

1. 管理过程学派

该学派把管理看作是在组织中通过别人或同别人一起完成工作的过程，创始人是法约尔。该学派强调管理过程本身的重要性及其与社会学、经济学等其他学科的区别，主张按管理的组织、计划、控制、领导四大职能建立一个研究管理问题的概念框架，汇集相关知识，形成管理学科。

2. 人际关系学派

该学派从人类行为学派演化而来，主张以人际关系为核心来进行管理学研究。该学派把有关社会科学原有的或新近提出的有关理论、方法和技术用来研究人际关系及现象，从个人的个性特点，一直到文化关系，范围广泛，无所不包。该学派内部虽有多种不同观点，但均注重"人"的因素，注重心理学和社会心理学。孔茨认为，人际关系是有用和重要的，但不能说人际关系就包括了管理的一切，单纯人际关系的研究，远不足以建立一种有关的管理科学。

3. 群体行为学派

该学派同人际关系学派关系密切，但它关心的主要是一定群体中人的行为，而不是人际关系和个人行为。它以社会学、人类学和社会心理学为基础，而不是以个人心理学为基础。该学派着重研究各种群体的行为方式，从小群体的文化和行为方式到大群体的行为特点，均在研究之列，也常被称为"组织行为学"。"组织"一词可以表示公司、政府机构、医院或其他任何群体关系的体系和类型。孔茨认为，该学派最大问题也许是总想将"组织行为"与"管理活动"等同起来。群体行为是管理的一个重要方面，但并不等同于管理。

4. 经验（或案例）学派

该学派主张通过分析经验（通常是一些案例）来研究管理。该学派认为，管理学者和实际管理者通过研究各色各样的管理案例，就能理解管理问题，自然而然地学会管理。该学派有时也想得出一般性的结论，但往往只是把它当成一种向实际管理工作者和管理学者传授管理经验的手段，即"案例教学"。孔茨认为，不能否认研究管理经验或分析过去管理过程的重要意义，但未经科学提炼和总结的管理实践经验，不见得适用于未来千变万化的新情况。只有以探求基本规律为目的去总结经验，才有助于管理原则或理论的提出或论证。

5. 社会协作系统学派

该学派带有浓厚的社会学气味，所研究的内容与社会学相同。该学派认为人类需要协作来克服自身及其环境在生物、物理、社会等方面的局限性，从而形成一种社会协作系统，并提出"正式组织"的概念。正式组织是指人们在其中能够互通信息并为一个共同目的而自觉做出贡献的一类社会协作系统。孔茨认为，该学派所注重的基础社会科学、社会行为概念的分析，以及对社会系统结构中群体行为的研究，都对管理学意义重大，但这个学派的研究内容比管理学的范围要宽，而同时又忽略了对管理者来说很重要的许多概念、原理和方法。

6. 社会技术系统学派

该学派认为，要解决管理问题，只分析社会合作系统是不够的，还必须分析研究技术系统及其与社会系统的相互影响，以及个人态度和群体行为受到技术系统的影响。因此，必须把企业中的社会系统同技术系统结合起来考虑，而管理者的主要任务之一就是确保社会合作系统与技术系统的相互协调。

7. 系统学派

该学派强调管理学研究与分析中的系统方法，认为系统方法是形成、表述和理解管理思想最有效的手段。所谓系统即由相互联系或相互依存的一组事物组成的复杂统一体。系统理论和系统分析在自然科学中早已被应用，并形成了很值得重视的系统知识体系。系统理论同样也适用于管理理论与管理科学。一些精明老练的管理人员和有实际经验的管理学家，习惯于把他们的工作对象看成是一个由相互联系的因素所构成的网络系统，系统中各种因素随时都在进行互相作用。用系统方法对其进行研究，可以提高管理人员和学者对影响管理理论与实践的各种相关因素的洞察力。

8. 决策理论学派

该学派的基本观点是，由于决策是管理的主要任务，因而应该集中研究决策问题，而管理又是以决策为特征的，所以管理理论应围绕决策这个核心来建立。该学派的学者多数是经济学家和数学家，其代表人物是曾获诺贝尔经济学奖的西蒙，其名言是"管理就是决策"。当代决策理论学派的视野已大大超出关于评价比较方案过程的范围。他们把评价方案仅仅当成考察整个企业活动领域的出发点，决策理论不再是单纯地局限于某个具体的决策，而是把企业当做社会系统研究，因而又涉及社会学、心理学等多个学科。

9. 数学学派或"管理科学"学派

尽管各种管理理论学派都在一定程度上应用数学方法，但只有数学学派将管理看成是一个数学模型和程序的系统。该学派有些人士颇为自负地给自己起了一个"管理科学家"的美名。他们的永恒信念是,只要管理是一个逻辑过程,就能用数学符号和运算关系来予以表示。这个学派的主要方法就是模型,该学派几乎把全部注意力都放在为某些类型的问题建立数学模型,精致地进行模拟和求解上。孔茨认为,尽管数学为管理学提供了极为有力的工具,但难以将应用数学方法的人看成是一个真正独立的管理理论学派,即认为数学是一种工具而不是一个学派。

10. 权变理论学派

该学派是经验学派的进一步发展,不再局限于研究个别案例,提出个别解决方法,而是试图提出适应特定情况的管理组织方案和管理系统方案。该学派认为,管理者的实际工作取决于所处的环境条件,管理实践本来就要求管理者在应用理论和方法时要考虑现实情况。管理科学和管理理论没有、也不可能提供适应任何情况的"最好办法"。权变理论家广泛地应用了古典理论、管理科学理论和系统观念来分析解决问题,其处理问题的方法是首先分析问题,然后列出当时主要的情况(条件),最后提出可能的行动方案及各行动路线的结果。由于没有两种情景是完全一样的,所以对任何情景来说,其解决办法总是独一无二的。

11. 经理角色学派

该学派同时受到学者和实际管理人员的重视,主要通过观察管理者的实际活动来明确管理者的工作内容。明茨伯格系统地研究了不同组织中五位总经理的活动,认为总经理们并不按传统的关于管理职能的划分行事,如从事计划、组织、协调和控制工作,而是进行许多别的工作。明茨伯格根据自己和他人对管理者实际活动的研究,认为管理者扮演着十种角色,分别是人际关系角色中的挂名首脑、领导者、联络者,信息角色中的接受者、传播者、发言人,以及决策角色中的企业家、资源分配者、故障排除者和谈判者。

资料来源:孙耀君主编,西方管理学名著提要,南昌,江西人民出版社,2004。

(三)管理学理论发展的趋势

有专家认为,尽管学派众多,理论纷杂,但管理学理论的发展基本上是按照两条路径前进的:一是组织理论研究,从经济人组织向社会人组织、自我实现人组织、文化型组织、学习型组织的演进;二是管理方法研究,从科学管理向行为科学方法、管理科学方法、流程管理方法、信息和知识管理方法的演进。这两条路径的演进,反映出工业文明时代的管理经历了形成、成长和成熟各阶段后开始向新文明时代管理的转变和改型。

三、管理学理论在环境管理学中的地位和作用

(一)环境管理的特点及其复杂性

环境管理的核心是管理"人作用于环境"的行为,这一特点决定了环境管理一方面涉及人类行为的复杂性,另一方面也涉及自然环境的复杂性。

在人类社会行为方面,从行为主体的角度来划分,可分为政府行为、企业行为和公众行为三类。这些行为均可进一步细分。例如,政府行为可细分为中央政府行为,地方政府行为以及职能部门行为等;人类的社会行为从行为内容上来分,可分为政治行为、经济行为和文化行为等;从行为时间上来分,可分为过去的行为、现在的行为和未来的行为等。总之,形形色色的人类社会行为构成了一个复杂的、多维的人类社会行为"空间"。

由于组成人类社会的人,在社会中同时扮演着多种不同的角色,因而同一个人可以因相对关系的不同而同时分属于不同的群体。例如,对于产品而言,某人可以是这种产品的生产者,同时还是另一种产品的消费者;对于事件、活动而言,某人可以是这个活动的管理者或操作者,而同时又是另一个活动的参加者或被管理者等。因此,人类社会行为的组成是一个交错在一起的、复杂的网络结构。

在这个复杂的多维空间中,环境管理行为处于一种特殊的位置,它肩负着把各种各样的社会行为有序、有效地组织起来的任务。因此,环境管理必须能够正确地处理好符合人类长远目标以及根本利益的人与环境的关系,同时也要处理好不同人群在不同方面的表现和在不同时空上的利益冲突。这是一件极为重要和极其复杂的工作。

鉴于自然环境的复杂性和人类与自然环境物质流动的复杂性,以及人类对自然环境认知的永不完备性,在诸如全球变暖的原因、是否存在气候突变、生物多样性的减少原因等许多与环境管理有关的自然环境问题上,都还没有明确的答案。因此,应对自然环境的复杂性及其与人类社会相互作用的复杂性和不确定性,是环境管理要永远面对的难题。

(二)管理学理论为环境管理学提供了理论和方法指导

由于历史和实践原因,目前的环境管理学一方面从环境科学体系中获得自己的理论来源,另一方面从各国环境管理实践中获得经验总结。因此,环境管理学更多地体现了环境科学的理论、方法和实践,而比较少地采纳或应用管理学的理论和结果。或者说,环境管理学也远没有成为一门真正的管理学。

在理论方面,环境管理的理论主要来自于环境科学,而管理学的许多成熟理论和方法,如信息不对称、风险管理、博弈、和谐等概念和方法,在环境管理学的应用中还很少见。而作为管理科学的一个分支,环境管理学还没有像其他分支

（如工商管理、公共管理等）一样被纳入到管理科学研究的主流当中。

在研究方法方面，环境管理学也是较多地采用了环境科学的方法，如环境监测、调查、预测、评价和规划等，而较少采用规范的管理学研究方法，如假设、模型、验证、实证和实验等，这与国内外主流的管理学范式和方法还有较大的差异。

因此，借鉴、应用和发展管理学的成熟理论和方法，构建环境管理学的理论和方法体系，是环境管理学发展的重要趋势，也是当务之急。

阅读材料 15：管理学研究和解决环境问题的"关键词"

管理学有一套自己的概念、理论和方法，其核心就是"管理学的关键词"，这些关键词构成了管理学研究和解决环境问题的"解剖刀"和"手术刀"。表2-2列出了环境管理学研究和解决环境问题的关键词，并与相关学科进行了比较。

表 2-2　环境管理学研究和解决环境问题的关键词及与相关学科的比较

学科	关键词
环境自然科学	COD、CO_2、$PM_{2.5}$、SO_2、VOC、总P、氨氮、铅、汞、铬、镉、重金属 迁移、转化、扩散、蓄积、分布、模型、模拟、预测、参数检验 浓度、影响、效应、毒理、危害、采样、监测、风险、标准、基准 大气、水体、土壤、生态、多介质、胶体、界面、全球环境、气候变化
环境工程科学	设备、机械、设施、工艺、工程、装置、效果、效率、能耗、去除率 投资、预算、BOT、污水厂、管网、焚烧、填埋、分离、处理处置 流体力学、化工原理、污染控制、生态恢复、工程措施、脱硫脱硝 高效菌种、投放、絮凝、沉淀、固相、液相、气相、分解、热值
环境管理科学	标准、政策、制度、体系、战略、环评、规划、投资、咨询、监管、规制 政府、企业、公众、利益相关者、协调、绩效、信息公开、审核、谈判 实验、问卷、案例、费用、效益、风险、目标、方案、全球基金 EMS、EHS、CSR、ISO14000、NGO、NPO、环境创业、环保产业
环境人文社会科学	人类中心主义、动物伦理、生态中心主义、行动力、慈善 环境公平、环境正义、环境公益、援助、倡导、呼吁 环境文化、环境哲学、环境史、人与自然关系 价值、环境运动、启蒙、绿色政党、全球化、NGO

资料来源：中国大百科全书：环境科学卷，中国大百科出版社，2006。

第三节 环境管理的理论基础（Ⅲ）：行为科学理论

一、行为科学概述

（一）人类行为与环境问题

现在有一句很流行的话："没有买卖，就没有杀害。"虽然网友现在赋予这句话原始含义之外的很多含义，但是最初，它是作为保护野生动物公益广告的宣传语出现的。这句话很好地说明了人类行为与环境问题之间的关系：没有市场买卖的行为，就没有对野生动物的杀害，就能保护这些濒危的动物。同样，没有那些不顾及环境影响的人类行为的产生，也就不会有环境问题的产生……

可见，人类行为是造成当今世界环境问题的根源。而环境问题的解决，也依赖于人类行为的控制。因此，就十分有必要对那些破坏环境的人类行为进行深入地分析，以探究造成环境问题的根本成因，追寻解决环境问题的根本出路。

从人与自然环境关系的角度，人类作用于环境的社会行为虽然多种多样，但都可以从三个层次上进行考察。

第一个层次是物质流，即环境中物质的流动行为，简称物质流。例如，C、N、S、Fe、Al、Pb 等元素，H_2O、CO_2、SO_2 等自然物质，以及塑料、纸张、农药、钢铁、垃圾等各种各样的人工合成物质，在自然环境之中，在人类社会内部，以及在人类社会与自然界的界面上的流动。这些物质的流动，构成了我们这个社会得以正常运行的基础。而环境问题的出现，如本书第一章所述，就是人类社会行为造成的这种物质流动在某个环节出现问题的体现。

第二个层次是价值流，即人类社会中用价值形态表现的物质流动行为，简称价值流。人类社会区别于自然界的一个最重要的标志是存在"价值"或"价格"的概念，用"价值"尺度判断自然界和人类社会中物质流是否"有效益"，是否"合算"，就形成了价值流。事实上，随着人类社会的发展，价值或价格的作用是如此之大，以至于价值成为人类社会内部很多物质流动的动力。为什么说纸张会有人卖、有人买、有人用、有人扔、有人回收？原因很简单，就是这"卖、买、用、扔、收"的各个环节都有一个价值或价格在其中起作用。简单地说，是价值或价格决定纸张流动的数量、质量和去向。

第三个层次是人类社会作用于环境的行为，特别是人与物质流、价值流相关的行为，这些行为在很大程度上会产生一定的环境影响，故也可简称环境行为。

阅读材料16，以"奢侈品"的选用为例表现了人类行为的复杂性，说明了一件

"奢侈品"在物质流上的节约,在价值流上的节省,以及对购买行为的心理体验。

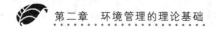

阅读材料16:"奢侈品"与环保行为

如果是一台笔记本电脑、一个书包、一件耐寒风衣、一双慢跑鞋,你会购买同货品中的名牌、价格也较高的那个,还是山寨牌子呢?

如果是我,我会选择前一种"奢侈品"。也许你会对我的小资情调口诛笔伐,但是,我觉得这种选择不但省钱、省力,而且有益环保。

就拿我的ELLE书包为例吧,这个包包我背了7年,磨损处已经有点发白了,但是我还是不会抛弃它,还打算继续背下去。大三那年,本来打算50元买个书包,路过四川北路ACE的品牌店,一眼就看到了货架上那个有蓝色水波纹的ELLE包包,感觉特别好看。只是价格比预算多了100元,考虑了半天还是没舍得买。经过一周的冥思苦想,我终于无法战胜自己对美的趋之若鹜,最终买了回来。

名牌就是不一样,包包里面的小分区很合理,这里放证件、那里放手机,小袋子多一个嫌累赘,少一个嫌不够;而且背带牢固,使用舒适,7年都没坏。好看+耐用,让我至今都爱不释手。

现在想来,如果当时买了别的包包,可能换起来就是车水轮流了。

日常生活中,我们经常见到,很多比较昂贵的物品都会强调耐久性。记得有一个产自德国的不锈钢锅的广告:画面显示这口锅从奶奶传给了孙女;还有一个围巾的广告:一个外国小男孩把围巾围在邻家女孩脖子上,60年后,已经是做了奶奶的邻家女孩又把围巾围在了自己小孙孙的脖子上……

如果一个人真的一辈子只背一个包包,只穿一件大衣,对于社会,节约了资源和能源;对于个人,虽然在购买时多花了50%的钱,但是省下的却是500%的开销。此外,因为价格较高,那么这件物品在你心目中的地位会大大提高……当时买进的那点点心痛,会转变为对它格外的珍惜……

愿中国产品能走"钻石恒久远,一颗永流传"的耐久路线。让厂家有更丰厚的利润,让人们有更美丽的环境,也让后代有共享资源的机会。

资料来源:根据某小资的网络文章改编。

(二)行为和行为科学概述

人类的行为受多种因素的影响,不同人对同一事物也会有不同的作为,有些甚至匪夷所思,例如,为什么有些人一定要吃野生动物?为什么有人喜欢吃鲨鱼翅?为什么很多人喜欢开大排量的汽车?为什么杀戮的皮草和环保的裸体同样流行?为什么接受了高等教育的人仍然难以做到垃圾分类?为什么很多人会在环保上说一套、做一套？为什么某些环保 NGO 会有非常激进的行为，而一些人面对同样的环境问题又无动于衷？

关于以上问题的答案，显然远远超出了环境科学的知识体系，需要开展针对人类作用于环境的社会行为的研究，深化对行为本身的认识，以寻求行为的动机。这就是行为科学的任务。因此，行为科学是环境管理中认识、调控人类作用于环境行为的一个非常重要的理论基础。

总体而言，行为科学是研究人类行为的交叉性、综合性的学科。行为是生物体的生存方式，主要由其生理需要和环境条件决定。而人类的行为，本质上是一种社会行为，是世界上最复杂、最难认识的现象之一。因此，吸引了许多学科开展研究，都试图从本学科的角度揭示人类行为的秘密。

在社会科学和人文科学中，哲学试图说明人的行为同世界观、人生观的密切关系；法学阐述社会道德和法律规范对行为的引导和制约；历史学是努力溯及以往的人类行为过程，探求其内在的行为规律；文学艺术借助各种形象手段概括各层面人的社会生活状况和行为个性；社会学研究社会发展规律、社会组织特征、社会环境与人的行为的关系，为理解人类行为提供了丰富的社会实践资料；人类学把人的生物特征和文化特征结合起来研究人的行为，为行为科学提供了极大的时间和空间跨度；经济学关注经济行为，取得了大量类似"经济人"假设的研究成果。

在自然科学中，心理学用实证科学方法，研究人的知觉、情感、意识、个性和气质等主观因素与行为的关系，是行为科学重要的理论和实验基础；生物学探究各生物之间、生物和环境之间的相互作用关系，涉及人和人的行为，构成了行为科学的基本内容；医学探讨人类各种疾病行为的发生机理，寻找疾病诊断、预防、治疗和康复途径，增进人的心身健康。

上述研究对行为科学理论的贡献均具有非常重要的意义。它们在不同的学科领域对某些特定的人类行为进行精细入微的剖析研究，给出了人类行为多侧面、多层次的丰富内涵。在以上研究成果的基础上，行为科学家将自然科学和社会科学中许多行之有效的研究方法逐渐地移植到行为科学中，开展了综合性的人类行为研究。

二、行为科学的主要理论

迄今为止，行为科学尚未形成规范统一的理论。但一般认为，应该根据研究对象，将行为科学理论分为个体行为和群体行为两大类。

（一）个体行为理论

个体行为是个体对当前情境和其他先行原因对刺激做出的反应，它是所有人类行为的基础行为。研究个体行为的理论主要有需求理论、双因素理论、公平理论、激励需求理论、X—Y 理论、成熟理论和挫折理论等。

需求理论中最著名的是马斯洛（A. H. Maslou）的需求层次理论。马斯洛认为，需求是人类行为的原动力。因此，对人的各种需要进行理论研究是行为科学研究的起点。他的需求层次理论认为，人的需求分为生理的需求、安全的需求、社交的需求、尊重的需求和自我实现的需求共五个层次。这一理论在很多领域都产生了重要影响，其主要内容详见阅读材料 17。

双因素理论是由赫次伯格（F. Herzberg）于 1959 年在《工作的激励》一书中提出，该理论把影响人员行为绩效的因素分为"保健因素"与"激励因素"。前者指"得到后没有不满，得不到则产生不满"的因素；后者指"得到后感到满意，得不到则没有不满"的因素。该理论强调人们对待工作或劳动的态度，认为保健因素是人们对外在因素的要求，激励因素是人们对内在因素即工作本身的要求。

公平理论是由亚当斯在 1965 年提出，侧重研究工资报酬等分配的合理性、公平性及其对人的积极性的影响。其基本观点是：当一个人做出了成绩并取得了报酬后，他不仅关心自己所得报酬的绝对额，而且更关心自己所得报酬的相对额。因此，他要进行种种比较来确定自己所获得的报酬是否合理，比较的结果将直接影响今后的工作积极性。

激励需求理论以麦克莱兰（D. C. Macleland）提出的为代表，该理论认为，任何一个组织，都代表了为实现某种目标而集合在一起的工作群体，群体中不同层次的人具有不同的需求，主管人员要根据不同人的不同需求来激励，尤其应设法提高人们的成就需要。

X—Y 理论由麦格雷戈（D. M. Grelgor）提出，它是专门研究企业中人的特性问题理论。X 理论是对"经济人"假设的概括，而 Y 理论是根据"社会人"、"自我实现人"的假设，并归纳了马斯洛及其他类似观点后提出的，是行为科学理论中比较有代表性的观点。

阅读材料 17：马斯洛的需求层次理论

马斯洛（1908—1970 年）是一位美国心理学家，1943 年出版著作《人类动机的理论》，提出需求层次理论。该理论认为人类的需求是分层次的，见图 2-4。

生理的需求是人们最原始、最基本的需求，如吃饭、穿衣、居住和医疗等。若不满足，则有生命危险。这就是说，它是最强烈的、不可避免的、最底层需求，也是推动人们行动的强大动力。显然，这种生理需求具有自我和种族保护的意义，以解决饥渴为主，是人类个体为了生存而必不可少的需求。当一个人

图 2-4　马斯洛的需求层次理论

存在多种需求时,如同时缺乏食物、安全和爱情,总是缺乏食物的需求占有最大的优势,这说明当一个人为生理需求所控制时,其他一切需求都会被推到幕后。

安全的需求要求劳动安全、职业安全、生活稳定、免于灾难和希望未来有保障等,具体表现在:① 物质上的,如操作安全、劳动保护和保健待遇等;② 经济上的,如失业、意外事故、养老等;③ 心理上的,希望解除严酷监督的威胁、希望免受不公正待遇,工作有应付能力和信心。安全需求与生理需求相比是更高层次的需求。每一个在现实中生活的人,都会产生安全感的欲望、自由的欲望、防御实力的欲望。

社交的需求也叫归属与爱的需求,是指个人渴望得到家庭、团体、朋友、同事的关怀、爱护、理解,是对友情、信任、温暖、爱情的需要。社交的需求包括:① 社交欲。希望和同事保持友谊与忠诚的伙伴关系,希望得到互爱关系;② 归属感。希望有所归属,成为团体的一员,在个人有困难时能互相帮助,希望有熟识的友人能倾吐心里话、说说意见,甚至发发牢骚。社交的需求与个人性格、经历、生活区域、民族、生活习惯、宗教信仰等都有关系,这种需求比生理和安全需求更细微、更难捉摸,它是难以察悟,无法度量的。

尊重的需求可分为自尊、他尊和权力欲。尊重需求的具体表现:① 渴望实力、成就、适应性和面向世界的自信心,以及渴望独立与自由;② 渴望名誉与声望,声望来自别人的尊重、受人赏识、注意或欣赏。显然,尊重的需求很少能够得到完全的满足,但基本上的满足就可产生推动力。这种需要一旦成为推动力,就会令人具有持久的干劲。

自我实现的需求是最高层次的需求。满足这种需求就要求完成与自己能力相称的工作,最充分地发挥自己的潜在能力,成为所期望的人物。这是一种创造的需要。有自我实现需求的人,似乎在竭尽所能,使自己趋于完美。

在马斯洛看来，人类价值体系存在两类不同的需求，一类是沿生物谱系上升方向逐渐变弱的本能或冲动，称为低级需求和生理需求。另一类是随生物进化而逐渐显现的潜能或需求，称为高级需求。人都潜藏着这五种不同层次的需求，但在不同的时期表现出来的各种需求的迫切程度是不同的。人的最迫切的需求才是激励人行动的主要原因和动力。人的需求是从外部得来的满足逐渐向内在得到的满足转化。任何一个层次的需求在基本得到满足以后，它的激励作用就会降低，其优势地位将不再保持下去，其他层次的需求会取代它成为推动行为的主要原因。有的需求一经满足，便不能成为激发人们行为的起因，于是便被其他需求取而代之。这五种需求不可能完全满足，愈到上层，满足的百分比愈少。任何一种需求并不因为下一个高层次需求的发展而告消失，各层次的需求相互依赖与重叠，高层次的需求发展后，低层次的需求仍然存在，只是对行为影响的比重减轻而已。高层次的需求比低层次的需求具有更大的价值。热情是由高层次的需求激发。人的最高需求即自我实现就是以最有效和最完整的方式表现自身的潜力，唯此才能使人得到高峰体验。

人的五种基本需求在一般人身上往往是无意识的。对于个体来说，无意识的动机比有意识的动机更重要。对于具有丰富经验的人，通过适当的技巧，可以把无意识的需要转变为有意识的需要。马斯洛还认为，在人自我实现的创造性过程中，产生的"高峰体验"的情感，是人的存在的最高、最完美、最和谐的状态，这时的人具有一种欣喜若狂、如醉如痴、销魂的感觉。实验证明，当人在漂亮的房间里面就显得比在简陋的房间里更富有生气、更活泼、更健康；一个善良、真诚、美好的人比其他人更能体会到存在于外界中的真善美。当人们在外界发现了最高价值时，就可能同时在自己的内心中产生或加强这种价值。总之，优秀的人和处于较好环境的人更容易产生高峰体验。

资料来源：孙耀君主编，西方管理学名著提要，南昌，江西人民出版社，2004。

（二）群体行为理论

群体是由两个或两个以上的个体组成的集合体。群体可以分为正式群体和非正式群体，它们的区别在于是否有明确的组织结构和目标。如10名成员组成的列车乘务组是一个正式群体，而乘坐火车或飞机的10名游客则是一个非正式群体。这是因为前者是有明确的组织结构和目标，后者虽有共同的目标（如安全到达目的地等），但无明确的组织结构。

因此，群体行为并不是个体行为简单加和。个体在群体中的行为，尤其是正式群体中的个体行为，与他独处时的行为是不完全一致的，成熟的个体在其群体中的行为是社会化的，即其形式总是力求和群体的规范一致。目前，研究群体行为的理论主要有群体分类理论、群体竞争理论和群体冲突理论等。

群体分类理论,是关于群体如何构成及其性质的理论。该理论认为,群体可以分为正式群体和非正式群体,也可以分为命令型群体、任务型群体、利益型群体和友谊型群体等。

群体竞争理论,是关于群体之间的竞争及其对群体影响的学说。该理论认为,群体间的竞争有助于群体内部的团结,可以促使群体目标的实现,但也会加剧群体之间的对立和偏见,有碍整个组织(多个群体组成的)目标的实现。群体的竞争能力,既取决于群体内部的合作程度,也受到群体间竞争的重大影响。

群体冲突理论,是关于群体内部和群体间发生冲突的原因和解决方法的理论。该理论认为,把冲突维持在适当水平,有利于提高群体行为的效率。因此,当冲突过于严重时,要设法使之减少。反之,则要设法使之增加。

三、行为科学理论在环境管理学中的地位和作用

(一)从行为科学角度看人类社会的环境需求

在行为科学中,"需求"是一个基础性的概念。不管是人类的个体、群体,还是人类社会整体,有什么样的内在需求,就会在这种需求的驱动下,在复杂多变的外部环境中,采取各种各样的行为,以满足这种需求。因此,"需求"是理解人类行为的一把钥匙,需求理论是行为科学中最基础的理论之一。

在环境管理中,我们有时会想到或碰到一个最根本性的问题:"我们为什么要保护环境? 保护环境能够给我们带来什么好处?"这些问题反映出的就是人类社会的环境需求。只有真正理解了人类社会的环境需求,才能更好地根据这些环境需求来调整和控制人类社会作用于环境的行为,才能为环境管理提供坚实的理论基础。

阅读材料18介绍了人类社会的五种环境需求,体现了需求理论在环境管理学中的应用。

阅读材料18:人与环境和谐的五种环境需求

在环境科学研究中,"和谐"一般表示为平衡、协调等含义。人与环境的和谐就是在人类与环境相互作用中取得的一种相互协调、相互平衡的状态。因此,只要损伤或破坏了人与环境的和谐,就会出现环境问题。纵观人类历史,人与环境的和谐大致可以包括适应生存、环境安全、环境健康、环境舒适和环境欣赏五个方面的内容。这五个方面在和谐程度上,是逐级递增的。它不仅是人类与环境相互作用历史进程的总结,也是当今世界不同国家、不同地区

人与环境之间不同和谐程度的真实写照,代表着世界70亿人口的生存现状。

1. 适应生存

适应生存是一切生命存在的基本条件,也是人类与环境和谐的最低层次。在适应生存的条件下,人们仅能够勉强维持基本的生理需求,需要时刻提防危险动物的攻击,以及一些危及生命的灾难的降临,生存状况基本上和其他动物没有太大的差别。在这样的和谐背景下,人类中只有一部分人能够维持基本的生命需求而生存下来,人口的死亡率很高,人口增长和人类发展都很缓慢;人类向环境索取,受制于环境,也无力建设环境,人与环境之间主要处于适应生存的状态。目前,世界上大多数国家早就解决了适应生存的问题,中国也在20世纪80年代以后解决了12亿人口的温饱问题。但是,这并不意味着人类已经彻底解决了适应生存的问题,除了一些国家和地区还挣扎在基本温饱的边缘,资源耗竭、生态环境破坏,特别是人口剧增等问题,使人类仍然面临难以适应生存的困境。

2. 环境安全

环境安全是人的另一层次的环境需求,也是人与环境和谐程度的另一种量度。人类与威胁自身生存的环境变化之间的斗争,基本上伴随着人类发展的全过程。过去人类主要面对的是天文、地质、气象水文和土壤生物等自然因素形成的环境灾害。目前,人类发展过程中产生了大量人为的环境灾害,如环境公害、战争、核威胁、生物安全等问题已经成为或正在成为人类最终实现环境安全的巨大障碍,这些安全问题对人类的威胁不亚于自然灾害。人类是否会被自己发展起来的文明所毁灭?人类如何避免自己灭亡自己,已成为当今人们必须思考和回答的一个重大课题。

3. 环境健康

环境健康是指在人类与环境相互作用的过程中,环境系统功能正常,环境质量良好,人类身心健康,生命质量有保障。度量环境健康的主要指标是环境质量。环境质量一般是指在一个具体的环境内,环境的总体或环境的某些要素,对人群的生存、繁衍及社会经济发展的适宜程度,是反映人类的具体需求而形成的对环境评定的一种概念。环境污染是对环境健康的直接威胁,严重影响着环境质量和人类身体健康。当前,人为造成的污染是环境污染的主要形式。它造成环境质量下降、环境系统功能削弱和丧失,严重危及人类身体健康,破坏和损伤了人与环境之间的和谐。

4. 环境舒适

环境舒适代表着更高的人类与环境之间的和谐程度,需要比较高的社会、经济发展水平、良好的环境和生态作为基础。以城市环境为例,舒适的城市环境意味着适宜的人口密度、完善的基础设施、充足的绿地广场、便捷的城市交通、良好的环境质量、宽敞的住宅、丰富的休闲娱乐场所、方便的服务系统、快捷的信息通讯服务和良好的周边生态环境,以及具有活力的社会经济体系等。总而言之,就是要有舒适的人居环境和良好的发展空间。目前,世界发达国家和部分发展中国家的少数城市,人类与环境之间的和谐程度已经达到了这样的水平,但对于世界大多数人而言,还只是奋斗的目标。

5. 环境欣赏

环境欣赏的和谐程度下,人类物质需求已经得到相当充分的满足,精神需求成为人类生产和生活中的主要内容。人们欣赏自然景观中(天象、气象、山水、生物)包含的形象美、色彩美、动态美、朦胧美、气息美和寓意美,欣赏人文景观中(文化遗产、城市建筑、园林绿化、工艺美术等)包含的和谐美、色彩美、特色美和人文美等,从而获得精神上的极大愉悦。当大多数人有条件尽情欣赏环境美,从中获得精神满足的时候,就可以认为,人类与环境的和谐程度在总体上已达到了环境欣赏的高度。

资料来源:左玉辉编著,环境学,北京:高等教育出版社,2003。

(二)人类作用于环境的行为及其特点

环境管理学的研究对象是人类社会作用于自然环境的行为。从行为科学的角度来看,该行为具有两个特点:

一是这一种行为必须是以一定的物质、能量、信息的流动作为物质基础,不存在不产生物质流动而作用于环境的行为。因此,环境管理学所研究的行为对象,既包括行为本身,又包括与这些行为相对应的物质流。

二是自然环境是一个有机的整体,人类社会也是一个有机的整体,这就决定了人类社会作用于自然环境的行为与效果,一定具有整体性和系统性的特征。如在全球环境层次上,人类作用于环境的行为有排放温室气体、砍伐森林、土地利用、排放臭氧消耗物质等,与这些行为相对应的物质流有全球水分循环、全球碳循环、臭氧层浓度变化、废弃物全球转移等,这都具有整体性和系统性的特征。

(三)行为科学在环境管理中的意义和作用

在理论方面,行为科学中有许多成熟的概念可以应用于环境管理学,如需求、人格、动机、激励、沟通、领导、组织、冲突等理论。这些概念和理论的引入和发展,将会促进对人类环境行为的特点、动机、需求等方面进行更为深入和规范的理论研究,为调整和控制这些行为提供符合行为科学规律的手段和方法,从而为环境管理学的发展提供理论创新的源泉和活力。

例如,在消费行为的管理方面,以往环境管理强调消费者的环境意识、鼓励消费绿色产品和服务、加强环境宣传教育等方面,多是以主观说教的方式进行。如果从行为科学的角度,就应该对消费者消费绿色产品的行为进行系统和科学的研究,从消费需求、消费动机的角度入手,研究鼓励绿色消费的激励机制、研究绿色消费与传统消费的冲突及其解决办法等一系列问题,并在此基础上制定相应的法律和政策措施。无疑,基于行为科学理论研究出来的对消费行为进行的环境管理对策会更科学,也会更有效。

在研究方法方面,行为科学可以提供比较规范和系统的行为研究方法,如行为观察、行为测验、行为测量、行为评估、案例研究等,从而将有助于环境管理学将自己的理论和研究成果建立在更加坚实的科学和逻辑的基础之上。例如,可以用行为科学的行为观察、行为评估和现场实验方法,研究在超市用布袋代替塑料袋的各种方案的有效性,结合前面提到的绿色消费行为的理论研究成果,就可以提出更加切实可行的方案。

在应用方面,行为科学的一些具体技能在环境管理中更为重要。无论是环保官员、CSR 经理,还是 NGO 的志愿者,在从事环保工作时都会发现,尽管已经有了各式的学位、职称、执照或证书,但在实际工作中,所学和所用的可能截然不同。你可能需要学会怎样与不同职位、不同专业背景、不同工作经历,但同样关心环境问题的人打交道;怎样让愤怒而冲动的环境受害者的人慢慢冷静下来;怎样让事不关己的环境证人开口说话;怎样劝说一个试图采用极端暴力的环境人士不再冲动;怎样用污染事实说服自己的领导开始行动;怎样引导那些充满活力而又离经叛道的环保年轻人;怎样去安抚那些因环保而受伤、疲惫、失望的心灵;最后也是最重要的,怎样认识到自己所从事的工作是有意义的,怎样才能保持一个开放而积极的心态。这些事情固然需要大量的经验和阅历,但要从根本上把这些事情做好,还需要大量的关于行为、心理、社会学的知识储备和应用。在处理这些具体的事务上,看似枯燥无味的行为科学知识将大有用武之地。

阅读材料 19:利用行为逻辑一致性理论促进居民节约能源的一个实验

冬天来临之际,当美国艾奥瓦州的一些居民开始用天然气取暖时,有一个人上门来拜访他们。这个人告诉他们一些节约能源的小窍门,并叮嘱他们以后要注意节约能源。虽然居民都答应并愿意这样做,但是在冬天结束后,研究人员却发现他们的用气量一点儿也没有减少,他们用掉的天然气与那些从未与研究小组接触过的邻居相比并没有明显的差别。看来仅有良好的愿望及一些节能的知识，并不足以改变人们的生活习惯。

帕拉克博士和他的研究小组意识到要改变人们长期养成的用气习惯还需要更多的东西，所以在另一组天然气使用者身上试着采用一种不同的方法。他们同样派了一个人去走访居民，也告诉他们一些节约能源的方法，并要他们注意节约能源。但不仅如此，走访者还给这些家庭提供了一样额外的东西：他会将那些答应节约能源的居民的名字公布在报纸上，以表彰他们富于公益精神、注意节约能源的行为。这一招取得了立竿见影的效果。1 个月后，当能源公司检查天然气用量表时，发现这一组居民平均每家节约了 11.9 m³ 的天然气。由此看来，有可能让名字登在报纸上是这些居民在 1 个月内努力节约能源的动力。

这个结果说明，在政府或 NGO 要求大众节水、节电时，以为采用简单张贴节水、节电的宣传画就可以解决问题的想法是不可取的。

接着意外发生了。研究人员继续实验，每一个被承诺名字会见报的家庭都收到了一封信，告诉他们名字已经不可能见报了。当冬天结束的时候，研究人员很想知道，在得知名字不可能见报之后，居民们是不是又恢复了从前大手大脚的习惯呢？答案出乎意料，在接下来的寒冷月份里，这些家庭节约能源的数量比他们以为名字会见报的时候还要多。从百分比来看，在第一个月里，由于期待报纸表扬，他们的用气量减少了 12.2%。但是在收到那封名字不能见报的信之后，用气量不但没有返回到以前的水平，相反，他们的用气量减少了 15.5%。

虽然我们不能完全搞清楚这是怎么一回事，但有一种行为科学理论可以对居民这种坚持不懈的、节约能源的行为做出解释。他们在"名字见报"这个"虚报低价"策略的引导下，做出了节约能源的承诺。而承诺一旦做出，就开始形成自我激励机制：开始养成新的使用习惯，开始为自己富于公益精神的努力而感到骄傲，开始说服自己减少美国对外国能源的依赖是一件了不起的大事，开始意识到账单上节省的开支并为此感到高兴，开始为自己的自我克制能力感到自豪。最重要的是，他们开始把自己看成是具有节约能源意识的居民。由于有这么多新的原因来为他们节约能源的行为提供支撑，即使当名字见报的最初原因被一脚踢开之后，他们仍然能够坚定地履行自己的诺言。

此外，更令人费解的是，在得知名字见报已经不可能之后，这些家庭不仅仅是维持了以前节约能源的水平，而且更上一层楼，节约了更多的能源。对此有很多种解释，但有一种说法更让人偏爱：从某种意义上说，得到报纸公开表扬会妨碍这些家庭把他们的行为完全归功于节约能源上。在所有支持他们节约能源的理由中,登报表扬是唯一一个来自外部的因素。它不能让这些人认为自己节约用气是因为自己真正相信这件事。所以当那封取消登报表扬的信寄来后,就铲除了阻碍他们成为关心公共利益和能源问题的公民的唯一障碍。这个无条件的、全新的自我形象又推动他们在节约能源上达到了一个新的高度。

资料来源:罗伯特·西奥迪尼著,影响力,北京:中国人民大学出版社,2006。

第四节　环境管理的基本原理

一、环境社会系统健康发展原理

(一) 基本内涵

简单地讲,所谓环境社会系统健康发展原理,是指在环境管理中实际面对的系统实质是"环境社会系统",而这一系统中人类社会的健康发展必须以良好的生态环境为基础。这一原理有两个基本内涵。

① "环境社会系统"是人和环境组成的世界系统,人类社会与自然环境之间的内在联系具有不可分割性,决不能把环境保护与经济社会发展割裂开来,这是环境管理的根本要义。

② "健康发展"首先是指环境社会系统的动态性,其次表示了人类社会行为的价值取向性。它表明这一系统将随着时间不断演化。

(二) 主要内容

环境社会系统健康发展原理指出了作为对于环境管理学所要研究的是环境社会发展系统,主要内容有以下几方面:

① 环境社会系统具有一般系统的特征,如整体性、层次性、相关性、目的性、综合性、对环境的适应性等。

② 环境社会系统强调人类社会子系统与自然环境子系统的相互作用及其构成的复杂巨系统的整体性。环境问题与人类社会系统运行方式密切相关,因此必须考虑到这两个子系统的相互联系和作用。也就是说,研究环境问题及其管理,必须将视角拓展为对人、社会和自然的综合研究,融合自然科学和人文社会科学。显然,进行这样一种跨学科的综合研究,才是环境管理的基本出发点。

③ 环境社会系统健康发展原理既强调环境社会系统的动态性,又强调人类

社会的能动性,即从发展、演化的角度看待人类社会和自然环境的相互作用。既要了解自然环境的变化规律,也要了解人类社会的演化规律,还要了解这样两种规律交织在一起而形成的环境社会系统的演化与发展的规律。

可见,根据环境社会系统健康发展原理,既要研究由人类各种活动和行为所引起的环境变化,还要研究政府、企业、公众等行为主体在控制环境物质流方面的竞争合作机制,进而提出如何调整和控制这些行为的规范规则,以使得整个环境社会系统健康发展。这一原理是解决环境问题的根本出发点。

阅读材料20:为什么需要环境社会系统健康发展原理?

让我们从三个不同环境问题,来说明环境社会系统健康发展原理的重要性。

①发展中的贫穷污染。一些欠发达地区常常用环境作代价,换取眼前的经济利益。例如,某些生产工艺、技术和装备落后,在生产过程中消耗和浪费资源、能耗过大的小型电镀、钢铁、农药、造纸等企业,污染了一条条原本清澈的河流,严重破坏生态环境,危害人体健康。尽管当地环保部门也试图严格执法、上门罚款和耐心说教,但无奈更看重眼前利益的当地村民及当地政府被就业和收入两条绳索牢牢牵制,缄口不言,默然处之。这使得小小的污染企业得以苟存,甚至其管理层在当地过得相当有成就感。

②发达过度的富裕排放。这主要出现在发达国家,他们所享受的现代高质量生活,很大程度上是以大量的资源环境消耗为代价的。以美国为例,一个典型的美国家庭每天从恒温的住房里出来,驾驶一辆排气量2.0的小汽车到10 km外一处健身房中挥汗如雨地锻炼2 h,然后到15 km外的超市购物,买回大量生活用品,而这些物品又多半会变成垃圾直接丢弃。这种生活除了消耗巨大的电能、汽油之外,还浪费了很多其他资源。据统计,2010年,每个四口之家平均扔掉的垃圾达4 000 kg之多,平均每天每人3 kg。显然,这种生活方式不利于环境保护。

③发展不足的环境困境。在许多不发达国家,如在非洲,很多地区没有卫生饮用水,当地儿童健康无保证,这使得环境保护问题举步维艰。例如,在肯尼亚一个面临放牧导致土地退化的自然保护区(Ngong Hill)内,一个17岁牧羊少年John Lamayan在大雾中苦寻丢失的两只羊。他父母两年前在部落仇杀中遇害,自此便独自承担起了七个弟弟妹妹的生活和学习。为了他们,Lamayan孑然一身在此打拼。如果我们能够设身处地的想一想,不难体会,在这片最古老、最原始、最没有发展的非洲大地上,所承载的发展与环境的困境

是如此沉重。

由上可知,在解决环境问题过程中,不能将环境问题与对其影响巨大的经济、社会、人口、文化、资源、产业等问题综合考虑,环境问题的解决是没有希望的。而解决这些问题最重要、最根本的原则,就是把环境问题与经济社会发展综合成一个整体,以健康发展为目标来设计解决方案,这就是环境社会系统健康发展原理。除此之外,别无他途。

二、环境承载力原理

(一)基本内涵

环境承载力是指在不破坏自然环境的情况下,自然环境能够承载和支撑的人类社会活动的强度和总量的极限,超过这个极限环境将不能自行恢复。因此,环境承载力是判断一项人类活动是否对自然环境构成威胁或破坏的基本标准。

(二)基本内容

环境承载力原理主要有以下内容:

① 环境承载力是一个最低标准,是人类活动不能超过的界限,一旦超过了这个界线,自然环境系统将发生不可逆转的破坏,进而对人类的健康生存和发展构成危害。科学地确定一个地区、城市的环境承载力,确定人类活动的环境限制底线,是环境管理最重要的基础工作之一。

② 人类积极的环境保护行为可以在一定程度上提高环境承载力。如人类通过优化自己的活动,可以提高某一区域的环境承载力,使其承载更多的人口和发展活动。人类可以通过修建污水处理厂、废弃物处理中心、绿色造林等生态环境保护和建设产业,进一步提高环境承载力。这是人类环境管理行为合理性的依据。

三、三生共赢原理

(一)基本内涵

三生共赢原理是共赢原理在环境管理中的应用。共赢原理指在制定处理涉及利益冲突的双方、多方关系的方案时,必须兼顾各方的合理利益。三生共赢原理是指要把解决环境问题的目标定位于生活、生产与生态的协调发展,具体来讲,就是生活提高、生产发展与生态改善。因此,三生共赢原理要求,在处理环境与经济的冲突时,必须寻求既能保护环境,又能促进经济发展的方案。

(二)主要内容

根据三种生产理论,人与自然环境所组成的世界系统,是由人的生产子系统、物资生产子系统与环境生产子系统所组成,因此,生活、生产与生态分别代表了这三个子系统的主要特征。三生共赢原理提出了生活提高、生产发展与生态改善是三种生产各个子系统的发展方向。

三生共赢原理要求提高人们的生活水平与质量,应该以生产能力与生态环境状况为基础。生产的发展也必须在以生活为直接目的同时,减少资源与环境的浪费,而不能以牺牲生活、生产、生态中的任何一方或者两方的发展为代价。

(三)三生共赢的内部机制与外部环境

所谓三生共赢的内部机制,主要是指共赢的规则、技术和资金。在实现三生共赢的过程中,规则是最重要的,其次是技术和资金。

规则,实际上就是法律、标准、政策和制度的总称。规则是协调冲突,达到共赢的保障,因为共赢并不意味着双方,或参与的各方都必须得到最大限度的好处,而是彼此在遵守规则的前提下的一定程度的妥协。比如在工厂排污和附近农民发生纠纷的情况下,要协调工厂和农民的矛盾,只有依赖污染排放标准及有关的法律规定,才能顺利解决问题。

技术和资金在体现共赢时起着关键的作用。对于一个钢铁厂来讲,如果提高钢产量,就会增加对水的需求,但如果通过工艺改革,提高了水的循环利用率就可以既提高了钢产量,发展了经济,又节约了水资源,保护了环境。但要实现这种共赢目标,必须掌握并使用可以提高水循环利用率的炼钢工艺技术,投入相应的资金。

所谓三生共赢的外部环境,包括自然的、社会的、政治的、经济的、法律的、历史的、观念的、相关技术的等外部条件,见图2-5。

图2-5 三生共赢的内部机制和外部环境

四、界面控制原理

（一）界面与界面上的冲突

界面是相互作用、相互联系的事物或系统之间共同的部分或联系渠道。比如,滨岸带是水域与陆地之间的界面;不同国家之间的边界线是空间的界面,而贸易往来则是这些国家在物资上的界面;演替中的荒草地是草地生态系统与荒漠生态系统之间在时间上的界面。

冲突是广泛存在于人类社会和自然界中的一种现象。简单的如打牌、游戏、比赛,复杂的如市场经济竞争、两军对垒等。冲突产生的根本原因在于面对同一个有限的利益目标,追求的各方都想以最小的支出获得最大的利益。例如,一个体育比赛项目中只有一个冠军,参与竞赛的运动员之间,或者说在这些相对独立的利益主体之间就不可避免地产生了矛盾,这就是冲突。

环境问题很大程度上就表现为人类社会活动与自然环境在各种各样界面上的冲突,这主要由于两个方面的原因。

首先,界面是相互联系、相互作用的事物或系统之间最活跃、最容易发生变化的部分,是不同系统的物质、能量或信息的交汇场所。因此,来自不同事物或系统的物质、能量或信息的影响,在界面极易出现不均衡的现象或复杂的矛盾,成为整个系统中稳定性最差,比较脆弱的部分。如果处理不好这里的矛盾,容易导致整个大系统功能的退化甚至崩溃。例如,国际贸易是不同国家物资交流的界面,是沟通各国物质流动的通道。当前的国际贸易中,发达国家往往通过资本输出将自然资源消耗量大的和环境污染严重的工业企业转移到不发达的国家或地区,在本国环境得到了保护的同时,使发展中国家的环境却遭受到污染和破坏。又如,日本是世界上纸张消费量最大的国家之一,但它的纸浆厂却大多建在东南亚各国。可见,这样的国际贸易制造并加剧了环境问题。

其次,界面上的人类活动常常是产生环境问题的重要原因之一。界面是不同方面共同追求利益的所在,由于界面不属于任何一方,所以各方在界面上的权利、义务既难统一又难落实。这突出表现在一些跨国家、跨地区的自然要素上。例如,河流的环境权益没有明确的代表,而它的物质生产资料的功能却可以"自由取用",从而产生环境问题就成为必然。淮河的污染问题就是这样一个突出的例子。淮河流经河南、安徽、山东、江苏四省,是四省的界面,是四省人民的生活资源,也是四省经济生产的资料和联系的通道。四省皆对它有免费使用权、却无须承担其保护的义务,这就是淮河曾经被严重污染的根本原因。

（二）界面冲突控制原理的内容

界面冲突控制原理的内容主要体现两个方面：

正如前文所说,环境问题往往源自人类在界面上的活动冲突,因而界面活动应为环境管理工作的核心,而不是代替相关部门去具体地管理它们各自系统的内部行为。也就是说,环境管理不应该去代替经济管理,也不应去代替自然保护,比如探究如何营造人工林或如何让濒危野生动物生存下去等活动。环境管理必须紧紧抓住对处理好人类在界面上的活动冲突的协调,这才能使人与自然的关系逐渐和谐。

可见,界面冲突控制原理是根据对环境问题的本质特点分析、思考提出的,它的提出使环境管理学有了区别于其他类型管理学的本质内容和具体工作领域,从而为进一步发展环境管理学,提高环境管理的水平奠定坚实的基础。

(三)界面冲突控制原理的方法学原则

界面冲突控制原理是实践环境管理的方法学原理,必须掌握其控制的方法或方法学原则。

1. 正确判定界面

在研究和寻求解决环境问题的管理办法时,正确判定界面是至关重要的。界面判定错误,一切环境管理措施不但徒劳,甚至可能适得其反。但在实际环境问题中,有的界面很明显,有的则并不那么明显,需要在理论的指导下去寻求和判定。寻找和判定界面,首先要梳理出与该环境问题相关的、同一层次上的系统,并弄清它们之间的联系方式与相互作用关系,界面就存在于这些关系之中。例如,在研究对待国际环境问题的方针、政策时,应把不同的国家看成是各自独立的系统,也就是应该找到不同国家之间在这个环境问题上的界面,这时往往会首先想到国界线。但国界线只是接壤国家之间的地理边界,并不一定就是国家间环境问题的界面。实际上,国家之间的联系首先是贸易和文化上的联系,特别是贸易上的物质联系,它们构成了国家之间的主要界面。

2. 全面掌握不同系统在边界上的活动及其价值目标

在正确判定界面之后,全面掌握相关系统在界面上的活动就成为决定环境管理方案正确与否的关键。因为一个好的环境管理方案必须能够有效地约束和调整发生在界面上的所有活动或行为。不同系统在界面上的行为均有其自己的价值追求,因此必须全面掌握各方在界面开展活动的价值目标,以及这些价值目标的合理性,通过互补、互利、互惠的方法使所制定的环境管理方案为各方满意。否则,环境管理方案不会被各方接受,也不会得到真正的贯彻执行。

3. 准确把握协调冲突的"度"

度,就是相互冲突的系统均可接受的利益分配点,也就是协调冲突的最优解。下面以森林为例来说明这一比较抽象的概念。

众所周知,由于人类生存与发展的需要,使得采伐树木成为必然。但如果乱砍乱伐,就很可能使森林生态系统遭到破坏。所以这里明显存在着一个采伐度的问题。这里的"度"的概念,核心就是采伐量。例如,在加拿大的林业管理中,就采取了"年度允许采伐量"这个概念来把握采伐的度。其定义是:

$$年允许采伐量 = \frac{成熟林和原始林的木材材积}{期望能供应木材的年限}$$

值得注意的是,这里指的是成熟林和原始林,而未成熟森林的"年度允许采伐量"需要另外计算。为了直观,这里用在银行中存款取息来类比。假定将 100 元存入银行,年利息为 10 元,这里 100 元好比森林中各个不同年龄段中林木的总体积,10 元的利息好比所有的林木的年生长总量。如果存户每年只从银行中取出 10 元的利息,那么这笔存款的"本金"将永远不会被耗尽。

以上所述只是一个简单的例子,当然实际问题会比这要复杂得多,因为要想使所确定的"度"能被各方接受,就必须全面把握各方的技术经济水平、社会制度、文化习俗等因素,并且进行细致的综合分析。但不管怎样复杂,"度"是客观存在的,只有把握了"度",才能保证环境管理的决策正确、可行、有效。

(四) 界面冲突控制原理在环境管理的应用

下面以排污许可证交易制度为例来阐述界面冲突控制原理在环境管理中的应用。

排污许可证制度是一项控制排污的管理措施。它在总量控制的基础上,由政府部门把要削减的污染物量优化分配到排污单位,并以向排污单位发放许可证的形式使其获得排污许可。

由于对同一种污染物而言,不同的污染源因所在行业或企业不同,其削减的边际费用可能存在较大的差异,有的可以用较少的投入获得较高的去除率,而有的则需要较高的费用。这种情况实际上意味着排污许可量指标中隐含着经济价值和经济损益。如果允许通过市场手段(交易)将排污指标转化为资本,那么前者就会愿意努力削减排污量使自己富余出来的排污许可指标,转让出去。而后者会愿意选择购买排污权,这样既可以使自己的排污合法化,又可以用较小的投入扩大生产规模,争取更大的经济效益。从这个角度来看,排污许可证交易制度不但可以在保证污染物排放总量不超过所容许总量的前提下,使污染削减的总费用趋向最小化,而且可以把环境容量作为资源合理"分配"到经济效益较高的企业或部门,有利于区域经济结构的调整和发展。

由此可见,排污许可交易较好地协同了不同单位在排污量上的冲突,协同了政府主管部门和企业之间在总量计划和市场调节之间的冲突。它在确定了排污总量并进行了合理分配的大前提下,使排污单位可以根据自身的情况来选择具体做法,使污染削减费用最小化,从而既达到了保护环境的目的,也减轻了企业

的负担,进而使企业能够在经济利益的驱动下,积极地进行生产工艺改革、实施清洁生产,增加排污余额,也就使企业的生产行为与环境容纳量得到了协同。

主要概念回顾

可持续发展	物资生产	管理职能	环境需要
持续性原则	人口生产	行为	环境社会系统健康发展原理
公平性原则	环境生产	行为科学	环境承载力原理
共同性原则	管理	个体行为理论	三生共赢原理
三种生产理论	管理学	群体行为理论	界面冲突控制原理

思考与讨论题

1. 有人说,《我们共同的未来》中对于"可持续发展"的定义更多地强调了代际公平,而没有突出代内公平,对于这种说法你怎样看待?

2. 管理机制合理与否是决定环境保护工作成败的关键。据不完全统计,除了各级环保部门,环保职能分割为三大方面:污染防治职能分散在港务监督,渔业监督,公安,交通等部门;资源保护职能分散在矿产、林业、农业、水利等部门;综合调控管理职能分散在发改委、财政、经贸(工信)、国土等部门。因此有人提议,要加快资源环境部门的"大部制"建设,以解决环保"三不管"和"各自为政"问题。你认为何种管理机制对于解决目前中国环境问题最有利? 请说明你的理由。

3. 深圳市作为特区开发仅仅三十余载,就已经快到了没有土地可以开发的程度。过去十多年,深圳平均每年建设用地规模均超过 $30~\text{km}^2$,可建设用地快速减少,特区外的土地无序利用问题则更为严重,工业用地占到整个建筑用地的40%以上,高于国家规定的上限。请从环境承载力的角度出发,试着提出深圳市解决土地利用现状问题的对策。

4. 很多沿海地区会在一年中的几个月实行"封海禁渔"策略,这体现了环境管理的哪个基本原理? 试着举出更多体现这一原理的实例。

练习与实践题

1. 《寂静的春天》(Silent Spring)是一本唤醒全世界环境保护意识的书。了解它的作者蕾切尔·卡逊(Rachel Carson)的事迹并阅读本书。

2. 1992 年,国际社会聚集在巴西里约热内卢,讨论实施可持续发展的具体方法。在这个被称为里约地球首脑会议上,世界各国领导人通过了《21 世纪议程》;20年后的2012 年,世界各国领导人再次聚集召开"里约+20"会议,集中讨论两个主题:绿色经济在可持续发展和消除贫困方面的作用,以及可持续发展的体制框架。查找相关资料,了解中国对于可持续发展做出的承诺有哪些? 采取了何种行动? 并进行比较。

3. 有研究表明,人口生产的膨胀、物资生产的低效和环境生产的萎缩,以及由此造成的三种生产系统之间支撑与制约机制的破坏,是导致中国北方荒漠化不断扩展的根本原因。这是运用三种生产理论对中国北方荒漠化地区的人地系统进行的解析。你是否同意这种分析?请查阅更多资料并举例说明三种生产理论还可以应用到环境管理中的哪些问题?

4. 采访一位企业家和一位公共事务管理人员,询问他们是如何进行管理的,比较他们的管理方法并思考其差异的原因。

5. 尝试认真管理你接下来一周的时间,并在一周结束后体会这种管理是否体现出了管理的五项基本职能。

6. 认养一块绿地、照顾几棵小树,在全国许多城市已经成为了一件时尚事,也给这些城市带来了一片清新的绿色。以北京为例,整个城市已有 500 多万 m^2 绿地被个人、单位或企业认养;石家庄一家企业在 2012 年 6 月认养了环城水系一块 35 万 m^2 的绿地,这块绿地的面积之大在全省尚属首例,是对水系绿地社会化管护的一次积极尝试。试从行为科学的角度出发,说明"城市绿地认养"风靡全国的原因?请了解申请认养绿地的流程,如果感兴趣并且力所能及的话可以尝试申请。

7. 举出一个体现或应用环境承载力原理的一个案例,并尝试将其编写成为一个不超过 1 000 字的材料。

第三章
环境管理的政策方法

所谓政策,通俗的理解,是为达到某种特定目的而制定的一种社会行为规则,更具体地说,是一种协调或协同多个行为主体在某一事件中各自行为的规则。在环境管理中,协调或协同政府、企业和公众在解决某一个具体环境问题中的行为规则,就是环境管理政策,简称环境政策。

所谓环境管理的政策方法,是指将各种法律、法规、政策、制度、规则、规范、标准,作为环境管理的工具和手段,去调整、控制、引导人类社会各个主体作用于环境的行为,达到环境管理目标的方法。之所以称之为政策方法,是因为这些政策在这里是被当做环境管理的一种工具、手段、途径来利用的,具有与技术方法同样意义上的方法含义。

环境政策方法既包括传统的法律、行政、标准等带有强制色彩的手段,也包括采用经济、教育、宣传、信息公开、标准化体系等非传统的手段。

按实行环境管理的三大社会行为主体(政府、企业、公众)及环境政策实施的强制性程度,环境政策方法可以分为三类,见表3-1。

表3-1　环境政策方法的分类

类型	政府	企业	公众及 NGO
命令型和控制型	法律 行政 强制性环境标准		
经济型和激励型	经济手段 指导性环境标准 绿色科学技术手段	企业绿色技术创新 企业可持续性经营 企业能源资源节约	
鼓励型和自愿型	政府环境信息公开 政府环境绩效评估 政府环境表彰和奖励	ISO14000 环境管理体系 企业环境信息公开 企业环境绩效评估	公众自我管理手段 绿色社区和住宅的倡导 NGO 组织手段

一般来说,命令型和控制型环境政策方法的强制性程度最高,经济型和激励型次之,鼓励型和自愿型的强制程度最小。但需要说明的是,这三种类型的划

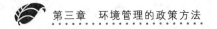

分,并没有严格的界限。

第一节　环境政策方法的基础

一、对策、决策和政策

(一) 环境对策

环境对策(environmental countermeasures),是指从解决问题的角度,由多个方面入手,提出解决某一问题的科学方案或途径。

对于同一个环境问题,由于目标要求、资源条件、能力水平、学科视角等方面的不同,可以有多种解决对策。例如,对于富营养化问题的控制,可以采取化学、物理、生物的工程方法进行治理,可以采用生态技术和工程进行修复,可以采用关闭小污染源、治理农业面源、治理城市生活污水的方法,也可以采用提高自来水厂处理工艺水平的方法,还可以采用建设备用水库水源地,或是采用流域调水冲污等方法。这些对策具有不同的科学依据,其费用不同、见效时间不同、治理效果不同、抵抗风险能力不同、根治污染程度不同,既有所长,也有所短。而这些措施中,哪一种更为科学、合理和可行呢? 这就需要对每一个环境对策,进行深入的研究和分析,并进行比较,然后给出一个或多个环境对策的备选方案。

应该说,环境对策研究是非常重要的一类基础研究,它以科学事实为依据,以经济社会发展条件为基础,以现有技术能力为依托,构成了研究和解决环境问题的第一要务。

(二) 环境决策

环境决策(environmental decision),是指从多个环境对策中选出一个或几个作为解决环境问题的具体实施方案的过程。

决策就是做出抉择。一般而言,决策不是科学家、工程师或一般管理人员的职责,而是在政府、企业中那些担负领导者角色的人物的工作。决策者一般不会是某个行当的专家,也不是对策的提出者,而多是站在整个环境社会系统发展的角度,对一个行政区域、一个企业的重大环境问题的未来方向和解决策略进行确定。简单地说,决策不是对策,是由极少数担负领导角色的决策者来做出的。

决策在管理中至关重要,以至于一个叫西蒙的著名管理学家有这样的定义:"管理就是决策"。同样,在环境管理中,环境决策也处于十分重要的地位,如何提高政府领导人、企业领导者的环境决策能力和水平,提高 NGO 机构负责人和骨干人员的环境领导力,是极为重要的。这一工作还在开展和提高之中。

（三）环境政策

环境政策（environmental policy），也称环境政策手段、政策方法或政策工具。环境政策是在做出环境决策之后，形成的一系列规则、制度、实施办法等，通过政策的落实和执行，实现决策的目标。

在解决环境问题当中，对策是大量的、丰富的、甚至是异想天开的，有一个环境问题，就会有几个、几十个甚至几百个环境对策。决策是少量甚至唯一的，只有那些在重大方向、重大问题上，由重要组织和重要人物做出的选择和决定，才称得上是决策。而政策的实质虽然只有命令型和控制型、经济型和激励型、鼓励型和自愿型三类，但由于政策运用的具体环境、针对对象的多样性，环境政策的种类也是极其多样并富有各地特色的。阅读材料 21 给出了 UNEP 总结出来的全球有望成功的各项环境政策和实践方法。

阅读材料21：全球有望成功的各项环境政策和实践方法

在《全球环境展望 5》报告中，以一个或多个区域成功采用的最佳实践方法为基础，总结了一些全球有望成功的各项环境政策和实践方法，如表 3-2 所示。

表 3-2　全球有望成功的各项环境政策和实践方法

环境	应对环境政策	
淡水	■ 水资源综合管理 ■ 湿地的保护与可持续利用 ■ 推广用水效率 ■ 排污费	■ 承认安全的饮用水和卫生设施是一项基本人权需求 ■ 以水表计量和容积计量为基础实行收费
生物多样性	■ 生态系统服务的市场化手段 ■ 扩大保护区规模 ■ 对保护区实行可持续管理	■ 跨界生物多样性与野生生物走廊 ■ 以社区为基础的参与和管理 ■ 可持续的农业实践
气候变化	■ 取消不当的/有害环境的补贴，尤其是针对化石燃料的补贴 ■ 碳税；林业碳固存激励机制 ■ 排放权交易计划	■ 气候保险 ■ 能力建设与供资 ■ 气候变化应对与适应，比如气候防护型基础设施
土地	■ 流域（集水区）综合管理 ■ 城市的明智增长 ■ 保护主要的农业用地和空地 ■ 免耕、虫害综合管理和有机农业	■ 改进森林管理工作 ■ 生态系统付费制度和"减少毁林和森林退化所排放量补充方案" ■ 农林业以及林牧实践方法

续表

环境	应对环境政策	
化学品/废物	■ 化学品登记制度 ■ 生产者延伸责任 ■ 产品重新设计(为环境而设计) ■ 生命周期分析	■ 减量、再利用和再循环,以及清洁生产 ■ 国家和区的危险废物处理系统 ■ 控制不当的危险化学品和废物进出口
能源	■ 加强节能技术转让与应用国际合作 ■ 提高能源效率 ■ 增加可再生能源的使用 ■ 可再生能源发电上网定价	■ 对化石燃料补贴加以限制 ■ 城市内的低排放区 ■ 研究与开发,尤其是在电池及其他能源储存形式上
海洋	■ 沿海地带综合管理(从山脊到暗礁) ■ 海洋保护区	■ 经济手段,比如使用者付费制度
环境治理	■ 多层级/多利益攸关方参与 ■ 加强推行辅助性原则 ■ 地方各级的治理工作 ■ 政策协同增效和消除冲突 ■ 自然资本和生态系统服务账户制度	■ 战略性环境评估 ■ 改进信息获取,提高公众参与,增强环境正义 ■ 加强所有参与方的能力 ■ 改进目标设定和监测制度

GEO 就以上政策应用提出了三点建议:① 在全球各区域发现,即便此类貌似成功的政策得到了更加广泛的应用,对于能否扭转当前某些不利的全球环境变化趋势,信心仍然不高,把握仍然不大,因此创新方法绝对必要。② 除了明智选择政策之外,越来越有必要改变造成环境退化各种根本原因,如能切实改变个人与企业行为的以信息为基础的市场化监管政策,可以成为变革的真正杠杆。③ 所检验的许多政策之所以成功,部分程度上是由于有利的环境或当地情况。因此,政策的移用和复制尽管是一种广为奉行的方法,但却需要因地制宜,仔细研究当地情况,且在着手之前进行充分的可持续性评估。

资料来源:UNEP,GEO-5 全球环境展望:决策者摘要,2012。

二、体系、体制和机制

(一) 环境管理体系

体系(system)一般指一定范围内或同类的事物按照一定的秩序和内部联系

组合而成的整体,是由不同系统组成的更大的系统。环境管理体系,一般指一个具有完整环境管理功能的大的系统。一般而言,包括环境法规、环境机构设置、环境政策、环境投融资、环境科学技术、环境宣传教育等多个方面。

以政府为例,在政府为主体的环境管理中,环境管理体系一般包括政府环境保护的法律法规、政府在环境保护方面的机构和职能设置、环境保护投入等。

以企业为例,在企业为主体的环境管理中,环境管理体系是一个专有名词,特指根据 ISO14000 标准建设的环境管理体系(environmental management system, EMS)。这个体系根据标准规定了企业环境管理的内容。

体系是一个相对完整、复杂的有组织系统。与政府和企业相比,公众和NGO 的组织化程度相对较差,一般难以形成体系。因此,所谓的环境管理体系,或是指政府的环境管理体系,或是指企业的 EMS。

(二)环境管理体制

体制(institutional)是指组织制度。环境管理体制是指在一个环境管理体系中,或在解决某一个环境问题的具体情况下,都有哪些组织和个人参与其中,更确切地说,是应该有哪些组织、哪些利益相关方,以什么样的地位参与其中。

在政府环境管理体制中,政府首脑(如市长、县长)对环境保护总负责,环境保护部门(如环境保护局)具体负责,而相关部门(如农业局、水利局、建设局、林业局等)参与其管理内容相关的工作。

在企业环境管理体制中,企业负责人应对环境保护总负责,环境委员会(可能包含在社会责任委员会、环境安全健康部门或其他部门之中)具体负责,而企业的市场、营销、制造、后勤等部门一般是环境保护的参与部门。

(三)环境管理机制

机制(mechanism)是指一个工作系统的组织或部分之间相互作用的过程和方式。环境管理机制是指一个环境管理体系运行的规则。机制问题是决定一个环境管理体系能否正常运行,以至发挥效益、效率,最终解决环境问题的关键。

环境管理机制非常强调环境管理体系各要素间相互作用的关系,并注重引导整个环境社会系统向健康的方向发展。环境管理机制可以看作是一系列相关环境政策的集合。在解决某一具体环境问题时,既需要命令和控制型的法律法规、行政监管,也需要经济和激励型的税费或生态补偿,还需要鼓励和自愿型的信息公开、奖励和绩效管理;这三类环境政策综合在一起,在一定的环境管理体制的框架下,就构成了解决一个特定环境问题的环境管理机制。简单地说,虽然有时候,环境管理机制也可以具体指一类环境政策,但更多的情况下,环境管理机制是在一定的环境体制框架下解决环境问题的各项环境政策的集合,是解决环境问题的具体规则和路径的总和。

第二节　命令型和控制型的政策

随着世界各国法制化、民主化进程的推进,以法律手段、行政手段为主要内容的命令型和控制型政策,在环境管理中发挥着越来越重要的作用,也成为进一步实施经济型和激励型政策、鼓励型和自愿型政策的基石。

命令型和控制型的政策的执行主体是各国立法机关和行政机关,一般都具有法律强制性、行政高效率、执行力度大、见效时间快等优点。但同时也具有一些不容忽视的缺点,如缺乏经济效率、社会争议较大、缺乏公众参与等。

一、法律手段

(一)法律手段的基本特征

法律是统治阶级意志的体现,是现代社会发展中的一种最重要,也是强制性程度最高的社会行为规范。与其他社会行为规范、规则相区别,法律具有以下一些基本特征:

① 法律产生要由国家的最高权力机构制定或认可。

② 法律是具有权利、义务内容的法律体系,它告诉人们应当做什么或不应当做什么,并通过国家机器的保障,强制执行。违反法律规范的行为,将受到相应的制裁和惩罚。

③ 法律由国家强制力保证实施,且这种强制性是以国家暴力为后盾的。

由上可见,法律作为一种强制性程度最高的社会行为规范,可以在环境管理中,即在调整和控制人类社会作用于自然环境的行为中,发挥着最基础的作用。无论是政府、企业还是公众,都必须在法律的框架下安排和规范自己作用于环境的行为,这也同时为政府、企业和公众之间的相互监督提供了法律保障。

目前,政府在环境保护方面依法行政、加强环境法律的执法力度,企业自觉遵守环保法律并利用法律武器维护企业合法权益,公众和非政府组织根据法律捍卫自身的环境权益,是法律手段在环境管理中发挥的主要应用。

(二)法律手段的基本内容

法律规范的构成一般包括三个方面:

① 条件。任何法律都只适用于特定的范畴和情形,例如,《中华人民共和国水污染防治法》适用于在中华人民共和国领域内的江河、湖泊、运河、渠道、水库等地表水体,以及地下水体的污染防治。

② 行为规则。法律规范中明确规定允许做什么,禁止做什么,要求做什么。

这是法律规范最基本的部分。

③ 法律责任。违反法律规定的作为或不作为,都应当承担相应的法律后果。例如,因水污染直接造成公私财产损害的,要负赔偿责任。

(三) 中国的资源环境保护法律体系

中国十分重视环境法制建设,目前已经形成了较完善的环境法律体系。

① 宪法。宪法对环境保护的规定是制定其他环境保护法律法规的基础。《中华人民共和国宪法》规定:"国家保护和改善生活环境和生态环境,防治污染和其他公害";"国家保障自然资源的合理利用,保护珍贵的动物和植物。禁止任何组织或者个人用任何手段侵占或者破坏自然资源"。

② 环境保护基本法。《中华人民共和国环境保护法》是中国环境保护的基本法。该法确立了经济建设、社会发展与环境保护协调发展的基本方针,规定了各级政府、一切单位和个人保护环境的权利和义务。

③ 环境保护单行法。中国针对特定的环境保护对象或特定环境要素制定颁布了多项环境保护专门法以及与环境保护相关的资源法,包括《水污染防治法》①、《大气污染防治法》、《固体废物污染环境防治法》、《海洋环境保护法》、《森林法》、《草原法》、《渔业法》、《矿产资源法》、《土地管理法》、《水法》、《野生动物保护法》、《水土保持法》、《农业法》等。

④ 环境保护条例和部门规章。这类条例和规章是为了贯彻落实环境保护基本法、环境保护单行法而由国务院及国务院各部门制定的,包括《噪声污染防治条例》、《自然保护区条例》、《放射性同位素与射线装置放射防护条例》、《化学危险品安全管理条例》、《海洋倾废管理条例》、《陆生野生动物保护实施条例》、《风景名胜区管理暂行条例》、《基本农田保护条例》和《城市绿化条例》等。

另外,中国地方人民代表大会和地方人民政府为实施国家环境保护法律,结合本地区的具体情况,还制定和颁布了600多项环境保护地方性法规。

⑤ 环境标准。环境标准是中国环境法律体系中的一个重要组成部分,包括国家环保部门制定公布的强制性国家环境标准,与之配套的推荐性国家环境标准和环保行业标准,也包括省、自治区、直辖市曾发布过的地方标准。具体内容涉及环境质量标准、污染物排放标准、环境基础标准、样品标准和方法标准。其中,环境质量标准和污染物排放标准分为国家标准和地方标准,属于强制性标准,违反强制性环境标准,必须承担相应的法律责任。

⑥ 中国缔结或参加的有关保护环境资源的国际条约、国际公约。在建立健

---

① 后文中我国的法规名称均采用简称,如《中华人民共和国水污染防治法》简称为《水污染防治法》。

全环境法律体系的过程中,中国把环境执法放在与环境立法同等重要的位置,对污染和破坏环境的行为进行严肃查处,对环境违法犯罪行为进行严厉打击。但也应该指出,中国的环境法制建设还需要进一步完善,如在某些方面还存在着立法空白、有些法律的内容还需要补充和修改,有法不依、执法不严的现象仍旧不同程度的存在。

阅读材料 22 讲述了中国《环境影响评价法》实施后带来的"环评风暴"。

阅读材料 22:从"环评风暴"看《环境影响评价法》的力量

"环评"一词可能是现在社会大众最广为知晓的一个环境专业词汇了。"环评"是环境影响评价的简称,是对规划和建设项目实施后可能造成的环境影响进行分析、预测和评估,提出预防或者消除不良环境影响对策的技术方法和制度的总称。"环评"一词之所以能在社会各界享有如此的知名度,是和近年来的"环评风暴"分不开的,而这最终就要归功于《环境影响评价法》的力量。

与世界上大多数国家一样,中国很早就将环境影响评价作为一项基本环境管理制度。1979 年制定的《环境保护法(试行)》作为环保基本法确立了环境影响评价制度,要求对建设项目进行环评。1986 年由国务院环境保护委员会、国家计委、国家经委联合发布的《建设项目环境保护管理办法》,1998 年由国务院发布的《建设项目环境保护管理条例》,是早期开展项目环评的具体法律依据。2003 年实施的《环境影响评价法》,作为环保单行法大大强化了环评的法律地位。

《环境影响评价法》规定,环评文件未经法律规定的审批部门审查或者审查后未予批准的,该项目审批部门不得批准其建设,建设单位不得开工建设。对违法建设的项目,环保部门可以一票否决。这些严格的条文规定,为中国环保部门开展的一系列广为社会关注、产生重大社会影响的环评风暴提供了坚实的法律后盾。

2005 年 1 月 18 日,国家环保总局向新闻媒体通报了 30 个严重违反《环境影响评价法》的建设项目名单,同时责令这些项目立即停建,并将对其重罚,对直接责任人员,建议有关部门依法给予处分。仅一周之后,1 月 26 日,国家环保总局宣布,上述 30 个项目已按要求积极落实整改措施。这是第一次环评风暴。

2007 年 1 月 10 日,环保总局发动了第三次环评风暴,通报了投资 1 123 亿元的 82 个严重违反环评和"三同时"制度的钢铁、电力、冶金等项目,并首次使用"区域限批",制裁唐山、吕梁、莱芜、六盘水4个城市及国电集团等4家电力企业,遏制高污染产业盲目扩张。7月初,又对黄河、淮河、海河流域及长江安徽段水环境污染严重的6市2县5个工业园区实施"流域限批",暂停除污染防治和循环经济类以外所有建设项目的环评审批,同时对38家企业进行"挂牌督办"。两个多月内,共清理1 162个违法企业和项目。其中关停400个,停产整顿249个,限期治理102个,追缴排污费7.25亿元。

2009年6月11日,环保部由环保总局升格一年之时,环评风暴仍在继续。环保部开出了中国环保史上的最大罚单——暂停审批金沙江中游水电开发项目、华能集团和华电集团(除新能源及污染防治项目外)建设项目、山东省钢铁行业建设项目环境影响评价。这在所涉及的地方、企业引起激烈反响。

2011年5月18日,环保部发起"加强铅蓄电池及再生铅行业污染防治"工作,针对污染物稳定达标排放、落实500 m的卫生防护距离、建立重金属污染责任终身追究制等做出了重点要求。由此铅蓄电池行业风暴频起,经历了一次规模空前的清理整顿。截至7月31日,全国共排查铅酸蓄电池生产、组装及回收企业1 930家。其中,取缔关闭583家、停产整治405家、停产610家。

这一系列"环评风暴"的背后,是环保部依照《环境影响评价法》行使一票否决权、强化环评制度而采取的多个强力举措。

《环境影响评价法》不仅是政府环保部门管理的利器,也是广大公众和NGO的环境法律武器。从圆明园湖底铺膜事件、厦门PX事件、多地的血铅事件、金沙江水电开发事件、广州番禺垃圾发电厂事件、四川什邡重金属污染事件、江苏启东污水排海事件等,几乎所有的引起广大社会公众关注,NGO积极参与的重大环境事件的背后,都有着环评工作和《环境影响评价法》的影子。不难判断,随着科学发展、和谐社会、生态文明的推进,《环境影响评价法》会成为政府环保部门、企业、NGO和广大公众维护环境权益,与生态破坏和环境污染作抗争的越来越会有力的法律保障。

二、行政手段

(一)行政手段的基本特征

行政手段是行政机构以命令、指示、规定等形式作用于直接管理对象的一种手段。行政手段的主要特征是:

① 权威性。行政机构的权威越高,行政手段的效力越强。因此,环境保护行政机构权威性的高低,对提高政府环境管理的效果有很大的影响。

② 强制性。行政机构发出的命令、指示、规定等将通过国家机器强制执行，管理对象必须绝对服从，否则，将受到制裁和惩罚。

③ 规范性。行政机构发出的命令、指示、规定等必须以文件或法规的形式予以公布和下达。

（二）行政手段的主要内容

环境管理的行政手段，主要是以制定行政控制措施为主要内容的法律法规和相应的环境标准，以强制实施的方式，来实现国家确定的环境保护要求。

环境管理的主要行政手段见表3-3。

表3-3　环境管理的主要行政手段

手段	内容
环境标准	污染物排放标准 环境质量标准 技术标准
行政审批或许可证	管理手段 有关污染者的具体规定
环境监测	监测系统的质量保证 记录保存 环境报告
处罚	逐步加重的处罚措施：警告、限期治理、罚款、暂时停业和关闭等
环境影响评价	环境影响评价报告表 报告书 现场评价
其他手段	环境、资源损害赔偿责任 保障赔偿(对特定有环境风险的活动进行强制保险) 执行保证金(预缴的执行法律的保证金)

在本书第五、六、七、八章和第九章中，分别介绍了中国和其他国家常用的各项环境行政管理措施。阅读材料23为中国环境保护部作为中国环境管理行政主管部门的主要职责。

阅读材料23：中国环境保护部的主要职责

① 负责建立健全环境保护基本制度。拟订并组织实施国家环境保护政策、规划，起草法律法规草案，制定部门规章。组织编制环境功能区划，组织制定各类环境保护标准、基准和技术规范，组织拟订并监督实施重点区域、流域污染防治规划和饮用水水源地环境保护规划，按国家要求会同有关部门拟订重点海域污染防治规划，参与制定国家主体功能区划。

② 负责重大环境问题的统筹协调和监督管理。牵头协调重大环境污染事故和生态破坏事件的调查处理，指导、协调地方政府对重大突发环境事件的应急、预警工作，协调解决有关跨区域环境污染纠纷，统筹协调国家重点流域、区域、海域污染防治工作，指导、协调和监督海洋环境保护工作。

③ 承担落实国家减排目标的责任。组织制定主要污染物排放总量控制和排污许可证制度并监督实施，提出实施总量控制的污染物名单和控制指标，督查、督办、核查各地污染物减排任务完成情况，实施环境保护目标责任制、总量减排考核并公布考核结果。

④ 负责提出环境保护领域固定资产投资规模和方向、国家财政性资金安排的意见，按国务院规定权限，审批、核准国家规划内和年度计划规模内固定资产投资项目，并配合有关部门做好组织实施和监督工作。参与指导和推动循环经济和环保产业发展，参与应对气候变化工作。

⑤ 承担从源头上预防、控制环境污染和环境破坏的责任。受国务院委托对重大经济和技术政策、发展规划以及重大经济开发计划进行环境影响评价，对涉及环境保护的法律法规草案提出有关环境影响方面的意见，按国家规定审批重大开发建设区域、项目环境影响评价文件。

⑥ 负责环境污染防治的监督管理。制定水体、大气、土壤、噪声、光、恶臭、固体废物、化学品、机动车等的污染防治管理制度并组织实施，会同有关部门监督管理饮用水水源地环境保护工作，组织指导城镇和农村的环境综合整治工作。

⑦ 指导、协调、监督生态保护工作。拟订生态保护规划，组织评估生态环境质量状况，监督对生态环境有影响的自然资源开发利用活动、重要生态环境建设和生态破坏恢复工作。指导、协调和监督各种类型的自然保护区、风景名胜区、森林公园的环境保护工作，协调和监督野生动植物保护、湿地环境保护、荒漠化防治工作。协调指导农村生态环境保护，监督生物技术环境安全，牵头生物物种（含遗传资源）工作，组织协调生物多样性保护。

⑧ 负责核安全和辐射安全的监督管理。拟订有关政策、规划、标准,参与核事故应急处理,负责辐射环境事故应急处理工作。监督管理核设施安全、放射源安全,监督管理核设施、核技术应用、电磁辐射、伴有放射性矿产资源开发利用中的污染防治。监督管理核材料的管制和民用核安全设备的设计、制造、安装和无损检验活动。

⑨ 负责环境监测和信息发布。制定环境监测制度和规范,组织实施环境质量监测和污染源监督性监测。组织对环境质量状况进行调查评估、预测预警,组织建设和管理国家环境监测网和全国环境信息网,建立和实行环境质量公告制度,统一发布国家环境综合性报告和重大环境信息。

⑩ 开展环境保护科技工作,组织环境保护重大科学研究和技术工程示范,推动环境技术管理体系建设。

⑪ 开展环境保护国际合作交流,研究提出国际环境合作中有关问题的建议,组织协调有关环境保护国际条约的履约工作,参与处理涉外环境保护事务。

⑫ 组织、指导和协调环境保护宣传教育工作,制定并组织实施环境保护宣传教育纲要,开展生态文明建设和环境友好型社会建设的有关宣传教育工作,推动社会公众和社会组织参与环境保护。

⑬ 承办国务院交办的其他事项。

第三节 经济型和激励型的政策

经济型和激励型的政策是非常注重经济效率、激励机制的政策。这一政策注重经济社会发展中的"内在约束"力量,充分相信市场经济制度的作用,依赖现代科学技术的发展。近年来,从国际发展趋势看,在命令型和控制型政策的基础上,积极运用经济型和激励型的政策,是环境管理改革的重要方向。

相比而言,经济型和激励型的政策具有经济效率高、行政成本低、激励强度大、多样性丰富、灵活性高、促进环保技术创新、增强市场竞争力和长期效果明显等优点,但也会带来诸如引发社会不公、加剧环境分化和存在市场风险等不足。由于经济型和激励型政策的有效实施,还必须以一定的法制、市场和社会环境为条件,这一类型政策也需要与其他类型的政策配合使用。

一、经济手段

（一）经济手段及特征

经济手段是指运用价格、税收、补贴、押金、补偿费等货币或金融手段，引导和激励社会经济活动的主体主动采取有利于保护环境的措施。

在市场中，如果商品供不应求，价格就会上涨；如果商品供过于求，价格就会下跌。因此，价格是反映一个物品的稀缺程度的信号。另一方面，在市场中，由于环境与自然资源不具有可交换等商品特性，因而无法体现它们所具有的价值，从而促使环境与自然资源被过度消耗，呈现严重的枯竭状况。为此，在环境管理中，特别是在目前，环境和自然的价值虽然在认识上已被肯定，但一时还无法在价格上加以表示，这时，可以运用一些经济手段加以补救，以间接调整经济发展对环境与自然资源的压力。

（二）经济手段的主要类型

从 20 世纪 80 年代起，经济手段逐步成为环境管理中的重要手段之一。从世界各国特别是 OECD 国家的经验来看，经济手段不仅是行政和法律手段的必要补充，也是能与市场经济发展相适应、行之有效的环境管理手段。

主要的环境管理经济手段见表 3-4。

表 3-4　环境管理经济手段的基本类型

经济手段	内　容
明确产权	明确所有权：土地所有权、水权、矿权 明确使用权：许可证、特许权、开发权
建立市场	可交易的排污许可证 可交易的资源配额（如可交易转让的用水配额、狩猎配额、开发配额、土地许可证、环境股票等）
税收手段	污染税（按排污的数量和污染程度收税） 原料税和产品税（对生产、消费和处理中有环境危害的原料和产品收税，如一次性餐盒、电子产品、电池、包装等） 租金和资源税（获得或使用公共资源缴纳的租金或税收）
收费手段	排污费 使用者收费 管理费 资源、生态、环境补偿费

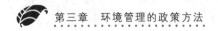

续表

经济手段	内　容
财政手段	财政补贴 优惠贷款 环境基金
责任制度	环境、资源损害赔偿责任 保障赔偿（对特定有环境风险的活动进行强制保险） 执行保证金（预缴的执行法律的保证金）
押金制度	押金退款制度（对需要回收的产品或包装实行抵押金制度）
发行债券	发行政府和企业债券

在中国，政府环境管理的现行经济手段主要包括：

① 排污收费制度。根据中国有关政策和法律的规定，排污单位或个人应根据排放的污染物种类、数量和浓度交纳排污费。

② 减免税制度。国家规定，对自然资源综合利用产品实行五年免征产品税，对因污染搬迁另建的项目实行免征建筑税等。

③ 补贴政策。财政部门掌握的排污费，可以通过环境保护部门定期划拨给缴纳排污费的企事业单位，用于补助企事业单位的污染治理。

④ 贷款优惠政策。对于自然资源综合利用项目、节能项目等，可按规定向银行申请优惠贷款。

阅读材料 24：环境管理的经济手段

经济学是一门研究资源配置的学科。现代经济学的发展，为环境管理提供了非常灵活、广泛、有效的经济型和激励型手段。

1. 产权手段——北美野牛灭绝了，为什么黄牛没有绝种

当 1492 年欧洲人第一次到达北美洲时，北美大陆上野牛的数量超过 6 000 万头。但经过大规模猎杀后，到 1900 年美国政府开始保护这种动物时，北美野牛只剩 400 头左右了。在一些非洲国家，由于偷猎者的捕杀，大象、犀牛等很多具有商业价值的野生动物面临着与北美野牛同样的困境。但是，并不是所有具有商业价值的动物都面临着这种威胁。例如，黄牛也是北美一种有价值的食物来源，但没有一个人担心黄牛将很快绝种。实际上，在 1492 年欧洲人才将第一头北美黄牛引入这片土地，而今天北美黄牛的数量约 1 亿头。

显而易见,是对牛肉的大量需求保证了这种动物的繁衍。

为什么象牙的商业价值威胁到大象生存,而牛肉的商业价值是黄牛的护身符呢?原因是大象是共有资源,而黄牛是私人物品。大象不属于任何人,每个偷猎者都想尽可能多地猎杀它们,从而获利。与此相反,黄牛生活在私人牧场里,每个牧场主都尽极大的努力来维持自己牧场上的牛群,因为他能从这种努力中得到收益。事实证明,在所有的情况下,市场没有有效地配置资源,是因为没有很好地建立产权。这就是说,某些有价值的东西并没有在法律上有权控制它的所有者。

当产权缺失引起市场失灵时,需要政府解决这个问题。肯尼亚等国家,通过立法已经把猎杀大象和出售象牙作为违法行为,但这些法律一直很难得到实施,大象种群继续在减少。而津巴布韦等国家,使大象成为私人物品,结果大象的数量开始增加了。由于私有制和利润动机的作用,非洲大象会在某一天也像黄牛一样完全地摆脱灭绝的厄运。

2. 市场手段——可交易的排污许可证

假设造纸厂和钢铁厂,每年各自向河中排放 500 t 污染物。环保部门要求每个工厂把排污量减少到 300 t/a。在管制实施且两个工厂都予以遵守之后的某一天,两个企业来到环保部门提出了一个建议:钢铁厂想增加 100 t/a 排污量;而且钢铁厂付给造纸厂 500 万元,造纸厂同意在原基础上再减少 100 t/a 的排污量。环保部门应该允许两个工厂进行这一交易吗?

从经济效率的观点看,该交易必然会使这两个工厂各得其所,造纸厂把自己的排污权出售给钢铁厂可以提高社会福利,钢铁厂通过购买造纸厂的排污指标生产更多的产品,以获得更大的经济利益。而且这种交易没有任何外部影响,因为污染总量不变。

这些交易的进行实际上创造了一种新的稀缺资源:排污许可证。允许排污许可证市场交易的一个优点是,从经济效率的角度看,排污许可证在企业之间的初始配置是无关紧要的。那些能以低成本减少污染的企业将出售它们得到的排污指标,而那些只能以高成本减少污染的企业将购买它们需要的排污指标。只要存在一个污染权的自由市场,无论最初的配置如何,最后的配置都将是有效率的。

可交易的排污许可证如今已成为一种控制污染的低成本高效率的方法。尽管一开始行业代表和环保主义者都对这一方案持怀疑态度,但随着时间的推移,这种制度被证明了可以用最小的代价减少污染。

3. 税收手段——全球变暖的一种解决办法:一种新税

用税收来解决环境问题的思想由来已久。20世纪初期,英国经济学家阿瑟·庇古(Arthur Pigou)提出用矫正税来纠正环境污染造成的负的外部性影响,因此该税也被称为"庇古税"。早在1992年就有人提出用庇古税来解决全球变暖问题,但这一观点的落实却迟迟没有被提上议事日程。

碳税能深入生活,以有效的方式改变人们的行为,达到保护环境的目的。如碳税会以很多方式激励人们少用汽油。比较而言,仅仅生产能源效率更高的汽车则会鼓励人们多开车,而开车增加不仅会产生更多的碳,还会引起其他问题,如交通事故和道路拥堵。经济学家告诉我们,当你为某种东西交税时,你通常就会减少对它的使用。因此,如果我们想要减少全球碳的排放,我们就需要一种全球性的碳税。

资料来源:曼昆著,经济学原理,北京大学出版社,2009。

(三)经济手段的主要作用

根据OECD的经验,经济手段在环境管理中主要有以下一些优越性:

① 污染者可以选择最佳的方法达到规定的环境标准,或者使环境治理的边际成本等于排污收费水平,从而达到成本最低的目的。

② 可以为当事人提供持续的刺激作用,使污染水平控制在规定的环境标准以内。同时,通过资助研究和开发活动,促进经济的污染控制技术、低污染的新生产工艺以及低污染或无污染的新产品研发。

③ 可以为政府及污染者提供技术和管理上的灵活性。对政府来说,调整一种收费标准要比修改法律容易得多;对污染者而言,可以根据收费情况做出预算,选择是治理污染还是缴纳排污费。

④ 可以为政府增加一定的财政收入,这些财源既可以直接用于环境与资源保护,也可以纳入财政预算。

二、宣传教育手段

(一)宣传教育手段的意义

正如广告可以引导消费者的消费一样,环境保护的宣传教育也可以提高人们的环境保护意识。通过宣传教育,不但要使全社会充分认识到环境保护的重要性,而且应当使全社会懂得环境保护需要每一个社会成员的参与;只有全体社会成员共同参与,才能从根本上保证环境得到保护。

首先,每一个社会成员都是物质产品的消费者,他们的消费方式的选择将会对环境产生不同的影响;同时他们又分别以不同的身份和形式参与到政府、企事业单位的社会行为之中。如果每一个社会成员都能够从我做起,在决策时充分考虑环境保护的要求,在行动中切实贯彻国家的环境保护政策和法律,那么,就会在全社会逐渐形成自觉的环境保护道德规范。这对于保护环境,实现可持续发展无疑将会具有重要的意义。

其次,通过宣传教育,提高公众的环境保护意识,还有助于增强企业、公众及社会组织参与环境管理的意识和能力。在西方国家,公众和 NGO 参与环境管理已经十分普遍。但在中国,公众参与环境管理还有待加强,其中原因之一就是公众缺乏必要和足够的环境保护参与意识和相应的科学知识。

（二）宣传教育手段的主要内容

在《21 世纪议程》第 36 章"教育、培训和公众意识"中,认为"由于信息不准确或不足,许多人不理解人类活动和环境的紧密关系。有必要增加人们对环境和发展问题的敏感性,并参与其中,找到解决办法。教育可以向人们提供可持续发展所需的环境和伦理意识,价值观和态度,技能和行为。为此,教育有必要不仅解释物理和生物环境,还要解释社会—经济环境和人类发展。"

为此,各国应当寻求:① 使所有年龄层的人获得环境和发展教育;② 努力使环境与发展概念,包括污染的概念,以及主要问题的原因分析纳入教育规划中;③ 应当特别强调决策者的培训。

各国还应当:① 为学校和大学毕业生建立培训规划,帮助他们实现可持续的生活;② 鼓励社会各领域,如工业、大学、政府、非政府组织和社区组织等在环境管理方面对人们进行培训;③ 从最基本的环境关怀入手,向受到地方培训并已被招募的环境技术人员提供他们所需的服务;④ 与媒体、剧团、娱乐界和广告业合作,促进一个更积极的有关环境的公共论坛;⑤ 将本土人民的可持续发展的经验和理解纳入教育和培训之中。

目前,在中国加强环境保护宣传教育的内容主要有以下几个方面:

① 发挥政府在环境保护宣传教育中的主导作用。包括制定适合国情的宣传与教育战略规划,加强各级领导干部环境素质的提高,树立依靠科学教育推动经济社会协调发展的决策观,构筑适合中国国情的宣传教育模式。

② 特别注意对重点区域和重点人群的宣传和教育。针对国家重点发展而又污染较重的煤炭、石化、钢铁、有色金属、电力、建材等行业,环境保护宣传教育要与企业的科技攻关和职工岗位培训结合起来;针对江河上游地区、边远生态脆弱区域,环境保护宣传教育要与支持区域经济社会发展、参与扶贫、加强基础教育和培训结合起来。另外,环境保护宣传教育还应特别关注妇女和儿童、少数民族等群体的需要。

③ 注重环保 NGO 的参与。发挥环保 NGO 的参与和监督作用,提高公众环境意识。

④ 加大新闻媒体的宣传报道。新闻报道是行之有效的重要宣传方式,要充

分发挥新闻报道促进环保工作的积极作用。

阅读材料 25：BELL 项目——补上重要的一课

企业人士在环境保护中发挥着重要的作用。但是，传统的商业教学体系并不能令学生意识到环境对企业，乃至对社会带来的影响。为此，1991 年起，世界资源研究所（World Resources Institute，WRI）发起了 BELL 项目，旨在将环境和可持续发展教育纳入工商学院的课程之中，以使企业领导者转变成环境友好的合作伙伴。

1999 年开始，WRI 商务教育部门与当时的国家环境保护总局宣传教育中心联合在中国推广 BELL 项目。具体内容包括在全国建立了以 400 多所管理学院、商学院和环境学院为主体的工作网络，在国内 30 余所高校开设了 BELL 环境与可持续发展创新课程，举办"环境与发展论坛"、BELL 年会、绿色讲演者（green speaker）系列讲座和区域性研讨会等。这些前瞻性的理念和工作，丰富了工商管理教育内容，推动了中国商务发展及环境产业与国际的接轨。

BELL 项目在北京大学开设的绿色示范课程为"环境技术的市场化"。该课程共 3 个学分，50 个学时，面向在京大学和研究机构招收 60 名硕士或博士研究生，其中环境、经济、法律、管理、公共政策专业或方向的学生优先考虑，成绩合格者，获得 BELL 项目课程合格证书。教学内容包括教学主题（21 学时），案例分析（5 学时），实地考察（6 学时），以及向社会开放的环境专题讲座（10 学时）。该课程为环境专业教育与非环境专业学生，特别是与管理学院、公共政策学院、法学院、经济学院学生环境教育的结合提供了机会；通过学院教学与社会实践相结合，特别是通过团队合作，培养创新和创业能力，提高了学生组织、沟通和领导水平。

BELL 项目在深圳大学的做法是在已开设的 11 门 MBA 核心课程中选择 6 门进行绿色扩展，包括在管理经济学课程增加环境经济学内容，在生产运作管理课程中增加绿色供应链内容，在营销管理中增加绿色营销内容，在战略管理中增加绿色产业发展内容，在会计学和公司理财课程中增加企业环境业绩与财务业绩指标的结合的内容等。

BELL 项目在 2011 年入选世界自然保护联盟（IUCN）年度最佳项目，以表彰其探索培养跨界复合人才和具备可持续发展理念的环境领袖所做的贡献，以及展示出的政府、大学和企业界为此做出的努力。这正如世界资源研究所所长乔纳森·莱什所希望的那样："中国 BELL 将尽力满足这些企业领导者的需求，使他们在制定影响中国乃至世界的决策时，具备可持续发展观和分析错综复杂形势的能力。"

（三）提高环境保护宣传教育手段的有效性

只有那些科学的、细致入微的、深入的宣传教育，才可能收到实际效果，而靠各种强制力、伪造信息，或是危言耸听的言词来灌输和恐吓，甚至是采用"谎言重复一千遍也能变成真理"的宣教方法，都是无效的，甚至适得其反。因此，环境保护宣传教育既要采用行之有效的教育学、传播学中的方法，也要体现环境科学的基本知识和规律，还要兼顾广大公众关心和熟悉的环境问题及相关的生活消费习惯、地方风俗等特点。

阅读材料 26 是一个如何让环境公益广告更有效的案例。

阅读材料26：环境公益广告如何更有效
——从为什么不要吃鱼翅谈起

在不少大学食堂吃饭时总能看到一些环保公益广告，如"没有买卖，就没有杀害，请不要食用野生动物"。其中就有一则关于鱼翅的，广告词是"手是我的一部分，鱼翅是鲨鱼的一部分。请不要购买或食用鱼翅。没有买卖，就没有杀害"。尽管该广告取得了较好的宣传效果，但还是会引起一些同学的质疑或批评。如有人认为这段话存在逻辑问题。以这样的逻辑还可以推出诸如"手是我的一部分，鸡翅是小鸡的一部分。请不要购买或食用鸡翅，请不要购买或食用牛排"等。显然，保护鲨鱼是要保护人类赖以生存的环境，而不在于鱼翅是不是鲨鱼的一部分。这则广告虽有将心比心的善意，但其科学逻辑却显得苍白、模糊、不给力。

那么，真正有效而又科学的环境公益广告应该怎么说呢？或环保专业人士该如何科学、有效地宣传反对食用鱼翅呢？其关键有三。

一是鱼翅既无营养又无味道，没必要吃。鱼翅是鲨鱼鳍中的细丝状软骨，主要成分是胶原蛋白质。由于胶原蛋白质缺少色氨酸和半胱氨酸，是不完全蛋白质，其营养学上价值还比不上含有完全蛋白质的鲨鱼肉。那为什么人人都说鱼翅好吃呢？原因也很简单，"鱼翅没有味，全靠汤来凑"，汤是什么味道，鱼翅就是什么味道。再有就是中国人请客好面子、食不厌精、人云亦云的习俗作怪了。

二是吃鱼翅容易引起汞或其他重金属中毒，吃了有害健康。由于向海洋排污，使得海水中汞等重金属含量较高。这些汞进入海洋生物体内后，经过"小鱼吃虾米、大鱼吃小鱼，鲨鱼吃大鱼"的海洋食物链一级一级地富集，鱼翅中汞含量是其他鱼类的很多倍，有研究显示，鱼翅中的汞含量可能高达安全水平的 42 倍。人食用鱼翅后，汞就进入了人体，进而损害人体的中枢神经、肾脏

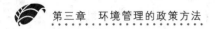

和生殖系统,后果很严重。

三是捕杀鱼翅的过程异常残忍,吃鱼翅不长良心。因为鲨鱼肉价值很低,渔民捕捉到鲨鱼后,只割下鲨鱼的鳍,而把鲨鱼身体抛回海里以便留下船上空间存放更多的鱼翅。被割掉鱼鳍的鲨鱼还没有死,但也无法再游动,要么沉入海底后窒息而死,要么成为其他鲨鱼的食物。为此,作为渔业捕捞大国的美国在2001年就通过了《禁止切割鲨鱼鳍的法令》,巴西、南非和澳大利亚等也有类似立法。据一项研究估计,每年约有4 000万条鲨鱼被如此捕杀。令人惭愧的是,中国鱼翅消费总量占全球的95%以上。

以上解释采用了环境科学中的重金属污染、食物链富集等专业知识,在目前还难于将捕杀者绳之以法的情况下,通过晓之以理,动之以情的宣传,相信已经足以令大多数消费者心动和行动了。如果公益广告说"鲨鱼已迅速减少,食用鱼翅会造成汞中毒,拒绝杀戮,请不要食用鱼翅",再配合图片影音,效果一定会更好。

三、绿色科学技术政策

(一) 绿色科学技术政策的意义

现代科学技术的迅速发展为人类社会的发展提供了强大的动力。现代社会所取得的大多数成就,都是近300年来科学技术发展,并应用于社会经济生产活动的成果。人们常说,科学技术是一把双刃剑,在帮助人们创造巨大物质和精神财富的同时,也带来了一些负面效果。生态环境破坏和恶化就是其一。

但要治理环境污染、防止生态破坏,科学技术又是不可缺少和行之有效的手段之一。在环境管理中,绿色科学技术政策的作用主要有以下几个方面:

① 控制人口数量的增长,提高人口素质,这将从根本上减少人类社会对自然环境产生的压力和物质需求,达到保护环境的目的。

② 开拓新的可利用的资源领域,提高资源综合利用效率和效益。如太阳能技术、生物技术、信息技术、新材料技术、再生资源技术等,可以更高效率地利用自然资源,从源头上减少人类社会对于自然环境的物质流需要,从而保护环境。

③ 开发新的材料利用、清洁生产技术和循环经济技术体系,从而大幅度提高产业活动的效率,降低单位产品的资源消耗和废物排放,并提供更高质量和水平的产品与服务。

④ 发展新的环境污染治理技术、废弃物回收再利用技术、生态恢复和生态建设技术等,减少人类活动产生的各种废弃物的种类和数量。

⑤ 发展新的包括环境管理科学在内的环境科学与工程技术,以更好地协调

人类社会作用于自然环境的行为,达到人与环境和谐的目标。

（二）绿色科技政策的主要内容

对于政府而言,绿色科学技术政策是指国家建立合理的制度,制定有关的政策和法律,鼓励科研人员积极从事环境保护的科学技术工作,鼓励有利于环境保护的科技成果应用于环境保护的实际工作之中。具体地讲,主要指提高促进人与自然和谐,环境与经济协调的决策科学水平;提高保障代内和代际的人与人之间（包括国家之间、地区之间,部门之间）公平的管理科学水平;提高发展既能高度满足人类消费需要又与环境友好的新材料、新工艺的科学技术水平;提高治理环境污染、提高环境承载力的科学技术水平等。

对于企业而言,绿色科学技术政策是指企业采用先进的清洁生产工艺和技术,减少或消除废弃物的排放;应用产业生态学和循环经济的理念和方法在企业内部、企业之间和产业园区的层次上构建循环经济体系;尝试和创造适用于工业、农业和服务业的先进企业环境管理科学和管理技术等。企业是一个国家技术创新的主体,加强绿色科学技术政策在企业环境管理中的应用,意义非常重大。

对于公众而言,应该用"用脚投票"的方式,支持绿色科学技术及产品的推广,如可以有意识地购买和消费绿色产品;应该及时和大声表达自身生活对绿色科技的需要,如节水、节电、节能、消除室内污染、防止噪声、治理交通尾气等技术。这种公众最基本的环境需要是促进绿色科学技术发展的最根本的动力。

科学家是公众中掌握专业科学技术知识的一个特殊群体,同时也是为企业和政府提供科学技术服务和成果的主要人员,在环境管理的绿色科学技术政策和实践中发挥着重要的作用。因此,科学家的环境保护理念和思想对于保护环境非常重要。例如,现代很多污染物都是化学家在实验室里创造的,是被"合成"出来的,现代化学很大程度上就是一门关于物质"合成"的化学。而这些合成出来的新物质有可能对生态环境和人群健康构成危害。因此,对于化学家而言,在研究"合成"的同时,也应该关注该物质的环境效应。最近逐渐流行起来的绿色化学,就是化学家在环境保护理念的影响下,应用绿色科学技术手段保护环境的一项重大而意义深远的举措。

阅读材料27:绿色化学及其12条原则

绿色化学又称环境无害化学、环境友好化学、清洁化学。绿色化学是用化学的技术和方法去消灭或减少各种有毒有害的副产物、废物和产品,它的理想是不再使用有毒、有害的物质,不再产生废物,不再处理废物。 绿色化学既是化学科学基础内容的更新,也是从源头上消除污染,还是合理利用资源和能源,降低生产成本的重要科学技术手段。表 3-5 列出了绿色化学的 12 条原则。

表 3-5 R. T. Anastas 和 J. C. Waner 提出的绿色化学 12 条原则

原则	具体内容
污染预防	最好是预防废物产生,而不要等到它产生以后再来治理
原料经济	化学合成设计要最大限度将生产过程使用的所有原料纳入最终产品中
设计安全的合成方法	设计合成方法时要尽量使用和生产对人群健康和环境危害小或无毒的物质
设计较安全的化学物质	设计的化学产品既要发挥所需功能,又要尽量减少其毒性
较安全的溶剂和辅料	尽可能少用各种辅助物质如溶剂分离剂等,要使用安全的物质
设计考虑能源效率	从环境和经济影响角度重新认识化学过程的能源需求,并应尽量少使用能源,可能时合成方法应在常温常压下进行
使用可再生原料	技术和经济上可行时要用可再生原料代替消耗性原料
减少衍生物	用一些手段如锁定基因保护与反保护和暂时改变物理化学过程,尽量减少不必要的衍生物
催化	选择催化剂提高效率,尽可能在常温常压下反应
设计时考虑产品的可降解性	设计的化学产品在使用后能降解成无害物质,而不是持续存在于环境中
对污染预防进行实时分析	要进一步开展分析方法的研究,进行实时和生产过程中的监测,在生成有害物质前加以控制
安全的化学过程	在化学反应过程中要能尽量减少事故的发生,包括释放化学物质、爆炸和起火

资料来源:Chemical & Engineering News , July 16,29(2001).

第四节 鼓励型和自愿型的政策

随着人们环境意识的提高,自觉、自愿、积极、主动地参与环境管理,已经成为越来越多的政府、企业和广大公众发自内心的自觉行为。因此,除了传统的法律、行政、经济等强制型和激励型环境管理的手段外,这种基于自觉性和主动性的管理方法越来越受到人们的关注和欢迎,可称之为鼓励型和自愿型的环境管理政策方法。许多发达国家的经验表明,鼓励型和自愿型的政策已经成为新的政策发展方向。

目前,鼓励型和自愿型的政策一般包括环境信息公开、ISO14000标准认证、环境标志、环境会计、环境审计、环境绩效管理等。另外许多NGO活动,如环保志愿者行动、宣传教育、环境专题研究报告等,也可认为是广义上的鼓励型和自愿型的政策。

由于对鼓励型和自愿型的政策范围和内容还没有形成共识,这里着重介绍其中两个重要的方面:环境信息公开和环境绩效管理。对于同样重要的ISO14000标准体系,在本书第七章第二节中专门介绍。

一、环境信息公开

（一）环境信息公开的意义和内容

现代社会是一个信息社会。信息在环境管理中的地位和作用变得越来越重要。环境信息公开,简单地讲,就是政府、企业和公众主动公开自身或自身掌握的环境信息,如区域环境质量信息、污染物排放、突发环境事故信息、企业产品环境信息和企业环境行为等。环境信息可以是反映环境状况的最新情报、数据、指令和信号,以及其他有关环境动态变化的信息,也可以表征环境问题及其管理过程中各固有要素的数量、质量、分布、联系和规律。

从管理学角度看,环境信息公开的实质是要解决政府、企业、公众之间在环境管理中的信息不对称问题。因此,环境信息公开不仅是一种新环境管理手段,也是其他环境管理手段能够有效制定和执行的信息基础。由于环境问题具有综合性、复杂性和不确定性等特点,环境信息也较一般社会经济信息更为综合、复杂和不确定性,这就需要政府、企业和公众三方在环境信息公开中更加密切的合作。

（二）政府环境信息公开

目前,政府信息公开比企业和公众公开具有更重要的作用,这是由于政府在环境信息的获取、占有和发布方面具有天然的优势所决定的。一般而言,政府拥有遍及全国的环保行政机构及附属单位,其重要职能之一就是环境信息的收集和处理;政府还拥有较为完善的环境信息收集手段,如环境监测、环境影评价、排污许可证制度及各种具体环境领域的报告制度等措施。众多的机构保障和广泛的信息来源保证了政府环境信息收集的准确性、完备性和权威性。

政府掌握的环境信息主要包括三种类型:

① 环境及各环境因素的基本状况信息,包括大气、水体、土壤、生态的质量状况等,如每年由国家环境保护部和各地环保局发布的《环境状况公报》等,还有一些专门的环境要素的质量公报,如各大城市每天公布的空气环境质量、大江大河每个星期的水质公报、重点城市每个小时的饮用水水质公报、重点地区每个时刻的噪声值显示等。

② 对环境产生影响的活动信息,如政府掌握的污染物排放信息,有害物质的使用和有害产品的制造等信息,一些受到政府重点监督的污染排放企业的环境行为,一些政府奖励的环保型企业的环境行为等。

③ 政府为保护和改善环境而采取的措施和活动,既包括具体的行政措施,如行政许可,检查监督等,又包括为保护环境而制定的计划、规划等,如每年的《环境统计公报》,国家和各地的环境规划、行动计划等。

从法律上讲,环境信息公开制度是承认公民对国家拥有的环境信息享有知情权和公开请求权,国家对这种信息公开的请求有回答的义务。但由于各种原因,当前中国政府环境信息公开的研究和实践比较落后,存在着环境信息公开范围有限、公开不及时、公开手段落后、信息不完整等诸多问题,与企业和公众的需要还有很大差距。

对于涉及国家安全、公务机密,公共安全、特殊环境利益等的需要保密的环境信息,应该通过立法等途径规定政府可以不公开。

阅读材料28:一个水资源专家对改进公众听证会的建议

听证会是政府在制定公众政策时听取公众意见的主要形式。在城市规划、环境评价、重大项目、价格调整等多个关系到普通公众环境利益的事情上,听证会成为政府面向公众、公众监督政府的重要方式。一位主要研究水资源经济管理的专家,在多次作为专家代表参加了北京市水价调整等听证会后,从科学性和公正性的角度提出了改进听证会的四点建议。

1. 听证代表组成程序和构成应科学公正

听证代表是听证会的主体,其组成过程是否科学公正,直接影响听证结论的可接受性,也考验着地方政府的诚信。北京2009年水价听证会代表采取的是委托推荐,居民水价的调整影响最大的是中低收入阶层,而代表构成中竟然没有低收入阶层的代表,这不能不说是一个比较大的瑕疵,此外,绝大部分代表是"官"或者有官方背景,几乎没有"白丁"。目前,价格听证代表的产生遵循2008年12月1日实施的《政府价格决策听证办法》,仔细研究这个办法,代表产生过程中不排除"人为操作"的可能性。因此,听证代表产生和组成的合理性及客观性,对增加听证会的公正性具有重要意义。

2. 提高听证方案的科学性

听证方案的科学性,是听证会科学性的重要组成部分。目前一些听证方案的构成缺乏科学性,一般只给出一个涨价方案,让听证代表无从选择。2009年北京市水价听证方案在涨价幅度上没有多余的选择,只是让听证代表选择一次性涨价还是分次涨价,具有相当大的刚性,缺乏商量的余地。从科学性的角度而言,维持价格不调整也是一个方案,但这样的方案没有被纳入此次听证会的讨论之中。无论如何,设计科学的听证方案,让百姓愿意接受,才能使听证会更加科学。

3. 用科学的数据说话

价格听证是一件很严肃的事情,用科学的数据说话是最基本的要求。价格听证,成本收益核算是最基本的数据,但恰恰在这个问题上,一些听证会交代不清,给出的结论自然难以令人信服。北京市水价听证会提供的材料给出了水价成本数据,但很粗糙,对具体内容也没有详细交代,遭到部分听证代表的质疑。此外,只给出成本数据是不够的,北京的污水处理后,再生水能够卖出 1 元/m^3,而这部分收入并没有反映出来。相关部门对此应严格把关,对于听证数据不科学、不严谨的,应禁止进行价格听证,这既是对政府负责,也是对百姓负责。

4. 听证会应避免使用模糊语言

纵观有关水价价格听证的理由,其中之一是提高人们节约资源的意识。实际上,如何衡量人们节约资源的意识,目前并没有一定的科学指标来衡量,价格提高了,人们的节约意识会提高多少,会节约多少资源,还缺乏科学的测算数据。用模糊的语言代替科学的测算,是不科学的表现,也是今后在听证中应当着重改进的地方。

资料来源:新华网,2009 年 12 月 22 日。

(三)企业环境信息公开

企业是市场经济的主体,掌握着市场经济活动中有关环境的大量信息。企业环境信息一般是第一手的环境信息资料,具有原始性、丰富性、准确性等特点。按企业对环境信息的公开动力,可将企业掌握的环境信息分为两种类型:

① 企业根据政府要求依法公开的信息。政府一般会通过法律和行政手段规定那些污染严重的企业公开其污染物排放、生产经营及对周边环境和公众的影响情况等。另外,企业在执行政府的某些环境管理制度,如环境影响报告书、排污申报、环境统计时,也会向政府提供必要的环境信息。企业根据法律和政府

的要求公开这些环境信息是遵纪守法的重要内容。

②　企业自愿公开的信息。企业在政府和法律的要求之外自愿公开的环境信息,一般包括企业环境战略、资源能源消耗、企业污染物排放强度、年度的环境保护目标、致力于社区环境改善的活动、获得的环境荣誉、对减少污染物排放并提高资源利用效率的自觉行动和实际效果,以及对解决全球环境问题的关注等方面。企业自愿环境信息公开的形式有很多,目前被广泛采用并取得成效的是企业环境报告书,其详细情况可参见本书第七章第二节的相关内容。

（四）公众和 NGO 环境信息公开

相比而言,公众和 NGO 在环境信息的收集和占有方面处于天然的劣势。由于大多数公众和 NGO 都缺乏必要的资金支持、专业知识和信息收集能力,在环境信息公开过程中,他们更多的是担任政府和企业环境信息公开的信息接受者、反馈者、监督者角色。虽然随着网络、新闻媒体的发展,一些可供个人发表信息的平台不断出现,如微博、博客、各种网络论坛、社区和 BBS,但总体而言,公众和 NGO 通过这些手段发布的环境信息与政府和企业发布的环境信息在系统性、科学性、客观性上还存在相当差距。

值得注意的是,环境保护专业人士和 NGO 在调查、研究和公开公众关心的环境信息方面具有一定的优势。事实上,许多重要的环境问题或环境事件都是由一些公众个体和 NGO 揭露和曝光的,一些非常重要和有影响的环境报告也是由 NGO 编写的。因此,充分发挥公众和 NGO 在环境信息公开的作用,并提高其信息公开的科学性、准确性、客观性是十分重要的。

（五）环境信息公开的作用

对于政府而言,环境信息公开是政府的基本义务之一,是建设高效、责任、法治政府的重要举措,也是顺应现代社会发展潮流,建设诚信政府、信息化政府、阳光政府、亲民政府的重要内容。充分的环境信息公开,将有助于提升政府的执政能力和执行水平,提升政府形象和政府绩效。

对于企业而言,环境信息公开一方面满足了遵纪守法的需要,另一方面通过环境信息公开,在宣传自身环境形象、环境行为和环境绩效等方面可以取得明显成效。环境信息公开是将企业的赚钱目标、社会责任及企业长远的可持续发展紧密联系起来的手段之一。

对于公众而言,广大公众是环境信息公开的最大受益者。在传统环境管理手段中,公众都处于极为不利的信息不对称状态下,真正有效地参与环境管理无从谈起。通过环境信息公开,增加了政府和企业的透明度和公开性,给予了公众知晓权和发言权,使公众能够真正地参与环境管理,行使自己应有的权利和义务。同时,环境信息公开对于提高公众的环境意识和参与意识,加强公众的环境监督能力,更好地参与和影响环境政策的制定,都具有根本性的重要意义。

二、环境绩效管理

(一)环境绩效管理的概念

环境绩效是通过一系列环境管理措施或生态环境保护措施所获得的环境改善的成效。通俗地讲,环境绩效就是各种组织在环境保护方面取得的成绩、效果、效益、成就、优异表现的总称。环境绩效管理,就是以改善和提高各种组织的环境绩效为目标的一种环境管理方法。

环境绩效管理实际上是一种在环境信息公开基础上进一步延伸的环境管理手段。环境信息公开主要是解决了一个信息要公开的内容和形式问题,如什么时间公开、公开什么信息、由谁公开等。而环境绩效管理则是根据已经公开的环境信息,对政府、企业或公众的环境行为或环境绩效进行议论、评议、评价、对比和奖励的一个过程。环境绩效管理是对环境信息的二次加工,其成果是对政府、企业和公众环境行为的评价。

可见,环境信息公开和环境绩效管理,不仅是鼓励型和自愿型环境管理的两个重要政策方法,同时也是两个紧密联系的环节。

(二)环境绩效管理的内容

目前对环境绩效还没有一个明确的定义和范围。狭义的环境绩效研究多集中在企业环境绩效方面,与企业的经济绩效相对应。广义的环境绩效除了企业外,还包括政府、社区、学校等多种组织在环境保护和管理中取得的成效。

对于企业而言,企业环境绩效是指企业的生产经营活动在环境保护方面取得的成效。例如,减少能源利用、减少原材料消耗、发明更清洁的生产工艺和技术和生产出更环保的产品等。在 ISO14031 环境绩效评价标准制定后,许多企业纷纷执行和推进环境绩效管理。例如,欧洲许多著名企业多以环境年报的形式对自身所取得的成效进行总结与评估;日本企业多对自身环境管理体系取得的环境绩效进行定量化评审与总结。有专家认为,优良的企业环境绩效及其展示可以有效地降低生产经营的风险,降低生产成本,并增加企业的竞争力,同时还可树立良好的企业形象,这些都是企业开展环境绩效管理的重要动力。

对于政府而言,广义的环境绩效是指政府在区域环境保护和管理中取得的成效。例如,区域环境质量的改善、污染物排放总量的减少、环境突发污染事件的减少、居民环境满意率的不断提高、政府承诺的各项环境保护工作得到落实、政府积极推进绿色社区和环境保护模型城市的创建等。由于目前对政府环境绩效的研究比较少,大多数国家都没有建立起考核政府环境绩效的法规和方法。在中国,虽然多年前就提出了将环境保护纳入政府考核体系、领导干部考核体系的要求,但进展缓慢。随着世界各国政府公共管理水平的提高,相信政府环境绩效管理的研究和实践会逐渐得到加强。

值得说明的是,政府、企业、公众和社会组织在环境绩效管理中的地位和作用是不一样的。政府除了对自身的环境绩效进行管理,还需要制定相应规范,引导企业提高其环境绩效。企业着重对自身的生产经营行为进行环境绩效管理,并接受政府和公众的监督。公众和社会组织则更多的是起到对政府和企业环境绩效的监督作用。

阅读材料 29:什么是环境自愿协议

自愿协议(voluntary agreement,VA)是国际上应用最多的一种非强制性政策工具,是命令控制政策工具的重要补充。环境自愿协议,是对命令控制型、经济激励型政策手段的变革和超越,其实质是政府、企业和 NGO 以自愿为基础的、一种新型的管理方式。

环境自愿协议可以是正式的和具有法律约束力的,也可以是非正式的和无法律约束力的。根据其内容可以分为以下几种:

自愿参与型协议:协议中,政府针对各行业规定了一系列需要企业满足的条件,企业自愿选择参与或不参与。参与协议的企业将尽力达到协议中制定的目标,反过来,他们可以从政府得到一定的技术支持和免税支持。

协商型协议:政府与企业就特定的环境目标进行协商,并达成协议。协议中规定了要达到的环境目标以及实现目标所要采取的措施。在谈判过程中,双方就企业要达到的环境目标、政府需提供的技术和资金支持,以及企业达不到预定的环境目标将要接受的惩罚措施进行协商,达成一致意见。

单边协议:指企业单方面承诺的协议,没有任何公共机构参加,这是企业的一种自我管理行为。

环境自愿协议在国际上得到了广泛采用。相比而言,环境自愿协议的灵活性好、适用性强、成本低,容易实现政府与企业、NGO 与企业的共赢,还可以增加彼此之间的信任和合作,在公众和市场中树立了良好的信誉和形象,从而为更大的目标奠定了基础。

(三)企业环境绩效管理的内容和方式

1. 企业根据 ISO14000 标准进行自主管理

根据 ISO14000 标准建立环境管理体系的企业,按照 ISO14031 标准的要求,应该进行环境绩效管理,其工具是环境绩效评估。环境绩效评估在 ISO14031 中被定义为审查组织环境因素的工具,以决定目标是否达成,它的目标是获得信息,使管理阶层能决定必要的行动,以达成环境政策、目标及标准,并且适当地与利害相关者沟通。环境绩效评估还可以用来确认组织的潜在风险、机会及造成环境绩效不佳的主要原因。在 ISO14031 标准中的环境绩效评估,依据"规划—执行—检查—改善"的管理模式执行,其步骤如图 3-1 所示。

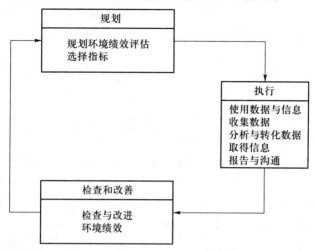

图 3-1　企业内部环境绩效评估的基本流程

2. 企业和政府或 NGO 之间的协商管理

政府在企业环境绩效管理方面发挥着重要的推动和规范作用。政府制定专门的企业环境绩效管理计划,鼓励企业和政府管理部门达到自愿性的环境绩效管理协议,是企业环境绩效管理的重要形式。

通过企业和政府之间自主协商方式进行的企业环境绩效管理,其工作基本上可分为三个阶段。第一阶段是企业的环境信息公开,如企业发布年度环境报告书,企业向政府管理部门提交相应的报告。这些公开的企业环境信息一般应满足必要的信息量要求,如果需要,还应附有相应的证明材料(如守法表现、环境监测数据等),并接受政府、中介机构和公众对其公开环境信息的监督。第二阶段是政府或政府委托的环境绩效评估或审核第三方机构,根据一定的标准和方法,对企业环境绩效进行评估,提交评估报告。第三阶段是政府根据各个企业的环境绩效评估结果,对环境绩效优异的企业进行表彰,以鼓励其在环境保护方面的成就。

美国环境保护局推行国家环境表现跟踪计划,中国实行的"国家环境友好企业"计划,都是一种由政府设计、企业自愿参与的鼓励性环境管理项目,较好地体现了政府与企业在环境绩效管理中的自主协商和协作。

阅读材料 30：美国国家环境绩效跟踪计划

美国的国家环境绩效跟踪计划（NEPT）是美国环境保护局推出的企业自愿参与的鼓励性环境管理项目之一，旨在鼓励那些已经达到了法律要求的企业，进一步采取有利于公众、社会和环境的行为，以取得更好的环保业绩。参加了该计划并在环境方面有优异表现的企业和团体，将会得到一定的奖励。所谓优异表现，就是企业和团体的环境表现及采用的环境管理措施有利于公众、社会和环境，超过了现有各种常规性的环境标准。NEPT 计划的实施包括以下五个方面。

1. 企业通过递交申请表的方式提出正式申请

2. 环保局根据四项标准进行评估

① 企业必须采用并执行一套环境管理体系。② 企业要证明其在环境表现方面已取得的业绩，并承诺继续进步。③ 企业应把其承诺向公众说明，并定期就其环境表现提交报告。在申请表中，企业需要从三方面汇报其公众参与计划，包括回应社会关注的问题、告知可能对公众有影响的重大事件、报告 EMS。④ 持续遵守法规的记录，包括刑事和民事行为。企业需要有遵守环境法规及所有现行环境标准的良好记录。在评估申请企业的记录时，美国环保局会与各州的合作者一起参考各种数据库及信息资源。如果调查结果显示有违反环境法律的行为，申请者将很难加入该计划。

3. 成为 NEPT 成员

企业成为 NEPT 成员，在计划实施的三年内需要达到以下要求：① 持续遵守法规，这是改善环境绩效的基础。② 为了评估该计划的效率，环保局每年都要对一定数量的企业进行现场考察。考察时，企业必须提供有力材料来支持其作为计划成员的资格，包括 EMS、在环境表现承诺上的进展，以及有关社区宣传教育方面的情况。③ NEPT 计划成员企业每年都必须向环保局及公众提交一份年度绩效报告，其信息有企业环境管理体系的执行报告、企业在环境表现上的简要进展报告、公众参与计划的摘要和自我鉴定。

4. NEPT 计划的开除机制

当一个成员企业在环境表现方面发生重大问题，诸如在申请表或年度环境表现报告中提供虚假信息、无法完成年度环境表现报告、在广告及市场宣传中没有诚实地描述环境表现、在遵守法规方面没有持续符合计划的加入标准，以及企业在环境表现上一直无法取得进步，甚至出现退步现象，NEPT 将会做出开除决定。

5. NEPT 计划的奖励性措施

① 减少对成员企业的环境执法例行检查次数;在研究处罚决定的过程中,考虑曾遵守现行环境法规所做的努力。② 成员企业可以使用该计划标识。③ 企业会得到有关方面的宣传。④ 企业可以共享成功经验并得到公众认可。⑤ 企业有机会在环保局"环境表现实践数据库"中得到特别介绍。

由上可见,NEPT 计划将政府、企业、公众的利益关系紧密地联系在一起,使企业与政府在环境保护方面建立互利的伙伴关系。NEPT 计划作为一种全新的鼓励性的环境管理政策方法,通过市场调节、公众舆论、政策奖励等多种措施来促使企业在遵守环境法规的基础上,积极地持续改善其环境行为和环境绩效。

(四)环境绩效评估的方法

环境绩效评估是通过一系列的指标体系、标准、评价模型,进行综合比较和计算,确定和评价一个组织环境绩效的方法,它是环境绩效管理的重要工具。通过环境绩效评估,企业可以了解自身取得的环境绩效的水平及变化情况,找出进一步提高环境绩效的途径;政府可以通过对企业的环境绩效评估,制定出引导企业提高环境绩效的政策措施;公众和非政府组织可以通过自主进行环境绩效评估和对比研究,向社会发布企业、行业的环境绩效评估报告,引导和影响社会舆论,对政府和企业的环境绩效进行监督。

1. 基于 ISO14031 标准的环境绩效评估方法

根据 ISO14031 标准,指标可分为组织内部的环境绩效指标(environmental performance indicators, EPIs)和组织周边的环境状态指标(environmental condition indicators, ECIs),而 EPIs 又可分为管理绩效指标(management performance indicators, MPIs)及操作绩效指标(operation performance indicators, OPIs)。在这一框架下,企业可以制定符合自身需要的环境绩效评估方法,见表 3-6。

表 3-6 ISO14031 标准的环境绩效指标

	类别	指标实例
ECIs	当地性	① 土地开发面积;② 工厂附近土壤中特定污染物浓度;③ 单位产品量目前使用的厂区面积;④ 某种生物体内毒性物质的累积含量;⑤ 空气中某种毒性物质的浓度;⑥ 距工厂一定距离处,特定动植物种的数量

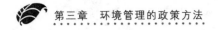

续表

	类别	指标实例
ECIs	区域性	① 水中鱼的种类数量;② 水中 N/P 的浓度;③ 地下水或地表水中特定污染物浓度;④ 工厂废水排放口附近水质变化;⑤ 承受水体溶氧量;⑥ 年用水量
	全球性	① 资源(原油、某矿产)开采量;② 能源年用量;③ 单位产品量氟氯碳化物消耗量;④ 单位产量二氧化碳排放量
MPIs	符合性	① 稽核次数与频率;② 紧急应变反应时间长短;③ 环境目标标的达成数目或比例;④ 年环保罚单(被公告违规)次数与金额;⑤ 矫正措施次数
	财务绩效	① 投资污染防治措施金额;② 污染防治措施操作维护金额;③ 废物处理费用;④ 改善产品或控制成本;⑤ 环境管理训练相关费用;⑥ 经由降低资源使用、污染预防或回收再利用节省金额
	利害相关者	① 小区对环境抱怨次数与频率;② 新闻报道次数(正面或负面);③ 赞助或自行建置地方性清除或回收计划数;④ 出版或公开组织环境绩效报告次数
	环境管理系统的实施	① 员工对环境改善提案数;② 员工对相关环境议题或事务参与人数;③ 员工接受环境管理训练人数比例;④ 具有环保资质人数;⑤ 执行特定环境规范与操作实务的程度;⑥ 投资环境改善计划的获利金额;⑦ 替代物料的新构想案;⑧ 原材料取得来源是否将环保列入评估项目;⑨ 管理阶层会议讨论环境议题比率
OPIs	物料	① 产品中使用回收物料的比例;② 单位产品原材料使用量;③ 单位产品回收水用量;④ 单位产品污染防治设施用电量;⑤ 单位产品使用危害物质、毒化物数量;⑥ 单位产品产出包装材数量
	产品	① 不含毒性成分产品比例;② 可回收再利用零件比例;③ 单位产品产生的副产品数量;④ 不良品比例;⑤ 产品使用寿命;⑥ 不含危害物质产品比例
	能源资源	① 由节约能源方案所节省下的能源量;② 单位产品使用的水量;③ 单位产品用电量;④ 单位产品能源用量

续表

类别		指标实例
OPIs	污染物	① 单位产品产生废弃物数量;② 每年产生有害、可回收、可再利用废弃物量;③ 由原物料替代所减少的有害废弃物量;④ 废弃物清理费用;⑤ 废弃物设施设置、操作、维护成本;⑥ 单位产品造成空气污染物的排放量;⑦ 每年减少温室效应气体、SO_x、NO_x排放量;⑧ 空气污染防治措施设置、操作、维护成本;⑨ 厂内管线空气污染物逸散或空气质量;⑩ 单位产品废水排放量,废水处理设施设置、操作、维护成本,单位产品 COD、BOD、SS、重金属排放量,单位产品污泥排放量,污泥含水率,特定区域噪声、辐射减少量,区周界噪声值,噪声源防治措施设置、操作、维护成本
	其他	① 每年发生紧急事件数;② 供货商或承包商管理

台湾省经济部工业局 1999 年出版的《环境绩效评估指标应用指引技术手册》就是依据 ISO14031 标准,提出的一个有代表性的环境绩效评估指标体系,见图 3-2。

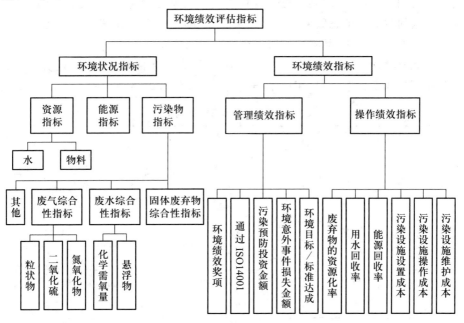

图 3-2　台湾省经济部工业局 1999 年制定的环境绩效评估指标体系

目前,环境绩效评估的理论、方法、指标体系还处于探讨中。发达国家的一项调查表明,企业环境绩效评估还存在以下一些问题:① 各公司采用的环境绩效指标种类相当广泛,并无标准化的规定;② 不同的产业使用不同的环境绩效指标;③ 企业所选用的指标间,经常单位不同,而不易进行企业间的比较;④ 环境绩效指标的标准化技术虽已在开发中,但仍有约60%的指标尚未标准化。

2. 企业环境绩效的生态效率评估方法

生态效率(eco-efficiency)是世界工商业可持续发展委员会(WBCSD)在1992年联合国环境与发展大会上提出的一个概念,其初衷是希望企业能在创造经济价值的同时兼顾生态系统的平衡。

生态效率指标可用一个通式来表示:

$$生态效率=\frac{产品与服务的价值}{环境影响}$$

其中,价值可表示为产能、产量、总营业额、获利率等;环境影响可表示为总耗能、总耗原料量、总耗水、温室效应气体排放总量等。这样,该指标可以是企业的资源生产力的表示,诸如每单位耗水量、耗能、二氧化碳排放量、原料的产量、营业额、获利率等。生态效率通式具有比较大的弹性,可根据不同企业的需求,选取适当的数值。生态效率以量化的理念,鼓励企业实现在减少资源使用和对环境影响的同时,将产品附加价值或获利增加到最大。

WBCSD将生态效率指标架构分为类别、因素和指标三个部分,形成一个生态效率评估体系(表3-7),用以指导企业的环境绩效评估。

表3-7　生态效率指标架构范例

类别	因素	指标
产品/服务的价值	体积	销售量
	货币	净销售金额
	功能	产品绩效
产品/服务的生成对环境的影响	原料消耗	原料消耗量
	非产品的产出	SO_2排放量
产品/服务的使用对环境的影响	包装废物	固体废物的产生量
	能源消耗	能源消耗量

阅读材料 31：环境会计和环境审计

环境会计和环境审计是环境绩效管理的重要技术手段。简单地理解，环境会计的作用是利用会计手段说明企业环境信息和环境绩效；环境审计的作用则是利用审计手段确保企业环境信息和环境绩效的合法性和客观性。因此，环境会计和环境审计是政府和企业进行环境绩效管理的重要的基础性工作。

1. 环境会计

环境会计是现代会计的新兴分支。传统会计没有把环境支出和收益纳入其核算体系，没有提供企业生态效益方面的信息。而开展环境会计并进行信息披露，揭示企业环境资源的利用情况和环境污染的治理情况，是推进企业及其他组织环境保护工作的重要手段和要求。有专家认为，企业环境会计信息披露的"数据对于减少污染而言，比20年的管制规定更有效"。

在国际上，环境会计成为企业环境管理一个最重要的工具。联合国在1999年讨论通过了《环境会计和报告的立场公告》，形成了系统完整的国际环境会计与报告指南。日本环境省2000年发布了《环境会计准则》，明确指出环境会计的成本、效果和效益的定义、范围、计算方法，使采用环境会计的日本企业迅速增加，见图3-3。美国环保局编写了《环境会计导论：作为一种企业管理工具》一书，对环境成本计算、成本分配、环境会计信息应用等方面为企业管理实务提供了技术指南。英国政府环境部于1997年颁布了《环境报告与财务部门：走向良好实务》，推动环境会计和企业环境报告制度的执行。

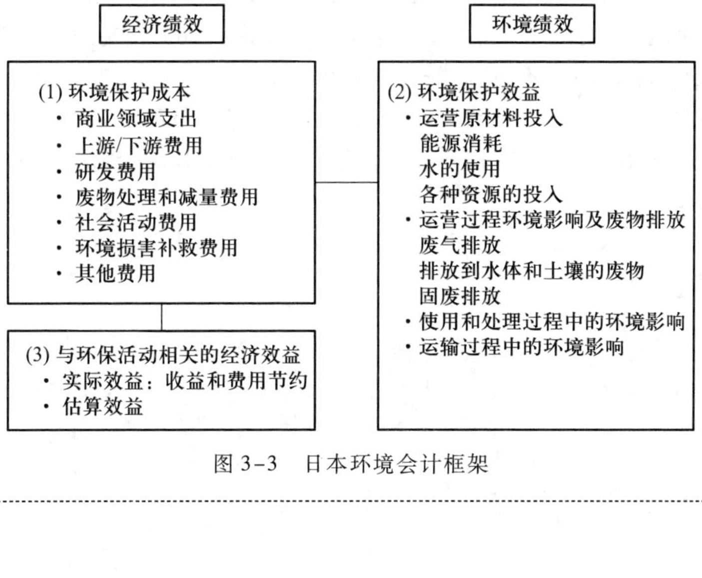

```
    经济绩效                        环境绩效

(1) 环境保护成本              (2) 环境保护效益
 · 商业领域支出                · 运营原材料投入
 · 上游/下游费用                能源消耗
 · 研发费用                     水的使用
 · 废物处理和减量费用            各种资源的投入
 · 社会活动费用                · 运营过程环境影响及废物排放
 · 环境损害补救费用              废气排放
 · 其他费用                     排放到水体和土壤的废物
                               固废排放
                              · 使用和处理过程中的环境影响
(3) 与环保活动相关的经济效益     · 运输过程中的环境影响
 · 实际效益：收益和费用节约
 · 估算效益
```

图3-3 日本环境会计框架

在国内,环境会计是一门正在迅速发展的新的分支学科,成为会计学和环境科学研究的一个热点问题。但相比之下,理论和方法研究滞后于发达国家,企业环境会计实践方面进展缓慢,还需要从多个方面迅速赶上。

2. 环境审计

环境审计是一个比较新的术语,也是一个应用日趋广泛的术语,对不同的人来说,它的概念和内容有很大差异。与环境审计类似的名称有环境回顾、环境调查、环境考查、环境控制和环境评估等。在20世纪70年代末,美国最先使用环境审计一词。

广义地讲,环境审计是对环境管理的某些方面进行检查、检验和核实。国家商会将环境审计定义为一种管理工具,它用于对环境组织、环境管理和仪器设备是否发挥作用进行系统的、文化的、定期的和客观的评价,目的在于简化对环境活动的管理及评定公司政策与环境要求的一致性。这一定义得到了普遍的认同。

环境审计按其类型,可分为司法审计、技术审计和组织审计三类。司法审计主要是对国家环境政策目标、相关法规对这些目标的符合性及其修正等的审查。技术审计要通过审计报告说明对空气和水污染、固体和危险性废物等检测结果。组织审计是指对有关企业在环境管理方面的管理结构、内部和外部信息传递方式、教育和培训计划等方面的审查。编写环境审计报告有三种基本方法,分别是叙述性分析法、调查表分析法、调查表和半定量分析法。座谈会是环境审计中最常用的信息收集办法。

有专家认为,环境审计应该是由相对独立的审计人员,按照国家的环保法规与相关规范,对各级政府、企业能够用会计信息反映的与环境有关的经济活动进行监督、鉴证和评价,使之符合管理要求的审计活动。环境审计的对象为企业和各级政府能够用会计信息反映的与环境有关的经济活动。因此,开展环境审计的前提条件是政府和企业开展环境会计工作,并将环境会计的结果向社会或审计机构公开。

主要概念回顾

环境政策方法	环境对策	环境经济政策	BELL 项目
命令型和控制型政策	环境管理体系	绿色科学技术政策	ISO14031 标准
经济型和激励型政策	环境体制	环境信息公开	生态效率
鼓励型和自愿型政策	环境机制	环境自愿协议	环境会计
环境决策	环境法律	环境绩效管理	环境审计

思考与讨论题

1. 在 2008 年震惊全国的阳宗海砷污染事件发生之后,云南省开始了建立环保司法新机制的探索——成立环境保护审判庭,这种新的环保司法机制曾被各界寄予厚望,然而其运行效果与预期相去甚远。由于种种因素制约,一些环保法庭无案可办,有的则名不副实,主要审理与环保不相干的其他各类案件;令人期待的环境公益诉讼,直到 2010 年 12 月才审理了一起案件。既然环境案件仍然处于频繁态势,环保法庭为何"吃不饱"? 环保法庭为什么陷入困境? 你认为环保司法机制应当如何完善?

2. ISO14000 对企业的要求已经超过了产品本身,它更多强调的是企业对我们共同生活的地球所应承担的义务。ISO14000 的到来对企业来说是挑战也是机遇,以国内首批通过认证的青岛海尔冰箱厂为例,他们为认证花了几千万,然而产品直通率由认证前的 98.2% 上升到 98.5%,废品率由 7% 降到 5.4%,更为难得的是,海尔产品因此在国际市场名声鹊起。从环境管理的角度出发,你认为企业如何应对环保浪潮的挑战?

3. 2011 年 7 月,渤海湾蓬莱 19-3 溢油事故发生后,造成了严重的生态破坏和经济损失。然而国家海洋局表示,根据《中华人民共和国海洋环境保护法》相关规定,该事件仅可处以最高 20 万元罚款的判罚,除此之外的其他法律法规,都缺乏详细的赔偿责任内容。而在墨西哥湾漏油事故发生后,美国司法部门曾以《清洁水法》、《石油污染法》以及《濒危物种法》等数部法律为根据,追究英国石油集团公司的责任,并要求索赔和惩罚。相较之下,中国的法律体系则明显薄弱。你认为中国资源环境保护法律体系如何能尽快完善起来? 请给出你的建议。

4. 排污收费制度是政府环境管理中重要的经济手段。然而如果排污费的征收标准低于治理成本,某种程度上就会失去其经济手段的作用,出现一些企业宁愿缴纳排污费,也不愿治理污染,甚至在治理设施建成后也闲置不用的反常现象。你认为中国现行的排污收费标准是否合理? 请查找资料并做出解答。

5. 在日本 1964 年第一个实施自愿性环境协议(VEAs)之后,美国、欧洲、加拿大和澳大利亚等在内的许多国家相继采用了形式各异的 VEAs,协议覆盖了能源、工业、气候变化和空气污染等多个领域。你认为 VEAs 作为一个成功的环境政策手段,优势有哪些? 中国在实施 VEAs 时有何需要改进的地方? 请总结。

练习与实践题

1. 很多人认为在解决环境问题这一过程中,政府、企业、公众(及 NGO)分别扮演着管理者、执行者、监督者的角色,三者应该认清角色、各司其职。对这一观点你是如何看待的? 你是否能找到在这个体制中做出突出成绩的政府、企业及个人的案例?

2. 遮天蔽日的梧桐树与中西合璧的民国建筑一直是南京的象征。2011 年 3 月,为了给地铁三号线让道,南京市主城区内超过 600 棵梧桐树要被移出。然而,据当地环保组织介绍,上一批移栽的梧桐树移栽后的死亡率高达 80%。这引发了南京市民的集体关注。

在公众和环保 NGO 的努力下,南京市政府正面回应,承诺优化地铁设计,保护沿途梧桐。查阅相关资料,了解更详细的事件经过。你认为南京梧桐树得以拯救的原因都有哪些方面？请做归纳总结。

3. 当下的环境诉讼案件普遍面临"三难":一是举证难,环境污染损害都是在污染发生一段时间后才显现,等到事后取证时所采的样品都与污染发生时相去甚远;二是起诉难,一方面,高昂的诉讼费用使受害者难以支付,另一方面,污染企业都是当地政府的利税来源,地方保护使得诉讼难上加难;三是鉴定评估难,无论是污染与损害的因果关系鉴定,还是损害额度的计算,都非常复杂。试着追踪一件环境诉讼案。你认为可以从哪些方面解决环境诉讼案件面临的"三难"问题？

4. 2012 年,环保部决定把环境保护信息公开列为重点工作之一,对突发环境事件,如安徽怀宁、浙江德清、湖南衡阳血铅超标事件,云南曲靖铬渣非法倾倒事件,广西龙江河镉污染事件,及时公布相关信息,保障公众知情权,做好社会关注度高的环境信息公开。关注政府有哪些公开的环境保护信息,并思考公众是如何影响政府环境保护信息公开的？从政府角度而言,应该从哪些方面对环境保护信息公开进行革新？请举例说明。

5.《国家中长期教育改革和发展规划纲要(2010—2020 年)》在战略主题部分明确提出,要"重视安全教育、生命教育、国防教育、可持续发展教育"。这意味着,可持续发展教育已经成为素质教育的一项重要内容。查找相关资料,了解中国是如何进行可持续发展教育的？你是否有更好的建议？

6. 你是否了解环境会计和环境审计的工作内容？作为环境类专业的学生,如果从事这两方面的工作,需要做好哪些准备。

第四章
环境管理的技术支持方法

第一节　环境管理技术支持方法的基础

环境管理的对象是人类社会作用于自然环境的行为,以及作为这些行为物质载体和实质内容的物质流。因此,与其他不涉及自然环境的人类社会内部管理活动不同,环境管理需要一系列的自然科学、工程科学,特别是环境自然科学和环境工程科学的研究成果作为其知识和技术基础。

目前来看,环境标准、环境监测、环境统计等对于环境管理技术方法的应用十分重要,它们或为环境管理提供第一手的现场监测数据,或提供大量的社会经济统计数据,或提供环境管理的基本参照体系和标准,或是环境管理制度是否得到贯彻执行的检查办法,因而成为环境管理技术方法的基础。

一、环境监测

（一）目的和任务

环境监测是环境管理工作的一个重要组成部分,它通过技术手段测定环境要素的代表值以把握环境质量的状况,是获取环境管理基础数据的基础性工作。

通过对某地区长时期积累的、大量的环境监测数据,可以判断该地区的环境质量现状是否符合国家的规定,预测环境质量的变化趋势,进而可以找出该地区的主要环境问题,甚至主要原因。在此基础上才有可能提出相应的治理、控制、预防方案,以及法规和标准等一整套的环境管理办法,做出正确的环境决策。

另外,通过环境监测还可以不断发现新的和潜在的环境问题,掌握污染物的迁移、转化规律,为环境科学研究提供启示和可靠的数据。

作为环境管理的一项经常性的、制度化的工作,环境监测大致可以分为对污染源的监测和对环境质量(包括生态环境状况)的监测两个方面。通过对污染源的监测,可以检查、督促各企事业单位遵守国家规定的污染物排放标准。通过对环境质量的监测,可以掌握环境污染和生态破坏的变化情况,为选择防治措施,实施目标管理提供可靠的环境数据;为制定环保法规、标准及防治整治对策提供科学依据。

(二)环境监测的特点和分类

一般而言,环境监测具有系统性、综合性和时序性三个特点。

系统性是指一个完整的环境监测工作是由一系列不可缺少的环节构成的,比如布点和采样、分析测试、数据整理和处理等。

综合性包括监测对象的综合与监测手段的综合。监测手段的综合是将化学、物理、生物的监测手段综合于统一的监测系统之中;监测对象的综合性是指监测对象包括大气、水体、土壤和生物等环境要素,而这些要素之间有着十分密切的联系。此外,还要对这些要素的监测数据进行综合分析,只有这样才能说明环境质量的状况,揭示数据内涵。

时序性是指环境的状态是随时间变化的。由于环境监测对象大多成分复杂、干扰因素多、变化大,参与环境监测工作的技术人员多,仪器设备、试剂药品多种多样,因此,必须具有连续的数据,才能减少误差,获得比较准确的信息,揭示出环境污染的发展趋势。

目前,环境监测通常分为常规监测和特殊目的监测两大类。常规监测是指对已知污染因素的现状和变化趋势进行的监测,包括环境要素监测和污染源监测。而特殊目的监测包括研究性监测、事故监测和仲裁监测等,见表4-1。

表4-1　环境监测的分类

分类	分类	内容
常规监测	环境要素监测	针对大气、水体、土壤等各种环境要素,分别从物理、化学、生物角度对其污染现状进行定时、定点监测
	污染源的监测	对各类污染源的排污情况从物理、化学、生物学角度进行定时监测
特殊目的监测	研究性监测	是根据研究的需要确立需监测的污染物与监测方法,然后再确定监测点位与监测时间进行监测。目的是探求污染物的迁移、转化规律,以及所产生的各种环境影响,为开展环境科学研究提供科学依据
	污染事故监测	是发生污染事故后,在现场进行的监测。目的是确定污染的因子、程度和范围,从而确定产生污染事故的原因及其所造成的损失
	仲裁监测	是为解决在执行环境保护法规过程中出现的在污染物排放及监测技术等方面发生的矛盾和争端时进行的,它通过所得的监测数据为公正的仲裁提供基本依据

（三）环境监测的程序与方法

环境监测的程序因监测目的不同而有所差异,但其基本程序是一致的。首先是进行现场调查与资料收集,调查的主要内容是区域内各种污染源的情况及其排放规律,自然和社会的环境特征,其次是确定监测项目,之后是监测点布设及采样时间和方法的确定,以及样品的分析。最后,进行数据处理和分析,形成结果报告。

环境监测的方法多种多样,有物理的、化学的、生物的;有人工的、自动化的。最近由于遥感技术和信息技术的迅猛发展,环境监测的方法在日新月异地发展着、更新着。但不管什么方法,都决定于环境监测的目的与现实的可能条件。

（四）环境监测的质量保证

为了提供准确可靠的环境数据,满足环境管理的需要,环境监测的结果必须有可靠的质量保证。环境监测质量保证内容有三个方面。一是采样的质量控制,主要是审查采样点的布设和采样时间、时段选择;审查样品数的总量是否满足统计分析的要求;审查采样仪器和分析仪器是否合乎标准和经过校准,运转是否正常。二是样品运送和贮存中的质量控制,主要是样品的包装情况、运输条件和运输时间是否符合规定的技术要求,防止样品在运输和保存过程中发生变化。三是数据处理方面的质量控制。

环境监测质量保证的目的是使监测数据达到以下五个方面的要求:① 准确性,测量数据的平均值与真实值的接近程度;② 精确性,测量数据的离散程度;③ 完整性,测量数据与预期的或计划要求的符合程度;④ 可比性,测量的数据与处理结果要具有可比性;⑤ 代表性,要求监测结果能表示所测要素在一定时间和空间范围内的情况。

二、环境标准

（一）环境标准的基本概念

环境标准是环境管理的基础性数据,更是环境管理由定性转入定量、更加科学化的标准。

环境标准是有关保护环境、控制环境污染与破坏的各种具有法律效力的标准的总称。它是为了保护人群健康、社会物质财富和促进生态良性循环,在综合考虑自然环境特征、科学技术水平和经济条件的基础上,由国家按照法定程序批准的技术规范,是执行各项环境法规的基本依据。

中国的环境标准按内容可分三大类六小类,即环境质量标准、污染物排放标准和环境保护基础和方法标准;按等级可分为国家环境标准和地方环境标准两级;按执行力度可分为强制性标准和推荐性标准。

环境质量标准有大气、水及土壤等各个方面的标准。污染物排放标准除了污水综合排放标准及行业的排放标准外,还有废气排放标准,同时对噪声、振动、放射性、电磁辐射也都做了防护规定。基础和方法标准是对标准的原则、指南和导则、计算公式、名词、术语、符号所做的规划,是制定其他环境标准的基础。

国家标准在全国范围内具有普遍的适用性和指导性。而地方标准和行业标准带有区域性和行业特殊性,它们是对国家标准的补充和具体化。同时,各种方法标准、标准物质标准和仪器设备标准是正确实施标准的技术保证。

环境标准是一种法规性的技术指标和准则。合理的环境标准可以指导经济和环境协调发展,严格执行环境标准可以保护和恢复环境资源价值,维持生态平衡,提高人类生活质量和健康水平。

(二) 环境标准的制定

在制定环境标准时,一般需要考虑以下原则:

① 保障人体健康是制定环境质量标准的首要原则。因此,在制定标准时首先需要研究多种污染物浓度对人体、生物、建筑等的影响,制定出环境基准。

② 要综合考虑社会、经济和环境三方面效益的统一。具体说就是既要考虑治理污染的投入,又要考虑治理污染可能减少的经济损失,还要考虑环境的承载能力和社会的承受力。

③ 要综合考虑各地的区域经济发展规划和生态环境区划的要求与目标,贯彻高功能区用高标准,低功能区用低标准的原则。

④ 要和国内其他标准和规划相协调,还要与国际上的有关协定相协调。

制定环境标准需要一系列的基础数据和参考资料,主要有:① 与生态环境和人类健康有关的各种学科基准值;② 环境质量的目前状况、污染物的背景值和长期的环境规划目标;③ 当前国内外各种污染物处理技术水平;④ 国家的财力水平和社会承受能力,污染物处理成本和污染造成的资源经济损失等;⑤ 国际上有关环境的协定和规定,其他国家的基准值、标准值;⑥ 国内其他部门的环境相关标准,如卫生标准、劳动保护标准等。

更为重要的是,环境标准的制定还需要一定的科学原理为依据和指导。

以环境质量标准为例,它是从多学科、多基准出发,根据社会的、经济的、技术的和生态的多种效应与环境污染物剂量的综合关系而制定的技术法规。其中,环境质量基准是制定环境质量标准的科学依据。基准值是纯科学数据,它反映的是单一学科所表达的效应与污染物剂量之间的关系。将各种基准值综合以后,还需与国内的环境质量现状、污染物负荷情况、社会的经济和技术力量对环境的改善能力、区域功能类别和环境资源价值等权衡协调,这样才能将环境质量标准置于合理可靠的水平上。

又如,污染物排放标准是指可排入环境的某种物质的数量或含量,在这个数量范围内排放不会使环境参数超出已确定的环境质量标准范围,其制定的原理,可用图4-1加以说明。图中横坐标代表处理效果,用去除率表示,纵坐标代表成本。在点①以前,成本增加不多,而去除率增加很快;在点①以后成本增加很多,而去除率增加不大。这反映了污染处理成本与效果的一般特征。所以拐点①具有最大经济效益。

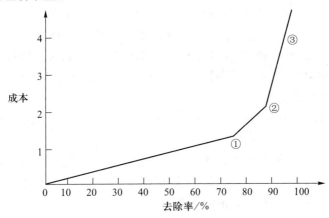

图4-1　污染物排放标准的设置

目前较发达的工业国家都采用"最佳实用技术"(BPT)和"最佳可行技术"(BAT)的方法制定排放标准,其含义是排放标准的制定是以经济上适用的污染物综合治理技术为依据,其中BAT要求较高,BPT处于图上点②的位置,BAT处于图上点③的位置。可见,排放标准可以随控制时期的国家经济技术条件的变化而变化。

(三)环境标准的应用

环境标准在环境管理中有众多应用。首先它是表述环境管理目标和衡量环境管理效果的重要标志之一。例如,在进行环境现状评价和环境影响评价时,环境标准就是判断其是否满足要求的基础;又如在制定环境规划时,环境标准被用来明确各功能区的环境目标;在制定排污量或排放浓度的分配方案时,必须在明确了环境目标的前提下才能进行;在制定各种环境保护的法规和管理办法时,也必须以环境标准为准则,才能分清环境事故的责任人与责任大小,做出正确的裁判或评判。总之,环境标准是环境管理工作的一个重要工具,是环境管理的基础。

三、环境统计

（一）环境统计的概念和特点

环境统计是用数字表现的人类活动引起的环境变化及其对人类的影响。其内容包括为了取得环境统计资料而进行的设计、调查、整理和统计分析等各项工作。环境统计是社会经济统计中一个重要组成部分，也是环境保护中的一项十分重要的基础工作。在环境管理中要提出科学的对策，做出正确的决策，进行有效的环境监督和检查，必须掌握准确、丰富、灵通的环境统计信息。

环境统计资料是环境统计工作的结果，包括两个方面的内容：一是统计数字资料，反映了经济社会现象、人对自然环境的利用、改造和污染的规模、水平、发展速度和比例关系；二是统计分析报告，反映了经济社会发展与环境保护的相互关系及其发展变化的规律。

环境统计除了具有与经济社会统计同样的社会性、广泛性、数量性等特点外，还具有如下一些特点：

① 综合性强。环境统计的对象是人类生存与发展的空间和物质条件，涉及人口、卫生、工农业生产、基本建设、文物保护、城市发展、居民生活等许多社会部门和领域，是一门综合性极强的统计工作。

② 技术性强。环境统计的许多内容涉及自然科学、社会科学、工程科学的多个学科领域，许多基础资料来源于环境监测数据，必须借助物理的、化学、生物学的测试手段才能获得。

此外，环境统计是一门新兴的边缘学科，许多理论、方法、手段、标准、口径等问题还有待于进一步探索和完善，环境统计的管理体系也需要不断健全。

（二）环境统计的内容

如上所述，环境统计涉及多个行业和学科，是一项庞大复杂的系统工作。联合国统计司 1977 年就提出，环境统计的范围包括土地、自然资源、能源、人类居住区和环境污染五个方面，但对各国的环境统计没有提出统一的指导意见。

在中国，环境统计范围大致包括：

① 土地环境统计。反映土地及其构成的实际数量、利用程度和保护情况。

② 自然资源统计。反映生物、森林、水、矿产资源、文物古迹、自然保护区、风景游览区、草原、水生生物的现有量、利用程度和保护情况。

③ 能源环境统计。反映能源的开发利用情况。

④ 人类居住区环境统计。反映人类健康、营养状况、劳动条件、居住条件、娱乐文化条件及公共设施等情况。

⑤ 环境污染统计。反映大气、水域和土壤等环境污染状况，以及污染源排

放和治理等情况。

⑥ 环境保护机构自身建设统计。反映环保队伍中人员变化和专业人员构成情况,以及装备、建设情况等。

2012 年中国环境统计公报中的环境统计指标体系,见图 4-2。

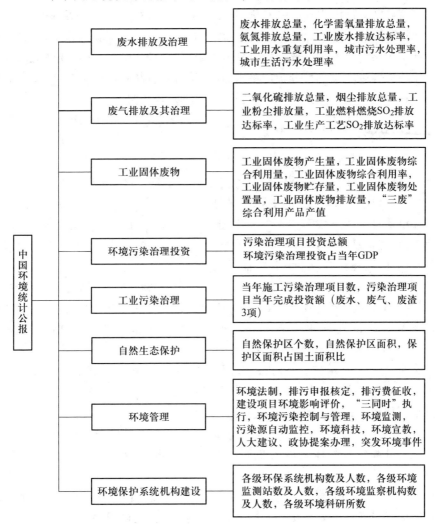

图 4-2　2012 年中国环境统计公报中的相关环境统计指标

（三）环境统计的应用

环境统计按照环境管理的要求确定其指标体系,通过大量的调查、监测、搜集有关资料和数据,经过科学、系统的整理、核算和分析,运用定量化的数字语言和数量关系表示和评价环境污染的状况、污染治理成果和生态环境建设等情况，为科学进行环境管理提供重要的数据基础和保证。

在环境统计资料的基础上，根据需要，运用恰当的统计分析方法和指标，将丰富的环境统计资料和具体的案例结合起来，揭示出这些数据资料中包含的环境变化与经济发展的内在联系和规律，是环境统计分析的一项重要任务。

通过环境统计分析，可以了解工业生产过程中三废污染排放水平及其影响，了解环境污染治理水平和效益，掌握排污费征收及使用情况、环境质量现状和环境变化趋势等。环境统计分析的结果，在环境统计分析报告中以数字、曲线和图表等多种形式，向政府、企业和公众提供丰富的环境信息。

四、环境信息

（一）环境信息及其特点

环境信息是环境系统受人类活动作用后的信息反馈，是人类认知环境状况的来源，也是环境管理工作的主要依据之一。

环境信息可以是数字、图像、声音，也可以是文字、影像等其他表达形式。一般而言，环境信息除了具备事实性、等级性、传输性、扩散性、共享性等一般信息的基本属性外，还具有以下一些特征：

① 时空性。环境信息是对一定时期环境状况和环境管理的反映。针对某一国家或地区而言，其环境状况和环境管理是不断变化的，加上由于自然条件和社会经济发展水平各异，从而使环境信息具有明显的时间和空间特征。

② 综合性。环境信息是对整体环境状况和环境管理的反映。环境状况是通过多种环境要素反映的，而环境管理包括政府、企业和公众多个主体的多种活动及相互作用。因此，环境信息具有综合性的特点。

③ 连续性。一般而言，环境状况的改变是一个由量变到质变的过程，环境管理也与社会经济整体发展的步调相一致。因此，环境信息也具有一定的连续性。

④ 随机性。环境信息的产生与生成都受到自然因素、社会因素、经济因素及特定的环境条件和人类行为的影响，因而具有明显的随机性。

（二）环境管理信息系统

环境管理信息系统(environmental management information systems，EMIS)是由从事环境信息处理工作人员、设备和环境原始信息等组成的系统。

EMIS 的基本功能有：环境信息的收集和录用、环境信息的存储、环境信息的加工处理，并以报表、图表、图形等形式输出信息，为政府决策者、企业管理者及公众提供数据参考,见图4-3。

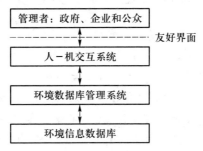

图4-3 EMIS的基本结构和功能

(三)环境决策支持系统

环境决策支持系统(environmental decision support systems,EDSS)是在EMIS的基础上,协助决策者和参与者通过人-机界面,进行环境管理决策的一个现代化决策辅助工具,非常有助于提高环境决策的效率和科学性。

EDSS的主要功能有:收集、整理、贮存各种环境信息和数据;灵活运用模型方法对环境信息进行加工、处理、分析、综合、预测、评价以提供决策信息;提供友好的人-机界面和模型输出功能等。

第二节 环境管理的实证方法

实证研究是一切科学的方法学基础,环境管理学也不例外。环境管理学所有的基础知识、理论和方法都需要而且只能由第一手的观察、实验、案例及研究者的经验来提供。因此,包括实验、调查问卷、实地调查、无干扰文本分析、案例研究等在内的实证方法,就成为环境管理学获取知识和可靠资料,保持严谨性和科学性的基础和保证。

一、实验方法

(一)实验方法对于管理科学的重要性

实验是近代自然科学发展的方法学基础。现代管理科学也是在实验的基础上发展起来的。阅读材料32给出了管理科学早期创立时期的三个经典实验,它们对于管理能够成为一门科学发挥了重要作用。

阅读材料32：管理科学的三个经典实验

1. 泰勒的铁锹试验和金属切割实验

泰勒号称"科学管理之父"，是学徒出身，后任总工程师，在企业管理中从事科学实验达20多年，使企业的生产效率大幅提升。

泰勒在伯利恒钢铁公司做过有名的铁锹试验。当时公司的铲运工人拿着自家的铁锹上班，这些铁锹各式各样、大小不等。泰勒观察发现，堆料场中的物料有铁矿石、煤粉、焦炭等，由于物料的密度不同，每一铁锹的负载也大不一样。如果是铁矿石，一铁锹有38磅；如果是煤粉，一铁锹只有3.5磅①。那么，一铁锹到底负载多大才合适呢？经过试验，最后确定一铁锹21磅对于工人是最适合的。根据试验结果，泰勒针对不同的物料，设计出不同形状和规格的铁锹。自从工人使用特制的标准铁锹工作后，大大提高了工作效率。堆料场的工人从400~600名降为140名，平均每人每天的操作量从原来的16 t提高到59 t，工人的日工资从1.15美元提高到1.88美元。

泰勒还做了著名的金属切割实验。为了提高金属切割生产效率，他从1880—1900年做了一系列实验，专门配备310台不同的机器，把80万磅钢铁切成碎屑，记录了50 000次试验数据，最后总结出影响工作效率的12项因素，以及各因素间的数量关系，并设计出一把专用快速计算尺，在此基础上制定工艺规范和劳动定额，用一套科学的方法训练工人，结果新工人比10年以上老工人的生产效率还高2~9倍。这项实验耗资20万美元，但企业获得了"比为实验所支付的要多得多的收入"。

泰勒认为，与其在缺乏科学数据或单凭经验的情况下，长期低效率地工作，还不如花一些时间做实验，在高效率下取得更大的利润。泰勒通过总结26年实验、试验的成果，出版了《科学管理原理》一书，成为管理科学的经典名著。

2. 梅奥的霍桑实验

在管理科学发展历史上另一个有里程碑意义的霍桑实验，导致"人际关系学"的产生。以梅奥为首的哈佛大学研究组，在霍桑工厂进行了历时8年的实验研究，并访谈职工2 000多人次，进行了"物质激励"与"精神激励"对比试验。发现工人并非是"经济人"，而是"社会人"。生产效率的提高，不完全取决于物质条件，主要取决于工人的"士气"。工人在人际交往中形成的融洽关系和相互影响，形成一种"非正式组织"的约束力，对生产效率有重大影

---

① 1磅=0.453 kg。

响,企业管理人员必须有了解和诊断、激励人际关系的技能。在霍桑实验的基础上,梅奥于1933年发表了《工业文明的人类问题》一书,成为人际关系学的奠基之作。

  3. 勒温实验

  通常人们喜欢用"我讲你听"的方式来传授知识,贯彻领导意图,或打通思想。从形式上看,这样做效率高,但从实际效果看却并非如此。勒温曾做过一个著名的实验,要说服美国妇女用动物内脏做菜,并比较用哪种方法更有效。他把妇女分成两组:A组采用讲演方式,请营养学、烹饪学专家讲课,要求她们回去试做食用;B组采用讨论加实习方式,让大家一起议论内脏的营养价值、烹调方法,以及可能遇到的问题,最后由营养专家指导每人亲自烹煮。两组实验的结果是,A组只有3%的人回家试做了,而B组有32%的人回家试做了。实验说明,"被动参予"和"主动参予"的效果大不一样,"满堂灌"式的教学需要改革,单纯听报告对思想的说服力有限。管理科学根据一系列实验和试验,提出了让职工"主动参予"(决策方案的讨论和实施)的理论,并把它应用于企业管理,取得了很好的效果。

  类似的著名管理科学实验还有很多,涉及范围也很广,在生产管理、组织管理、人才选拔、教育理论、激励理论、评价理论等许多管理科学理论背后都有一系列的实验或实证研究作为支撑。这些理论有一个共同的发展轨迹,就是"实验—假设—实验—再假设",如此推进,逐步形成成熟的理论体系。可以说,管理科学实验使管理从经验走向科学。

  (二) 环境管理实验方法的主要步骤

  环境管理实验方法具有双重特性。一方面,它与工商管理等学科中的管理科学实验有相似相通之处;另一方面它还与环境化学、环境生物学、环境物理学、环境地学中的环境科学实验方法有着天然的联系。因此,环境管理可以从这两类实验方法中吸取知识和经验,发展自己的实验方法和技能。

  环境管理实验可分为两种类型。一种是实验室实验,是在人为建造的特定环境下进行,另一种是现场实验,是在日常工作环境下进行。这两种类型的实验大体上都包括三个步骤,即实验设计、实验实施和实验结果分析。

  1. 实验的设计

  由于环境管理问题涉及的因素非常多且一般比较复杂,环境管理实验设计必须十分缜密,其主要内容应包括:

  ① 提出实验问题、明确实验目的、选择实验对象,给出实验假设。

  ② 相关实验因素的控制。管理实验的影响因素主要来自实验者、实验环境

和实验对象三个方面。管理实验设计要充分考虑这三个方面的影响因素,提出相应的控制和解决办法。

③ 预备实验。其目的是为正式实验提供必要的实验参数、实验过程的指导。在预备实验中通常需要确定实验对象数目、指标的有效性、自变量的操作方法、无关变量的控制方法、实验指导语、实验过程的演练。

2. 实验的实施

做实验是一个比较复杂的过程,要严格按照实验设计的程序和要求进行,特别要关注实验因素的控制。

3. 实验的分析

对实验的结果进行系统的比较和分析,确认实验的效果,是否或者多大程度证实了研究假设,并对实验提出相应的改进措施。此外,还要消除实验中的随机误差和系统误差。

阅读材料33：环境管理学的实验建议

1. 校园废旧一次性电池回收实验的建议

废旧一次性电池的污染问题很早就引起了人们的重视。人们研制了很多技术方法来处理一次性电池。虽然这些技术已经比较成熟,但总是碰到电池回收数量不足以满足工厂规模化处理的需求。也就是说,一次性电池的回收数量不仅远远小于一次性电池的生产量和消费量,也远远不能满足规模化回收处置的需求量。因此,如何构建高效的废旧一次性电池回收体系,以将大多数废旧一次性电池集中回收起来进行处理,成为制约废旧一次性电池污染治理和循环利用的症结所在,也成为环境管理学一道难题。

那么,如何设计这个回收体系,采用什么方法才能将分散在消费者手中的一次性电池集中回收起来呢？由于一次性电池具有单个消费者使用数量不多、使用周期较长、电池重量和体积不大、价值也不大等特点,传统上的回收废纸、饮料瓶、一次性餐盒的办法并不适用于回收一次性电池。而且多年来的实践经验也证明,没有正规的回收体系,单单依靠一些环保志愿者或环保组织基于热情的一次性电池回收活动只能是解决一时一地的问题,并不是长效之策。

基于以上分析,我们尝试提出"以旧换新"的回收模式。其基本思路是,以经济利益激励为主,采用多节废旧一次性电池换取一节新电池的做法进行回收。用这种"以旧换新"方式回收电池,就需要确定以下三个问题或三个关键性的回收参数。我们建议,针对以下三个参数,在大学校园里可以通过设计和进行环境管理实验来研究确定。

一是交换比例。即"旧新电池比例"是多少时,回收率会最高或满足需要(如达到80%以上)。显然,换一节新电池所需要的旧电池越多(如10节换1节),同学们主动去更换新电池(也就是回收旧电池)的积极性就越低,回收率也就越低;而换一节新电池所需要的旧电池越少(如2节换1节),同学们的积极性和旧电池的回收率就越高,但需要支出回收成本的生产厂家和回收公司却难以接受。这个参数的确定,在理论上可以通过不同"新旧电池比例"的多次回收实验来确定。

二是最佳回收周期。显然,不可能天天回收电池,这样回收量太小,而成本太大;也不能半年或1年回收1次,这样很多同学早已经把电池丢弃了,也忘记了还有"以旧换新"这件事。因此,需要确定一个合理的回收周期。这个参数可通过不同"回收周期"的回收实验来确定。

三是最佳的回收地点。显然,要选择一个最方便广大同学的地点,可以是宿舍楼、食堂、校内小商店、操场、行政机关办公室等。这个参数可通过不同地点的回收实验对比来确定。

根据2006年华东师范大学初步问卷调查研究统计表明,大学校园里针对本科同学回收一次性电池最佳回收方案是,"新旧电池比例"为1∶5;回收周期为1月1次;回收地点设置在各宿舍楼下管理员处。这一方案中的几个参数值是否合理,回收量和回收率如何,还有待于开展进一步的环境管理实验进行验证。

2. 其他环境管理实验的建议和说明

在我们日常生活中,有许多环境问题很早就引起了大家的重视,但不知是什么原因,总是迟迟得不到很好的解决。除了上面谈到的一次性废电池外,还有超市塑料袋问题、小区生活垃圾分类问题、废纸回收问题、一次性筷子问题、公园草坪上遗留垃圾问题、城市小广告问题、下水道井盖被盗问题和破坏绿化问题等。这些问题的解决广义上都属于环境管理的范畴,它们迟迟得不到解决,就是没有找到一种好的管理方法和途径。在理论研究解决不了这些所谓的"小问题"的情况下,选择其中的几个问题进行类似一次性电池回收的实验研究,通过现场实验确定解决这些环境问题的有效对策措施,也许就是找到问题答案的正确途径。

另外,还需要补充说明的是,由于大多数环境科学、生态学专业的同学都已经接受了较为扎实的自然科学实验知识和技能的训练,具备了设计和实施实验的能力。因此,只要注意观察、思考和总结日常生活中的环境管理问题,就能够设计出相应的实验方案。

（三）实验方法的注意事项

环境管理学实验的对象主要是人和人的环境行为，因此与以物为对象的传统自然科学实验有一定区别。因此，环境管理学实验在方法上必须注意以下事项。

① 在实验者和被实验者之间，会出现人与人之间相互影响，如"迎合心理"、"逆反心理"等。因此，要采取"参考组"、"对比组"等方法来排除这种影响。

② 实验往往是建立在"纯化"了的环境中，因此在实验结果的概括、应用上，不宜拔高或夸大，而应该把实验结果和更广泛的社会调查联系起来考虑。

③ 管理科学中的实验，特别是"现场实验"，涉及的人员多、周期长、成本高，多难以反复进行。因此，需要精心设计和进行实验，力争一次获取足够信息。

④ 因为管理实验的主要对象是人，就会涉及一些伦理问题。因此，要注意以下原则：自愿受试、保护受试者的隐私、对受试者无害及让受试者知情等。

阅读材料34：超市塑料袋的环境行为学观察实验

超市塑料袋是大家最关注的环保话题之一。去超市购物可以看到，顾客盛装商品时，有的自带环保袋，有的自带塑料袋，有的使用超市手撕袋，有的仍买塑料袋。为什么顾客会采用不同的盛装方式呢？有哪些人或在哪些情况下更倾向购买塑料袋，哪些人会用手撕袋？显然，这是一个有意思的题目。为此，某同学采用"观察记录+统计分析"的方法，用定量化、规范化、可操作性的管理学实验，对此做出了有启发性的答案。

实验对象：以上海闵行区都市路"乐购"超市为实验地点，以顾客结账流程为依据设计记录表（见图4-4），内容包括七类定性因素（性别、年龄层次、购物人数、购物工具、会员卡使用情况、果蔬肉类购买、结账方式）、三类定量因素（结账金额、时间、件数）和袋子使用个数及种类。该超市位于城郊结合部，日均客流约5 000人，顾客主体为附近居民与打工人员。

观察记录过程：要求眼明、手快、心细。当客流量较大时，特别有顾客仅买少量物品时，在10 s左右的结账时间要记全所有信息。另外，记录手撕袋数量需要侦探素质，由于人们拿手撕袋时意识到其不光彩性，会将手撕袋藏在包中或衣服口袋中。此外，有些顾客虽买了很多东西但是不用任何袋子，有的将手推车直接推到车库，将物品放到车上，有的则喜欢先将物品推出收银台后再盛装，而此时的盛装方式非记录同学可见。

时间段_____ 顾客编号_____

2~6题请在符合的选项上打✓；1、7、8、9题请填写

1 顾客类型：男 中青年____ 个老年____ 个 青少年____个儿童____个

女 中青年____ 个老年____ 个 青少年____个儿童____个

2 使用了：□ 手推车 □ 购物篮 □ 无

3 使用会员卡 □ 有 □ 无

4 购买果蔬肉等生鲜熟食类等物品(需要使用手撕袋子) □ 有 □ 无

5 购买大件物品或单独付款物品 □ 大件物品

□ 单独付款物品(如化妆品等)

6 付款方式 □ 现金 □ 刷银行卡 □ 使用超市购物卡

7 袋子种类(可多选)

□ 大号塑料袋____个 □ 自带环保袋____个 □ 手撕袋____

□ 中号塑料袋____个 □ 自带塑料袋____个 □ 不用袋子

8 所有物品件数_____件 9 结账金额_____元

10 结账时间_____分_____秒

□ 存在拖延 原因:□ 缺少零钱 □ 商品条码问题 □ 争执 □ 其他_____

图 4-4 超市塑料袋使用行为实验的记录表

2009 年 12 月,6 位实验者完成了 5 070 份记录表,即 5 070 单顾客。样本的顾客总人数 7 371 人,共使用袋子 4 291 个,平均每单顾客消费 80.2 元,结账用时 63.4 s,购买 8 件物品。经 SPSS17.0 数据统计,运用描述性、相关性、主成分、回归分析等方法,得到如下结果:

① 顾客中不用袋子、自带袋子、买袋和拿手撕袋行为的比例依次为:40%、32%、15%、13%,且一单顾客可能采用多种盛装方式。消耗的 4 291 个袋子中,购买的塑料袋、自带袋子、手撕袋数量的比例依次为:23%、46%、31%。可见,在超市塑料袋有偿使用的背景下,大众的盛装方式以不用、自带的为主,但原本仅为果蔬类准备的手撕袋成为了变相"免费超市塑料袋"。当顾客自带袋子不足时多数会选择用手撕袋补充,且用手撕袋的顾客每单消耗两个袋子,在平均每单消耗的数量上要高于自带和买袋的顾客。

② 什么影响了盛装方式？性别、年龄层次、购物人数、购物工具、会员卡使用情况、果蔬肉类购买、结账方式和结账金额、时间、件数都有影响。其中,买果蔬类顾客最可能用手撕袋,不用购物工具的顾客最可能不用袋子,青少年最可能买袋,老年最可能自带。金额在 1~34 元,或结账时间为 5~38 s,购买

商品件数为 1~4 件的顾客,以不用或用手撕袋为主要的选择;金额在 34~76 元,或结账时间为 38~65 s,购买商品件数为 5~14 件的顾客,自带为首选,买袋其次。

③ 有两类比较典型的顾客:第一类顾客是时间敏感型,此类顾客可描述为"中青年男性或者人数大于 1,用银行卡结账且不买果蔬类,无会员卡",其采用付费买袋盛装,追求省时;第二类顾客是开支敏感型,此类顾客可描述为"老年女性或人数为 1,有会员卡,用现金结账且买果蔬类",其采用免费的手撕袋或自带袋盛装,追求省钱。

在实践和推广环境管理实验过程中,实验者需重视预实验的开展,统计分析能力的加强和"天时、地利、人和"条件的营造。天时指实验有充分的社会需求价值;地利指实验场地合适;人和既指实验者需发挥聪明才智做好实验设计,也包括实验过程无不利影响且实验结果使生活更美好。

二、问卷调查方法

(一)问卷调查方法概述

问卷调查方法是通过设计、发放、回收问卷,获取某些社会群体对某种社会行为、社会状况的反映的方法。调查者可以通过对这些问卷的统计分析来认识社会现象及其规律。

问卷调查方法有三个基本特征:① 问卷调查要求从调查总体中抽取一定规模的随机样本;② 对问卷的收集有一套系统的、特定的程序要求;③ 通过调查问卷所得到的是数量巨大的定量化资料,需要运用各种统计分析方法才能得到研究结论。这三个重要特征,使问卷调查方法不仅成为众多社会科学领域中广泛使用的、强有力的实证方法,也成为当前国际上通用的管理科学规范的研究方法之一。

问卷调查方法广泛应用于社会生活的多个方面。一些重要的问卷调查类型有社会生活状况调查、社会问题调查、市场调查、民意调查和学术性调查等。在环境管理工作中也大量使用了问卷调查方法。

阅读材料 35:问卷调查在环境管理中的主要应用领域

目前,环境管理领域应用问卷调查方法开展的工作主要有:

① 环境现状调查。在环境评价、环境规划工作中,常常需要通过问卷调查了解当地的生态环境和社会经济发展状况,分析主要环境问题和特征等。

② 环境问题调查。如针对某些特定的环境污染问题(如电池污染、生活垃圾污染、水污染等)进行系统的调查、了解和分析,找出问题的症结。

③ 环境公众参与。目前主要是环境影响评价中的公众参与,它主要以问卷调查的方式进行,以了解公众对建设项目的意见。

④ 环境民意调查。对社会公众的环境意识和态度等主观意向进行调查,如在国家环境保护模范城市评价中的公众环境满意率调查等。

⑤ 环境价值评估。在环境经济学中应用较多,通过问卷调查的方式,了解被调查者对改善生态环境的态度和支付意愿,并结合被调查者的经济收入等资料,应用环境经济价值评估方法来评估特定生态环境的经济价值。

另外,有关环境管理的问卷调查类型还有很多,如环境市场调查、环境产品调查、环境政策调查等,几乎所有的环境管理工作中都可以使用问卷调查方法来获得对管理对象的总体性初步认识和系统数据,并可以用来分析管理对象所处的状况、存在的问题,从而得出环境管理工作的对策方案。

(二)问卷调查步骤和问题

问卷调查方法的主要步骤有三。一是正确设计问卷,主要依靠对调查对象和内容的系统认识与分析;二是正确开展调查过程,主要是采用正确的调查方式获取数据;三是正确处理调查数据,主要靠恰当地运用各种统计方法和统计软件。

问卷调查方法的内容涵盖面非常广泛。各种社会现象、社会行为,都可以成为问卷调查的问题。调查问题主要可以分为三大类:

① 某一人群的社会背景,即有关被调查样本人群的各种社会特征的问题。包括人口方面的问题,如性别、年龄、职业、婚姻状况和文化程度等;经济方面的问题,如工资收入、家庭消费和各项支出等;社会生活方面的问题,如家庭构成、居住形式和社区特点等。总体而言,这一类调查问题客观性很强,资料收集也相对容易,绝大多数问卷调查都包括这一类问题。

② 某一人群的社会行为和活动,即有关被调查样本人群"做了什么"以及"怎么做"等方面的问题。如人们每天几点钟上班、每周去几次超市、每月锻炼几次身体等。这类问题也是客观的,通常构成很多问卷调查的主要内容。

③ 某一人群的意见和态度,即有关被调查样本人群"想些什么"、"如何想的"或"有什么想法"、"持什么态度"等方面的问题。如人们如何看待节约用水、对于垃圾收费有什么意见、是否愿意为改善周围环境质量支付一定费用等。这类问题的性质是观念性、价值性的,便于了解人们的主观意愿和要求,在很多问

卷调查中也十分重要。

（三）调查问卷的设计

1. 问卷的结构

问卷是问卷调查方法中用来收集资料的主要工具,它在形式上是一份精心设计的问题表格,一般包括以下一些内容:

① 封面信,即一封致被调查者的短信。封面信的作用是向被调查者说明问卷调查的目的、调查单位或调查者的身份、调查的主题、调查对象的选取方法和对结果的保密等。

② 指导语,即用来指导被调查者填写问卷的各种解释和说明。

③ 问题及答案,这是问卷的主体,按问题形式分两类,一类是只提问题不给答案,由被调查者自由填写回答的开放式问题;另一类是既提问题又给答案,要求被调查者进行选择的封闭式问题。

④ 编码及其他资料,是对每个问题及答案赋予一个代码,以方便计算机处理。

2. 问卷设计的原则

① 要围绕研究的问题和被调查对象进行问卷设计,问题总数不能过多,内容不能过于复杂,要尽量考虑为被调查者提供方便、减少困难和麻烦。

② 分析和排除被调查者可能出现的主观障碍和客观障碍。主观障碍指被调查者在心理和思想上对问卷产生的不良反应,如问题过多、过难、涉及隐私等引起的反感。客观障碍指被调查者自身能力、条件方面的限制,如阅读能力、文字表达能力方面的限制等。

③ 明确与问卷设计相关的各种因素。应了解调查目的、调查内容、调查样本的特征等因素对问卷设计的影响,并采取相关的应对措施。

3. 问卷设计的步骤

① 探索性工作,即问卷设计前的初步调查和分析工作,这是设计问卷的基础。

② 设计问卷初稿。

③ 试用,对问卷初稿进行预调查或送交专家和管理人员评论,发现存在的问题并加以修改。

④ 修改、定稿并印制。

4. 题型及答案设计

① 问题可以采用填空式、判断式、选择式、矩阵式、表格式等形式设计。

② 答案设计要与问题设计协调一致,并注意答案应具有穷尽性和互斥性。穷尽性是指答案包括了所有可能的情况;互斥性是指答案互相之间不能交叉重

叠或相互包含。

5. 问题的语言及提问方式

问题措辞的基本原则是简短、明确、通俗、易懂。具体包括语言尽量简单、陈述尽量简短、避免双重或多重含义、不能带有倾向性、不要有否定形式提问、不要问被调查者不知道的问题、不要直接询问感性问题等。

6. 问题的数量及顺序

一份问卷中的问题数量不宜太多,问卷不宜太长,以被调查者在 20 分钟以内完成为宜。在问题排序上,被调查者容易回答、感兴趣和熟悉的问题在前,客观性的问题在前,关于态度、意见、看法的主观性问题在后。

阅读材料36:张家浜整治后生态效益的调查问卷

您好! 为了了解上海市政府和浦东新区政府在整治张家浜后所带来的生态效益,以及政府继续投资治理张家浜所带来的生态效益,市河道管理处和华东师范大学共同组织了这次问卷调查。

几年前张家浜由于种种原因是出了名的臭水浜,两边违章建筑密集,垃圾成堆,水质黑臭,对周围群众影响很大。2002 年,上海市投资 10.3 亿元,完成了张家浜的综合整治工作,如今河道面貌焕然一新。

作为张家浜沿线居民或是这里的从业人员、旅游者,请您对此带来的生态效益做出评价,我们将非常感谢您的合作!

请您填写一下您的个人小资料(请在您选择的答案前的□画"√"),这将对我们非常有用,我们会为您的信息绝对保密。

1. 年龄:□30 岁以下　□31～45 岁　□46～60 岁　□60 岁以上
2. 职业:□国家公务员　□科研人员　□管理人员　□医务人员　□教师　□普通职工　□私营企业业主　□农民　□学生　□离退休人员　□待业　□其他
3. 文化程度:□高中或高中以下　□中专 □大专　□大学或大学以上
4. 您的家庭人口:□2　□3　□4　□5　□6 及以上
5. 月收入:□1 000 元及以下 □1 000～2 000 元　□2 000～3 000 元 □3 000～5 000 元 □5 000～8 000 元　□8 000～10 000 元　□10 000 元及以上

请您回答以下问题:

6. 政府为整治张家浜已投资 10 亿多元的巨资,您认为整治后张家浜的生态面貌:

□比原来好多了　　□比原来好一点　　□和原来差不多

7. 张家浜曾经是一个臭水浜,您认为造成污染和生态破坏的主要原因在于:

□受黄浦江污染的影响　　□张家浜上游的工业　　□张家浜沿岸的居民

□上述原因都有

8. 您认为张家浜生态系统服务功能的恶化对您的主要影响是:(可多选)

□视觉上的不愉快　　□空气的严重污染　　□娱乐功能的衰退

□精神上的压抑　　□直接影响身体健康　　□其他

9. 您是张家浜附近(不一定要紧挨张家浜)居民或是河道管理人员吗?

□是　　□否

10. 您经常在张家浜附近休闲游玩吗?

□经常　　□有时候　　□偶尔

11. 您认为一条水清岸绿的张家浜的存在非常重要吗?

□非常重要　　□有点重要　　□不重要

12. 您近期或去年有没有自发的捐款经历?(不论多少,不论性质)

□是　　□否

13. 如果目前政府整治张家浜资金缺乏,您是否愿意资助政府继续整治张家浜?

□是　　□否　　如果选择"否",请说明您的理由:_____

14. 在未来上海"新三年环保行动计划"年限内(即未来 3 年),如果整治张家浜每月需要从您的收入中支出一定数额的金钱,您觉得可以接受的数额是多少元?(您的投资将受法律保护只被用来整治张家浜)

□5　□10　□25　□50　□100　□150　□200　□300　□400
□500

以上是我们所要了解的有关信息,再次感谢您的支持和合作,祝您愉快!

(四) 问卷调查的实施

1. 问卷调查方法的选择

开展问卷调查工作的方法有自填问卷法和结构访问法两种。

自填问卷法是指将调查问卷发送、邮寄给被调查者,由被调查者自己阅读和填写回答,然后由调查者收回的方法,包括个别发送法、邮寄填答法和集中填答法三种。其优点是节省时间、经费和人力,具有较好的匿名性,并可以避免人为因素的影响;缺点是回收、问卷回答质量等常常得不到保证。

结构访问法是指调查者依据结构式的调查问题,向被调查者逐一地提出问题,并根据调查者的回答在问卷上选择合适答案的方法,包括当面访问法和电话访问法两种。其优点是回答率高、回答质量好,缺点是时间和费用成本较大,匿名性差,受访问者或被调查者受互动行为的影响较大。

2. 问卷调查的组织与实施

由于问卷调研以一定规模的调查样本为前提,因此,整个问卷调查的过程需要很好的组织和实施。一般包括调查员的挑选、调查员的训练、联系被调查对象、对调查进行的质量监控等方面。

（五）调查结果的数据处理和分析

一般而言,通过问卷调查会得到大量的包括研究对象的行为、活动、态度等方面信息的数据资料。数据处理和分析的任务就是对这些大量的数据进行后期的整理和分析,以总结和发现包含在这些数据里的结论和规律。

数据处理是将原始观测数据转换成清晰、规范的数字、代码,供后续定量分析使用,其主要工作是编码、分类,将数据输入计算机系统。数据分析是利用计算机统计软件,从问卷调查得到的数据中发现变量的特征、变化规律及变量之间关联的分析过程。在数据分析中,常采用各种统计学分析方法和软件进行。

阅读材料37:问卷调查中常用的数据统计分析方法和SPSS软件

根据统计分析中变量的个数,可将统计分析方法分为单变量、双变量和多变量统计三类。

1. 单变量统计分析

单变量统计分析是指对一个变量进行统计分析,可分为描述统计和推论统计。所谓描述统计,是指用最简单的概括形式反映出大量数据所容纳的基本信息,其基本方法包括集中趋势分析、离散趋势分析等。所谓推论统计,其目的是用从样本数据资料来推断总体情况,包括区间估计和假设检验等。

在集中趋势分析中,常用一个典型值或代表值来反映一组数据的一般水平,常用的有算术平均值、众数和中位数三种,其中算术平均值的计算公式为

$$\bar{x} = \frac{\sum x}{n}$$

在离散趋势分析中,则需用一个特别的数值来反映一组数据之间的离散程度,常用的有全距、标准差、异众比率、四分位差等,其中标准差的计算公式为

$$S = \sqrt{\frac{\sum (x_i - \bar{x})^2}{n}}$$

在区间估计中,总体均值和总体百分数的区间估计公式分别为

$$\bar{x} \pm Z_{(1-a)} \frac{S}{\sqrt{n}} \text{和} \quad p \pm Z_{(1-a)} \sqrt{\frac{p(1-p)}{n}}$$

式中:$Z_{(1-a)}$——置信度为 $1-a$ 的 Z 值;

　　　n——样本规模。

2. 双变量统计分析

双变量统计分析主要探讨两个变量之间的关系,主要方法有:

① 交互分类和 χ^2 检验。交互分类是将一组数据按照两个不同的变量进行综合的分类,其结果用交互分类表(又称列联表)反映,它可以对两个变量之间的关系进行分析和解释。χ^2 检验是对两个变量是否存在显著性关系的检验。

② 相关分析。其目的在于了解两个变量之间的关系强度,用相关系数来描述 x 和 y 之间的共变特征,相关系数的计算公式为

$$r = \frac{\sum (x-\bar{x})(y-\bar{y})}{\sqrt{\sum (x-\bar{x})^2 \sum (y-\bar{y})^2}}$$

③ 回归分析。根据相关变量的关系形态找出一个合适的数学模型,建立回归方程,来表达变量之间的平均变化关系,并依据回归方程对未知情况进行预测。最常用的一元线性回归方程的公式为 $y = ax + b$,其中 b 称为回归系数,其计算公式为

$$b = \frac{\sum (x-\bar{x})(y-\bar{y})}{\sum (x-\bar{x})^2}$$

3. 多变量统计分析

各种社会现象之间的关系是错综复杂的,相互联系的两种现象之间的关系常常受到其他因素的影响。因此,除进行双变量分析外,还需要进行多变量分析。多变量统计分析方法较多,如阐释模式、复相关分析、多元线性回归分析、路径分析、因子分析、聚类分析和判别分析等,需要在专门的统计课程中学习,这里不再做介绍。

4. 数据统计分析软件 SPSS 简介

SPSS(statistical package for the social science)软件包是世界三大统计分析软件之一,在社会科学、管理科学、自然科学等领域应用广泛。

SPSS 作为专门的通用统计软件包,统计分析功能非常强大,具有完整数据管理、统计分析、统计绘图和统计报表功能。SPSS 自带了 11 种类型 136 个函数,提供了从简单的统计描述到复杂的多因素统计分析方法,比如数据的探

索性分析、统计描述、列联表分析、二维相关、秩相关、偏相关、方差分析、非参数检验、多元回归、生存分析、协方差分析、判别分析、因子分析、聚类分析、非线性回归和 Logistic 回归等。

　　SPSS 还具有界面友好、操作简单、无须编程、数据接口方便和功能模块组合灵活等特点。这些强大的功能和诸多突出的优点，使 SPSS 成为非统计专业人员进行数据统计分析的最常用的计算机软件。

三、实地调查方法

（一）实地调查方法概述

　　实地调查方法是一种深入到调查对象的生活背景中，以参与观察和无结构访谈的方式收集资料，并通过这些资料的定性、定量分析来理解和解释现象的方法，有时也称为实地研究方法。

　　实地调查方法的基本特征是"实地"，即深入调查对象社会生活环境，在其中生活相当长一段时间，并用观察、询问、感受和领悟，来理解研究现象。这种方法保证了调查者可以对自然状态下的研究对象进行直接观察，从而获取许多第一手的数据、资料等信息供定性、定量分析和直觉判断。因此，可以发现许多其他方法难以发现的问题。

　　对实地调查方法中的调查者身份，可分为"作为观察者的参与者"和"作为参与者的观察者"两种类型。前者是指调查者的身份对于所研究的群体是公开的，后者则是将调查者的真实身份隐藏起来，而以某种虚假身份参与到所调查的地点或人群中进行观察。一般而言，调查者以何种身份进行实地研究，要根据具体情况做出判断，还要同时考虑研究调查和研究道德的要求。

　　实地调查的主要方式是观察和访谈。观察可根据调查者所处的位置或角色，分为局外观察和局内观察。访谈可分为正式访谈和非正式访谈，前者是指调查者有计划、有准备、有安排和有预约的访谈，如正式的采访、座谈会和参观等；后者是指调查者在实地参与研究对象社会生活的过程中，无事先准备的、随生活环境和事件自然进行的各种旁听和闲谈。

（二）实地调查方法的主要步骤

　　从实施程序上看，实地调查方法通常可分为五个主要阶段：

　　1. 选择实地

　　选择"实地"是进行实地调查的第一步。在客观条件许可时，应尽量选择既与调查问题或现象密切相关，又容易进入、容易观察的实地。对于完全观测者，可以选择不易被观察对象注意和感觉到的地方，如在调查大城市中人们对交通规则的遵守情况时,可以选择繁华十字路口旁边、视野开阔但本身却不为注意的一个三层楼房的窗口。对于完全参与者,则应选择那种能够调查者自然地进入、自然地参与其中,容易被当地社区接受,且能较快熟悉的实地。

2. 获准进入

进行调查研究,需要能够进入或融入当地社会生活环境。一般有三种途径,一是以正式的、合法的身份及单位的介绍信,或上级领导的推荐介绍等,这是获准进入的必要条件;二是依靠某些"关键人物"或"中间人"的帮助,他们一般生活在调查对象所生活的地方,可以十分便利地将调查者"带入"调查对象的社会生活中,这对于调查者真正融入当地非常重要;三是调查者通过自身努力进入被调查对象的生活世界。如为制定垃圾回收管理政策,在调查北京生活垃圾回收者的社会组织时,有位大学教授和他的研究生就通过个人的努力,包括化装、短期从事垃圾收集工作等方法,融入当地由垃圾回收人群组成的社会组织,获取了关于垃圾回收过程中的一些关键资料和信息,完成了课题研究。

3. 取得信任和建立友善关系

当获准进入当地社会后,尽快获取当地人的信任,尽快与他们建立友善关系,对于调查者非常重要。这种信任和友善关系是今后观察和记录的重要保障。

4. 记录

包括观察记录和访谈记录两个方面,要求要尽量客观、详细、具体。

观察记录通常是先看在眼里,然后再整理记录在本子上,一般必须在当天晚上进行回忆和记录。白天观察要尽可能地多看、多听、多记,晚上记录要尽可能详细。

访谈记录可分两种。对于正式的、事先约好的访谈,应尽可能完整记录,但不宜干扰访谈过程,如果得到允许可使用录音设备,记录效果会更好。对于非正式的、偶然的、闲聊式的访谈,则可采用与观察记录一样的方法。

5. 资料分析和总结

根据实地调查记录的分析和研究者的切身体会和领悟,判别和发现调查研究中的重要现象、事实及背后的规律,得到调查结论。

阅读材料38:什么是环境尽职调查

环境尽职调查,也称绿色尽职调查(green due diligence)是在涉及环境风险的企业投资或并购过程中,由专业人员在企业的配合下,对未来可能的环境风险和潜在环境责任进行深入的调查和审核。

环境尽职调查是尽职调查的一个重要方面。所谓尽职调查,是对企业历史数据和市场风险、管理风险、技术风险和资金风险等各方面进行的审核,环境尽职调查目前已经成为环保领域的一种典型的风险管理手段,调查范围从最早的污染性企业,逐渐扩大到油气、化工和电子等行业,以明确这些行业在投资和并购过程中的环境风险和责任。

尽职调查可以使买方尽可能地了解他们要并购的项目的全部情况,看清并购中潜在的风险。一旦通过尽职调查明确了存在的风险,买卖双方便可以就相关风险和义务进行谈判。如果投资和并购过程中没有进行尽职调查,企业可能会承受巨大的风险,比如被罚款、被起诉,甚至被勒令停产等。因此,由于很多环保项目本身可能并不环保,而是存在某些环境方面的风险,为避免上面提到的各种不良后果,就需要进行绿色尽职调查。

环境尽职调查的主要调查对象是环境问题,具体包括场地外问题、场内污染和费用估算。其中场地外问题包括是否配有废物处置厂、以前场地的状况;场内污染包括过去和现在的土壤、地下水污染情况,以及是否有周边污染向场地迁移的情况;费用估算是指由专业的绿色尽职调查人员指出项目执行过程最可能出现的环境问题,并计算出相应的需要支付的费用,同时还要给出最坏可置信情况及需支付的费用。

环境尽职调查流程一般分为五个阶段:第一阶段:准备工作。企业的环境健康安全部门组建 HSE 尽职调查小组并可邀请专家,或者选择第三方(如环境咨询公司)进行调查。第二阶段:现场调查。调查人员通过查看背景资料、访问相关人员、现场查看等方式对现场进行审核,并发现潜在的环境、健康和安全方面的风险点。第三阶段:确定影响。调查人员通过现场采样和仪器分析等方法明确第二阶段发现的潜在风险的性质和程度,以及影响的范围,即对风险进行定量化。第四阶段:专项调查。专项调查可以更准确和深入地核实可能存在的重大风险,可根据现场调查的评估结果和并购要求,决定是否需要进行专项调查。第五阶段:编制环境尽职调查报告。

从 20 世纪 80 年代开始,外资在收购中国公司时开始考虑环境尽职调查。目前,外资投资中几乎所有涉及工业和土地的项目都会做环境尽职调查,其参照的标准还是以美国的标准为主,基本上都是由具有国际背景的咨询公司完成。2008 年全国环境尽职调查业务规模约数百万美元。现在,中国公司在海外收购时,也逐渐开始考虑环境尽职调查,如 TCL 收购 Thomson 以及 Lenovo 收购 IBM 时都进行过环境尽职调查。

环境尽职调查的意义不仅在于对一个投资(特别是绿色投资)进行风险识别,同时有利于项目施行之后在其管理过程中进行有效的控制。绿色尽职调查的结果有两种：交易中断（红灯）和法规符合性问题（黄灯）。交易中断的原因可能由调查中发现的土壤或地下水污染或扩张限制引起；而导致法规符合性问题这种结果的原因有很多种，如环境影响评价存在问题、不符合环境健康和安全法规或标准、总量许可证的问题或者整改和调查费用过高等。

在环境尽职调查中发现问题之后，可以采取有针对性的后续行动，包括信息披露、提出土地修复要求、进行风险评估、整合和纠正措施，以及许可证过户等。对于在调查中发现的潜在问题和责任，可采用谈判方式加以解决。表4-2列出了不同的谈判策略及优劣比较。

表4-2　谈判策略及其优劣

策略	优点	困难与挑战
设立基金用于今后责任补偿	将来无须考虑财务风险	基金数目难以确定
磋商降低购买价格，以用于承担将来的责任	将来无须考虑财务风险	买家要承担之后的所有风险很难确定降低的价格
和政府磋商确认责任方	更准确地定义风险	情况多变复杂 政府承诺的有效性
基于投资项目现状要求卖方清理场地	可快速解决较小的污染问题	卖方可能缺乏有关经验，难于管理

（三）实地调查方法的特点

与其他实证方法相比，实地调查既是一个资料收集和调查的过程，同时也是一个思考和形成理论的过程，这是一个非常明显的特点。

实地调查方法的优点主要有：① 在真实的自然和社会条件下观察和研究人们的态度和行为；② 调查的成果详细、真实、说服力强，调查者常常可以举出大量生动、具体、详细的事件说明研究结论；③ 方式比较灵活，弹性较大，相比实验和问卷调查，操作程序不十分严格，在过程中可进行灵活的调整；④ 适合调查现象发展变化的过程及其特征。

实地调查方法的缺点主要有：① 资料的概括性较差，以定性资料为主，一般缺少定量的分析，所得结论难以推广到更大范围；② 可信度较低，由于调查者所处地位、能力、主观判断的差别，加上实地调查很难重复进行，导致研究结论难于检验；③ 实地调查不可避免会对被调查者施加影响；④ 所需要的时间长、精力多、各项花费大；⑤ 可能涉及一些社会伦理道德问题。

值得说明的是，实地调查方法的优缺点是相对的。如果拥有全面的调查方案、足够的调查资金、专业和有经验的调查人员,以及被调查方的认真配合,实地调查完全可以得出相当有科学性和实用性的成果。

四、无干扰研究方法

(一)概述

前述的实验方法、问卷调查方法、实地调查方法,都会存在研究者或调查者不同程度地干扰或打扰被实验者、被调查者正常工作生活的情况。根据"测不准原理",就会存在一定程度上的误差。与以上方法不同,无干扰研究方法是指研究者不直接观察研究对象的行为,也不直接沟通,不引起研究对象的反应,更不干扰其行为的一种方法。无干扰研究方法在现实生活中有很多浅显的例子,如可以通过观察图书馆中书籍的破损及手渍等痕迹,来估计它的借阅次数;通过观察居室内的摆设,大致推算主人的兴趣和爱好;通过观察工作场地的布置状况,来推测一个企业或组织的内部管理水平等。

无干扰研究方法可分为文本分析方法、现有统计数据分析方法和历史比较分析方法三大类。文本分析方法借助各种文件、报纸期刊和书籍等各种出版物来发现和分析问题;现有统计数据分析方法利用所能收集到的统计数据进行论证;历史比较分析方法则从历史记录中掌握关键情节。

无干扰研究方法主要有以下三个特征:① 研究者无法操纵和控制所研究的变量和对象;② 研究者在研究之前不需要,一般也不存在先入之见;③ 研究者不用直接接触也不会干扰研究对象。由于具有以上三个特征,无干扰研究不一定像自然科学、工程科学那样需要实验室或工程装置,而可以广泛利用图书馆、各种新闻媒体和网络进行研究,这是管理科学实证方法的一个优势所在。

无干扰研究方法的缺点主要有资料收集存在多种困难、收集信息的准确程度难于核实、研究者的研究能力和时间经费条件对研究影响很大、研究结果难于比较等,这些都需要在应用该方法时充分考虑。

(二)文本分析方法

文本分析方法是将文件中的文字和图像信息从零碎和定性形式转换成系统和定量形式的一种研究方法。与问卷调查和实地研究方法不同,文本分析方法是利用他人为了其他目的而收集或编写的研究资料,达到自己的研究目标。文本分析方法主要有以下步骤:

1. 提出假设

提出假设可以在文本分析之前,也可以在文本分析之后。假设根据具体研究问题而定,如用文本分析方法研究公众参与对于环境影响报告书质量的影响时,就可以预先假设:"公众参与的好坏对于环境影响报告书质量有重要影响"。

2. 变量抽取和属性分类

变量是度量某个因素的指标。在上述问题中,"公众参与的好坏"可以用环境影响报告书中公众参与内容的篇幅来表示,分为"单独一章、单独一节、无单独内容"三个水平;对于"环境影响报告书的质量",可以用专家评审会的结论来表示,分为"通过、修改后再审、不通过"三个水平。

3. 资料分析

在确定变量及其属性后,就可以通过大量的文本分析了。在上述问题中,可以选择 100 本环境影响报告书,分析其公众参与章节的篇幅,及专家对报告书的评审结论,然后进行分类统计分析。

4. 结果分析

根据变量之间的统计结果及分析,对假设进行检验,提出文本分析的结论。

(三)现有数据统计分析方法

现有统计数据分析方法是利用所能收集到的统计数据进行论证的一种方法。该方法能够从现有的统计数据中发现问题,提出假设,通过统计分析进行检验和解释,非常有利于发现研究对象中存在的现实问题,相对而言,比较容易做出有创新性和发现性的成果和结论。

现有的统计数据可以来自多个方面,主要有三大类。第一类是研究报告,包括各种社会组织和研究机构公开发表的报告,这些报告中的大量数据可供其他研究课题重新分析或二次分析之用。第二类是官方统计资料,包括各种各样的年鉴、公报、报告、报表等。第三类是信息调查研究机制和咨询公司的数据库。在一些发达国家,这三类数据的来源都比较丰富,有专业的机构和人员从事相关工作,而且便于其他人员使用这些数据。相比而言,中国数据资料在来源、数量、共享等方面还存在不少差距,这对管理科学的研究是一个很大的制约。

现有数据统计分析方法与文本分析方法类似,也分为提出假设、变量提取和属性分析、数据分析和结果分析等步骤。

(四)历史比较分析方法

历史数据和知识能够使研究者从更广阔的时空视野来观察和思考当前的管理研究对象和管理环境,从而更深刻地发现和解释问题。

历史比较分析方法是通过系统地收集和客观评价以往事件的有关资料,验证和分析涉及因果关系、相关关系的问题假设,从而解释当前事件和预测未来事件。

使用历史比较分析方法有助于规范地研究过去事件的发生过程,其基本步骤也分为提出假设、变量设置、资料收集和分析、验证结果等。

在历史比较分析方法中,"事件研究方法"是一种发展得比较完善的数据观测和分析技术,在经济或管理事件中,特别是工商管理事件中得到很多应用。在环境管理领域,一些历史上重要环境事件的分析,也可以采用这个方法。

五、案例研究方法

(一)概述

案例研究方法是通过对一个或多个案例进行调查、研究、分析、概括、总结而发现新知识的过程。

案例研究方法通过对一个或多个具体案例,如个人、公司、社会组织等的深入、全面、详细和聚焦式的研究,一般可以获得非常丰富、生动、具体、详实的资料,能够较好地反映出研究对象发生、发展变化的过程,为后来较大的总体研究提供重要的实证支持和理论假设。因此,案例研究方法在管理科学中具有非常重要的作用,很多有影响的管理科学理论都是基于一个或多个案例,进行长时间研究、总结和提炼的结果。

从案例研究目前使用的具体方法而言,多是实验方法、调查方法、实地研究方法和无干扰研究方法等在一个具体的案例中的综合应用,只是其研究重点不在于单一方法的严谨性和科学性,而更注意以案例分析为中心,突出方法的有效性和适用性。因此,案例研究方法是否可以单独成为一类管理研究方法,在不同教科书和著作中的叙述也不尽相同。

(二)案例研究方法的主要步骤

案例研究一般包括建立研究框架、选择案例、搜集数据、分析数据、撰写报告与检验结果等步骤。

1.建立研究框架

案例研究首先需要建立一个指导性的框架,一般包括案例研究的目的和要回答的问题、已有的理论或假设及案例的范围三个部分。

2.选择案例

案例研究可以使用一个案例,也可以包含多个案例。案例的性质和数量必须满足研究的要求。一般而言,被选择的案例应该与研究主题具有较强的相关性。案例数量可以不遵从统计意义上的样本数量规则。对大多数研究而言,4~10个案例是比较合适的;当少于4个案例而情况又比较复杂时,就很难得出有意义的结论或理论;当案例数量超过10个时,数据资料就会变得很多,案例之间的横向比较困难。

3.搜集数据

　　案例研究的数据收集方法与实验方法、问卷调查方法、实地研究方法和无干扰研究方法中的相关数据收集方法相同,包括观察、访谈、问卷和文本分析等方法都可以用于案例研究中的数据收集。

　　4. 分析数据

　　案例研究的数据分析方法也与实验方法、问卷调查方法、实地研究方法和无干扰研究方法中的相关数据分析方法相同。

　　5. 撰写报告与检验

　　案例研究的成果一般是研究报告。正式的案例研究报告一般比较长,非正式的案例报告则可根据不同读者的阅读需求进行缩减和特殊编辑。案例研究报告中一般还需要提供必要的原始数据、图表、附录,用以说明案例研究的科学性和可信度,以方便他人对案例研究过程和结论进行检验。

第三节　环境管理的模型方法

一、环境模拟模型

　　环境模拟模型是利用定量化的指标和数学模型对环境社会系统中的人类社会活动行为及其引起环境变化的情况进行模拟和模仿,以便科学和准确地描述环境社会系统的运行状况和规律,为环境管理提供技术依据。

(一) 人类社会行为的模拟

　　人类社会的发展行为可以从不同的角度和侧面来认识和分类。比如,从功能的角度可分为生产活动、流通行动和消费活动;从层次上可分为战略层次、政策层次和技术层次;从类型上可分为工业、农业和第三产业;从范围上可根据涉及空间的大小和特征划分;从时序上可划分为不同的行为阶段。

　　对人类社会行为进行模拟和分析,还必须考虑这些人类社会行为背后所反映的人类社会的环境需要,包括适应生存、环境安全、环境健康、环境舒适和环境欣赏的需要等。只有对行为背后的环境需要有深入的理解和认识,才能更好地模拟和分析人类社会行为。

　　由于人类社会行为的无限多样性和丰富性,要精确地进行模拟是极为困难的。以目前科学发展的认识水平和模拟能力而言,无论是在宏观上还是在微观上,能够精确模拟的人类社会行为都是比较少的。

　　比如,以人口数量发展的模拟为例,常用的指数模拟模型为

$$N_t = N_{t_0} e^{k(t-t_0)}$$

式中：N_t——t 年的人口总数；

N_{t_0}——t_0 年人口基数；

k——人口增长率。

（二）环境要素的模拟

相比于人类社会行为的模拟,有关环境要素的模拟已经有了较多成熟的模拟模型,多称为环境质量模拟模型。这些模型根据环境要素的运动、迁移和转化规律,模拟出它们在人类社会活动影响下的变化情况和趋势,为科学和定量地了解和认识人类社会活动对环境的影响提供了技术依据。

以大气和水环境模拟模型为例,其理论基础都是三维的流体动力学模型：

$$\frac{\partial C}{\partial t} = E_x \frac{\partial^2 C}{\partial x^2} + E_y \frac{\partial^2 C}{\partial y^2} + E_z \frac{\partial^2 C}{\partial z^2} - u_x \frac{\partial C}{\partial x} - u_y \frac{\partial C}{\partial y} - u_z \frac{\partial C}{\partial z} - KC$$

式中： C——污染物浓度；

E_x、E_y、E_z——分别为 x、y、z 方向上的湍流扩散系数；

u_x、u_y、u_z——分别为 x、y、z 方向上的流速分量；

K——反应速率常数。

由于环境要素运行的复杂性和多样性,环境要素模拟模型的数量非常多,包括水、气、声、土壤、生态等多个类别,具体模型可参见相关书籍。

二、环境预测模型

环境预测是依据调查或监测所得到的历史资料,运用现代科学方法和手段给出未来的环境状况和发展趋势,为提出防止环境进一步恶化和改善环境的对策提供依据。在环境管理活动中,需要不断地分析形势、了解情况、估计后果。因此,环境预测是环境管理的重要依据和内容之一,环境预测的科学性对于环境管理的科学性有着重大影响。

（一）预测与预测模型

所谓预测,是指预测者依据历史资料对未来所作的推断。预测结果的正确性在很大程度上取决于预测者选用的预测方法。目前常用的预测方法根据适用条件和范围不同,大体上可分为以下五大类。

① 统计分析方法。它的要点是在掌握大量历史数据资料的基础上,运用统计方法进行处理,从而揭示出这些数据资料所反映的内在客观规律,并据此对未来的状况进行预测。

② 因果分析方法。它的要点是对事物及其影响因子之间的因果联系进行定量分析,通过演绎或归纳获得其内在规律,然后对未来进行预测。

③ 类比分析方法。它的要点是把正在发展中的事物与历史上曾发生过的

相似事件作类比分析,从而对未来进行预测。

④ 专家系统方法。它的要点是将众多专家对事物未来所作的估计进行综合分析,从而对未来做出预测。

⑤ 物理模拟预测法。它的要点是建立与原型相似的实物模型,如水槽、风洞等,通过实验进行预测。

在以上预测方法中,都会或多或少地使用一定的数学工具,建立预测模型。所谓环境预测模型,常指环境数学模型,就是应用以上方法,用一个或一组数学方程来表示所预测的环境社会因素随时间变化的形式或环境社会系统各要素之间的关系,据此计算环境社会系统未来的变化与状态,进行环境预测。

(二)主要的环境预测模型

按环境预测模型原理的不同,主要有趋势外推预测模型、因果关系预测模型、灰色预测模型和专家系统预测模型四大类。

1. 趋势外推预测模型

趋势外推预测模型是用数学模型表示事物随时间变化的形式,主要有线性模型、指数模型、对数模型和生长曲线模型等。其关键是对历史数据的定性、定量分析,建立符合数据的变化曲线。一些常见的环境预测模型见表4-3。

表4-3　环境预测的趋势外推预测模型举例

类型	数学表达式	符号注释
一元线性回归模型	$y = \beta_0 + \beta x + \varepsilon$	β、β_0为回归参数;ε为随机变量
多元线性回归模型	$y = \beta_0 + \beta_1 x_1 + \cdots + \beta_m x_m + \varepsilon$	β_0、β_1、$\cdots$、β_m为回归参数;ε为随机变量
指数模型	$y(t) = ka^t$	t为时间;a、k为待定参数
生长曲线（皮尔模型）	$y(t) = \dfrac{L}{1 + ae^{-bt}}$	t为时间;a、b为待定参数;L为y的生长上限
生长曲线（皮龚珀兹模型）	$y(t) = Le^{-bt-kt}$	t为时间;b、k为待定参数;L为y的生长上限

2. 因果关系预测模型

因果关系预测模型是用数学模型代表事物之间的相互关系,如大气和水污染的预测模型、各种计量经济模型等。

以大气环境质量预测为例,最常用的高斯模型就是因果关系预测模型,在一系列条件假定后,可推导出高架连续点源地面污染物浓度模式为

$$C(x,y,z) = \frac{Q}{2\pi u \sigma_y \sigma_z} \exp\left(-\frac{y^2}{2\sigma_y^2}\right) \exp\left(-\frac{H_e^2}{2\sigma_z^2}\right)$$

式中:Q——污染源源强;

C——污染物浓度;

u——平均风速;

σ_y、σ_z——分别用浓度分布标准差表示的 y 和 z 轴上的扩散参数;

H_e——烟囱有效高度。

以水环境质量预测为例,最常用的 S–P 模型也是因果关系预测模型:

$$\begin{cases} v\dfrac{dL}{dx} = -K_1 L \\ v\dfrac{dc}{dx} = -K_1 L + K_2(c_s - c) \end{cases}$$

式中:v——平均流速;

L——距离起点 x 处的 BOD 浓度;

c——距离起点 x 处的 DO 浓度;

K_1、K_2——BOD 的耗氧和大气复氧系数;

c_s——河水中饱和溶解氧浓度。

3. 灰色预测模型

灰色预测模型是根据灰色系统理论建立的模型。灰色系统理论认为,部分信息已知,另一部分信息未知的系统称为灰色系统。由于部分信息未知,所以很难对信息量要求较大的因果关系建立预测模型,这时可采用对信息量要求较少的灰色预测模型。目前,GM(1,1)模型是灰色系统中应用最多的一种预测模型。

GM(1,1)模型预测一个变量的一阶微分方程模型,其计算步骤为:① 对原始数据进行累加生成;② 利用生成后的数列进行建模;③ 在预测时再通过反生成以恢复原貌,计算预测值。GM(1,1)模型的白化微分方程为

$$\frac{dx^{(1)}}{dt} + ax^{(1)} = u$$

4. 专家系统预测模型

专家预测法是一种非常古老的方法,但至今仍有重要地位。该方法是将专家群体作为索取预测信息的对象,组织环境科学领域(有时也需要请其他科学领域)的专家运用专业知识和经验进行环境预测的方法。专家预测法的特点在于可以将某些难以用数学模型定量化的因素考虑在内,在缺乏足够统计数据和原始资料的情况下,给出定量估计。

现代的专家预测法与历史上古老的、直观的预测方法已有了质的飞跃,本书稍后的内容将以德尔菲方法为例介绍这一方法的特点和应用。

5. 其他环境预测模型

其他一些应用于环境预测的模型还有人工神经网络预测模型、马尔可夫链预测模型、突变模型、遗传算法模型等。

（三）环境预测的程序

环境预测因其内容、要求不同,因而其程序也不完全一样。一般而言,环境预测的程序可大致分为四个阶段。

① 准备阶段,包括确定预测目的和任务、确定预测时间、制定预测计划。

② 收集并分析信息阶段,包括预测资料的收集、资料的分析检验。

③ 预测分析阶段,包括选择预测方法、建立模型、进行预测、检验结果。

④ 输出预测结果阶段,指输出和提交预测结果,并按要求提交决策部门,以制定环境管理方案。

三、环境评价模型

（一）概述

环境评价是从人类社会的环境需要出发,按照一定的环境标准和评价方法对环境的优劣及其满足人类需要的程度进行评估,预测环境质量的发展趋势及评价人类活动对环境的影响。

根据环境管理的需要,环境评价可以分为多种不同类型,如从时间上可分为环境回顾评价、环境现状评价和环境影响评价;从环境要素上可分为大气环境评价、水环境评价、土壤环境评价和噪声环境评价等;从评价的层次上可分为项目环境评价、规划环境评价和战略环境评价;从评价内容上可分为经济影响评价、社会影响评价、区域环境评价、生态影响评价、环境风险评价、累积影响评价和产品环境评价等。

所谓环境评价模型,就是通过一些定量化的指标来反映环境的客观属性及其对人类社会需要的满足程度,并将这些定量化的指标利用数学手段构建起相应的数学模型,从而进行定量评价。

（二）环境指数评价模型

1. 单因子指数评价模型

单因子指数评价模型的表达式为

$$I = \frac{\rho}{S}$$

式中:I——单因子环境质量指数;

ρ——污染物在环境中的浓度;

S——该污染对人类影响程度的标准。

2. 多因子指数评价模型

在单因子指数评价模型的基础上,可设计不同的多因子指数评价模型。常用的多因子环境指数评价模型见表4-4。

表4-4 常用的多因子环境指数评价模型

类型	数学表达式	符号注释
代数叠加型	$I = \sum\limits_{i=1}^{n} \dfrac{\rho_i}{S_i} = \sum\limits_{i=1}^{n} I_i$	ρ_i为第i种污染物在环境中的浓度;S_i为第i种污染物对人类影响程度的标准;I_i为第i种污染物环境质量指数
均值型	$I = \dfrac{1}{n} \sum\limits_{i=1}^{n} \dfrac{\rho_i}{S_i} = \dfrac{1}{n} \sum\limits_{i=1}^{n} I_i$	同上
加权型	$I = \sum\limits_{i=1}^{n} W_i I_i$	W_i为第i种污染物的权重
加权平型	$I = \dfrac{1}{n} \sum\limits_{i=1}^{n} W_i I_i$	W_i为第i种污染物的权重
突出极值型1	$I = \sqrt{\max(I_i) \times \dfrac{1}{n} \sum\limits_{i=1}^{n} W_i I_i}$	取分指数中极大值与平均值的几何平均值
突出极值型2	$I = \sqrt{\dfrac{[\max(I_i)]^2 + \left[\dfrac{1}{n}\sum\limits_{i=1}^{n} W_i I_i\right]^2}{2}}$	取分指数中极大值平方与平均值平方的平均值的平方根
幂指数型	$I = \prod\limits_{i=1}^{m} I_i^{W_i}$	I_j为第j种污染物的环境质量指数;W_i为第i种污染物的权重
向量模型	$I = \left(\sum\limits_{i=1}^{n} I_i^2\right)^{\frac{1}{2}}$	I_i为第i种污染物环境质量指数
均方根型	$I = \sqrt{\dfrac{1}{n}\sum\limits_{i=1}^{n} I_i^2}$	I_i为第i种污染物环境质量指数
极值型	$I = \max(I_i)$	在所有分指数中取极大值

3. 综合指数评价模型

综合指数评价模型的表达式为

$$Q = \sum_{k=1}^{n} W_k I_k$$

式中:Q——多环境要素的综合评价指数;

W_k——第 k 个环境要素的权重;

n——参加评价的环境要素的数目。

常见的环境指数及其模型见表4-5。

表4-5 常用的环境指数及其模型

类型	数学表达式	指数及模型解决
空气污染指数	$API = \max(L_1, \cdots, L_i, \cdots, L_n)$	L_i 为各种污染参数的污染分指数,包括 SO_2、NO_x、PM_{10}、$PM_{2.5}$、O_3 等多项
水体综合营养状态指数	$TLI = \sum_{j=1}^{m} W_j \times TLI_j$	W_j 为第 j 种参数的营养状态指数的相关权重;TLI_j 为第 j 种参数的营养状态指数,包括 TN、TP、透明度、叶绿素和 COD_{Mn}
水土流失方程	$A = R \cdot K \cdot L \cdot S \cdot C \cdot P$	A 为土壤流失量;R 为降雨;K 为土壤可蚀性;L 为坡长;S 为坡度;C 为作物管理;P 为水保措施
生物多样性指数	$I = -\sum_{i=1}^{s} p_i \log_2 p_i$	S 为某地生物种类数;P_i 为某地第 i 种的个体数目与总个体数目的比值
交通噪声指数	$TNI = 4(L_{10} - L_{90}) + L_{90} - 30$	$4(L_{10} - L_{90})$ 为"噪声气候"的范围,说明噪声的起伏变化程度;L_{90} 为本底噪声状况

以大家最熟悉的空气污染指数(API)为例,在计算得到 API 的数值后,就可以根据表4-6判断空气污染情况,并做出必要的防护对策。

表4-6 空气污染指数(API)的级别

API	对应的空气质量级别	空气污染状况	对健康的影响
0~50	I	优	可正常活动
51~100	II	良	可正常活动
101~150	III	轻微污染	长期接触,易感人群出现症状
151~200	III	轻度污染	长期接触,健康人群出现症状
201~250	IV	中度污染	一定时间接触后,健康人群出现症状

续表

API	对应的空气质量级别	空气污染状况	对健康的影响
251～300	IV	中度重污染	一定时间接触后,心肺病患者症状显著加剧
>300	V	重度污染	健康人群明显强烈症状,提前出现某些疾病

（三）其他环境评价模型

在环境评价中,经常用到的模型还有污染损失率评价模型、区域污染源评价模型、层次分析法评价模型、模糊综合评价模型、灰色系统评价模型、人工神经网络评价模型、主成分分析模型、因子分析模型和数据包络分析评价模型等。这些模型依据数学和统计学的不同原理和方法,根据水体、大气、噪声、土壤、污染源等各种评价对象的特征,设计出不同的评价公式、算法和标准。更多更详细的环境评价模型内容可以参考专门的著作。

四、环境规划模型

（一）概述

环境规划是指为使环境社会系统协调发展,对人类社会活动和行为做出的时间和空间上的合理安排,其实质是一种克服人类社会活动和行为的盲目性和主观随意性而进行的科学决策活动。

根据环境管理的需要,环境规划从规划时间上可分为长期环境规划、中期环境规划和年度环境保护计划;从规划内容上可分为大气环境规划、水环境规划、固体废物环境规划、生态环境规划等;从规划性质可分为生态建设规划、污染综合防治规划、自然保护规划、环境科学技术与产业发展规划等;从管理级别可分为国家环境规划、省市环境规划、县区环境规划、开发区环境规划、小城镇环境规划和农村环境规划等。

所谓环境规划模型,就是在环境模拟、预测和评价模型的基础上,进一步选用一些反映人类社会未来活动和行为的强度、性质的指标构建的数学模型。对这些模型可利用数学优化或经济优化方法计算出一组规划方案的最优解或满意解,作为在时间和空间上合理安排人类社会活动和行为的环境规划方案。

（二）数学规划模型

环境规划经常要面临这样一些问题,在一定的人力、物力、财力、自然资源、环境资源条件下,如何恰当地运用这些资源以达到最有效的目的,或是为了达到一定的经济目的,如何寻求一组最优资源配置方案。数学规划模型即为解决这一类问题的模型,主要包括线性规划、非线性规划和动态规划等,在许多环境规划中都得到了广泛的应用。

线性规划是一种最基本也是最重要的最优化技术。从数学上,线性规划模型的一般表达式为

$$\begin{cases} \max\ z = C^T \cdot X \\ AX = B \\ X \geqslant 0 \end{cases}$$

式中:$\max z$——目标函数,一般指规划所要达到的最优化目标;

$\quad\quad X$——决策变量向量,$X = (x_1, x_2, \cdots, x_n)^T$,是由 n 个决策变量构成了向量,是规划的备选方案;

$\quad\quad B$——资源向量,$B = (b_1, b_2, \cdots, b_n)^T$,是由 m 个资源变量构成的向量;

$\quad\quad C$——价值向量,$C = (c_1, c_2, \cdots, c_n)$,由目标函数中决策变量的系数构成;

$\quad\quad A$——系数矩阵,由 m 个线性约束条件中常数构成,表示为

$$A = \begin{bmatrix} a_{11} & a_{12} & \cdots & a_{1n} \\ a_{21} & a_{22} & \cdots & a_{2n} \\ \vdots & \vdots & & \vdots \\ a_{m1} & a_{m2} & \cdots & a_{mn} \end{bmatrix}$$

在线性规划中,规划模型中的目标函数和约束条件均是线性方程。线性规划有标准的求解算法,最常用的图解法和单纯形法,都有一些标准的计算机程序可供选用,在 Excel、Matlab 等软件中也有专门的工具箱可供调用。

非线性规划与线性规划的区别在于,规划模型中的目标函数和约束条件不全是线性方程。非线性规划的一般数学模型为:

$$\begin{cases} \max(\min) f(x) \\ h_i(x) = 0 \quad (i = 1, 2, \cdots, m) \\ g_i(x) \geqslant 0 \quad (i = 1, 2, \cdots, n) \end{cases}$$

式中:$\quad\quad\quad x$——决策变量,$x = (x_1, x_2, \cdots, x_n)^T$;

$f(x)$、$h_i(x)$、$g_i(x)$——决策向量 x 的函数。

由于非线性关系复杂多样,非线性规划没有普遍适用的算法。对于非线性规划问题,有些可通过转化为线性规划问题,用单纯形法求解,更多的问题则需要进行计算机数值求解。

动态规划模型适用于多阶段的环境规划问题,模型的核心思想为"最优性

原则",即用一个基本的递推关系式,从整个问题的终点出发,由后向前使过程连续递推,直至到达过程起点,找到最优解。动态规划模型的求解方法主要有穷举法、公式递推法等。

(三)费用效益分析模型

费用效益分析是环境规划中一种非常重要的识别和评价各个规划方案的经济效益和费用的系统方法。费用效益模型通过分析、计算和比较各个规划方案的费用和效益,从中选择净效益最大的方案,提供给决策者。

费用效益分析模型的建立和运行主要包括以下一些步骤:

① 明确问题。明确环境规划所要达到的目标,确定规划方案所涉及的环境问题、影响范围、时间和相关利益方等。

② 预测后果。预测某一规划方案实施后可能造成的环境影响损失和收益。

③ 计算各个规划方案的经济费用和环境费用。要尽可能全面地计算各个规划方案的经济费用和经济效益、环境费用和环境效益。

在计算环境费用和效益时,需要利用环境价值货币化技术,常用的有两大类。一类是直接市场法,包括剂量–反应法、生产率变动法、人力资本法、机会成本法;另一类是间接市场法,也称偏好价值评估法,包括资产价值法、旅行费用法、防护支出法和条件价值法等。这些环境价值货币化技术在大多数环境经济学的教科书中都有详细的讲解。

④ 综合评价。一般通过净费用现值和净效益现值对比的方法来评价。当净效益现值大于 0 或费用效益比大于 1 时,项目是可行的,否则就是不可行的。

$$净效益现值 = 总效益现值 - 总费用现值$$

$$费用效益比 = \frac{总效益现值}{总费用现值}$$

在综合评价中还必须考虑效益和费用在时间上的差异,为使不同时间的费用和效益有可比性,需要进行贴现的计算,其公式为

$$B_{效益} = \sum_{t=0}^{n} \frac{B_t}{(1+r)^t}$$

$$C_{费用} = \sum_{t=0}^{n} \frac{C_t}{(1+r)^t}$$

式中:t——时间,一般以年为单位;

r——贴现率;

C_t、B_t——分别表示第 t 年的费用和效益。

阅读材料 39：一只马桶节水的费用效益分析

许多同学很小的时候，就知道在马桶里放一个装满水的可乐瓶子或是一块砖头，就可以起到节水的效果。那么，这样做究竟能节约多少水资源呢？又能有多少效益呢？下面的案例可能会给你一个惊喜。

上海是个大城市，在城区里有许多老式房屋都使用了每次冲水量大于13 L 的老式马桶，比较浪费水。为此，2002—2010 年，上海市政府开展了一项实事工程，由市财政累计投入 1 383 万元，免费对中心城区 1996 年前建造的老式居民小区的 24 万套老式坐便器水箱配件进行改造，使每次冲水量由 13 L 下降为 9 L，一次冲洗节水 4 L。以日均冲洗 10 次计，每只每年节省自来水 14.6 m^3，节水效益 40.9 元，改造完成后累计节约自来水约 1 498 万 m^3。

那么，投入这么多钱，节约了这么多水，到底合算不合算呢？这就需要进行费用效益分析了。

第一步是计算直接费用和效益。按市场价值法计算，以上海市历年的综合水价估算，累计直接节省水费约 2 918 万元。按照 6% 的贴现率折现到 2010 年，累计节省水费 3 143 万元。再假设改造的配件使用寿命为 8 年，到 2018 年仍能节水约 1 640 万 m^3，按水价 2.80 元/m^3、6% 的贴现率计算，各年度总的经济效益为 3 823 万元。总直接效益合计为 6 966 万元，直接费用效益比为 4.2。

第二步计算间接效益。按影子工程法计算，2011—2018 年共形成平均节水能力 184.6 万 m^3/a，相当于市政府又投资兴建了同等规模的一座自来水厂、一座污水处理厂及相应的水源地取水、供水管网配套设施，按 10 元/m^3 投资计算，为市政府节约投资 1 846 万元。总效益合计 8 811 万元，效益费用比为 5.3。

第三步是定量估算社会效益。根据 8 881 份有效问卷的调查结果，居民对马桶节水改造的满意度达到 99.70%，由于受益居民是典型的上海城市中低收入人群，因此，仅到 2010 年项目的直接节水效益 3 143 万元也相当于市政府给予 24 万户城市中低收入居民直接补贴，平均每户约 131 元，体现了社会救济和环境公平。

第四步定量估算环境效益，项目至 2010 年底累计减少自来水用水量 1 498 万 m^3，按上海市自来水供水损失率 20% 计算，则减少了 1 873 万 m^3 地表水取水；同时，按生活污水排放系数 0.9 计算，又累计减少排放污水量 1 349 万 m^3；如再按上海市污水处理厂平均出水 COD 浓度达到一级 B 排放标准（50 mg/L）计算，则减少了 COD 排放量 674 t。可见，项目节水减污效益明显。

资料来源：李爽等，城市大规模节水器具改造的费用效益分析，给水排水，2012.38(5)。

（四）其他环境规划模型

在环境规划中,经常用到的规划模型还有环境投入产出模型、单目标和多目标规划模型、确定性和不确定性规划模型、总量控制和分配模型和环境博弈模型等。这些模型依据不同原理和方法,根据环境规划所涉及的人类社会活动和行为的特征,构建不同的环境规划模型。更多更详细的内容可以参照专门的教材和专著。

第四节　环境管理的经验方法

管理始于实践,从泰勒开始,管理学家和管理者在极其丰富的实践中总结和发展出了一系列的经验工具和经验方法。这类方法简单、实用、用途广泛,使管理工作变得更为直观、简便、轻松、熟练,也更为缜密和愉快。毫无疑问,这些管理的经验工具或方法也适用于环境管理。在本书中,将它们称之为环境管理的经验方法,并介绍了一些在环境管理中最经典和最常用的方法。

一、发现问题的方法

（一）5W1H 分析法

5W1H 分析法是一种做出决策的方法,它针对一项任务或方案以 What、Why、When、Where、Who、How 进行设问,将问题科学化、具体化,以便于提出解决方案和进行决策。该方法是由美国陆军兵器修理部于第二次世界大战期间首创,目前广泛应用于管理学研究和实践的多个领域。

该方法的优点在于简单、容易操作,特别是易于理解和应用,还有利于抓住问题的关键,找到解决问题的办法,具有一定的系统性、周密性,见图 4-5。

What → Why → When → Where → Who → How

图 4-5　5W1H 分析法的六个问题

图 4-6 列出了一个用 5W1H 分析法分析全球变暖问题的框架。虽然谈不上非常科学、严谨,但对于一些公众和 NGO 的宣传教育来说,却是非常生动形象的,且因果关系明确,逻辑性强,会提高这些宣传的说服力。

（二）帕累托图（pareto chart）方法

帕累托图方法的依据是帕累托因果定律,即 20% 的原因产生 80% 的结果。该方法是以直方递降的形式来表示问题的相对频率和大小,从而帮助人们确定解决问题的优先顺序。其优点是一目了然地展示问题的原因所在,把

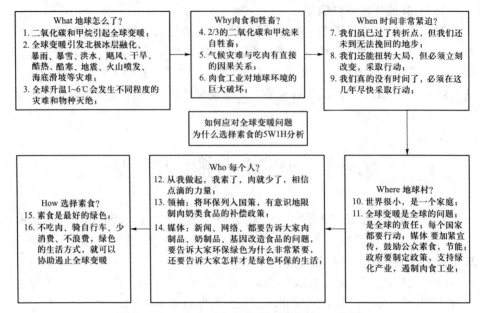

图 4-6　一个应对全球变暖问题的 5W1H 分析

许多产生问题的原因进行细分并加以图示,以便人们把精力集中于那些最重要的问题上。

以城市小区生活垃圾分类管理为例,应用帕累托图方法的步骤如下:

① 确定应用帕累托图的问题,如影响小区生活垃圾分类的主要因素。

② 利用现场观察、问卷调查、走访座谈、专家访谈、文献资料,或"头脑风暴法"确定影响居民生活垃圾分类的各种原因是什么。

③ 确定计量单位,如频率、费用等。

④ 确定研究的期限,期限长短视数据资料的数量和种类而定,有的数据资料收集时间可能要考虑季节等因素。如在小区垃圾投放时间为 6:00 至 24:00。

⑤ 收集各类未分拣原因的资料,作为分析的素材。

⑥ 统计各类原因所占的比例,如表 4-7 所示。

表 4-7　未分拣垃圾的原因统计

原因	频次	百分比
无专人负责垃圾分类回收,居民分了类也没有用	20	40%
垃圾桶设置不合理	15	30%
家庭内部垃圾分类不方便	6	12%

续表

原因	频次	百分比
没有激励和惩罚措施	5	10%
垃圾分类宣传不到位,不知道如何分类	4	8%

⑦ 按频率递减的方式,绘制直方图;以各类型原因为横坐标,以频率为纵坐标;此图即为帕累托图。

⑧ 绘制渐进百分线表示每个原因所占的比例。

⑨ 根据帕累托图进行分析,一般而言,最高的直方图所表示的问题就是那些最需解决的问题。

(三)核查表法

核查表法(checklist)又称为清单法、检查表法,是在众多的管理实践和日常生活中常用的一个经验方法。从旅游清单、背包清单、婴儿用品清单、超市购物清单、家庭露营清单、汽车修理工清单,到婚礼规划清单、投资理财清单,该方法被广泛应用于人们的日常生活。其不仅具有直观、简便、经验性强等优点,还非常方便分享、定制和修改。

核查表法在环境管理和环境保护的研究和实践中有许多应用,最常见的是在环境影响评价工作中的环境影响识别表,即将可能受开发方案影响的环境因子和可能产生的影响性质,在同一张表上一一列出。由于该法简便、直观,至今仍在普遍使用,并发展出了简单型清单、描述型清单、分级型清单多种形式。在世界银行"环境评价资源手册"中,按工业类、能源类、水利工程类、交通类、农业工程、森林资源、市政工程等基础上编制了主要环境影响识别表,可供具体建设项目环境影响识别时参考。

除了用于识别环境影响,核查表法还广泛用于危险品的核查(危险品清单)、二氧化碳排放量估算(碳排放清单)、重要水源地的风险识别(风险源清单)等方面,是环境管理和研究的一个重要工具。

阅读材料40:核查表方法实例

表4-8为《四川省大渡河干流水电规划环境影响评价报告》中的环境影响核查表。通过表4-8可以更加科学、准确、迅速地确定这一规划环境影响评价的重要环境因素和影响来源,为设置评价重点提供依据。

表 4-8　环境影响核查表

环境因素	环境因子	规划因素与开发任务									识别结果
		开发方式	开发时序	开发规模	大坝阻隔	水库淹没	发电	防洪	航运	移民安置	
水环境	水质	±2	±2	±2	±2	±2	±1	±1	±1	±2	±2
	水温	±3	±2	±3	±3	—	±1	—	±1	0	±3
	水文情势	±3	±3	±3	±3	±2	±3	±1	±1	0	±3
	泥沙	±2	±1	±2	±2	±2	±1	+2	+1	0	±2
生态环境	水生生物	−3	±3	−2	−3	±1	+1	—	0	0	−3
	陆生生物	±3	±2	±3	—	−3	+1	+1	0	−3	±3
	局地气候	±2	+1	±2	+1	±2	0	0	0	0	±1
	土壤与水土流失	±3	0	±3	0	±2	0	+3	0	±3	±3
	自然保护区	±2	±1	±2	0	±2	1	0	0	±2	±2
地质环境	边坡稳定	±2	0	±2	0	±2	0	±2	0	±1	±2
	诱发地震	−1	0	−1	0	—	0	0	0	—	0
	地形地貌	±1	0	±1	±1	±2	0	0	0	±2	±1
	矿产资源	±1	0	±1	0	0	0	0	0	0	0
大气环境	有害气体	±1	0	±1	0	0	0	0	0	0	0
声环境	噪声	±1	0	±1	0	0	0	0	0	0	0
社会环境	社会经济	±3	±2	±3	0	±3	0	±3	±2	±3	±3
	文物古迹	±2	±1	±2	0	±2	0	±1	0	0	±2
	风景名胜	±3	±1	±2	0	±2	0	±1	0	0	±2
	土地利用	±2	±3	±3	0	±3	0	±2	±1	±3	±3
	水资源利用	±3	—	±3	±2	—	±3	±1	±3	0	±3
社会环境	旅游	±2	±1	±2	0	±2	0	±1	±1	0	±2
	民族宗教	±1	—	±1	0	±2	0	0	0	±3	±2

注:表中"+"、"−"分别表示对环境的有利影响和不利影响;"0"、"1"、"2"、"3"分别表示环境影响为"忽略不计"、"小"、"中"和"大"。

通过上表,环评人员利用相关经验,特别是类似项目的环境影响评价经验,迅速得出水生生物、水文情势、陆地生物、土壤与水土流失等主要环境影响因子,应列工作专题进行环评,这就为下一步评价工作确定了重点和方向。

资料来源:《四川省大渡河干流水电规划环境影响评价报告》,2005。

二、分析问题的方法

(一)SWOT 分析法

SWOT 分析法最早由美国旧金山大学 H. Weihrich 教授于 20 世纪 80 年代初提出,是一种综合考虑各种因素,从而选择最佳经营战略的方法。其中,S 是指企业内部的优势(strengths),W 是指企业内部的劣势(weaknesses),O 是指企业外部环境的机会(opportunities),T 是指企业外部环境的威胁(threats)。后来,该方法被广泛用于管理实践。

在环境管理中,SWOT 分析方法应用得相当广泛。例如,在上海市闵行区循环经济规划制定过程中,就采用 SWOT 分析方法总结闵行区发展循环经济的优势和劣势,提出闵行区发展循环经济所面临的机遇和挑战,见表 4-9。

表 4-9 上海市闵行区循环经济发展的 SWOT 分析

	优势	劣势
内部要素	区领导重视 生态建设和环境保护基础扎实 经济实力强大,工业基础雄厚 产业结构中高新技术企业比例较高 上海交大、华东理工、华东师大等高校位于本区	有限土地资源的刚性约束 传统行业节能减排压力较大 循环经济的信息技术平台未建立 区一级政府没有立法和优惠政策的权力 第二产业比重大,第三产业发展相对滞后
	机遇	挑战
外部条件	中央提出建设资源节约型、环境友好型社会 国家制定了节能减排强制性目标 上海市已被国家列为循环经济试点城市,发布了《上海市循环经济试点工作实施方案》	不断导入的人口压力 水资源和能源短缺压力 与周边地区循环经济发展存在竞争和合作

(二)德尔菲法

德尔菲法(Delphi Method)又名专家意见法,是 20 世纪 40 年代由 O. 赫尔姆和 N.达尔克首创。该方法是采用背对背的通信方式征询专家小组成员的预测意见,经过几轮征询,使专家小组的预测意见趋于集中,最后做出结论的方法。

德尔菲法与许多判断预测或决策手段相比的一个突出优点是简便易行,且具有一定科学性和实用性。具体表现为三点:一是资源利用的充分性,由于有多位不同专业专家参与预测,充分利用了专家的经验和学识;二是最终结论的可靠性,由于采用匿名或背靠背的方式,能使每一位专家独立地做出自己的判断,不会受到其他因素的影响;三是最终结论的统一性,预测过程必须经过几轮的反馈,使专家的意见逐渐趋同。

因此,德尔菲法同常见的召集专家开会、通过集体讨论得出一致预测意见的专家会议法相比,既较好地解决了在专家会议上权威人士的意见影响他人的意见、有些专家碍于情面而不愿意发表与其他人不同的意见,以及出于自尊心而不愿意修改自己原来不全面的意见的弊端,又能发挥专家会议法的优点,但缺点是过程比较复杂,花费时间较长。

阅读材料41:德尔菲方法的应用案例

某环保公司研制出一种新型的节能环保型产品,需要对销售量做出预测,以决定产量。但现在市场上还没有相似产品可供参考,也无法获得顾客对这种产品的需求。于是该公司聘请业务经理、市场专家、环境专家、销售人员等8人,根据产品特点与以往经验,对产品的全年销售量进行预测。表4-10为专家组经过3次反馈得到的结果。

表4-10　应用德尔菲法预测某新型环保产品的销售量

专家	第一次销售量预测			第二次销售量预测			第三次销售量预测		
	最低	最可能	最高	最低	最可能	最高	最低	最可能	最高
1	500	750	900	600	750	900	550	750	900
2	200	450	600	300	500	650	400	500	650
3	400	600	800	500	700	800	500	700	800
4	750	900	1 500	600	750	1 500	500	600	1 250
5	100	200	350	220	400	500	300	500	600
6	300	500	750	300	500	750	300	600	750
7	250	300	400	250	400	500	400	500	600
8	260	300	500	350	400	600	370	410	610
平均数	345	500	725	390	550	775	415	570	770

根据表4-10从以下方面预测销售量：

① 平均值预测。由于最终判断是综合前几次的反馈做出的，因此，在预测时一般以最后一次判断为主。如果按照8位专家第三次判断的平均值计算，则预测该环保新产品的平均销售量为：(415+570+770)/3＝585。

② 加权平均预测。将最可能销售量、最低销售量和最高销售量分别按0.50、0.20和0.30的概率加权平均，则预测平均销售量为：570×0.5+415×0.2+770×0.3＝599。

③ 中位数预测。用中位数计算，可将第三次判断按预测值高低排列如下，分别取其中位数则为：407.5、585和760。

将最可能销售量、最低销售量和最高销售量分别按0.50、0.20和0.30的概率加权平均，则该环保新产品预测平均销售量为：585×0.5+407.5×0.2+760×0.3＝602。

（三）情景规划

情景规划（scenario planning）是以不同的情景设置对未来环境变化情况做出预测，进而根据环境变化的情况确定合理的解决方案和方向，目的在于增加政策的弹性和对未来不确定性的应变能力，从而及时、有效地指导实践行动。

20世纪50年代，赫尔曼·卡恩和兰德公司最先将"情景"这一术语引进军事战略研究。当时，美国空军试图利用情景规划，想象出它的竞争对手可能会采取哪些措施，然后准备相应的战略。70年代后，情景规划被广泛地应用到未来主义、战略学派等研究领域。其中最著名的是1972年罗马俱乐部的报告《增长的极限》，书中预见性地为未来世界的资源消费提出不同的情景。

情景规划与传统的单向、刚性规划的思路有较大不同，其区别见表4-11。

表4-11　传统规划与情景规划的特征比较

要素	传统规划	情景规划
参与者	主要是专业规划人员	规划人员、地方官员、社区代表、私人企业、公共机构、公众等不同利益主体
目标	预测未来	提高适应未来的能力
对未来的态度	消极的、顺从的	积极的、创造性的
程序	单向的	螺旋上升的
观点	偏颇的	全面的
逻辑	过去推断未来	未来反推现在

续表

要素	传统规划	情景规划
变量关系	线性的、稳定的	非线性的、动态的
方法	宿命论、量化法	定性与定量结合、交叉影响和系统分析
未来图景	简单的、确定的、静态的	多重的、不确定的、适时调整的

在环境管理中,情景规划越来越成为环境预测、规划、决策的重要工具。在很多环境规划中,会设置不同的高、中、低三套规划方案,通过费用效益分析和比较,选择最优方案。在一些重要项目的环境评价中,会设计零方案和多个替代方案,进行情景分析。例如,在三峡工程环境影响评价报告书中,就分别对高坝、中坝和低坝三个方案进行情景设置,进而分别进行环境影响的预测、分析和比较。可以预见,随着政府和企业领导者环境决策水平的提高,公众在环境规划、环境评价等工作中参与意识的增强,情景规划在环境管理中会得到越来越多的应用。

阅读材料42:情景规划应用案例

以某市城市总体规划环境影响评价为例,情景设计主要参照规划中已经明确的内容(如人口规模、产业发展方向),对于规划中明确或细化的内容(如产业结构)做出三个不同情景的预测,见表4-12。

表4-12　某市城市总体规划环境影响评价的情景设计

情景	年度	常住人口/万人	一产产值/亿元	比例/%	二产产值/亿元	比例/%	三产产值/亿元	比例/%	GDP/亿元
情景一	2010	966	5.30	0.050	5 912	57.13	4 432	42.82	10 350
	2020	1 330	1.63	0.004	27 226	68.19	12 700	31.81	39 927
情景二	2010	952	4.57	0.050	4 972	54.27	4 185	45.68	9 162
	2020	1 144	0.66	0.003	12 544	58.14	9 032	41.86	21 577
情景三	2010	926	4.57	0.050	4 465	48.92	4 657	51.03	9 126
	2020	1 097	0.66	0.003	8 779	38.85	13 817	61.15	22 597

资料来源:环境保护部,规划环境影响评价技术导则(HJ/T130—2003),2003。

情景一:人口增长和经济发展按目前发展现状进行外推设置;

情景二:对人口增长和经济发展采用一定的控制措施,资源、能源利用效率不断提高,但产业结构没有发生优化,工业主导产业仍包括部分高耗水、高耗能行业,第二产业增加值占 GDP 比重持续上升,主要反映人口控制措施不严格、经济结构不优化的情景下社会经济发展和环境、资源能源承载力情况;

情景三:采取严格的人口控制政策和产业政策,石油化工、精细化工和冶金业等高耗水、高耗能行业工业增加值占工业总增加值比重持续下降,低能耗、低水耗的电子信息业发展显著,第三产业占 GDP 比重上升,贡献率增加。

由表4-11可见,情景一中获得的经济收益最大,但资源迅速耗尽、环境容量超载必然会影响经济发展的持续性;情景二中资源、能源难以保障,经济发展后劲不足;情景三中产业结构优化,资源、能源利用效率提高,既满足了经济发展的需要,又使资源、能源得到了持续利用,污染物排放得到控制,是较好的发展情景。因此,综合比较后,情景三是最为理想的情景,应予采纳。

主要概念回顾

环境监测	实地调查方法	环境评价模型	帕累托图
环境标准	无干扰研究方法	环境规划模型	核查表法
环境统计	文本分析方法	费用效益分析	SWOT 分析
环境信息	案例研究方法	管理经验方法	德尔菲法
环境管理实验	环境模拟模型	5W1H 分析法	情景规划
问卷调查方法	环境预测模型		

思考与讨论题

1. 2010 年 7 月,福建发生紫金矿业废水外渗污染汀江事故后,福建省上杭县环保局工作人员到发生渗漏的紫金山铜矿湿法厂污水池提取污水样本进行监测。请问这种监测是否属于污染源的监测? 如果不是,请指出它属于何种类型的环境监测,并请说明理由。

2. 理解环境模拟模型、环境预测模型、环境评价模型、环境规划模型和环境物质流模型的形式和内容,并对其进行比较。尝试举例说明哪些环境问题可以应用以上模型进行模拟?

3. 发现问题的 5W1H 分析法和分析问题的 SWOT 分析法两者之间有何联系和差别?请联系实际问题做出对比。

4. 有人认为德尔菲法作为预测或决策手段时,会存在专家意见不客观的问题,而成为这种方法应用的不足,对这种说法你是如何看待的?

5. PM$_{2.5}$实时监测方法大致有"石英微量震荡天平法"、"β射线法"、"光散射"三类,各有优缺点和误差,而标准的日均浓度则准确得多,多利用大流量或是中流量滤膜采样器采样。你认为该如何利用你的专业知识向一般公众讲清楚它们的差别,以及由此带来的环境信息发布等管理上的问题?

练习与实践题

1. 通过本章"环境监测"这一部分内容的学习和理解,你认为一个详尽完善的环境监测网站应该包含哪些必要的内容?

2. 实地研究方法中的研究者身份可分为"作为观察者的参与者"和"作为参与者的观察者"两种类型,他们之间有什么区别?阅读绿色和平网站中"护林,永不停止——苏门答腊 NGO 绿色地球艰难环保进程"的报道,并判断其中 NGO 在实地调查时的身份是属于何种类型?

3. 环境影响评价(简称"环评")中一项重要的工作就是编写环评报告书,而在编写过程中,各种环境标准是不可或缺的参考依据。试着找到一个从事环评工作的人,询问他如何在工作中运用各项环境标准,并且在实际中是否遇到什么问题?

4. 帕累托 80/20 法则在现实生活中有广泛的应用,你是否能举出和环境管理相关的实例?

5. 阅读管理学方面的著作,试着寻找更多的管理科学实验方面的案例和方法,对本章中给出的管理科学的三个经典实验做补充。

6. 针对日常生活中身边的各种环境问题(如实验室、图书馆、校园、社区等),设计一套简单的环境管理调查问卷并进行一定范围的调查,体会如何做到合理地设计调查问卷、恰当地实施调查过程和准确地处理调查数据。

第五章
区域环境管理

　　区域是个相对的地域概念。区域面积必须有一定的大小,同时还必须有相对独立的区域自然环境。相对于全球而言,一个国家或一个地区就是一个区域。相对于国家而言,一个省,一个市,一个流域,一个湖泊等也是一个区域。但区域不能无限制地缩小,一般不能把一块地,一间房也称为一个区域。

　　如前所述,由于城市、农村等区域与我们的日常生活密切相关,区域环境就成为了大多数人了解、认识和探究环境问题的起点,因而也成为环境管理工作的起点。同时,由于区域环境是各种环境物质流的汇通、融合、转换的场所,废弃物环境管理、企业环境管理、自然资源环境管理的目标、政策和行动,必须关注对区域环境所造成的影响和所受到的制约,并受到区域环境管理的强烈影响。

　　本章着重介绍城市、农村、流域三种典型区域的环境管理,并探讨区域开发行为的环境管理。以国家边界为地域范围的国家环境管理,以地球表层为空间范围的全球环境管理,放在本书的第九、十章中介绍。

第一节　城市环境管理

　　城市是人口高度聚居和活动的地域。在 1800 年,全球仅有 2% 的人口居住在城市,到 2010 年达到了 55%。2012 年,在有 13 亿人口的中国,51.27% 的人常住城镇。可见,城市化确为人类社会现代化进程中的产物。城市作为一种特殊的人类活动区域,在显示出对经济发展和社会进步巨大推动作用的同时,也不断暴露出一系列由它引发的环境问题,特别是快速城市化经常会导致基础设施服务质量低下,环境状况变差,公共健康成本大幅增加。因此,有必要把城市环境管理作为一个专门问题进行研究。

一、城市环境问题及其特征

（一）城市与城市环境

城市是人类利用和改造自然环境而创造出来的一种高度人工化的地域，是人类经济活动集中，非农业人口大量聚居的地方。城市是一个复杂的巨系统，它包括自然生态系统、社会经济系统与地球物理系统，这些系统相互联系、相互制约，共同组成庞大的城市环境系统。它主要有以下特征：

① 在城市环境系统中，以人为核心的社会经济系统起着决定性的作用，它使原有的自然生态系统的组成和结构发生了巨大的变化。

② 城市环境系统中的自然生态系统内部的生产者有机体与消费者有机体相比数量明显不足，分解者有机体严重缺乏，因此大量的能量与物质，需要靠人力从外部输入。

（二）城市的主要环境问题

城市是人类社会政治、经济、文化和科学教育的中心。城市化水平的高速发展给城市环境系统带来了巨大的压力，这是城市环境质量恶化的根本原因。

1. 城市大气环境污染

中国目前有 661 个设市城市。2010 年，在开展大气环境监测的 471 个城市中，城市空气质量达到一级标准的城市只占 3.6%，达到二级标准的城市比例为 79.2%，空气质量劣于三级的城市为 1.7%；在 113 个大气污染防治重点城市中，空气质量达一级、二级、三级和劣三级的城市数量分别为 1、82、29 和 1 个；在进行酸雨监测的 494 个市（县）中，有 249 个出现酸雨。

2. 城市水环境污染

中国城市地面水污染普遍严重，并呈恶化趋势，其主要原因是城市工业和生活污水直接排入水体造成的。到 2010 年底，中国城市污水集中处理率为 60.0%，其中城市生活污水处理率仅为 77.4%。

3. 城市固体废物

城市固体废物主要是工业废渣和生活垃圾。随着人口增长和经济发展，工业固废和生活垃圾还将日益增多，这些固体废弃物的堆放、处理不仅要占用大量城市和农村用地，加剧已经非常紧张的人口与居住、绿地和城市空间之间的矛盾，同时，固体废物的处置还会给地下水、地表水、空气带来严重的二次污染。

阅读材料43：H市面临的9个城市环境管理难题

H市是一个典型的有中国特色的城市。近年来随着城市发展，城市环境面貌大为改观。但是，由于城市环境存在的一些长期积累的体制机制、管理责任问题并没有得到有效解决，污染源得不到有效治理，环境整治和建设成果得不到有效巩固和保持，常年陷于周而复始地开展专项突击整治之中。

为此，该市环境管理部门总结出了H市面临的9个城市环境管理难题，向社会寻求解决方案。作为环境专业的同学，你能为表5-1中的问题提出解决方案吗？

表5-1　H市面临的9个城市环境管理难题

难题	具体内容
环境卫生存在死角	主干街路、景区广场的环境卫生明显好于背街小巷，封闭物业小区明显好于老式居民庭院；背街背巷和老旧居民庭院环境脏乱差
牌匾广告设置无序	一店多匾、重叠设匾、门窗贴字、擅自设置灯箱和落地牌等，造成城市立面空间非常杂乱，视觉效果很差
市场摊区管理混乱	市场摊区多头管理，多数都存在垃圾遍地、摊区外溢、占道经营、堵塞交通等现象
流动摊贩随意占道	在主干街路或与主干街路交叉的次干路口，常常有流动商贩占道经营，中午和晚上尤为严重，与执法人员打游击、捉迷藏，影响街面秩序和环境卫生
基建残土运输沿街撒落	运输车辆超高、超载、超速，密闭装置形同虚设，沿途撒落大量残土，不仅加大了环卫作业的工作量，而且造成街面扬尘和空气污染
建筑工地污染严重	一些建筑工地围挡不严、出入口拒不按规定实行硬铺装和水冲洗设备，没有降尘措施，工地成为重大污染源之一
园林绿地缺苗断空	市区内绿地斑秃、树木枯死、绿篱缺苗及空树坑等现象随处可见
临街商贩清理难题	临街商家店外经营、沿街大排档污染扰民等问题屡禁不止，部分烧烤排挡受民族政策制约清理困难，集中清理时经常引发社会群体矛盾
居民小区环境卫生管理	居民庭院环境卫生管理归属不明确

二、城市环境管理的理论与实践

(一) 城市环境管理的发展

从 20 世纪 70 年代开始,城市环境管理得到世界各国的普遍重视。1973 年美国环保局邀请国际城市管理协会为其进行地方环境质量调查,并将城市环境问题进行了排序。70 年代初期,美国贝利等人汇编出版了城市环境管理方面的研究成果《城市环境管理》,并在高等院校中相继设立了"城市规划"或"城市环境规划"系。日本在 1974 年制定了国土利用计划法和全国的国土利用规划,并把城市环境规划纳入到城市建设规划中。

中国也是在 20 世纪 70 年代初开始从城市污染源调查和城市环境质量评价入手关注城市环境管理。到 1979 年提出了"以管促治,管治结合"的方针,使城市环境管理走上综合防治的轨道。1980 年以来,城市环境管理也逐渐由单纯环境污染控制转向城市环境社会系统的综合管理。

(二) 生态型城市与环境管理

城市是一个典型的人工生态系统。随着城市化的发展,城市面临的环境问题越来越严重和复杂,如城市布局混乱、住宅紧张、交通拥挤、环境质量下降、基础设施建设滞后等。环境科学家们把这些问题称为"城市病"。这些"城市病",如果不从系统的角度进行研究、设计和改造,是难以解决的。因此,目前世界各国的许多大中小城市,都在进行生态城市建设的研究和实践。

"生态城市"(eco-city)是在 20 世纪 70 年代联合国教科文组织发起的"人与生物圈"计划研究过程中被提出来的。Register 提出一个十分概括的生态城市定义,认为生态城市追求人类和自然的健康与活力。简单地说,生态城市是指符合生态规律、结构合理、功能高效和生态关系协调的城市。

目前,世界各国普遍接受了生态城市的思想,认为生态城市是城市发展的理想目标之一,大多数国际化大城市都将生态城市作为自己的发展目标。但关于生态城市的理论和方法的研究却相对滞后,对于"什么是生态城市?"、"生态城市的标准或指标是什么?"、"如何建设生态城市?"等根本问题,以及如何理解生态城市与园林城市、山水城市、花园城市、绿色城市、环保城市、现代化城市、文明城市等的关系,仍然存在较大的认识差异。到目前为止,世界上还没有一座被公认为真正意义上的生态城市。

2010 年上海世博会是一届以城市为主题的世博会,"城市,让生活更美好(better city,better life)",这句口号给城市发展增加了无穷的魅力和奇妙的解决方案。因此,在展览中大量表现了城市环境问题及其管理和解决方案,成为探索城市环境问题的一个窗口。

三、城市环境管理的基本内容和方法

（一）城市环境管理的机构

城市各级人民政府是城市环境保护和环境管理的责任主体。根据中国环境保护目标责任制,城市各级人民政府对本辖区的环境质量负责,以签订责任书的形式,具体规定市长、县长在任期内的环境目标和任务,将环境保护作为一项重要指标纳入到领导干部政绩考核体系中。

各级城市人民政府中的环境保护局是环境管理的主管机构,同时,城市中的水务、农业、市容和环境卫生、园林、车辆管理等部门参与各部门业务相关的环境管理工作。

（二）制定城市环境规划

制定城市环境规划是城市环境管理最主要的工作之一。它不仅是城市环境管理工作的总体安排和工作依据,也是城市国民经济和社会发展总体规划的重要组成部分。城市环境规划的内容主要有以下几方面:

1. 制定城市环境保护和可持续发展的目标

根据城市生态环境特点、城市经济社会发展需要和面临的主要环境问题,提出城市环境保护工作的总体要求及各个阶段的工作目标。这些目标有以定性描述为主,提出环境保护的总体要求和目标,也有用定量化的指标体系规定在今后一个时期环境保护要达到的目标,常见的定量化目标包括环境质量指标、污染物排放指标等。

2. 城市环境现状调查和预测

环境现状调查包括城市自然和社会条件、土地利用状况、环境质量现状、污染物排放现状、生态环境现状和环境基础设施建设现状,也包括正在实施和已经批准实施的城市各项规划的情况,主要有城市总体规划、水利、交通、农业和工业等各专项规划。环境预测是在环境现状调研的基础上,预测未来一段时间内污染物排放量变化等,以供规划参考。

3. 城市环境功能区划

城市环境功能区划包括城市环境总体功能区划和大气、水体、噪声等环境要素的功能区划,还包括饮用水源保护区、自然保护区及环境敏感区等特殊区域的环境功能区的划定。

4. 制定环境规划方案

环境规划方案一般包括水环境规划、大气环境规划、固体废弃物规划、噪声规划、工业污染控制规划、农业污染控制规划、生态环境规划等内容。

5．制定规划方案实施的各项政策保障和管理措施

（三）城市环境质量管理

1．污染物浓度管理

污染物浓度管理指控制污染源的排放浓度，其法律依据为各种污染物的排放标准。例如，《污水综合排放标准》《医院污水排放标准》和《大气污染物综合排放标准》等。在水环境中，常用的单项指标有 pH、水温、色度、臭味、溶解氧、生化需氧量、化学需氧量、挥发酚类、氰化物、大肠杆菌、石油类、重金属类等；在大气环境中，常用的单项指标有颗粒物、二氧化硫、氮氧化物、烃类、一氧化碳等。

污染物指标管理和排污收费制度相结合，构成了中国城市环境管理的一个重要方面。这种管理方法对于控制环境污染，保护城市环境发挥了很大的作用。

2．污染物总量管理

为了确保环境质量，严格控制环境中污染物的排放，除了要符合污染物排放标准外还必须满足污染物总量管理。

污染物总量指标管理指对污染物的排放总量进行控制。所谓总量包括地区的、部门的、行业的，以至企业的排污总量。

污染物排放总量控制管理，是建立在环境容量这一概念基础之上的。环境所能接受的污染物限量或忍耐力极限，一般称为环境容量，即单元环境中某种污染物质的最大允许容纳量。

由于一个地区的某种污染物的排放源不止一个，因此排污总量管理的关键是正确分配和合理调配排污量。在实际管理工作中，污染物总量控制管理包括如下内容：

① 排污申报。向环境中排放污染物质的单位要向当地环境保护部门提出排污申请。申请中应注明每个排污口排放的污染物、浓度及削减该污染物排放的具体措施、完成年限。重点排放污染物的单位按要求填写排污月报。

② 总量审核。首先由当地环保部门按照污染物排放总量控制的要求，核定排污大户和各地区允许排放的污染物总量，然后由下一级政府的环保部门核定辖区范围内其他排污单位的允许排污量。

③ 颁发排放许可证和临时排放许可证。根据地区排放总量的分配方案，由当地环保部门向排污单位发放排放许可证，并对排污单位进行不定期的抽查。对排污量超过排放许可证规定指标的单位，予以处罚。

（四）城市环境综合整治及其定量考核制度

城市环境综合整治，就是把城市环境作为一个整体，运用系统工程和城市生态学的理论和方法,采取多功能、多目标、多层次的措施,对城市环境进行规划、管理和控制,以保护和改善城市环境。

城市环境综合整治的主要工作内容有以下三个方面:

1. 确定综合整治目标

城市环境综合整治的任务是发动各方面、各部门、各行业围绕同一个综合整治目标,调整自己的行为。因此,必须首先确定综合整治目标,并把它分解为若干个分目标,建立起相应的指标体系。

2. 制定综合整治方案

将整治内容合理分解为综合整治任务,具体落实到不同部门直至单位,建立起城市污染防治系统。

3. 建立环境管理体制

制定能使综合整治方案得到准确实施的保障体系,如资金运作计划,技术的和法律的监督检查办法等。

城市环境综合整治定量考核制度,简称"城考",是以城市为单位,以城市政府为主要考核对象,对城市环境综合整治的情况,按环境质量、污染控制、环境建设和环境管理四大类共20项指标进行考核并评分。

1989年国家环境保护总局开始在全国重点城市实施城考制度。自2002年起,国家环保总局每年发布《中国城市环境管理和综合整治年度报告》,并向公众公布结果和排名。这已成为衡量城市环境保护和管理工作绩效的重要参考资料。表5-2列出了城市环境综合整治定量考核指标及标准。

表 5-2　城市环境综合整治定量考核指标及标准

序号		指 标 名 称	单位	限值		考核范围
				上限	下限	
环境质量	1	可吸入颗粒物浓度年平均值	mg/m³	0.15	0.04	认证点位
	2	二氧化硫浓度年平均值	mg/m³	0.10	0.02	认证点位
	3	二氧化氮浓度年平均值	mg/m³	0.08	0.04	认证点位
	4	集中式饮用水水源地水质达标率	%	100	80	城市市区
	5	城市水域功能区水质达标率	%	100	60	认证点位
	6	区域环境噪声平均值	dB(A)	62	56	认证点位
	7	交通干线噪声平均值	dB(A)	74	68	认证点位

续表

序号		指 标 名 称	单位	限值		考核范围
				上限	下限	
污染控制	8	烟尘控制区覆盖率及清洁能源使用率	%	100/30	30/0	建成区
	9	汽车尾气达标率	%	80	50	城市市区
	10	工业固体废物处置利用率	%	90	50	城市地区
	11	危险废物集中处置率	%	100	20	城市市区
	12	工业企业排放达标率　工业废水排放达标率	%	100	60	城市地区
		工业烟尘排放达标率	%	100	60	
		工业二氧化硫排放达标率	%	100	60	
		工业粉尘排放达标率	%	100	60	
环境建设	13	城市生活污水集中处理及回用率	%	60/30	0	城市市区
	14	生活垃圾无害化处理率	%	80	10	城市市区
	15	建成区绿化覆盖率	%	40		建成区
	16	生态建设	暂　不　考　核			城市地区
	17	自然保护区覆盖率	%	8	0	城市地区
环境管理	18	环境保护投资指数	%	2	0	城市地区
	19	污染防治设施及污染物排放自动监控率	暂　不　考　核			城市地区
	20	环境保护机构建设	国家考核			城市地区

（五）创建国家环境保护模范城市活动

1997 年国家环保总局开展创建环境保护模范城市（简称"创模"）的活动，以推进城市可持续发展，树立一批环境与经济社会协调发展、环境质量良好、生态良性循环、城市优美洁净的示范城市。截至 2011 年，环保部共命名了 83 个国家环境保护模范城市或直辖市城区。还有 132 个城市或城区向环境保护部递交了创建申请。另外，不少省份开展了创建省级环保模范城市工作。

创建国家环境保护模范城市活动，是上下级政府之间加强城市环境管理的一种鼓励性和自愿性的重要政策方法。其主要程序为：首先，由设市城市人民政府自愿申报，提交申报材料，并制定创模工作规划，实施创模工作。其次，环保部适时组织调研、指导、考核和验收，其内容包括：① 听取城市政府的工作汇报和技术报告；② 对考核指标进行现场抽查；③ 审查创模工作的技术报告、档案资料和原始记录;④ 进行环境满意率的公众问卷调查(调查人数不少于该城市城区人口总数的千分之一,由考核组任意抽取)。再次,依次执行通告公示、审议命名、授牌表彰及定期复查等程序。

环保部还鼓励已经取得模范城市称号的城市政府采取自愿承诺的方式,每年解决一批在本市发展中出现的、或市民关心的城市环境重点问题。

阅读材料44:翠湖紫鸥——海鸥、游客与城市相和谐的春城名片

昆明不是鸟岛,翠湖也不是青海湖。但每年冬天,成千上万只来自西伯利亚内陆湖的海鸥,却成为昆明近30年来的独特景观。这群远道而来的海鸥飞临市中心的翠湖公园,只为了一片秀美的湖水,只为了一个温暖的冬季,却给这座古老的春城增添了无数灵气和浪漫。

1984年11月12日,上百只海鸥突然飞临翠湖,游人感到好奇,有人将手中食物抛向海鸥,引得众鸥竞相争抢。数日后,海鸥猛增至数千只,慕名而来的游客越来越多,他们将更多地鸥食抛向空中,引鸥争抢,鸥欢人乐。

自1984年第一只海鸥飞来,之后便不曾间断。它们的光临就像一个城市童话,给翠湖增添了无限情趣。千百只鸥鸟在湖面上盘旋、千百羽白翅与如茵的绿地在灿烂的金辉中交相辉映,在一个上百万人口的城市里委实是罕见、美丽、壮观的景象。

近30年的如期而至,海鸥成了昆明冬季天空里最靓丽的云彩,只要有它在的地方就可以看到人与鸥的深情厚谊。海鸥似乎也很迷恋昆明、迷恋翠湖,总是把它那雪白的羽毛和灵活自如、动人心弦的姿态展现在世人面前。"海客无心随白鸥",它们瞬间穿过人群的那种温馨场景早已被古人写入诗篇,沉醉在翠湖鸥群中的人们不禁产生"海鸥亦知人意静,故来相近不相惊"的感动。

昆明冬天的早晨,朝阳初升,围着翠湖的石栏杆上就已趴着人了。伴随着鸥鸟响成一片的叫声,水上、空中,点点雪白。海鸥划动着红蹼,飞舞着白玉般的翅膀。它们忽而俯冲而下,忽而擦着人们的眉梢掠过,争抢着人们抛出的食物。最壮观的是,海鸥突然集体起飞,在阳光下霎时腾出一片银光。人们欣赏着海鸥的漫天舞姿,而海鸥也在翠湖的碧水中沉醉。

"海鸥聚处窗前见",一千多年前的南诏诗人深情描绘的景观今又重现。年复一年,扶老携幼,赏鸥喂鸥,爱鸥护鸥,成为昆明人生活中不可缺少的部分。每当日出雾散,成群海鸥来湖畔水边盘旋嬉戏,从水中、空中,甚至从喂鸥食者手中争相啄食,清脆的鸥鸣声与人们的欢笑声,久久回荡在翠湖的上空。

　　1992 年,昆明市人民政府发布《关于进一步保护海鸥的通知》,市民爱鸥护鸥的意识更强了。1995 年,海鸥进城 10 周年,由昆明日报、翠湖公园主办,在水月轩置大力雪山石,镌刻"翠湖嬉鸥"碑记,形成新的景点。1997 年,由于换水工程,公园两次抽干湖水,新换的水浮游生物很少,海鸥迟迟不落翠湖,公园采取紧急措施,将 4t 鱼苗投入湖中,至 11 月 17 日海鸥大量飞临翠湖……

　　翠湖紫鸥,这是一张昆明社会各界共同创造的海鸥、游客与城市相和谐的春城名片。崇尚人与自然和谐的人们到昆明不赏翠湖紫鸥,真乃憾事也!

　　资料来源:根据相关资料综合编写。

第二节　农村环境管理

　　农村是主要从事农业生产活动的农民的聚居地。农村环境是与城市环境相对而言的,是以农民聚居地为中心的一定范围内的自然及社会条件的总体。

一、农村环境问题及其特征

(一)农村环境

　　对于农村环境概念的理解有广义的,也有狭义的。狭义的指乡村、田园、山林和荒野,广义的则还包括小城镇。

　　不论是广义还是狭义的理解,农村环境都与城市环境有很大差异,也与纯粹的自然环境有很大的不同。以农田环境为主体的狭义农村环境,因大量农业生产新技术的不断引入,使其成为受人类活动影响越来越大的一种人工生态系统和天然生态系统所构成的复合生态系统。

　　小城镇虽然与传统农村有所区别,但它或与乡村紧密相连,或与田园交错,具备林野、乡居兼有的景观特色。由于它的自然生态地域单元,是农村生态系统的一个组成部分,具有村镇环境与农田环境间杂的特点。

(二)主要农村环境问题及其产生原因

　　随着世界人口的快速增长和生活水平的快速提高,人们对农产品总量、种类和质量的要求不断提高,由此带来的高强度农业生产方式在很多国家和地区都造成了比较严重的农药化肥污染、区域生态破坏及土地退化等环境问题。在一些发展中国家,由于农村地区的环境与发展失衡,还形成了"贫穷—人口增加—环境退化—贫穷"恶性循环,更加重了对当地农村环境的破坏程度。

　　以中国为例。据统计,2010 年末中国总人口为 13.4 亿人,其中农村户籍人口约 6.74 亿人,占 50.32%。巨大的农业人口数量和生存发展需要与有限的农业生产资源(土地资源和水资源),构成了中国农村经济发展难以克服的矛盾。目前,中国多数农村仍然采用粗放式的传统农业生产方式,经济发展缓慢,效率和效益低下,农民的收入也相对较低。在这种情况下,产生了许多环境问题:

1. 现代化农业生产造成的各类污染

中国是世界上使用化肥、农药数量最多的国家。2011 年,中国化肥年使用量 5 208 万 t,按播种面积计算达 43.4t/km²,远远超过发达国家为防止化肥对土壤和水体造成危害设置的安全上限 22.5t/km²。超量使用化肥不仅导致农田土壤污染,而且还通过农田径流对水体造成污染。

中国农药年使用量约 173 万 t,其中只有约 1/3 能被作物吸收利用,其余大都进入了水体、土壤及农产品中,使全国约 1.5 亿亩耕地受到污染,约占耕地总面积的 1/10。此外,农业“白色污染”问题也非常严重,目前中国每年约有 50 万 t 农膜残留于土壤中,残膜率达 40%,这些不可降解的农膜加速了耕地的“死亡”。

2. 小城镇和农村聚居点的生活污染

随着现代化进程的加快,中国小城镇和农村聚居点规模迅速扩大,但环境保护的基础设施建设普遍未能跟上。因此,大部分城镇和农村聚居点的生活污染物大都直接排入周边环境,造成严重的污染。例如,根据环境保护部统计,每年产生约 1.8 亿 t 的农村生活垃圾,约有 36.73% 随意堆放,63.28% 收集堆放,垃圾很难得到统一处理;至 2010 年,每年产生超过 270 亿 t 的农村(包括乡镇)生活污水。据调查表明,大部分农村聚居点的环境质量除了大气污染指标外,其余已经显著劣于城市。

3. 乡镇企业造成的污染

乡镇企业是中国改革开放以来经济增长的主要推动力之一。受乡村的传统自然经济的深刻影响,乡镇企业大都是以低技术含量的粗放经营为特征。这种发展模式不仅会造成量大面广的环境污染,而且治理非常困难,直接危害居民。目前,中国乡镇企业废水 COD 和固体废物等主要污染物排放量已占工业污染物排放总量的 50% 以上,污染物处理率也显著低于一般工业企业的污染物平均处理水平。

另外,中国 80% 的大中型畜禽养殖场大多分布在人口比较集中、水系较发达的东部沿海地区和大城市周围。由于这些地区没有足够的耕地消纳畜禽粪便,生产地点离人的聚居点近或者处于同一个水资源循环体系中,加之其规模和布局没有得到有效控制,且污染排放强度并不低于工业企业,故其造成的环境污染更加严重。

（三）中国农村环境问题的一些主要特征

1. 农村环境问题的凸显是农村整体落后于城镇的表现

从社会学的角度看，农村现代化进程中的环境问题是中国社会长期存在的城乡关系不和谐的表现。农村环境问题的凸显只是农村落后于城市和整个国家经济发展在生态环境方面的表现，这与农村落后的教育、落后的医疗卫生、落后的社会保障、落后的基础设施建设情况是一致的。

在中国，农村的经济发展水平与城市相比差距很大。由此可见，农村远远落后于城市发展，农村环境保护长期受到忽视，环保政策、环保机构、人员和基础设施均严重不足，是农村环境污染问题日益加剧的根源。

2. 农村环境问题的几个明显特点

由于农村自然环境和农村生活、生产方式的特点，农村的各类环境问题也呈现出与城市迥异的特点。

① 排放主体的分散性和隐蔽性。与城镇点源污染集中的特点相反，农村污染是面源排放，具有无序、分散的特征，它随农村土地利用状况、地形地貌、水文特征、气候、天气状况的不同而具有空间异质性和时间上的不均匀性。

② 随机性和不确定性。由于农作物的生产活动受到自然条件的影响（天气等），如降雨量、温度、湿度的变化都会直接影响到农用化学制品（农药、化肥等）的使用，从而使其对水体、大气和土壤的污染情况具有随机性和不确定性。

③ 不易监测性。面源污染的管理受各种因素的限制，只能对受到污染的地区（如湖泊、水库）进行监测，很难监控广大农田里污染排放的情况。

同时，农民居民在对环境的看法上和城市居民也有很大不同，见表5-3。这种看法和观点的不同又进一步导致了不同的环保行为。

表5-3　城市与农村居民对环境的不同看法

问题	城市	城镇	农村
最关注的环境问题	环境污染问题	环境污染问题	垃圾处理问题
对本地环境的看法	比较严重	比较严重	不太严重
迫切需要解决的两大问题	乱丢垃圾对水和土地的污染、由汽车尾气排放引起的空气异味、人们对水和土地资源的浪费问题	乱丢垃圾对水和土地的污染、人们对水和土地资源的浪费问题	乱丢垃圾对水和土地的污染、人们对水和土地资源的浪费问题
私家车增加对环境的污染	影响很大	有一定的影响	有一定的影响

问题	城市	城镇	农村
对居住和办公区域最不满意的方面	噪声震动扰民	空气污染	街区卫生条件不好
最关注的空间	公共空间	公共空间	私密空间

注:引自中国环境文化促进会编制,中国公众环保民生指数 2005 年度报告,2005。

3. 农村环境问题受到城市污染转移的压力

城市对农村地区环境问题的压力主要来自两个方面:

① 城市将各种废物直接转移到农村环境中。据统计,2011 年全国有 23% 以上的城市污水未经任何处理就直接排入水体,这些水体大多是农村环境的主要组成部分,从而造成农业灌溉用水水质恶化和农村饮用水源的污染;由于中国城市垃圾的特征以及经济和技术条件的限制,90% 以上的城市垃圾是在郊外农村地区填埋或堆放,不仅占用了宝贵的土地,而且污染了农村的水质和大气,使农村人居环境恶化。

② 城市将重污染企业搬迁到农村地区,造成污染转移。由于中国农村污染治理体系能力较低,这些耗能高、污染重的企业给农村环境造成了严重的负面影响。

二、农村环境管理的理论与实践

(一)农村环境管理的发展及其问题

农村环境管理是中国环境管理工作的薄弱环节。自 20 世纪 70 年代以来,中国环境管理在机构设置、法律法规和政策、环保投资等方面都是围绕城市和重要工业点源污染防治服务的。由于对农村环境问题和污染治理重视不够,致使中国农村环境管理的理论、方法和实践都远远落后于城市环境管理。中国大多数乡镇和村庄都没有专门的环境保护机构和人员、农村地区基本上没有针对农村环境问题的环境监测站点,也缺乏专门针对农村环境问题的环境保护制度和政策。因此,管理落后是农村环境问题日益严重的原因之一。

农村环境管理落后的具体表现有以下四个方面:

① 农村环境管理体系缺失。没有针对农村环境的立法,缺乏农村环境管理机构、环境保护职责权限分割并与污染的性质不匹配、基本没有形成农村环境监测和统计工作体系。中国目前的诸多环境法规,如《环境保护法》、《水污染防治法》等,对农村环境管理和污染治理的具体困难考虑不够。例如,目前对污染物排放实行的总量控制制度只对点源污染的控制有效,对解决面源污染问题的意

义不大;对诸多小型企业的污染监控,也由于成本过高而难以实现。在广大农村地区,也没有建立环境监测站点和监测制度。

② 污染治理资金不足。长期以来,中国污染防治资金几乎全部都投向工业和城市。在城市环境污染不断向农村扩散的同时,农村从财政渠道却几乎得不到污染治理和环境管理的资金,而乡镇和村一级行政组织普遍由于自身财源不足,也无力给环保工作投入资金。

③ 政策扶持措施不力。与城市相比,农村严重缺乏治理环境污染扶持政策,从而使农村污染治理基础设施建设和运营的市场机制难以建立。

④ 缺乏合适的污染治理模式与技术。传统的用于工业企业污染的末端治理模式和技术不能适用于农田污染及畜禽养殖场污染。

(二)社会主义新农村建设与农村环境管理

为改变中国农村的落后状态,中国提出了社会主义新农村建设的目标,要求生产发展、生活宽裕、乡风文明、村容整洁、管理民主。从建设社会主义新农村的角度,农村环境管理需要注重以下几个方面:

① 应认识到生态环境保护和建设是社会主义新农村建设的重要内容。农村普遍存在村镇面貌脏乱、公共基础设施建设严重滞后、污染问题突出等一系列问题,需要从建设社会主义新农村的高度提出解决措施,实现农村人与环境的和谐。

② 应充分认识农村环境的价值。农村不仅是城市发展的大后方,而且也是为城市提供生态服务和农产品的基地,还具备保护水源、提供旅游休闲服务、缓解城市各种压力等功能,具有不可低估的环境价值。

③ 应把城市对农村的补偿落到实处。中国农村人均消费低,污染排放少,享受环境公共服务少。因此,应该建立城市财政补偿农村环境的长效机制。

阅读材料45:美国农业面源管理的三类环境政策方法

农业面源污染具有分散、无序的排放特征,在国际上一直是个棘手的难题。美国是世界农业第一强国,以不到全球7%的耕地,不到全美2%的280万农业人口,生产出占全世界农业总产值12.6%的农产品,农业直接劳动力人均生产谷物达10万kg以上,生产肉类1万kg左右,使美国粮食人均占有量1 200kg,是中国的3倍。在这些光鲜的数字背后,美国又是如何解决农业面源这一世界难题的呢?

1. 命令型和控制型手段

随着工业和城市生活污染源逐步得到控制,农业面源污染将越来越得到重视。命令型和控制型手段的特点是针对性强、有严格的处罚措施,但要求管理对象非常明确,且有较高的同质性,否则监管成本太高。农业面源排放的特征决定了命令控制手段难以较好地发挥作用。因此,在国际范围内,命令型和控制型手段也鲜见于农业面源污染的控制。

美国国家污染物排放削减体系(NPDES)被认为是世界上最成功的环境政策之一,NPDES的实施主要依靠排污许可证制度。但由于监管困难等原因,这项制度主要在工业和城市实行。虽然美国也在逐步考虑扩大排污许可证的范围,将大规模的畜禽、水产养殖等农业排放纳入NPDES的排污许可证范围,但农业面源污染控制主要依赖最佳管理实践(BMPs),这是一种偏重于经济型和激励型、兼具鼓励型和自愿型的政策方法。

2. 经济型和激励型手段

美国《清洁水法》319条款专门规定了农业面源污染治理的相关事宜,主要使用BMPs控制农业面源,BMPs包括任何能够减少或预防水污染的方法、措施或操作程序。目前主要通过以下两类项目实施。

第一类是环境质量激励项目(Environmental Quality Incentive Program, EQIP)。该项目是在1996年《联邦农业促进和改革法案》中确立的,项目的首要目标是为生产者实现提高农产品产量和环境质量的双重目标提供资金和技术方面的支持。1997—2001年的项目资金为2亿美元/年,2002—2007年总资金额达到58亿美元,2008—2012年资金预算为72.5亿美元。农民要获得该项目的资助,必须完成相应的申请,明确哪块土地将得到保护、受益的环境要素是什么、将采取什么措施。各州或地方的自然资源保护办公室将会对农民的申请进行打分并排序,排名靠前的将获得资助。项目以两种形式帮助农民实施和管理保护计划:成本分担(cost-sharing)和奖励(incentive payment),每个人或团体将在5年内获得最多30万美元的项目资助。

第二类是保护管理项目(Conservation Stewardship Program, CStP)。该项目规定农民可以将其农场中的草地、种植用地、森林纳入计划中,但是农场或牧场主必须满足:① 已经在其整个农场中至少保护了一种环境资源,包括水质、土壤和其他与环境质量有关的要素;② 在5年的合同期内,承诺至少再额外保护一种国家优先保护的资源。CStP项目将补偿农业生产者由于保护行为(例如安装或改装设备、轮作等)而额外支出的费用,补偿的标准根据这些行为的额外花费、农民损失和生态环境效益来确定。对于单个农业生产者,合同期为5年的项目资金不超过20万美元。2008年美国农业部将1 277万英亩①土地纳

---

① 1英亩=4 046.86m²。

入了 CStP 项目,每英亩土地的平均补偿额为 18 美元/年。

3. 鼓励型和自愿型手段

除了工程措施,BMPs 体系非常重要的一部分内容是针对农民的培训和教育,让农民意识到"他们为农业生产的原材料付过费,浪费越多损失越大"。一旦农民真正理解到这一点,他们就会想办法提高化肥、农药等农用物资的使用效率,从而将保护环境的行为内化到其追求经济效率的行动中去。

资料来源:王欧、金书秦,农业面源污染防治:手段、经验及启示,世界农业,2012(1)。

三、农村环境管理的基本内容和方法

(一) 加强农村环境管理的机构建设

根据环境保护目标责任制,农村各级人民政府应对本辖区的环境质量负责,即县长、乡镇长、村长应对本辖区内的环境质量负责。

由于中国很多地区的农村经济发展水平较低、财政困难、缺乏专门机构和专业技术人员等原因,其环境管理机构建设滞后,这是造成农村环境污染比较严重的重要原因。因此,加强农村地区环境管理的机构建设,是今后一段时间内农村环境管理工作的重要方面。

(二) 制定农村及乡镇环境规划

乡镇环境规划,是在农业工业化和农村城镇化过程中防治环境污染与生态破坏的根本措施之一。通过乡镇环境规划,协调乡镇经济发展与生态环境保护的关系,防止污染向农村蔓延、扩散,保护农林牧副渔生态环境和自然生态环境。

在制定农村与乡镇环境规划时,要对乡镇环境和生态系统的现状进行全面的调查分析,依据地区经济发展规划、城镇建设总体规划以及国土规划等,对农村和乡镇范围内环境与生态系统的发展趋势,以及可能出现的环境问题做出预测;要实事求是地确定规划期内要完成的环境保护任务和要达到的目标,并据此提出切实可行的对策、措施,行动方案和工作计划。

(三) 加强对乡镇工业的环境管理

1. 调整乡镇工业的发展方向

乡镇工业应严格遵守国家关于"不准从事污染严重的生产项目,例如,石棉制品、土硫磺、电镀、制革、造纸制浆、土炼焦、漂洗、炼油、有色金属冶炼、土磷肥和染料等小工厂,以及噪声振动严重扰民的工业项目"的规定;重点发展支持和带动农业生产的项目,如农产品的加工、储藏、包装、运输、代销等产前、产后服务业。在有条件的地方可适度发展小型采掘业、小水电和建材工业等。

2. 合理安排乡镇工业的布局

乡镇工业由于其技术含量较低,不论在资源利用还是在废物排放治理方面,都远远落后于大规模的现代化工业。因此,必须十分重视其空间布局,严格遵守国务院《关于加强乡镇、街道企业环境管理的规定》:"在城镇上风向、居民稠密区、水源保护区、名胜古迹、风景游览区、温泉疗养区和自然保护区内,不准建设污染环境的乡镇、街道企业。已建成的,要坚决采取关、停、并、转、迁的措施",切忌出现"村村点火,家家冒烟"的现象。

乡镇工业布局是小城镇建设中的一个重要组成部分,需要综合考虑当地的产业结构现状,自然地理状况,环境承载力,文化传统,生活习俗以及发展趋势,制定出合理可行的方案。

3. 严格控制新的污染源和制止污染转嫁

在对乡镇工业进行环境管理时,要严格执行环境影响评价和"三同时"制度,即所有新建、改建、扩建或转产的乡镇、街道企业,都必须填写"环境影响报告表"。同时,要严禁将在生产过程中排放有毒、有害物质的产品委托或转嫁给没有污染防治能力的乡镇、街道企业生产,对于转嫁污染危害的单位和接受污染转嫁的单位,要追究责任严加处理。

(四) 推广现代生态农业、防治农药和化肥的污染

农村人口、资源、环境、产业和景观的特殊性决定了农村生态系统的特殊性。农业不仅是农村的主体产业,而且也是影响农村生态系统的主要环节。

推广生态农业,防治农药和化肥的污染既是现代农业的重要内容,也是农村环境管理的重要方面,它主要包括:① 正确选用农药品种和合理施用农药;② 改革农药剂型和喷灌技术;③ 实行综合防治措施,如选用抗病品种,采用套作、轮作技术,逐步停用高残毒的有机氯、有机汞、有机砷农药等;④ 提高化肥利用率,增加有机肥的使用数量和质量。

(五) 创建环境优美乡镇和生态乡镇

创建环境优美乡镇是当前推动农村环境保护,加强环境管理的一个重要方面。2011 年后,环境保护部将《全国环境优美乡镇考核标准》更名为《国家级生态乡镇申报及管理规定》,加速推进农村环境保护工作,建设农村生态文明。阅读材料46 为国家级生态乡镇建设指标。

阅读材料46：国家级生态乡镇建设指标（试行）

一、基本条件

① 机制健全。建立了乡镇环境保护工作机制，成立以乡镇政府领导为组长，相关部门负责人为成员的乡镇环境保护工作领导小组。乡镇设置专门的环境保护机构或配备专职环境保护工作人员，建立相应的工作制度。

② 基础扎实。已达到本省（区、市）生态乡镇（环境优美乡镇）建设指标1年以上，且80%以上行政村达到市（地）级以上生态村建设标准。编制或修订了乡镇环保情况、建设情况、日常管理情况及环境保护规划，并经县级人大或政府批准后组织实施两年以上。

③ 政策落实。完成上级政府下达的主要污染物减排任务。认真贯彻执行环境保护政策和法律法规，乡镇辖区内无滥垦、滥伐、滥采、滥控现象，无捕杀、销售和食用珍稀野生动物现象，近3年内未发生较大（Ⅲ级以上）级别环境污染事件。基本农田得到有效保护。草原地区无超载过牧现象。

④ 环境整洁。乡镇建成区布局合理，公共设施完善，环境状况良好。村庄环境无"脏、乱、差"现象，秸秆焚烧和"白色污染"基本得到控制。

⑤ 公众满意。乡镇环境保护社会氛围浓厚，群众反映的各类环境问题得到有效解决。公众对环境状况的满意率≥95%。

二、考核指标

表5-4列出了国家级生态乡镇建设指标及标准。

表5-4　国家级生态乡镇建设指标及标准

类别	序号	指标名称	指标要求		
			东部	中部	西部
环境质量	1	集中式饮用水水源地水质达标率/%	100		
		农村饮用水卫生合格率/%	100		
	2	地表水环境质量	达到环境功能区或环境规划要求		
		空气环境质量			
		声环境质量			

续表

类别	序号	指标名称		指标要求		
				东部	中部	西部
环境污染防治	3	建成区生活污水处理率/%		80	75	70
		开展生活污水处理的行政村比例/%		70	60	50
	4	建成区生活垃圾无害化处理率/%		≥95		
	5	重点工业污染源达标排放率/%		100		
	6	饮食业油烟达标排放率/%		≥95		
	7	规模化畜禽养殖场粪便综合利用率/%		95	90	85
	8	农作物秸秆综合利用率/%		≥95		
	9	农村卫生厕所普及率/%		≥95		
	10	农用化肥施用强度(折纯)/$[kg \cdot (hm^2 \cdot a)^{-1}]$		<250		
		农药施用强度(折纯)/$[kg \cdot (hm^2 \cdot a)^{-1}]$		<3.0		
生态保护与建设	11	使用清洁能源的居民户数比例/%		≥50		
	12	人均公共绿地面积/m³		≥12		
	13	主要道路绿化普及率/%		≥95		
	14	森林覆盖率(高寒区或草原区考核林草覆盖率)/%	山区、高寒区或墓区	≥75		
			丘陵区	≥45		
			平原区	≥18		
	15	主要农产品中有机、绿色及无公害产品种植(养殖)面积的比例/%		≥60		

第三节　流域环境管理

　　流域是一种重要的自然环境单元,也是一种重要的社会经济发展单元。流域环境问题主要包括流域水污染、水资源短缺、水土流失、洪水灾害等。流域环

境问题的复杂性和重要性使流域环境管理成为环境管理的一个重要方面。本节简要介绍流域环境问题及其特征、流域环境管理的理论和实践,以及流域环境管理的基本途径和方法。

一、流域环境问题及其特征

(一)流域的概念

流域一般以某一水体为主,包括此水体邻近的陆域,它往往分属于多个不同级别和层次的行政单元管辖,如省、市、县直到村。流域有大有小,但其上述特点是共同的,因此是一类特殊的区域。

正因为流域既包括"水"又包括"土",还往往分属于不同行政单元管辖。因此决定了流域环境问题的多样性与复杂性,从而也决定流域环境管理的特殊性。这里我们定义流域环境问题为发生在该流域主要地表水体中的环境问题,而把该流域陆域上的环境问题除外,故也可称为流域水环境问题。

(二)流域环境问题及其产生的主要原因

流域环境问题可以概括为"水多了、水少了、水脏了"三个方面的问题,前两者主要表现为在水量方面的环境问题,后者表现为水质方面的问题。

1. 流域水量过多导致的洪涝灾害等问题

水量过多造成的环境问题主要是洪涝灾害问题。其原因一方面是由自然因素造成的,如短时间内大量降雨造成的水土流失问题。另一方面,人类社会发展行为不当也是一个不可忽视的原因。如在河流上游滥伐森林,削弱了其涵养水分的能力;陆域地面过度硬化,减少了土壤的渗水能力等。

2. 流域水量过少导致的干旱和生态缺水等问题

水量过少造成的环境问题主要是干旱问题,它将严重影响人们的生产和生活。水量过少有自然的原因,也有一些人为的原因,如水资源使用的空间分配与产业分配不当,水资源使用的浪费等。

流域水量过少造成另一个重要问题是断流和流域生态系统恶化。如黄河流域,由于干旱少雨、中游拦截蓄水及下游用水量激增等原因,导致黄河在下游频频出现断流现象。根据有关资料,黄河在 20 世纪 90 年代平均断流长度为 392 km。1997 年断流最长,达 700 余 km,断流时间为 226 天,这给黄河下游地区经济发展和生态环境造成了灾害性影响。经过多年持续的黄河水量统一调度,到 2004 年才基本上消除了黄河断流现象。但是,黄河流域资源性缺水问题仍然非常突出,黑河流域、塔里木河等流域,也存在着因水量过少引发的各种环境问题和社会矛盾。

3. 流域水质污染问题

水体污染问题的主要原因来自两方面:一是人类社会在水域上的活动,二是人类在水体周边陆域上的活动。前者如航运过度、水产养殖过度,以及围湖造田、围垸造田导致水环境污染、净化能力降低等;后者如生活污水与工业废水不加处理直接排入水体等。

根据 2010 年中国环境状况公报,中国七大水系总体为轻度污染。其中 204 条河流 409 个地表水国控监测断面中,Ⅰ～Ⅲ类、Ⅳ～Ⅴ类和劣Ⅴ类水质的断面比例分别为 59.9%、23.7% 和 16.4%。

(三) 流域环境问题的特征

流域环境问题的特征,主要体现在流域水体功能、流域行政单元和流域自然单元三个方面的冲突协同、边界控制和共同发展。

就自然单元而言,流域以水为主体,简单的可以由一条河流(或湖泊、水库)及其周边陆域组成,复杂一点的可以由一条干流和若干条支流及其周边陆域组成,更复杂的可以是由若干条干流、支流和若干个湖泊、水库联结而成。也就是说一个大流域可以包含着若干个小流域和小小流域。

就流域行政单元而言,由于水体的一部分(一个河段、一块湖面等),同时又是某一行政区域的一部分。比如黄河洛阳段,它就既是黄河的一部分,又是洛阳市的一部分,即它分属于不同的行政单元管辖。

就水体功能而言,同一个流域既可以被赋予运输、水产养殖、农业灌溉、水力发电的功能等,又可以被赋予饮用水源、工业用水、观赏、接纳城市污水的功能等。由此可见,同一个水体,它将同时兼负多种不同的功能,见图 5-1。显然,这

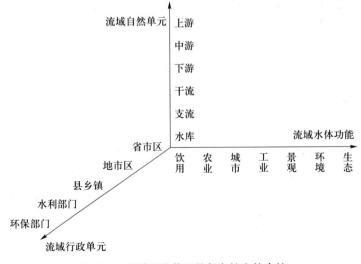

图 5-1　流域环境管理的复杂性和综合性

些功能对水体的要求会存在一定的差异,甚至会有需要协调的矛盾和冲突。

二、流域环境管理的理论与实践

(一)流域环境管理的发展及定义

中国古代的大禹,采用"疏"而不是"堵"的办法治理黄河流域的水灾,就是最原始的流域环境管理。到了近代,随着水利科学和环境科学的发展,流域环境管理开始成为水利管理和环境管理的重要方面。世界上许多大江大河都成立了专门的流域管理机构,对流域水利问题和环境问题进行统一管理,中国也先后成立了长江水利委员会、黄河水利委员会等七个水系的流域管理机构,对各大流域实施统一管理。

流域环境管理的定义有广义和狭义两种。广义的流域环境管理是运用行政、法律、经济、技术和教育等手段,对流域环境各组成部分的功能进行统一安排,对状态进行及时监测并依据目标和现状的差异进行系统管理。狭义的流域环境管理指人们为科学、有效地开发、利用和保护流域水资源而建立的一系列管理制度。在流域环境管理中,各种开发利用流域水资源的人类行为是流域环境管理与协调的主要对象,流域水资源循环(包括自然水循环和社会水循环)是流域环境管理所要控制的环境物质流动。

(二)流域环境管理的基本原则

由于人类行为的主体都会从自身的经济利益出发选择有利于自己的发展活动,因而似乎都具有"合理"性,但从总体来看,很可能会损害流域水体的环境质量与整体功能。比如位于上游的省、市可能会根据自身社会经济发展的需要从河流中取用过量的淡水,排入大量未经处理的污水,从而使下游的水体污染甚至根本无法利用。正如"公地悲剧"一样,该河流在整个流域的社会经济发展中成了一个"祸水式"的财富。因此,为了避免这种局面的出现,需要明确流域环境管理的基本原则。

当然,在制定流域环境管理方案时,应当遵循的原则为"开发者保护,损害者负担,享用者付费,整治者得利"。

这一具体原则的文字含义是清楚的,这里不再作进一步的解释。需要说明的是其中的第四句"整治者得利"。这一句话的内涵比较丰富。整治者可以是政府,也可以是企业,甚至可以是公众个人或集体。如果整治者是政府,则意味着要推行政府行为的成本核算制度,以抑制某些企业或地区采取以损害属于全民的河流的环境质量来换取自身经济利益的做法;如果整治者是企业,那么这一原则意味着要采用激励机制,发挥市场的杠杆作用,把整治环境培育开发为一个新的经济增长点;如果整治者是集体或个人,那么这一原则将有利于提高公众的环境意识和维护环境利益的觉悟,有利于公众关注并投身环境建设积极性的持续保持。在深层次上,这一原则还意味着要着力推动经济运行规则和机制的转变,否则整治环境者将无法从市场中得到回报。

(三)流域环境管理与生态需水

所谓生态需水是指为维持流域生态系统的良性循环所需要的水。生态需水是与流域工业、农业、城市生活需水相并列的一个用水单元。生态需水概念的提出体现了一种新的流域环境管理的思维模式,它重视生态环境和水资源之间的内在关系,强调水资源、生态系统和人类社会的相互协调,放弃了传统的以人类需求为中心的流域水资源管理观念。

传统的流域环境管理在水资源分配方案中常常将水资源使用权优先赋予了农业、居民生活和工业,而生态用水通常被忽略或被挤占。久而久之,中国的生态环境受到严重破坏。黄河断流、西北天然绿洲和湖泊萎缩,一些河流入海水量急剧减少等一系列生态环境问题,都是前述做法的结果和表现。随着经济高速发展、人口增加,如果不注意改变流域环境管理的思路和方法,流域水环境状况势必还将进一步恶化。

面临困境,人类审视传统的流域管理策略,发现"忽视水资源与生态环境系统之间的关系"是 20 世纪流域水资源管理的失误,它直接导致生态环境的退化。因此,强调"必须首先满足基本生态环境需水"。这是对传统流域环境管理的理念和方法的一个彻底转变,应成为流域水资源管理的基础。

人类社会发展的经验和教训都说明,优先保证生态环境需水,有助于维持流域水资源的可再生性,是实现流域水资源可持续利用的重要基础和保障。

三、流域环境管理的基本内容和方法

(一)建立新的流域环境管理体制

历史事实表明,令出多门、各自为政、无序发展的行为在局部利益和眼前利益的驱使下,所带来的只能是环境系统的破坏和人类社会发展的不可持续。因此,在管理体制层面上,需要设立一个统一的有权威的流域环境管理机构。这一机构有权协调、检查和监督可能影响该流域环境系统质量、功能的各类社会行为主体的发展活动。

当前,流域环境管理体制的一个发展趋势是建立流域管理委员会。该委员会可以由流域内各相关行政区的授权代表、国家级各管理相关部门代表及流域内企业和公众代表组成的一个流域协调管理机构,它将代表流域各地区实施对流域全权、统一协调管理。

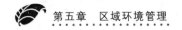

（二）制定全流域环境规划

流域环境管理首先必须制定全流域环境规划。全流域环境规划是当代国民经济和社会发展规划的有机组成部分。

需要注意的是在全流域环境规划中，环境功能区的划分、排污总量的分配、水资源使用的分配必须兼顾各行政单元和各行为主体发展的合理需要，必须考虑到全流域社会经济总体实力提高的需要。

（三）建立流域水资源保护和污染补偿机制

在流域环境管理中，还必须建立流域补偿机制。这是由于上游地区所承担的水环境保护责任往往大于或多于下游地区，为合理分摊流域各地区间的水资源保护职责，有必要依据各地区的水量、水质保护标准或流域分水协议，建立补偿机制。具体内容包括：

① 流域内水污染补偿，向共用水体排入污染物的污染者征收水资源污染补偿费，并向水污染受害人和治理者进行补偿。

② 流域水资源利用补偿，在流域内部建立水资源利用的市场化补偿制度。

③ 生态环境补偿机制，专指对生态功能或生态价值的补偿，包括对为保护和恢复生态环境及其功能付出代价，做出牺牲的单位和个人进行经济补偿等。

（四）建立流域水事纠纷裁决制度

由于流域各地区间用水目标存在分歧，在社会经济快速发展、需水量不断攀升的时期，往往就会产生各地区的用水矛盾甚至是冲突。特别是在水资源匮乏地区，存在流域水量不足和水质恶化造成的地区间涉水矛盾的激化。依据对流域管理机构的授权，及其所拥有的"负责省际水事纠纷的调处"工作的职责，流域内地区间的用水冲突的处理是由政府与水利、环境部门共同负责的事务，因而必须建立流域水事裁决制度与程序，由以上建立的流域协调管理委员会，或由国家授权的仲裁法庭受理、裁决。

（五）加强流域突发水污染事件的应急管理

流域突发水污染事件是指由于突发事故导致短时间内水体污染物大量增加，并造成重大水污染的事件。其污染源包括工业废水、生活污水、农业面源等常规污染，也包括船舶化学品和石油泄漏、工业事故排放、暴雨泾流污染、投毒等。相比而言，突发污染事件有可能在短时间内迅速造成包括流域内自然和社会系统的重大损失，如被迫长时间关闭一些城市的饮用水水源地和供水系统，对流域一些河段的水生生态系统形成危害甚至是灭顶之灾。因此，流域突发污染事件在某些情况下比常规污染对流域生态环境和社会经济发展的影响更为重大。例如，2005 年 11 月 13 日吉林石化爆炸事故造成的松花江污染，就是一起后果严重、社会影响深远的流域突发水污染事件，引起了全国很大的震动。目前,流域突发水污染事件的应急管理还处于探讨之中,其管理内容包括突发风险源评估、应急预案、损失评估和赔偿等方面。

第四节　区域开发行为的环境管理

区域开发行为,特别是重大区域开发行为,可能引发较多的环境问题,并对所涉及区域的环境社会系统发展产生根本性的长远影响,因而需要作为一个环境管理专题进行介绍。

一、区域开发行为引发的环境问题及其特征

(一) 区域开发行为

人类社会行为是多种多样的。如果从人类社会行为所涉及的空间范围的大小和特征来进行考察,一个城市、一个农村、一个流域一般都有一个比较明确的区域边界,区域内部也具有共同的自然和社会特征。但人类社会行为往往又不局限于某个确定的区域范围,可以涉及多个城市、多个农村和多个流域,甚至是包括多个行政单元和自然地理单元,甚至是多个国家疆域。这种人类行为就可称之为重大区域开发行为,它具有诸如战略性、重大性、长时间段、大范围等特征,是一种人类活动强度非常大的、带有强烈目的性的发展行为。

区域开发行为一般指在一个较大区域范围内开展的资源开发、大型工程建设、经济社会发展规划、区域生态环境建设等的重大发展行为和活动。重大区域开发行为都具有长时间和大空间尺度、行为强度高、目的性强烈的特点。

例如,中国 20 世纪 90 年代的开发区建设,就是这一类重大的区域开发行为之一。开发区是一类具有较大特殊性的地域,是中国改革开放政策的产物,对于改善投资环境,吸引和利用外资,调整经济结构和经济布局有着重要的作用。但同时开发区建设具有开发强度大,开发行为集中,开发速度快,对自然环境的作用强烈的特点。目前,中国几乎所有大中城市都有至少一个开发区,它们已为各城市社会经济发展的新增长点。可以说,开发区建设对所涉及区域的经济社会和生态环境系统产生了重大的影响,而原有的城市、农村或流域环境管理的框架已经不足以满足开发区环境管理的需要,这就要求从区域开发行为环境管理的视角进行研究和尝试。

(二) 区域开发行为引发的主要环境问题

区域开发行为是国家发展的重大举措,对于提升国家综合实力,全面提高国民经济和社会发展水平具有极其重要的意义。

但区域开发行为在推动社会经济巨大发展的同时,也会对生态环境造成一定的破坏。例如,中国20世纪80年代发展乡镇企业的行为,在广大农村取得巨大经济社会效益的同时,也因"村村点火、户户冒烟"式的落后生产模式,浪费和破坏了大量资源,产生了广泛而严重的局地性污染,对农村生态环境造成了较大的破坏;而20世纪90年代开始建设的三峡工程,其发电效益无与伦比,但对三峡地区的生态环境造成的重大影响也是无可置疑的。这样的问题,在南水北调、青藏铁路等重大区域开发行为中是普遍存在的,需要从整体上加以重视和解决。

由上可见,区域开发行为会推动所涉及区域环境社会系统的发展发生重大转变,它引发的环境问题既包括对水、大气、土壤、噪声等环境要素的影响,也包括对经济环境、社会环境和人文环境的影响,以及对区域自然生态系统的影响。因此,它引发的是综合性的环境问题。

(三)区域开发行为可能引发的主要环境问题的特征

相比而言,区域开发行为引发的环境问题具有以下一些特征:

① 环境问题影响的范围广、强度大。区域开发行为引发的环境问题多是大尺度范围上的,一般都包括多个省市、流域等地域单元,高强度的开发行为会对这些区域的社会经济和生态环境造成重大影响,有可能产生比较大的环境问题。

② 长时间性。区域开发行为一般持续时间较长,其引发的环境问题也是随着时间逐渐暴露出来。例如,中国20世纪50年代开始的围湖造田,是引发90年代长江流域大洪水的重要原因之一,时间跨越了近半个世纪。

③ 一定程度的不可逆转性。区域开发行为一般会造成所涉及区域内环境社会系统发展的重大变化,有些变化是不可逆的。例如,在西部水电开发中就碰到当地原始生态环境受到重大的不可挽回的损失问题。

④ 不确定性和风险性。区域开发行为本身的不确定性和自然环境演变固有的不确定性决定了区域开发行为引发的环境问题也具有不确定性和风险性的特征。这种不确定性和风险性在很大程度上超出了当前人们的科学认识水平。例如,长江三峡工程对长江全流域的环境影响,可能要很多年以后才能逐渐显现。因此,需要加强预防研究和跟踪研究。

二、区域开发行为环境管理的实践与发展趋势

(一)区域开发行为环境管理的实践

由于区域开发行为的特殊性,其环境管理还没有形成一致的理论和方法框架。但在一些具体的区域开发行为中,则进行了大量的环境管理实践工作。下面以开发区建设环境管理为例,介绍区域开发行为环境管理的主要工作。

中国开发区的经济活动一般以工业为主,结合贸易、旅游,并带有出口加工和自由贸易性质,具有明显的综合性、开放性特征。开发区在初建时主要由劳动密集型的来料加工、补偿贸易等项目组成,规模也以中小型为主,之后会向劳动与技术双密集型转变。由于不少地方政府和开发区的管理部门,为了吸引投资,纷纷出台一系列从税收到信贷的优惠政策,有些甚至不顾本地生态环境特点,把一些西方国家濒临淘汰的、污染严重的夕阳工业也引进了开发区。在相当长一段时间内,开发区建设存在污染物排放量较大、自然资源利用率不高、过多征用耕地并大量闲置等问题。此外,有些开发区只注重投资硬环境,而忽视了包括生态环境、政府服务职能等软环境的建设,一定程度上也造成了基础设施资源的闲置和浪费。

针对以上问题,制定开发区环境规划,成为开发区建设环境管理的主要内容。由于开发区环境规划一般是在高强度开发活动尚未进入之前制定的,其目标在于防范未来可能出现的环境问题,以推动开发区设计出可持续的经济发展模式;同时,又由于开发区的经济发展活动受制于市场的变化,具有较大的随机性。因此,这种随机性和防重于治的要求,构成了开发区环境规划与一般环境规划在方法学上的较大的差异,需要在传统城市环境规划理论和方法的基础上进行拓展和创新。

编制开发区环境规划的具体原则为:① 防治结合,以防为主原则;② 环境规划实施主体必须兼具行政职能和经济职能;③ 实行污染物总量控制原则;④ 以发展高新技术项目为主,实行清洁生产的原则;⑤ 将环境管理手段溶入项目管理全过程的原则。

开发区环境规划的主要内容为:① 确定规划区范围和环境保护目标;② 进行环境质量现状调查与评价,并在此基础上划分环境功能区;③ 确定开发区主要控制污染物及其允许排放总量;④ 将排污总量按环境功能区合理分配;⑤ 进行区域环境承载力研究,确定实施总量控制的技术、经济路线,制定相应的技术措施;⑥ 提出环境规划投资概算分析和资金来源分析,并对各方案进行比较分析,最终提出优化方案;⑦ 提出保证规划实施的政策、制度、法律措施与运行机制。

(二)区域开发行为环境管理的发展趋势

区域开发行为因地域范围、时间长度、开发内容和开发强度等的区别,其引发的生态环境问题也会有非常大的差异。目前,从环境管理的角度针对区域开发行为中存在的种种问题,还没有探索出一套普遍适用的、行之有效的理论和方法。以开发区环境管理而言,其环境规划的制定方法,只是原有城市环境规划方法的简单拓展。因此,对于区域发展行为的环境管理,需要根据具体的区域开发行为制定符合实际的管理对策和方法。例如,在西部大开发中,很多专家十分关注西部地区生态环境脆弱的问题,提出要警惕西部大开发变成"西部大开挖",要把保护生态环境放在重要位置。依据这一观点,西部大开发这一区域开发行为的环境管理就应该将环境安全放在突出的位置。又如,在青藏铁路建设中,多年冻土、高原植被和野生动物保护是许多专家、公众和 NGO 关注的热点。因此,对建设青藏铁路这一开发行为的环境管理,就应该将冻土、植被和野生动物保护放在重要位置。

由上可见,区域开发行为的环境管理,不必追求统一的管理模式,需要根据开发行为及其涉及的区域环境社会系统的状况,采取因地制宜的方法。这一问题还需要继续探讨和研究。

三、区域开发行为环境管理的基本内容和方法

（一）重大区域开发行为的科学决策

中国自 20 世纪 70 年代开始,便将环境保护纳入政府议事日程之中。但是,长期以来,由于人们对环境保护的认识仅仅限于技术层面,政府部门在制定重大区域开发行为时很少考虑可能产生的环境后果,政府在进行长期建设的规划、决策时,也极少听取环保部门的意见。很长时间以来,环保部门被视为查处废水、废渣、废气为主要工作任务的约束性部门,环境保护被视为经济发展过程中的后续工作,从而形成了重大区域开发行为在决策领域的"环保缺位"。

以上这些现象,对于区域开发行为的环境管理,是十分不利的。因此,必须从源头上加以改进,这要求重大区域开发行为的决策不仅要考虑到经济社会效益,考虑到资源环境的约束条件,还必须考虑开发行为可能带来的不利环境后果。只有在区域开发行为决策时就充分考虑环境问题,实现环境与发展综合决策,才能从源头上搞好区域开发行为的环境管理。

（二）开展战略环境评价

根据《环境影响评价法》的要求,区域开发行为在其规划制定和建设项目立项阶段就应该进行规划或建设项目层次上的环境影响评价,这就可以在一定程度上预防区域开发行为对生态环境造成重大影响。

（三）制定环境规划

环境规划是环境管理最有力的手段之一。为各种区域开发行为制定针对性的环境规划,是区域开发行为环境管理的主要内容。

区域开发行为环境规划的内容和方法一方面可以借鉴城市、流域、产业的环境规划,但更多的是需要根据区域开发行为的区域特点和开发特征而定,根据其

空间范围大、时间尺度长、风险性和不确定性等特点，着重从政策和战略层次上制定环境管理的目标和对策。

（四）开展环境监测和预警及监察和审计工作

根据区域开发行为的特点，其环境管理还需要做好以下一些工作。一是加强环境监测工作，鉴于区域开发行为的时间比较长，其环境影响滞后等特点，因此，要特别注意在区域开发过程中的后续环境监测工作，及时发现出现的环境问题。二是开展环境预警工作，针对一些重要的环境敏感对象，在环境监测的基础上，要加强环境预警，及时发布和反馈预警信息。三是根据实际需要，开展环境监察、环境会计和环境审计等工作。

主要概念回顾

区域环境管理	城市大气环境污染	农村环境	流域管理
城市	城市水环境污染	农村环境管理	生态需水
城市环境系统	城市固体废物	农业面源管理	流域补偿
城市环境问题	城市环境管理	流域	区域开发行为
生态城市	城市环境综合整治	流域环境问题	

思考与讨论题

1. "生态城市"从20世纪70年代被提出以来，一直处于摸索发展的阶段，虽然针对"生态城市"的很多问题还没有统一的认识，但国际上对于"生态城市"却始终是格外推崇。你认为"生态城市"是否是解决现在城市问题的不二之选？建设"生态城市"是未来城市环境管理的终极目标吗？并请说明原因。

2. 中国城市环境管理采用的基本制度有排污许可、环境影响评价、"三同时"、环境保护目标责任等，与各国普遍采用的环境基本制度相比，你认为中国的城市环境综合整治定量考核制度有何特点和优势？

3. 鉴于目前城市化加快的现状，越来越多的农村地区演化为乡镇，继而变成城市。因此有人说，面对着城市的兴起和农村的消亡，城市环境管理也比农村环境管理更为重要。对于这种说法，你是如何看待的？并请说明你的理由。

4. 区域开发行为在一定程度上可以看作是一种博弈，一方面它可以提升区域综合实力，提高经济发展水平，另一方面也会对生态环境造成一定的破坏，甚至给区域生态系统带来灭顶之灾。为了使区域开发行为带来的收益最大化，环境负面影响最小化，你认为在进行区域开发前和开发中分别应该注意哪些问题，可以采取的有效手段有哪些？

练习与实践题

1. 2010 年上海世博会作为人类文明的一场盛宴,除了成功展示了世界各国先进科技成果,还使它的主题"城市让生活更美好"深入人心。根据你的分析和理解,2010 年上海世博会为何会选择以"城市"作为主题? 联系实际,试对可能的原因做出解释。

2. 查阅相关资料,统计从 1997 年起国家环保模范城市空间分布,分析并对接下来的国家环保模范城市的空间分布走势做出预测。

3. 建设"生态村"是农村环境管理的重要目标。查阅"生态村"的起源和发展,以位于加拿大不列颠哥伦比亚省 Shawnigan 湖边的 O.U.R 生态村和中国宁波奉化滕头村(2010年曾作为案例在上海世博会展出)分别作为国际和国内的生态村代表,比较国内外在农村环境管理中遇到了何种问题,建设"生态村"时如何相互借鉴?

4. 2011 年 6 月 4 日晚,一辆装载有 31t 苯酚化学品的槽罐车,在经新安江高速出口时发生碰撞事故,导致槽罐破裂,因时逢黑夜和暴雨影响,估计约有 20t 泄漏苯酚随地表水流入新安江中,造成水体污染。"新安江水污染事件"就此引发。查阅事件的相关报道,并找出在面对该流域突发水污染事件时,杭州政府采取了哪些应急管理措施? 你认为这些措施中有何值得借鉴的地方或不足之处?

5. 从生态学角度而言,生态需水可以理解为满足区域生态系统正常运行,并提供正常生态服务的功能性自然需水以及景观调蓄、环境净化和下游常年径流需水。在某些水资源匮乏且经济落后的地区,相比于生态需水,也许满足当地农业、工业和生活用水显得更为迫切。你能否试着从理论和实践的角度劝说当地人,使他们充分认识到保证生态需水的重要性?

6. 针对城市环境管理和农村环境管理的各自特点,分别有"城市环境综合整治定量考核指标"和"全国环境优美乡镇考核标准"。查阅相关资料,比较这两个标准中各项指标的异同,并根据其中的差异,分析这两者环境管理目标的差别。

7. 请走访一个开发区的环境管理工作者,了解他在进行开发区环境管理时遇到了何种问题和特殊需求,并试着对开发区环境管理的特点做一点总结。

第六章
废弃物环境管理

废弃物是指人类将从自然环境中开采出的自然资源进行加工、流通、消费过程中与过程结束后产生并排放到自然环境中的物质。这些废弃物进入自然环境系统中后,会在环境中扩散、迁移、转化,使自然环境系统的结构与功能发生不利于人类及生物正常生存和发展的变化。

废弃物的类型有多种划分方法。按人类排放废弃物的活动或部门分为工业环境废弃物、农业环境废弃物和城市生活废弃物等;按废弃物的形态可分为气体废弃物、液体废弃物和固体废弃物等;按照废弃物进入自然环境要素的种类,可分为空气环境废弃物、水体环境废弃物、土壤环境废弃物等。

废弃物或称为环境废弃物,一般具有如下三个特征:

① 废弃物是人类活动的副产品,限于科学技术水平,总会有一部分资源转化成为废弃物,排放到自然环境中。因此,废弃物对于人类活动而言具有"末端性"和"无用性"的特征。

② 废弃物进入自然环境后,可能会造成一定的环境污染。由于废弃物在自然环境中可通过生物的或理化的作用改变其原有的性状和浓度,故当其本身及反应物超出环境自净范围,就会对环境产生不同的危害。大气、水体、土壤中的废弃物还可以通过与人的直接接触、食物链富集等多种途径对人体健康产生影响。因此,废弃物具有"有害性"和"污染性"的特征。

③ 废弃物的治理一般比较困难。废弃物本身就是资源没有得到充分利用的表现,受科学技术水平及治理成本等因素的限制,废弃物难于得到充分的治理或消除。

废弃物环境管理的目的和任务是运用各种环境管理的政策和技术方法,尽可能地限制废弃物的产生及排放,或使不得不排放到自然环境中的废弃物能与自然环境的容纳能力相协调,达到保证环境质量的目的。

废弃物环境管理与环境质量管理有密切的联系,前者注重的是废弃物排放的管理,如限制排放、制定处理处置和排放标准、管理排放废弃物单位和个人的排放行为等;后者注重的是从区域自然环境的角度,关注废弃物排入环境后导致的环境质量下降情况,并根据特定的城市、农村等区域环境质量对废弃物的排放

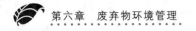

提出要求。

本章在介绍了气体、水体、固体三种废弃物的一般科学知识的基础上,总结了废弃物管理的主要理论和方法,并结合中国的具体情况,重点依据三部最重要的环境保护法律:《大气污染防治法》、《水污染防治法》和《固体废物污染防治法》,介绍和分析了中国废弃物管理的实际情况。

第一节 气体废弃物环境管理

一、气体废弃物概况

(一) 气体废弃物的种类

气体废弃物一般也称为废气、空气污染物、大气污染物等。气体废弃物多为废弃的气态污染物质,它们由于人类活动或自然过程,排入空气环境,并对人和环境产生不利影响。

气体废弃物的种类很多,按其形成过程可分为一次污染物和二次污染物。一次污染物是指直接由污染源排放的污染物。而在大气中一次污染物之间或一次污染物与大气正常成分之间发生化学作用生成的污染物,称为二次污染物,它常比一次污染物对环境和人体的危害更为严重。

气体废弃物按其存在状态可分为两大类。一类是气溶胶状态污染物,也称颗粒物,常用总悬浮颗粒、飘尘、降尘表示。另一类是气体状态污染物,一般简称气态污染物。主要气态污染物见表6-1。

表6-1 气态污染物及其人为源

种类	一次污染物	二次污染物	人为源
含硫化合物	SO_2,H_2S,	SO_3,H_2SO_4,硫酸盐	含硫燃料燃烧
含氮化合物	NO,NH_3	NO_2,硝酸盐	N_2 和 O_2 在高温时化合
含碳化合物	C_1—C_{12}化合物	醛类、酮类、酸类	燃料燃烧、精炼石油等
碳的氧化物	CO,CO_2	无	燃烧
卤素化合物	HF,HCl	无	冶金

(二) 气体废弃物的来源

大气污染物的来源可分为自然源和人为源两大类。大气污染物种类繁多、形态各异,目前已经产生危害或受到人们注意的约有100多种,这些污染物来自自然环境过程和人类社会经济生产的各个方面。按人类社会的活动功能,大气污染物人为源可以分为工业污染源、农业污染源、生活污染源和交通污染源四类;按污染源的运动状态,也可分为固定污染源和流动污染源两类;按污染源形成的几何形状,还可分为点污染源、线污染源和面污染源三类。一些常见的大气污染物的自然源和人为源情况见表6-2。

表6-2　一些大气污染物的自然源和人为源

污染物	自然排放		人类活动排放	
	排放源	排放量/$(t \cdot a^{-1})$	排放源	排放量/$(t \cdot a^{-1})$
SO_2	火山活动	未估计	煤和油的燃烧	146×10^6
H_2S	火山活动、沼泽中的生物作用	100×10^6	化学过程污水处理	3×10^6
CO	森林火灾、海洋、萜烯反应	33×10^6	机动车和其他燃烧过程排气	304×10^6
$NO-NO_2$	土壤中的细菌作用	$NO:30 \times 10^6$ $NO_2:658 \times 10^6$	燃烧过程	53×10^6
NH_3	生物糜烂	$1\ 160 \times 10^6$	废物处理	4×10^6
N_2O	土壤中的生物作用	590×10^6	无	无
C_mH_n	生物作用	$CH_4:1.6 \times 10^9$ 萜烯:200×10^6	燃烧和化学过程	88×10^6
CO_2	生物腐烂、海洋释放	10^{12}	燃烧过程	1.4×10^{19}

（三）气体废弃物的特征

1. 来源广泛、成分复杂

气体废弃物的来源十分广泛,自然环境和人类社会生产生活过程都会产生各种各样的气体废弃物。因此,气体废弃物具有来源广泛,成分复杂的特点。

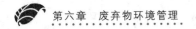

2. 污染范围和形式多样

气体废弃物排放后的影响范围和形式多样。例如,放射性建筑材料的自然辐射引起室内空气污染;工业生产及汽车排放引起室外空气污染;还有一些气体废弃物进入大气环境后,不仅会造成直接污染,还会经过大气物理、化学过程形成二次污染,甚至通过远距离传输形成跨界污染或全球污染。此外,气体废弃物还可能引起臭氧层破坏及全球变暖。

3. 污染类型与能源使用密切相关

化石燃料的使用与气体废弃物造成的大气污染类型密切相关。例如,使用煤作为主要燃料时,会排放较多的 SO_2 和颗粒物等形成煤烟型大气污染;排放的 SO_2 过多时,会造成酸雨;使用石油燃料作为能源时,其燃烧产生的碳氢化合物、CO、氮氧化物、O_3 等容易产生光化学烟雾污染等。

二、气体废弃物管理的理论与实践

(一)气体废弃物管理的发展

大气污染是最早引起人们关注的环境问题。在古罗马时代,就有城市中大气污染的记录。到了近代,一些国家出现了所谓的烟雾污染,许多城市常年被污染的大气所笼罩。早在 13 世纪,英国国王爱德华一世就颁布过一项公告,限制城市中煤的使用。这是最早的气体废弃物管理的记录。

由上可见,大气污染及其管理具有悠久的历史。而现在,世界范围内的气体废弃物排放和大气环境污染仍然是一个主要的环境问题。特别是在一些发展中国家的城市,大气污染更加普遍,是这些城市环境管理的重要内容。

(二)理论与实践

气体废弃物管理和大气环境污染控制涉及的领域非常广泛,目前还没有形成气体废弃物管理的统一定义。一般而言,气体废弃物管理或称为大气污染管理主要包括以下一些重要领域。

1. 清洁能源使用

能源的使用是产生气体废弃物,造成大气环境污染的主要原因。例如,燃煤产生的 SO_2、烟尘是城市重要的大气污染物,产生的 CO_2 则是主要的温室气体;燃油产生的各种烃类有机物、含氮化合物、CO 也是城市中主要大气污染来源。因此,控制能源利用中气态废弃物的产生,尽可能使用清洁能源是气体废弃物管理的重要方面。其主要内容包括:① 煤炭、石油等常规能源的清洁利用,如发展和使用型煤、煤气、水煤浆等洁净煤技术等。② 开展新能源和可再生能源研发和使用,包括太阳能、水能、风能、海洋能、生物质能、地热能、核能、氢能等,这些低碳或非碳能源,很少或不产生气体废弃物。例如,在广大农村推行沼气化工作,是控制农村气体废弃物排放的重要方法。③发展各项节能技术,减少能源总的消耗量,从而减少能源利用、产生的气体废弃物。例如,集中供热、能源循环利用、节电技术等。

2. 发展绿色交通和机动车尾气控制

汽车是现代社会发展的重要标志。随着世界范围内汽车数量的迅速增加和城市化进程的加速,许多城市都出现了由于机动车尾气排放导致的大气污染问题。汽车尾气已成为城市中最主要的气体废弃物之一。这种尾气污染与汽车类型、汽车数量、燃料利用率、燃料性能,以及城市中的交通状况、道路状况等诸多因素密切相关,其根本的解决对策是发展绿色交通,主要措施有:①发展清洁汽车,研发燃气汽车、混合动力汽车、电动汽车等清洁燃料汽车,取代燃油汽车,减少气体废弃物排放;②制定合理的交通规划,建设布局合理、高效快捷的绿色交通体系,减少交通拥堵时间和车辆出行时间,减少汽车燃料消耗和废弃物排放。

3. 末端治理技术和大气环境自净能力利用

清洁能源和绿色交通是从源头上消除或减少了气体废弃物的排放总量。但在目前条件下,仍然会有大量气体废弃物产生,需要进行末端治理,这些属于环境技术科学和环境工程科学的研究内容。从环境管理的角度,需要对气体废弃物最终排放浓度和总量制定出严格的控制标准和管理要求,形成一整套规范和约束末端治理的管理体系,使污染者必须采取末端治理技术治理污染。

利用大气环境的自净作用也是气体废弃物管理的重要工作,包括识别和预防各种气象条件下污染的产生、加强绿化造林等措施。

另外,气体废弃物管理还包括消耗臭氧物质的管理,CO_2 和 CH_4 等温室气体排放的管理,具体内容可参见本书第十章。

阅读材料47:告别雾都——看英国人怎么治理大气污染

发生在1952年12月的伦敦烟雾事件,是人类历史上的八大公害事件之一。这场毒雾夺走了超过12 000人的生命,也让英国在全世界最先走上了大气污染治理的救赎之路。回顾这一苦难与新生的雾都历史,相信会让仍深处于 $PM_{2.5}$ 雾霾之中的中国城市,能够殷鉴不远,迷途知返。

18世纪的英国工业革命,使煤炭第一次得到广泛应用。密密麻麻的烟囱不断排放着黑烟,成为人类社会进入工业文明的象征。到20世纪初,伦敦已是一个黑色的工业之都,辉煌却又灰蒙。烧煤的工厂遍布伦敦城内,居民也靠烧煤取暖。燃烧产生的烟尘与英伦三岛特有的雾混合在一起,变成黄黑色,经常笼罩在城市上空,多天不散。一张张照片记录了当时的情景:1937 年 12 月 20 日,伦敦街头竟有交警点燃作为路标的煤气灯,在大雾中指挥交通;1938 年 10 月 25 日,由于伦敦摄政公园附近大雾之下能见度极低,一名女子拿着手电筒为汽车引路;1937 年 12 月 6 日,正值英国足总杯半决赛,米尔沃尔队门将皮尔森需要透过浓雾寻找对手。

1952 年冬天,那场史无前例的污染悲剧在伦敦上演了。与往年一样,伦敦寒冷漫长的冬季使得居民需要大量烧煤进行取暖,加之地理和气象因素,冬日的伦敦经常大雾弥漫,数日不散。从 12 月 5 日开始,逆温层笼罩伦敦,城市处于高气压中心位置,连续数日空气寂静无风。煤炭燃烧产生的 CO、SO_2 和粉尘等污染物在城市上空蓄积,引发了连续数日的大雾天气。当时正在伦敦举办一场农牧业展览会,参展的动物首先对烟雾产生了反应,350 头牛中有 52 头严重中毒,14 头奄奄一息,1 头当场死亡。不久,伦敦市民也对烟雾产生了反应,许多人感到呼吸困难、眼睛刺痛,发生哮喘、咳嗽等呼吸道症状的病人明显增多。据统计,伦敦地区在烟雾期间共有 4 703 人死亡,与往年同期相比,多出了 3 000~4 000 人。在此后两个月内,又有近 8 000 人死于呼吸系统疾病,据称当时全伦敦的公墓和棺材都被用完。

"伦敦烟雾事件"成为英国人心里不可磨灭的伤疤。成千上万的人患上了支气管炎、冠心病、肺结核、心脏病、肺炎、肺癌和流感等各种疾病,他们的生活也从此改变。这场悲剧终于使英国人痛下决心整治环境,政府任命了专门委员会对烟雾受害者情况进行调查。划时代意义的《清洁空气法案》于 1956 年颁布,之后是大规模改造城市居民的传统炉灶,减少煤炭用量,冬季采取集中供暖;在城市里设立无烟区,禁止使用产生烟雾的燃料,将发电厂和重工业迁到郊区。

治污远非一日之功。1957—1962 年伦敦又连续发生了多达 12 次严重的烟雾事件。但随着法律的完善和严格执行,1965 年后,烟雾从伦敦销声匿迹了。1968 年,英国又一次颁布法案,要求工业企业建造更高的烟囱,以利于污染物的扩散。1974 年英国颁布《控制公害法》,全面、系统地规定了对空气、土地、河流、湖泊和海洋等方面的保护,以及对噪音的控制条款。之后,还颁布了《公共卫生法》、《放射性物质法》、《汽车使用条例》和《各种能源法》等一系列控制大气污染的法令。2004 年还出台了《伦敦市空气质量战略》。这些法令、通告的颁布,对控制伦敦的大气污染和保护城市环境发挥了重要作用。依法治理污染已成为英国政府实现长治久安的根本。

20世纪80年代后,伦敦治污的重点又从燃煤污染控制转移到汽车尾气控制。一张1978年10月18日的照片显示,一名小女孩在英国首相府门前抗议汽车尾气污染。起初人们主要关注汽油铅污染对人体健康的影响,在全面使用无铅汽油后,汽车排放的其他污染物如NO_x、CO、VOC也成为密切关注的对象。政府加强管理的具体措施,就是大力发展公共交通,同时对私家车下狠招治理。从1993年起,在英国出售的新车都必须加装催化器以减少NO_x污染。2008年,伦敦针对大排量汽车收取的进城费为25英镑/天,闹市区一个停车位月租高达650英镑,收费力度位居全球之首。铁腕政策之下,伦敦的私家车"进不起城",市区流量得到有效控制。

与此同时,伦敦为新能源汽车大开绿灯。从2003年12月起,伦敦参加了欧洲清洁城市交通示范项目,第一代零排放燃料电池公交车投入使用,并计划在2015年前建立2.5万套电动车充电装置,将伦敦打造为电动汽车之都。在2016年前,伦敦的电动汽车买主将享受高额返利,免交汽车碳排放税,在某些场所还可以免费停车。另外,发展自行车交通,也是伦敦治理污染的重要措施。2010年,伦敦打算建设12条自行车高速公路;在已经建成的第一条试验线路上,每天约有5 000辆自行车通过。近年来,作为一项环保活动,有数千伦敦市民参加,一年一度呼吁绿色出行的裸体骑行活动也吸引了不少眼球,宣传效果颇佳。

特别值得一提的是,在伦敦,政府用车几乎绝迹,只有首相和内阁主要大臣才配有公务专车,其他的部长级官员及所有市、郡长都没有公务专用配车。很多部长和议员都会住在市区的专属公寓里,每天花上15分钟步行或是搭地铁上班。一张2009年3月11日的照片显示英国首相卡梅伦在骑自行车上班,而另一张同天的照片则为英国副首相克莱格在地铁里看报纸。

扩建绿地也是治理大气污染的重要手段。伦敦虽然人口稠密,但人均绿化面积高达$24m^2$。城市外围还建有大型环形绿化带,到20世纪80年代,该绿化带面积已达4 434km^2,是城市面积的2.82倍。连在寸土寸金的伦敦中心1区内,仍旧保留着伦敦最大的皇家庭院,即著名的海德公园。

由上可见,英国采用严格的立法、有效的汽车污染控制、大面积的绿化等措施,解决了严重的空气污染问题。从20世纪80年代开始,伦敦的雾天从19世纪末期每年90天左右减少至不到10天,如今只有偶尔在冬季或初春的早晨才能看到一层薄薄的白色雾霾。从雾都到蓝天白云,伦敦用血的教训,半个多世纪的治污历程,为世人留下了宝贵的经验。

三、气体废弃物管理的基本内容和方法

下面以中国为例,对照《大气污染防治法》中规定的各项制度(如图6-1),简介气体废弃物管理的基本内容和方法。

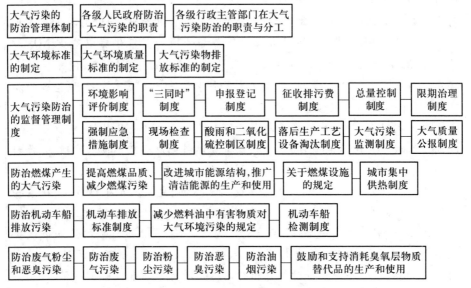

大气污染的 防治管理体制	各级人民政府防治 大气污染的职责	各级行政主管部门在大气 污染防治的职责与分工			
大气环境标准 的制定	大气环境质量 标准的制定	大气污染物排 放标准的制定			
大气污染防治 的监督管理制 度	环境影响 评价制度	"三同时" 制度	申报登记 制度	征收排污费 制度	总量控制 制度	限期治理 制度
	强制应急 措施制度	现场检查 制度	酸雨和二氧化 硫控制区制度	落后生产工艺 设备淘汰制度	大气污染 监测制度	大气质量 公报制度
防治燃煤产生 的大气污染	提高燃煤品质、 减少燃煤污染	改进城市能源结构,推广 清洁能源的生产和使用	关于燃煤设施 的规定	城市集中 供热制度	
防治机动车船 排放污染	机动车排放 标准制度	减少燃料油中有害物质对 大气环境污染的规定	机动车船 检测制度		
防治废气粉尘 和恶臭污染	防治废 气污染	防治粉 尘污染	防治恶 臭污染	防治油 烟污染	鼓励和支持消耗臭氧层物质 替代品的生产和使用

图6-1 《大气污染防治法》中规定的各项制度

(一)气体废弃物的管理机构和体制

中国目前的气体废弃物管理体系,是以环境保护主管部门为主,结合有关的工业主管部门和城市建设主管部门,共同对气体废弃物实行管理。

根据《大气污染防治法》中"总则"的规定,各级人民政府对本辖区的大气环境质量负责,制定规划,采取措施,使本辖区的大气环境质量达到规定的标准。县级以上人民政府环境保护行政主管部门对大气污染防治实施统一监督管理。各级公安、交通、铁道和渔业管理部门根据各自的职责,对机动车船污染大气实施监督管理。县级以上人民政府其他有关主管部门在各自职责范围内对大气污染防治实施监督管理。

任何单位和个人都有保护大气环境的义务,并有权对污染大气环境的单位和个人进行检举和控告。

(二)空气环境质量标准和污染物排放标准

根据《大气污染防治法》第七条的规定,国务院环境保护行政主管部门制定国家大气环境质量标准。省、自治区、直辖市人民政府对国家大气环境质量标准中未

作规定的项目,可以制定地方标准,并报国务院环境保护行政主管部门备案。

表6-3列出了中国最新颁布的《环境空气质量标准》(GB3095—2012)中各项污染物的浓度限值。

表6-3 《环境空气质量标准》(GB3095—2012)中各项污染物的浓度限值

污染物项目	平均时间	浓度限值		单位
		一级标准	二级标准	
二氧化硫(SO₂)	年平均	20	60	μg/m³
	日平均	50	150	
	1小时平均	150	500	
二氧化氮(NO₂)	年平均	40	40	μg/m³
	日平均	80	80	
	1小时平均	200	200	
一氧化碳(CO)	日平均	4	4	mg/m³
	1小时平均	10	10	
臭氧(O₃)	日最大8小时平均	100	160	μg/m³
	1小时平均	160	200	
颗粒物(粒径≤10μm)	年平均	40	70	μg/m³
	日平均	50	150	
颗粒物(粒径≤2.5μm)	年平均	15	35	
	日平均	35	75	
总悬浮颗粒物(TSP)	年平均	80	200	
	日平均	120	300	
氮氧化物(NOₓ)	年平均	50	50	μg/m³
	日平均	100	100	
	1小时平均	250	250	
铅(Pb)	年平均	0.5	0.5	
	季平均	1	1	
苯并[a]芘(BaP)	年平均	0.001	0.001	
	日平均	0.002 5	0.002 5	

注:本标准自2016年1月1日起在全国实施。

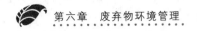

国务院环境保护行政主管部门根据国家大气环境质量标准和国家经济、技术条件制定国家大气污染物排放标准。

省、自治区、直辖市人民政府对国家大气污染物排放标准中未作规定的项目,可以制定地方排放标准;对国家大气污染物排放标准中已作规定的项目,可以制定严于国家排放标准的地方排放标准。地方排放标准须报国务院环境保护行政主管部门备案。

省、自治区、直辖市人民政府制定机动车船大气污染物地方排放标准严于国家排放标准的,须报经国务院批准。

凡是向已有地方排放标准的区域排放大气污染物的,应当执行地方排放标准。

值得说明的是,在国家环境标准的制定过程中,公众发挥着越来越重要的作用,标准不只是研究部门或政府管理部门的意志体现,而要面向全社会征求意见和建议,反映公众的呼声和要求。这是环境管理体制机制良好发展的一个趋势,也是社会进步的重要表现。阅读材料 48 列出了一些环保 NGO 在《环境空气质量标准》(GB3095—2012)制定时就 $PM_{2.5}$ 等问题提出的建议。

阅读材料 48:$PM_{2.5}$ 国家标准制定过程中 NGO 的建议

细颗粒 $PM_{2.5}$ 直径不到头发丝的 1/20,对人体危害极大。2011 年 11 月 16 日,环境保护部发布了《关于征求〈环境空气质量标准〉(二次征求意见稿)和〈环境空气质量指数(AQI)日报技术规定〉(三次征求意见稿)两项国家环境保护标准意见的函》,新国标中增设了 $PM_{2.5}$,在 2016 年执行,但鼓励各地提前实施。环境保护部就此公开征求意见并答记者问。《南方周末》采访了公众人物、地方环保局官员、空气灰霾和疾病专业人士、能源专家、民间志愿者、环境法专家、环境监测仪器商等社会各界人士,为新国标广征建议。《南方周末》联合北京地球村、达尔问自然求知社、自然之友、公众环境研究中心、绿家园志愿者、山水自然保护中心六家 NGO(排名不分先后),对于上述征求意见稿提出以下七项建议。同时,这份建议书在 2011 年 11 月 23 日以邮递方式呈送环境保护部。

第一,对于标准的实施时间,建议缩短标准发布后到实施日期之间的过渡期,过渡期以 1~3 年为宜。建议在过渡期内进一步完善监测和评价方法标准,制定和公布标准,宣传计划和实施方案,敦促污染较为严重的地区提前实施,建议地方尽快编制、修订相应的地方标准。

第二，对于日报和实时报的发布，建议在公布环境空气质量指数（AQI）的同时，公布各监测位点二氧化硫、二氧化氮、颗粒物（PM_{10}）、一氧化碳、颗粒物（$PM_{2.5}$）和臭氧 1 小时平均浓度值及臭氧日 8 小时平均浓度值。建议各地级及以上环保部门或其授权的环境监测站网站设立专栏供公众查阅实时和历史数据，以便于各界人士利用基础数据进行研究分析。

第三，建议在污染严重地段，如交通枢纽、工业区等，实时监测和公布上述各单项污染物空气质量分指数（IAQI）。建议环保重点城市和省会城市开展挥发性有机物（VOCs）监测，并逐步在全国推广。建议定期公布指数的变化和主要污染物的来源情况，让公众了解空气质量变化与公众行为改变的关系。

第四，对于空气质量指数六个级别对应的空气质量指数类别及表示颜色，建议将空气指数类别改为更易于公众理解的健康影响描述，可将原来的"优"、"良"、"轻度污染"、"中度污染"、"重度污染"和"严重污染"改为"优"、"适中"、"对敏感人群有影响"、"不健康"、"很不健康"和"危险"，并以颜色图示。

第五，对于环境空气功能区，细化并明确一类区中的"其他需要特殊保护的区域"，加强对重要生态功能区和敏感人群的保护。如饮用水水源地及其输水明渠、重要粮农产品基地等不属于自然保护区，但又具有重要生态功能的区域，大中小幼等教学单位，养老院、医院等敏感人群所在区域。功能区划分方案在报批之前，应在政府网站、环保主管部门网站进行公示，征求公众意见。

第六，现有的标准值参照国际已有研究结果和国际标准制定，建议充分考虑环境问题区域性差异的特点，优先使用中国大气污染和健康的流行病学研究结果，制定具有弹性的地方环境标准。

第七，在标准发布和实施以后，建议标准制定单位面向行业协会、企业和公众等加大培训、宣传等力度，建立标准实施情况的跟踪和数据反馈，以及时修订不适宜的标准指标。建议相关大气监测站点和实验室设立公众开放日。当公民个人、社会团体等希望自费购置仪器进行小范围空气监测时，建议监测部门提供专业指导。

（三）制定和严格执行各项气体废弃物管理制度

根据《大气污染防治法》第二章"大气污染防治的监督管理"的规定，主要管理内容有：

1. 环境影响评价和"三同时"制度

新建、扩建、改建向大气排放污染物的项目,必须遵守国家有关建设项目环境保护管理的规定,编写环境影响报告书,对建设项目可能产生的大气污染和对生态环境的影响做出评价,规定防治措施,并按照规定的程序报环境保护行政主管部门审查批准。建设项目投入生产或者使用之前,其大气污染防治设施必须经过环境保护行政主管部门验收,达不到国家有关建设项目环境保护管理规定的要求的建设项目,不得投入生产或者使用。

2. 排污申报制度

向大气排放污染物的单位,必须按照国务院环境保护行政主管部门的规定向所在地的环境保护行政主管部门申报拥有的污染物排放设施、处理设施和在正常作业条件下排放污染物的种类、数量、浓度,并提供防治大气污染方面的有关技术资料。排污单位排放大气污染物的种类、数量、浓度有重大改变的,应当及时申报;其大气污染物处理设施必须保持正常使用,拆除或者闲置大气污染物处理设施的,必须事先报经所在地的县级以上地方人民政府环境保护行政主管部门批准。

3. 排污收费制度

国家实行按照向大气排放污染物的种类和数量征收排污费的制度,根据加强大气污染防治的要求和国家的经济、技术条件,合理制定排污费的征收标准。征收的排污费一律上缴财政,按照国务院的规定用于大气污染防治。

4. 浓度控制和总量控制制度

向大气排放污染物的单位,其污染物排放浓度不得超过国家和地方规定的排放标准。

国务院和省、自治区、直辖市人民政府对尚未达到规定的大气环境质量标准的区域和国务院批准划定的酸雨控制区、二氧化硫污染控制区,可以划定为主要大气污染物排放总量控制区。主要大气污染物排放总量控制的具体办法由国务院规定。大气污染物总量控制区内有关地方人民政府依照国务院规定的条件和程序,按照公开、公平、公正的原则,核定企事业单位的主要大气污染物排放总量,核发主要大气污染物排放许可证。有大气污染物总量控制任务的企事业单位,必须按照核定的主要大气污染物排放总量和许可证规定的排放条件排放污染物。

5. 大气污染排放限制制度

在国务院和省、自治区、直辖市人民政府划定的风景名胜区、自然保护区、文物保护单位附近地区和其他需要特别保护的区域内,不得建设污染大气环境的工业生产设施;建设其他设施,其大气污染物排放不得超过规定的排放标准。在《大气污染防治法》施行前企事业单位已经建成的设施,其大气污染物排放超过规定的排放标准的,应进行限期治理。

6. 大气污染防治重点城市制度

国务院按照城市总体规划、环境保护规划目标和城市大气环境质量状况,划定大气污染防治重点城市。直辖市、省会城市、沿海开放城市和重点旅游城市应当列入大气污染防治重点城市。未达到大气环境质量标准的大气污染防治重点城市,应当按照国务院或者国务院环境保护行政主管部门规定的期限,达到大气环境质量标准。该城市人民政府应当制定限期达标规划,并可以根据国务院的授权或者规定,采取更加严格的措施,按期实现达标规划。

7. 酸雨控制区或者二氧化硫污染控制区制度

国务院环境保护行政主管部门会同国务院有关部门,根据气象、地形、土壤等自然条件,可以对已经产生、可能产生酸雨的地区或者其他二氧化硫污染严重的地区,经国务院批准后,划定为酸雨控制区或者二氧化硫污染控制区。

8. 大气污染防治的清洁生产、工艺淘汰等企业管理制度

企业应当优先采用能源利用效率高、污染物排放量少的清洁生产工艺,减少大气污染物的产生。国家对严重污染大气环境的落后生产工艺和设备实行淘汰制度。国务院经济综合主管部门会同国务院有关部门公布限期禁止采用的严重污染大气环境的工艺名录和限期禁止生产、禁止销售、禁止进口、禁止使用的严重污染大气环境的设备名录。生产工艺的采用者必须在国务院经济综合主管部门会同国务院有关部门规定的期限内,停止采用列入上述规定的名录中的工艺。

9. 突发性大气污染事件管理制度

单位因发生事故或者其他突发性事件,排放和泄漏有毒有害气体和放射性物质,造成或者可能造成大气污染事故、危害人体健康的,必须立即采取防治大气污染危害的应急措施,通报可能受到大气污染危害的单位和居民,并报告当地环境保护行政主管部门,接受调查处理。在大气受到严重污染,危害人体健康和安全的紧急情况下,当地人民政府应当及时向当地居民公告,采取强制性应急措施,包括责令有关排污单位停止排放污染物。

10. 大气污染监测制度

国务院环境保护行政主管部门建立大气污染监测制度,组织监测网络,制定统一的监测方法。

11. 城市大气环境质量公报制度

大、中城市人民政府环境保护行政主管部门应当定期发布大气环境质量状况公报,并逐步开展大气环境质量预报工作。大气环境质量状况公报应当包括城市大气环境污染特征、主要污染物的种类及污染危害程度等内容。

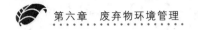
12. 大气污染防治的经济激励和奖励制度

国家采取有利于大气污染防治以及相关的综合利用活动的经济、技术政策和措施。在防治大气污染、保护和改善大气环境方面成绩显著的单位和个人,由各级人民政府给予奖励。

国家鼓励和支持大气污染防治的科学技术研究,推广先进适用的大气污染防治技术;鼓励和支持开发、利用太阳能、风能、水能等清洁能源。国家鼓励和支持环境保护产业的发展。

各级人民政府应当加强植树种草、城乡绿化工作,因地制宜地采取有效措施做好防沙、治沙工作,改善大气环境质量。

(四)防治燃煤产生的大气污染主要管理途径

根据《大气污染防治法》第三章"防治燃煤产生的大气污染"的规定,主要管理内容有:

1. 煤炭使用的制度

国家推行煤炭洗选加工,降低煤的硫分和灰分,限制高硫分、高灰分煤炭的开采。新建的所采煤炭属于高硫分、高灰分的煤矿,必须建设配套的煤炭洗选设施,使煤炭中的含硫分、含灰分达到规定的标准。对已建成的所采煤炭属于高硫分、高灰分的煤矿,应当按照国务院批准的规划,限期建成配套的煤炭洗选设施。禁止开采含放射性和砷等有毒有害物质超过规定标准的煤炭。

2. 推进清洁能源使用的制度

国务院有关部门和地方各级人民政府应当采取措施,改进城市能源结构,推广清洁能源的生产和使用。大气污染防治重点城市人民政府可以在本辖区内划定禁止销售、使用国务院环境保护行政主管部门规定的高污染燃料的区域。该区域内的单位和个人应当在当地人民政府规定的期限内停止燃用高污染燃料,改用天然气、液化石油气、电或者其他清洁能源。

国家采取有利于煤炭清洁利用的经济、技术政策和措施,鼓励和支持使用低硫分、低灰分的优质煤炭,鼓励和支持洁净煤技术的开发和推广。

3. 关于锅炉等使用的制度

国务院有关主管部门应当根据国家规定的锅炉大气污染物排放标准,在锅炉产品质量标准中规定相应的要求;达不到规定要求的锅炉,不得制造、销售或者进口。

城市建设应当统筹规划,在燃煤供热地区,统一解决热源,发展集中供热。在集中供热管网覆盖的地区,不得新建燃煤供热锅炉。

大、中城市人民政府应当制定规划,对饮食服务企业限期使用天然气、液化石油气、电或者其他清洁能源。对未划定为禁止使用高污染燃料区域的大、中城

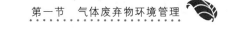

市市区内的其他民用炉灶,限期改用固硫型煤或者使用其他清洁能源。

4. 促进燃煤电厂的清洁生产制度

新建、扩建排放二氧化硫的火电厂和其他大中型企业,超过规定的污染物排放标准或者总量控制指标的,必须建设配套脱硫、除尘装置或者采取其他控制二氧化硫排放、除尘的措施。在酸雨控制区和二氧化硫污染控制区内,还需要优先符合总量控制要求。国家鼓励企业采用先进的脱硫、除尘技术。企业也应当对燃料燃烧过程中产生的氮氧化物采取控制措施。

5. 煤炭及其产生废物在储运过程的管理制度

在人口集中地区存放煤炭、煤矸石、煤渣、煤灰、砂石和灰土等物料,必须采取防燃、防尘措施,防止污染大气。

（五）防治机动车船排放污染的主要管理途径

根据《大气污染防治法》第四章"防治机动车船排放污染"的规定,主要管理内容有:

1. 机动车船排放标准控制的制度

机动车船向大气排放污染物不得超过规定的排放标准。任何单位和个人不得制造、销售或者进口污染物排放超过规定排放标准的机动车船。

在用机动车不符合生产时的在用机动车污染物排放标准的,不得上路行驶。省、自治区、直辖市人民政府规定对在用机动车实行新的污染物排放标准并对其进行改造的,须报经国务院批准。机动车维修单位,应当按照防治大气污染的要求和国家有关技术规范进行维修,使在用机动车达到规定的污染物排放标准。

2. 机动车船清洁能源使用的激励制度

国家鼓励生产和消费使用清洁能源的机动车船。国家鼓励和支持生产、使用优质燃料油,采取措施减少燃料油中有害物质对大气环境的污染。单位和个人应当按照国务院规定的期限,停止生产、进口、销售含铅汽油。

3. 机动车船污染排放年检制度

省、自治区、直辖市人民政府环境保护行政主管部门可以委托已取得公安机关资质认定的承担机动车年检的单位,按照规范对机动车尾气进行年度检测。交通、渔政等有监督管理权的部门可以委托已取得有关主管部门资质认定的承担机动船舶年检的单位,按照规范对机动船舶排气进行年度检测。县级以上地方人民政府环境保护行政主管部门可以在机动车停放地对在用机动车的污染物排放状况进行监督抽测。

（六）防治废气、尘和恶臭污染的主要管理途径

根据《大气污染防治法》第五章"防治废气、尘和恶臭污染"的规定,主要管

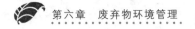

理内容有:

1. 对粉尘、可燃性气体、硫化物气体、含放射性物质的气体和气溶胶排放的规定

向大气排放粉尘的排污单位,必须采取除尘措施。严格限制向大气排放含有毒物质的废气和粉尘;确需排放的,必须经过净化处理,不超过规定的排放标准。

工业生产中产生的可燃性气体应当回收利用,不具备回收利用条件而向大气排放的,应当进行防治污染处理。向大气排放转炉气、电石气、电炉法黄磷尾气、有机烃类尾气的,须报经当地环境保护行政主管部门批准。可燃性气体回收利用装置不能正常作业的,应当及时修复或者更新。在回收利用装置不能正常作业期间确需排放可燃性气体的,应当将排放的可燃性气体充分燃烧或者采取其他减轻大气污染的措施。

炼制石油、生产合成氨、煤气和燃煤焦化、有色金属冶炼过程中排放含硫气体的,应当配备脱硫装置或者采取其他脱硫措施。

向大气排放含放射性物质的气体和气溶胶,必须符合国家有关放射性防护的规定,不得超过规定的排放标准。

2. 对恶臭气体、有毒有害烟尘和扬尘等控制规定

向大气排放恶臭气体的排污单位,必须采取措施防止周围居民区受到污染。

在人口集中地区和其他依法需要特殊保护的区域内,禁止焚烧沥青、油毡、橡胶、塑料、皮革、垃圾以及其他产生有毒有害烟尘和恶臭气体的物质。禁止在人口集中地区、机场周围、交通干线附近以及当地人民政府划定的区域露天焚烧秸秆、落叶等产生烟尘污染的物质。此外,城市人民政府还可以根据实际情况,采取防治烟尘污染的其他措施。

运输、装卸、贮存能够散发有毒有害气体或者粉尘物质的,必须采取密闭措施或者其他防护措施。

城市饮食服务业的经营者,必须采取措施,防止油烟对附近居民的居住环境造成污染。

城市人民政府应当采取绿化责任制、加强建设施工管理、扩大地面铺装面积、控制渣土堆放和清洁运输等措施,提高人均占有绿地面积,减少市区裸露地面和地面尘土,防治城市扬尘污染。在城市市区进行建设施工或者从事其他产生扬尘污染活动的单位,必须按照当地环境保护的规定,采取防治扬尘污染的措施。国务院有关行政主管部门应当将城市扬尘污染的控制状况作为城市环境综合整治考核的依据之一。

3. 对消耗臭氧物质及其替代品的规定

国家鼓励、支持消耗臭氧层物质替代品的生产和使用,逐步减少消耗臭氧层物质的产量,直至停止消耗臭氧层物质的生产和使用。在国家规定的期限内,生产、进口消耗臭氧层物质的单位必须按照国务院有关行政主管部门核定的配额进行生产、进口。

(七)大气环境保护综合规划

国务院和地方各级人民政府,必须将大气环境保护工作纳入国民经济和社会发展计划,合理规划工业布局,加强防治大气污染的科学研究,采取防治大气污染措施,保护和改善大气环境。

大气污染综合规划的实质是为了达到区域环境空气质量控制目标,对多种大气污染控制方案的技术可行性、经济合理性、区域适应性和实施可能性等进行最优化选择和评价,从而得出最优的控制方案和工程措施的规划方案。

第二节 水体废弃物环境管理

一、水体废弃物概况

(一)水体废弃物的种类

水体废弃物按其在水体中的状态或形态可划分为水体颗粒物、浮游生物、溶解物质,按其危害特征可划分为耗氧有机物、难降解有机污染物、植物性营养物质、重金属污染物、放射性物、石油类污染物、病原体等。

一些主要的水体污染物见表6-4。

表6-4 一些主要的水体污染物

种类	主要污染物
水体颗粒物	指纳米以上的胶体、矿物微粒、生物残体颗粒。胶体包括硅胶体、重金属的水合氧化物、腐殖酸、蛋白质、多糖、类脂等;矿物颗粒包括碳酸钙晶体、硅铝酸盐、黏土等
浮游生物	浮游动物、浮游植物和微生物。主要浮游动物有枝角目、太阳虫目、腰鞭毛虫目、轮虫等;主要浮游植物有绿藻、蓝藻、硅藻、裸藻、隐藻、金藻等;主要微生物有变形虫类等

种类	主要污染物
溶解物质	溶解金属化合物、小分子有机物,如有机酸、氨基酸、糖类、油脂等天然有机物,多氯联苯、有机磷农药、有机氯农药等,也包括溶解在水中的气体化合物,如 CO、CO_2、H_2S、NH_3、Cl_2 等
耗氧有机物	有机酸、氨基酸、糖类、油脂等有机物质
难降解有机污染物	卤代有机物、有机胺化合物、有机金属化合物及多环芳烃等
植物性营养物质	硝酸盐、亚硝酸盐、铵盐、氨氮、无机和有机磷化合物等
重金属污染物	指汞、铅、铬、镉、砷、铜、锌、钼、钴等
物理污染因素	热水、酸性废水、高含盐废水、色素、无机悬浮物等
放射性污染物	^{90}Sr、^{137}Cs 等
病原体	病菌、病毒、寄生虫

（二）水体废弃物的来源

水体污染源,按污染成因可分为天然污染源和人为污染源,按污染物种类可分为物理性、化学性和生物性污染源,按排入水体的形式可分为点源和面源。

工矿企业、城市或社区的集中排放一般被认为是点源。点源污染物的种类和数量与点源本身的性质密切相关。而在流域集水区和汇水盆地,通过地表径流污染水体的方式被称为面源,主要的面源污染物有氮、磷、农药和有机物等。

（三）水体废弃物的特征

1. 来源广泛、成分复杂、排放量大

水是人类社会生存发展的最基本资源,在生产生活的各个方面都需要清洁的水并排放出含有各种废物的废水。因此,与气体废弃物一样,包括有机物、无机物、重金属、营养物质等在内的水体废弃物具有来源广泛、成分复杂、排放量大的特点,这些水体废弃物直接或间接进入江河湖海和地下水等环境,有可能经过复杂的物理、化学和生物过程造成水污染。

2. 危害性大、处理难度大,并与水资源、水灾害等的关联性高

水体废弃物容易造成地表和地下饮用水源的污染,进而直接危害人群的健康,特别是一些难以解决的污染物,如难降解有机污染物、内分泌干扰物质等,一般处理工艺难以消除,会给饮用人群造成重要的健康威胁。另外。水体废弃物造成的水污染问题与水资源、水灾害等问题密切相关,如调蓄水资源利用的水库,容易生成富营养化问题;洪水等灾害又容易冲毁一些工厂设施,导致水体污染物泄漏,造成突发污染事件。因此,解决水污染问题,必须结合水资源、水灾害

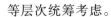

等层次统筹考虑。

二、水体废弃物管理的理论与实践

（一）水体废弃物管理的发展

水污染是最古老的环境问题之一。水体废弃物造成的水环境污染是当今世界各国面临的共同环境问题。随着经济发展、人口增加和城市化进程的加快，世界范围内的水污染日益加重。在许多发展中国家，因水污染导致的清洁饮用水源缺乏、人体健康受到威胁、城市和农村水体脏乱差等问题比较突出；而在发达国家，水体中持久性有机污染物危害人体健康等问题，则是人们关注的焦点。

早期的水体废弃物管理多体现在各种受污染河流、湖泊的治理工作中，通过关闭产生污染的企业、建设城市污水收集和处理系统、恢复水生生态系统等措施保护水体环境。这些工作在发达国家一些城市取得了明显的成效。例如，曾经一度污染十分严重的英国泰晤士河等河流恢复了清洁的面貌。但在许多经济不够发达的国家和地区，治理水体废弃物所需要的巨额资金使治理工作进展极为缓慢。现在，有机物、无机物、重金属、过量的 N 和 P 等水体废弃物造成的污染问题仍然比较严重，同时还出现了新的污染问题。因此，加强水体废弃物管理，保护水体环境还需要长期的工作。

（二）理论与实践

水体废弃物管理和水环境污染控制涉及的领域非常广泛，目前还没有形成水体废弃物管理的统一定义。一般而言，水体废弃物管理或称为水污染管理主要包括以下一些领域。

1. 点源管理

点源是指排放水体废弃物的污染源的排放集中在一点或一个可以当做点的小范围，实际上多由管道收集后进行集中排放。最主要的点源有工业废水和城市生活污水，前者通过工厂的集中排污口排放；后者经收集和处理后，通过城市的集中排污口排放。对以点源形式排放的水体废弃物的管理主要包括以下一些内容：① 废弃物浓度和总量的管理，包括各种排污许可证的审核发放、排污费收取、废弃物的区域总量控制、接入城市排水管道的废弃物浓度控制等；② 废弃物最终排入自然水体后的环境影响的控制，如控制集中排放口的出水深度和总量，使其对水体环境的影响控制在可接受的范围内；③ 制定各种控制和激励点源减少废弃物排放量、节约用水的政策和管理措施。

2. 面源管理

面源又称为非点源，其废弃物排放一般分散在一个较大的区域范围内，通常表现为无组织排放。面源污染主要有城市中的地表径流、农田排水、农村畜禽养殖废水、区域水土流失等。农村中没有纳入污水收集系统而分散排放的生活污水和乡镇工业废水,其进入自然水体的方式大多是无组织的,通常也被当做面源来处理。面源管理的主要内容有:① 建设面源污水的收集和处理系统,如城市中要完善雨水收集系统,将污染严重的雨水纳入城市污水处理厂进行处理;在农村要大力建设污水收集和处理的基础设施,将农村生活污水和工业废水进行集中处理和管理;② 加强农田、城市街道等面源本身的环境管理,如合理施用化肥农药、积极进行水土保持和及时清扫街道等;③ 制定各种控制和激励面源减少废弃物排放量、节约用水的政策和管理措施。

阅读材料 49:太湖蓝藻的前世今生

1. 地球上最古老的绿色植物

34 亿年以前,当地球尚处于混沌蒙昧的初生期之时,一种最原始的生命物质就已静悄悄地出现在了茫茫大海之中。蓝藻,这个地球最早的统治者,所有绿色植物的始祖,它那神秘的双螺旋结构在自然赋予的 R 选择法则中经历了无数次的复制与拆分之后,顽强地存留到了现在,与我们在短暂的生命旅途中相逢。

蓝藻是一大类光合自养原核生物的统称,绝大部分以营养细胞分裂的方式繁殖,目前已被发现的共有 21 个属。它们仅有几个微米大小,根本无法用肉眼分辨;然而在光学显微镜之下,却幻化出如同万花筒一般缤纷多彩的几何图案,如细丝,如绸缎,如项链,如星辰……令藻类学家毕生为之倾倒。虽然蓝藻的生命周期短暂到只能以天为计,但却具有强大的环境适应能力。它们几乎出现于地球的每一个纬度,从湖泊到草原,从海洋到沙漠,甚至是发烫的温泉和冷酷的冰原。有三种蓝藻最为受到水环境学家关注,西方学者们给它们取了如同邻家小孩般亲切的绰号,分别叫 Anny、Fanny 和 Mike,中文学名就是鱼腥藻(*Anabaena*)、束丝藻(*Aphanizomenon*)和微囊藻(*Microcysitis*)。它们就是蓝藻水华的主要元凶。

2. 蓝藻水华之困,天灾抑或人祸

蓝藻水华在湖泊、水库的表层时常发生,是一种由于蓝藻过量增殖,而导致的浓绿色颗粒状物质聚集的生态现象。它并不是阳光底下的新事,50 年前巢湖里就有这个怪物出没的行踪,当地人称之为"湖靛","往往先刮一阵大风,掀起湖浪翻涌,随后风消浪止,湖面就出现湖靛,然后随风吹浮聚集于岸边。"与现代人对蓝藻水华谈之色变的情形不同,那时候的巢湖农民对湖靛却视若至宝,在化肥还没有大规模应用的时代,湖靛是自然馈赠的上佳肥料,甚至被赞誉为"巢湖之宝,禾苗之父"。如今,科学技术的发展让我们能够揭开湖靛的神秘面纱,一窥端倪。盛一杯发绿的湖水,里面就有上亿个仅有 2 ~ 5 μm 大小的微囊藻,它们体内储有能够转化光能为化学能的叶绿素,还精巧地装配着许多小到几十个纳米的微气囊。借助显微镜,可以看到成百上千的微囊藻聚集成一团一团的暗绿色小球,每一个小球就如同一艘绿色的潜水艇,在微气囊的协助下自如地上浮或是下沉,去任何一个适合生存的角落。

蓝藻水华的出现是突然而猛烈的,环境适宜的时候,几天之内湖水中藻类浓度就迅速上升,1 L 水中高达数十亿个蓝藻细胞,它们释放出的具有挥发性的化学物质,产生腥臭的气味,四处飘散;与此同时,水环境工程师最关心的水质指标,如浊度、COD 等也因为蓝藻的聚集而出现过高的状况,逐渐恶化的源水超出了自来水厂常规工艺的处理能力,最终导致滤池堵塞,供水总量和供水水质大为下降,这就是令人心有余悸的水华之患。

蓝藻的爆发仿佛是突如其来,让许多人措手不及。某一时刻、某一地点出现的水华现象与当时当地纷繁复杂的自然条件密不可分,温度的升高、日照的增强、水体流动性和水位的降低,营养物质浓度的上升,都可能是水华的原因。在夏季的太湖,甚至东南风也会作祟,它导致整个湖区的蓝藻都被风生流挟带着涌向北面,将梅梁湾团团围困。然而,回望过去,我们又不得不承认,蓝藻,这个大自然派来的使者,它是用另一种方式警示我们,在人类迈开大步跨越经济发展的坦途之时,赖以生存的环境正悄悄地发生着变化。为了支撑庞大的流域人口和巨额的 GDP,每年有 30 多亿吨的污水排入太湖、巢湖和滇池,逐渐累积而造成的富营养化问题和频发的水华,又转而成为了可持续发展的限制因素,为了摆脱它们的阴影,我们将付出更为沉重的代价。

3. 蓝藻治理,一场艰辛而持久的"战争"

为了降服蓝藻,政府、科学家和工程师正在携手作战,深受蓝藻之害的普通民众也逐渐加入进来。在最初的阶段,建设二级污水处理厂被认为是防治富营养化的重要途径之一。然而不久,研究者就发现,只去除有机污染物,不控制磷、氮等营养物质的话,反而会加深湖泊的富营养化程度。因为氮、磷这些限制因子的量决定了蓝藻的生长速度和最高阈值,这就是生态学基本法则之一——生物生长受限制因子原理。基于这个原理,控制氮、磷的排放被认为是缓解水体富营养化的最主要手段之一,关闭排放高氮磷的工厂,对污水进行脱磷除氮深度处理,控制农业面源污染的前置库,普及无磷洗衣粉的使用,这些都是控源策略下的必然抉择。然而控源策略耗资巨大,实施近 10 年以后才可能出现水质改善的迹象,如日本的琵琶湖、荷兰的艾瑟尔湖、美国的莫斯湖等。目前,扬水筒、生态浮岛、遮光控藻、改性黏土控藻,麦秆控藻、鱼控藻等物理-生态工程,以及以高锰酸盐氧化、气浮法等为代表的预处理技术正逐渐投入蓝藻控制和水源保障的主战场中。

或许不断出现的新技术和新方法将能够不辜负我们的期待。然而我们必须清醒地认识到,衡量技术本身的可行性,并不仅仅在于它是否新颖或者高端,也不在于它能够将水质提升到怎样的水平,更不在于自我炒作的程度,最为重要的是必须在现有的经济水平之下,解决水源地所面临的实际问题。要知道,水华问题是事关民众健康的关键性问题,任何一项对策、一项工程的实施都必须审慎对待。我们能够战胜蓝藻的最为根本的条件,始终都是科学的头脑,工程的思路,知行合一的精神和实事求是的态度。

三、水体废弃物管理的基本内容和方法

下面以中国为例,对照《中华人民共和国水污染防治法》简介水体废弃物管理的基本内容和方法。

(一) 水体废弃物的管理机构和体制

《中华人民共和国水污染防治法》第四条规定,县级以上人民政府应当将水环境保护工作纳入国民经济和社会发展规划。县级以上地方人民政府应当采取防治水污染的对策和措施,对本行政区域的水环境质量负责。第五条规定:国家实行水环境保护目标责任制和考核评价制度,将水环境保护目标完成情况作为对地方人民政府及其负责人考核评价的内容。

第八条规定:县级以上人民政府环境保护主管部门对水污染防治实施统一监督管理。交通主管部门的海事管理机构对船舶污染水域的防治实施监督管理。县级以上人民政府水行政、国土资源、卫生、建设、农业、渔业等部门以及重要江河、湖泊的流域水资源保护机构,在各自的职责范围内,对有关水污染防治实施监督管理。

第十条规定:任何单位和个人都有义务保护水环境,并有权对污染损害水环境的行为进行检举。

(二) 水环境质量标准和污染物排放标准

根据《中华人民共和国水污染防治法》第二章"水污染防治的标准和规划"的规定,国务院环境保护主管部门制定国家水环境质量标准。省、自治区、直辖市人民政府可以对国家水环境质量标准中未作规定的项目,制定地方标准,并报

国务院环境保护主管部门备案。

表6-5列出了《地表水环境质量标准》GB3838—2002中基本项目标准限值。

表6-5　《地表水环境质量标准》GB3838—2002中基本项目标准限值

单位:mg/L

序	分类/标准值/项目	Ⅰ类	Ⅱ类	Ⅲ类	Ⅳ类	Ⅴ类
1	水温/℃	人为造成的环境水温变化应限制在:周平均最大温升≤1;周平均最大温降≤2				
2	pH(量纲为一)	6~9				
3	溶解氧≥	饱和率90%或7.5	6	5	3	2
4	高锰酸盐指数≤	2	4	6	10	15
5	化学需氧量(COD)≤	15	15	20	30	40
6	五日生化需氧量(BOD$_5$)≤	3	3	4	6	10
7	氨氮(NH$_3$-N)≤	0.15	0.5	1.0	1.5	2.0
8	总磷(以P计)≤	0.02(湖、库0.01)	0.1(湖、库0.025)	0.2(湖、库0.05)	0.3(湖、库0.1)	0.4(湖、库0.2)
9	总氮(湖、库,以N计)≤	0.2	0.5	1.0	105	2.0
10	铜≤	0.01	1.0	1.0	1.0	1.0
11	锌≤	0.05	1.0	1.0	2.0	2.0
12	氟化物(以F⁻计)≤	1.0	1.0	1.0	1.5	1.5
13	硒≤	0.01	0.01	0.01	0.02	0.02
14	砷≤	0.05	0.05	0.05	0.1	0.1
15	汞≤	0.000 05	0.000 05	0.000 1	0.001	0.001
16	镉≤	0.001	0.005	0.005	0.005	0.01
17	铬(六价)≤	0.01	0.05	0.05	0.05	0.05
18	铅≤	0.01	0.01	0.05	0.05	0.1
19	氰化物≤	0.005	0.05	0.2	0.2	0.2
20	挥发酚≤	0.002	0.002	0.005	0.01	0.1

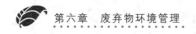

续表

序	分类/标准值/项目	Ⅰ类	Ⅱ类	Ⅲ类	Ⅳ类	Ⅴ类
21	石油类≤	0.05	0.05	0.05	0.5	1.0
22	阴离子表面活性剂≤	0.2	0.2	0.2	0.3	0.3
23	硫化物≤	0.05	0.1	0.2	0.5	1.0
24	粪大肠菌群(个/L)≤	200	2 000	10 000	20 000	40 000

国务院环境保护主管部门根据国家水环境质量标准和国家经济、技术条件，制定国家水污染物排放标准。

省、自治区、直辖市人民政府对国家水污染物排放标准中未作规定的项目，可以制定地方水污染物排放标准；对国家水污染物排放标准中已作规定的项目，可以制定严于国家水污染物排放标准的地方水污染物排放标准。地方水污染物排放标准须报国务院环境保护主管部门备案。

向已有地方水污染物排放标准的水体排放污染物的，应当执行地方水污染物排放标准。

国务院环境保护主管部门和省、自治区、直辖市人民政府，应当根据水污染防治的要求和国家或者地方的经济、技术条件，适时修订水环境质量标准和水污染物排放标准。

（三）制定流域或区域水污染防治规划

根据《中华人民共和国水污染防治法》第二章"水污染防治的标准和规划"的规定，防治水污染应当按流域或者按区域进行统一规划。国家确定的重要江河、湖泊的流域水污染防治规划，由国务院环境保护主管部门会同国务院经济综合宏观调控、水行政等部门和有关省、自治区、直辖市人民政府编制，报国务院批准。

省、自治区、直辖市内跨县江河、湖泊的流域水污染防治规划，根据国家确定的重要江河、湖泊的流域水污染防治规划和本地实际情况，由省、自治区、直辖市人民政府环境保护主管部门会同同级水行政等部门编制，报省、自治区、直辖市人民政府批准，并报国务院备案。

经批准的水污染防治规划是防治水污染的基本依据，规划的修订须经原批准机关批准。

县级以上地方人民政府应当根据依法批准的江河、湖泊的流域水污染防治规划，组织制定本行政区域的水污染防治规划。

国务院有关部门和县级以上地方人民政府开发、利用和调节、调度水资源时，应当统筹兼顾，维持江河的合理流量和湖泊、水库以及地下水体的合理水位，维护水体的生态功能。

（四）水污染防治的监督管理

根据《中华人民共和国水污染防治法》第三章"水污染防治的监督管理"的规定,主要管理内容有:

1. 环境影响评价和"三同时"制度

新建、改建、扩建直接或者间接向水体排放污染物的建设项目和其他水上设施,应当依法进行环境影响评价。

建设单位在江河、湖泊新建、改建、扩建排污口的,应当取得水行政主管部门或者流域管理机构同意;涉及通航、渔业水域的,环境保护主管部门在审批环境影响评价文件时,应当征求交通、渔业主管部门的意见。

建设项目的水污染防治设施,应当与主体工程同时设计、同时施工、同时投入使用。水污染防治设施应当经过环境保护主管部门验收,验收不合格的,该建设项目不得投入生产或者使用。

2. 重点水污染物排放实施总量控制制度

省、自治区、直辖市人民政府应当按照国务院的规定削减和控制本行政区域的重点水污染物排放总量,并将重点水污染物排放总量控制指标分解落实到市、县人民政府。市、县人民政府根据本行政区域重点水污染物排放总量控制指标的要求,将重点水污染物排放总量控制指标分解落实到排污单位。具体办法和实施步骤由国务院规定。

省、自治区、直辖市人民政府可以根据本行政区域水环境质量状况和水污染防治工作的需要,确定本行政区域实施总量削减和控制的重点水污染物。

对超过重点水污染物排放总量控制指标的地区,有关人民政府环境保护主管部门应当暂停审批新增重点水污染物排放总量的建设项目的环境影响评价文件。

3. 排污许可制度

直接或者间接向水体排放工业废水和医疗污水以及其他按照规定应当取得排污许可证方可排放的废水、污水的企业事业单位,应当取得排污许可证;城镇污水集中处理设施的运营单位,也应当取得排污许可证。排污许可的具体办法和实施步骤由国务院规定。

禁止企业事业单位无排污许可证或者违反排污许可证的规定向水体排放以上规定的废水、污水。

4. 排污申报制度

直接或者间接向水体排放污染物的企业事业单位和个体工商户,应当按照国务院环境保护主管部门的规定,向县级以上地方人民政府环境保护主管部门

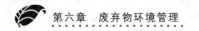

申报登记拥有的水污染物排放设施、处理设施和在正常作业条件下排放水污染物的种类、数量和浓度,并提供防治水污染方面的有关技术资料。

企业事业单位和个体工商户排放水污染物的种类、数量和浓度有重大改变的,应当及时申报登记;其水污染物处理设施应当保持正常使用;拆除或者闲置水污染物处理设施的,应当事先报县级以上地方人民政府环境保护主管部门批准。

5. 重点排污单位监测制度

重点排污单位应当安装水污染物排放自动监测设备,与环境保护主管部门的监控设备联网,并保证监测设备正常运行。排放工业废水的企业,应当对其所排放的工业废水进行监测,并保存原始监测记录。具体办法由国务院环境保护主管部门规定。

应当安装水污染物排放自动监测设备的重点排污单位名录,由设区的市级以上地方人民政府环境保护主管部门根据本行政区域的环境容量、重点水污染物排放总量控制指标的要求以及排污单位排放水污染物的种类、数量和浓度等因素,商同级有关部门确定。

6. 排污收费制度

直接向水体排放污染物的企业事业单位和个体工商户,应当按照排放水污染物的种类、数量和排污费征收标准缴纳排污费。

排污费应当用于污染的防治,不得挪作他用。

7. 水环境质量监测和水污染物排放监测制度

国务院环境保护主管部门负责制定水环境监测规范,统一发布国家水环境状况信息,会同国务院水行政等部门组织监测网络。

8. 重要江河、湖泊流域的水资源保护制度

国家确定的重要江河、湖泊流域的水资源保护工作机构负责监测其所在流域的省界水体的水环境质量状况,并将监测结果及时报国务院环境保护主管部门和国务院水行政主管部门;有经国务院批准成立的流域水资源保护领导机构的,应当将监测结果及时报告流域水资源保护领导机构。

9. 现场检查制度

环境保护主管部门和其他依照本法规定行使监督管理权的部门,有权对管辖范围内的排污单位进行现场检查,被检查的单位应当如实反映情况,提供必要的资料。检查机关有义务为被检查的单位保守在检查中获取的商业秘密。

10. 跨区域水污染纠纷协商解决制度

跨行政区域的水污染纠纷,由有关地方人民政府协商解决,或者由其共同的上级人民政府协调解决。

（五）水污染防治措施

根据《中华人民共和国水污染防治法》第四章"水污染防治措施"的规定,主要管理内容有:

1.一般规定

禁止向水体排放油类、酸液、碱液或者剧毒废液。

禁止在水体清洗装贮过油类或者有毒污染物的车辆和容器。

禁止向水体排放、倾倒放射性固体废物或者含有高放射性和中放射性物质的废水。

向水体排放含低放射性物质的废水,应当符合国家有关放射性污染防治的规定和标准。

向水体排放含热废水,应当采取措施,保证水体的水温符合水环境质量标准。

含病原体的污水应当经过消毒处理;符合国家有关标准后,方可排放。

禁止向水体排放、倾倒工业废渣、城镇垃圾和其他废弃物。

禁止将含有汞、镉、砷、铬、铅、氰化物、黄磷等的可溶性剧毒废渣向水体排放、倾倒或者直接埋入地下。

存放可溶性剧毒废渣的场所,应当采取防水、防渗漏、防流失的措施。

禁止在江河、湖泊、运河、渠道、水库最高水位线以下的滩地和岸坡堆放、存贮固体废弃物和其他污染物。

禁止利用渗井、渗坑、裂隙和溶洞排放、倾倒含有毒污染物的废水、含病原体的污水和其他废弃物。

禁止利用无防渗漏措施的沟渠、坑塘等输送或者存贮含有毒污染物的废水、含病原体的污水和其他废弃物。

多层地下水的含水层水质差异大的,应当分层开采;对已受污染的潜水和承压水,不得混合开采。

兴建地下工程设施或者进行地下勘探、采矿等活动,应当采取防护性措施,防止地下水污染。

人工回灌补给地下水,不得恶化地下水质。

2.工业水污染防治

国务院有关部门和县级以上地方人民政府应当合理规划工业布局,要求造成水污染的企业进行技术改造,采取综合防治措施,提高水的重复利用率,减少废水和污染物排放量。

国家对严重污染水环境的落后工艺和设备实行淘汰制度。国务院经济综合宏观调控部门会同国务院有关部门,公布限期禁止采用的严重污染水

环境的工艺名录和限期禁止生产、销售、进口、使用的严重污染水环境的设备名录。

生产者、销售者、进口者或者使用者应当在规定的期限内停止生产、销售、进口或者使用列入前款规定的设备名录中的设备。工艺的采用者应当在规定的期限内停止采用列入以上规定的工艺名录中的工艺。

国家禁止新建不符合国家产业政策的小型造纸、制革、印染、染料、炼焦、炼硫、炼砷、炼汞、炼油、电镀、农药、石棉、水泥、玻璃、钢铁、火电以及其他严重污染水环境的生产项目。

企业应当采用原材料利用效率高、污染物排放量少的清洁工艺，并加强管理，减少水污染物的产生。

3.城镇水污染防治

城镇污水应当集中处理。县级以上地方人民政府应当通过财政预算和其他渠道筹集资金，统筹安排建设城镇污水集中处理设施及配套管网，提高本行政区域城镇污水的收集率和处理率。

国务院建设主管部门应当会同国务院经济综合宏观调控、环境保护主管部门，根据城乡规划和水污染防治规划，组织编制全国城镇污水处理设施建设规划。县级以上地方人民政府组织建设、经济综合宏观调控、环境保护、水行政等部门编制本行政区域的城镇污水处理设施建设规划。县级以上地方人民政府建设主管部门应当按照城镇污水处理设施建设规划，组织建设城镇污水集中处理设施及配套管网，并加强对城镇污水集中处理设施运营的监督管理。

城镇污水集中处理设施的运营单位按照国家规定向排污者提供污水处理的有偿服务，收取污水处理费用，保证污水集中处理设施的正常运行。向城镇污水集中处理设施排放污水、缴纳污水处理费用的，不再缴纳排污费。收取的污水处理费用应当用于城镇污水集中处理设施的建设和运行，不得挪作他用。

城镇污水集中处理设施的污水处理收费、管理以及使用的具体办法，由国务院规定。

向城镇污水集中处理设施排放水污染物，应当符合国家或者地方规定的水污染物排放标准。

城镇污水集中处理设施的出水水质达到国家或者地方规定的水污染物排放标准的，可以按照国家有关规定免缴排污费。

城镇污水集中处理设施的运营单位，应当对城镇污水集中处理设施的出水水质负责。

环境保护主管部门应当对城镇污水集中处理设施的出水水质和水量进行监督检查。

建设生活垃圾填埋场,应当采取防渗漏等措施,防止造成水污染。

4. 农业和农村水污染防治

使用农药,应当符合国家有关农药安全使用的规定和标准。运输、存贮农药和处置过期失效农药,应当加强管理,防止造成水污染。

县级以上地方人民政府农业主管部门和其他有关部门,应当采取措施,指导农业生产者科学、合理地施用化肥和农药,控制化肥和农药的过量使用,防止造成水污染。

国家支持畜禽养殖场、养殖小区建设畜禽粪便、废水的综合利用或者无害化处理设施。畜禽养殖场、养殖小区应当保证其畜禽粪便、废水的综合利用或者无害化处理设施正常运转,保证污水达标排放,防止污染水环境。

从事水产养殖应当保护水域生态环境,科学确定养殖密度,合理投饵和使用药物,防止污染水环境。

向农田灌溉渠道排放工业废水和城镇污水,应当保证其下游最近的灌溉取水点的水质符合农田灌溉水质标准。利用工业废水和城镇污水进行灌溉,应当防止污染土壤、地下水和农产品。

5. 船舶水污染防治

船舶排放含油污水、生活污水,应当符合船舶污染物排放标准。从事海洋航运的船舶进入内河和港口的,应当遵守内河的船舶污染物排放标准。

船舶的残油、废油应当回收,禁止排入水体。

禁止向水体倾倒船舶垃圾。

船舶装载运输油类或者有毒货物,应当采取防止溢流和渗漏的措施,防止货物落水造成水污染。

船舶应当按照国家有关规定配置相应的防污设备和器材,并持有合法有效的防止水域环境污染的证书与文书。

船舶进行涉及污染物排放的作业,应当严格遵守操作规程,并在相应的记录簿上如实记载。

港口、码头、装卸站和船舶修造厂应当备有足够的船舶污染物、废弃物的接收设施。从事船舶污染物、废弃物接收作业,或者从事装载油类、污染危害性货物船舱清洗作业的单位,应当具备与其运营规模相适应的接收处理能力。

船舶进行下列活动,应当编制作业方案,采取有效的安全和防污染措施,并报作业地海事管理机构批准:① 进行残油、含油污水、污染危害性货物残留物的接收作业,或者进行装载油类、污染危害性货物船舱的清洗作业;② 进行散装液体污染危害性货物的过驳作业;③ 进行船舶水上拆解、打捞或者其他水上、水下船舶施工作业。

在渔港水域进行渔业船舶水上拆解活动,应当报作业地渔业主管部门批准。

（六）饮用水水源和其他特殊水体保护

根据《中华人民共和国水污染防治法》第五章"饮用水水源和其他特殊水体保护"的规定,主要管理内容有:

国家建立饮用水水源保护区制度。饮用水水源保护区分为一级保护区和二级保护区;必要时,可以在饮用水水源保护区外围划定一定的区域作为准保护区。

国务院和省、自治区、直辖市人民政府可以根据保护饮用水水源的实际需要,调整饮用水水源保护区的范围,确保饮用水安全。有关地方人民政府应当在饮用水水源保护区的边界,设立明确的地理界标和明显的警示标志。

在饮用水水源保护区内,禁止设置排污口。

禁止在饮用水水源一级保护区内新建、改建、扩建与供水设施和保护水源无关的建设项目;已建成的与供水设施和保护水源无关的建设项目,由县级以上人民政府责令拆除或者关闭。

禁止在饮用水水源一级保护区内从事网箱养殖、旅游、游泳、垂钓或者其他可能污染饮用水水体的活动。

禁止在饮用水水源二级保护区内新建、改建、扩建排放污染物的建设项目;已建成的排放污染物的建设项目,由县级以上人民政府责令拆除或者关闭。在饮用水水源二级保护区内从事网箱养殖、旅游等活动的,应当按照规定采取措施,防止污染饮用水水体。

禁止在饮用水水源准保护区内新建、扩建对水体污染严重的建设项目;改建建设项目,不得增加排污量。

县级以上地方人民政府应当根据保护饮用水水源的实际需要,在准保护区内采取工程措施或者建造湿地、水源涵养林等生态保护措施,防止水污染物直接排入饮用水水体,确保饮用水安全。

饮用水水源受到污染可能威胁供水安全的,环境保护主管部门应当责令有关企业事业单位采取停止或者减少排放水污染物等措施。

国务院和省、自治区、直辖市人民政府根据水环境保护的需要,可以规定在饮用水水源保护区内,采取禁止或者限制使用含磷洗涤剂、化肥、农药以及限制种植养殖等措施。

县级以上人民政府可以对风景名胜区水体、重要渔业水体和其他具有特殊经济文化价值的水体划定保护区,并采取措施,保证保护区的水质符合规定用途的水环境质量标准。

在风景名胜区水体、重要渔业水体和其他具有特殊经济文化价值的水体的保护区内,不得新建排污口。在保护区附近新建排污口,应当保证保护区水体不受污染。

（七）水污染事故处置

根据《中华人民共和国水污染防治法》第六章"水污染事故处置"的规定,主要管理内容有：

各级人民政府及其有关部门,可能发生水污染事故的企事业单位,应当依照《中华人民共和国突发事件应对法》的规定,做好突发水污染事故的应急准备、应急处置和事后恢复等工作。

可能发生水污染事故的企事业单位,应当制定有关水污染事故的应急方案,做好应急准备,并定期进行演练。生产、储存危险化学品的企业事业单位,应当采取措施,防止在处理安全生产事故过程中产生的可能严重污染水体的消防废水、废液直接排入水体。

企业事业单位发生事故或者其他突发性事件,造成或者可能造成水污染事故的,应当立即启动本单位的应急方案,采取应急措施,并向事故发生地的县级以上地方人民政府或者环境保护主管部门报告。环境保护主管部门接到报告后,应当及时向本级人民政府报告,并抄送有关部门。

造成渔业污染事故或者渔业船舶造成水污染事故的,应当向事故发生地的渔业主管部门报告,接受调查处理。其他船舶造成水污染事故的,应当向事故发生地的海事管理机构报告,接受调查处理;给渔业造成损害的,海事管理机构应当通知渔业主管部门参与调查处理。

第三节　固体废弃物环境管理

一、固体废弃物概况

（一）固体废弃物的种类

固体废弃物是指人类在生产建设、日常生活和其他活动中产生的,在一定时间和地点无法利用而被丢弃的固体、半固体废弃物质。

固体废弃物分类的方法有多种,按其组成可分为有机废物和无机废物;按其形态可分为固态废物、半固态废物和液态（气态）废物;按其污染特性可分为危

险废物和一般废物等。根据《中华人民共和国固体废物污染环境防治法》分为城市固体废物、工业固体废物、农业固体废物和危险废物。

中国将一些不能排入水体的液态废物和不能排入大气的置于容器中的气态废物,也归入固体废物管理体系。

1. 城市固体废物

城市固体废物又称为城市垃圾,它是指在城市居民生活、商业活动、市政建设、机关办公等活动中产生的固体废物。

城市固体废物一般分为四类:① 生活垃圾,指在城市居民日常生活中或为城市日常生活提供服务的活动中产生的固体废物,可以分为居民生活垃圾、街道保洁垃圾和集团垃圾三大类。居民生活垃圾数量大、性质复杂,受时间和季节影响大,一般包括厨余物、废纸、废塑料、废织物、废金属、废玻璃、粪便、废家具以及废旧电器等。街道保洁垃圾来自路面清扫,其成分与居民生活垃圾相似,但泥沙、枯枝落叶和商品包装较多。集团垃圾是指机关、学校和第三产业在生产过程中产生的废物,其特点是随产生源不同而变化,但对某个产生源则相对稳定。② 城建渣土,城市建设中的废砖瓦、碎石、渣土和混凝土碎块等。③ 商业固体废物,包括废纸、各种废旧包装材料、丢弃的食品饲料等。④ 粪便。城市基础设施建设完善时,居民的粪便大都通过下水道进入污水处理厂处理,而缺乏城市下水及污水处理设施时,粪便需要收集、清运,是城市固体废物的重要组成部分。

2. 工业固体废物

工业固体废物是指各个工业部门生产过程中产生的固体与半固体废物,是产生量最大的一类固体废物。由于工业固体废物主要来自于生产环节,其种类与生产工艺密切相关,还由于原材料种类和性质的差异,固体废物量也差别很大。

工业固体废物主要包括:① 冶金工业固体废物,如各种废渣等;② 能源工业固体废物,如粉煤灰、炉渣、煤矸石等;③ 石油化学工业固体废物,如油泥、废催化剂、废有机溶剂、医药废物、废药品、废农药等;④ 矿业固体废物,如采矿废石、尾矿等;⑤ 轻工业固体废物,如各种污泥、动物残物、废酸、废碱等;⑥ 其他工业固体废物,如各种金属碎屑、污泥、建筑废料等。

3. 农业固体废物

农业固体废物是农业生产、农产品加工和农村居民生活产生的废物。农业废物种类很多,一般可以归纳为四类:① 农田和果园残留物,如秸秆、残株、杂草、落叶、果实外壳、藤蔓、树枝和其他废物;② 牲畜和家禽粪便,以及栏圈铺垫物等;③ 水产养殖废物及农产品加工废物;④ 人粪尿及生活垃圾。

农业固体废弃物多产生于城市郊区,一般就地加以综合利用,或沤肥处理,或燃料焚化,还有一些露天堆放。

4. 危险废物

危险废物是指列入《国家危险废物名录》或是根据国家规定的危险废物鉴别标准和鉴别方法认定具有危险特性的废物。危险废物是具有易燃性、腐蚀性、化学反应性、毒害性及生物蓄积性、遗传变异性、刺激性等有害特性,对人体和环境产生极大危害的物质。中国在 1998 年颁布的《国家危险废物名录》中,列出了包括医疗废物、农药废物、废溶剂等在内的 47 类、数百种危险废物。

一些工业固体废物也属于危险废物。中国工业危险废物的产生量约占工业固体废物总量的 3% ~ 5%,其来源主要分布在化学工业、矿业、金属冶炼及加工业、石油工业等。在城市垃圾中,除医院的临床废物外,居民生活用品中的废电池、废日光灯、废家电等,也属于危险废物。

(二)固体废弃物的来源

固体废弃物来源于资源开发、产品制造、商品流通和生活消费这些物质流环节,可分为两大类。一类是生产过程中产生的固体废弃物,称为生产废弃物;另一类是生产进入市场后在流通过程或消费后产生的固体废弃物,称为生活废物。从表 6-6 可见一些在生产生活中常见的固体废弃物。

表 6-6 生产生活中常见的固体废弃物

发生源	产生的主要固体废弃物
矿业	废石、尾矿、金属、废木、砖瓦和水泥、砂石等
冶金、金属加工、交通、机械等工业	金属、渣、砂石、陶瓷、涂料、管道、绝热和绝缘材料、黏结剂、污垢、废木、塑料、橡胶、纸、各种建筑材料、烟尘等
建筑材料工业	金属、水泥、黏土、陶瓷、石膏、石棉、砂、石、纸、纤维等
食品加工业	肉、谷物、蔬菜、硬壳果、水果、烟草等
橡胶、皮革、塑料等工业	橡胶、塑料、皮革、纤维、染料等
石油化工工业	化学药剂、金属、资料、橡胶、陶瓷、沥青、油毡、石棉、涂料等
电器、仪器仪表工业	金属、玻璃、木、橡胶、塑料、化学药剂、研磨料、绝缘材料等
纺织服装工业	纤维、金属、橡胶、塑料等

续表

发生源	产生的主要固体废弃物
造纸、木材、印刷等工业	刨花、锯末、碎木、化学药剂、金属、塑料等
居民生活	食物、纸、庭院修剪物、金属、玻璃、塑料、瓷、灰渣、脏土、碎砖瓦、废器具、粪便等
商业机关	同上,另有管道、碎砌体、沥青及其他建筑材料,含有易爆、易燃、腐蚀性、放射性废物以及废汽车、废电器、废器具等
市政维护、管理部门	碎砖瓦、树叶、死畜禽、金属、锅炉灰渣、污泥等
农业	秸秆、蔬菜、水果、果树枝条、人和畜禽粪便、农药等
核工业和放射性医疗单位	金属、含放射性废渣、粉尘、污泥、器具和建筑材料等

（三）固体废弃物的主要特征

1. 资源和废弃物的相对性

固体废弃物品种繁多,数量巨大,从资源利用的角度看具有明显的相对性。从时间上看,大多数固体废弃物在当前科学技术和经济条件下无法利用,但随着时间推移,今天的废弃物可能成为明天的资源。从空间上看,废弃物仅相对于生产或生活中的某一过程或方面没有了使用价值,但对于其他过程,则可能成为一种原材料。固体废弃物一般具有某些工业原材料所具有化学、物理特性,且较废水、废气容易收集、运输、加工和处理,更加有利于回收利用。

据统计,每回收 1t 废纸可生产再生纸 850kg,节省木材 300kg,比生产等量纸减少污染 74%;每回收 1t 塑料饮料瓶可获得 0.7t 二级原料;每回收 1t 废钢铁可炼钢 0.9t,且比用矿石冶炼节约成本 47%,减少空气污染 75%,减少 97% 的水污染和固体废物。可见其回收利用价值巨大。

2. 污染终态和污染源头的双重作用

固体废弃物往往是许多污染成分的终极状态。一些有害气体或飘尘,通过大气污染治理最终富集成为固体废弃物;一些有害溶质和悬浮物,最终被分离出来成为污泥或残渣;一些含重金属的可燃固体废弃物,通过焚烧处理,有害重金属最终浓集于灰烬中。但是,这些"终态"物质中的有害成分,在长期的自然因素作用下,又会转入大气、水体和土壤中,成为环境污染的"源头"。

3. 具有潜在性、长期性、灾难性的危害特点

固体废弃物对环境的污染和危害不同于废水和废气。固体废弃物停滞性

大、扩散性小,占用大量土地和空间,其对环境的污染主要通过水、大气或土壤介质影响人类赖以生存的生物圈,给人类身体健康带来危害。固体废弃物中污染成分的迁移转化,是一个比较缓慢的过程,如垃圾浸出液在土壤中的迁移等,其危害可能在数年乃至数十年后才能发现。因此,从这个意义上讲,固体废弃物,特别是有害固体废弃物对环境的危害是潜在的、长期的,甚至可能是灾难性的,其危害后果要比废水和废气的严重得多。

二、固体废弃物管理的理论与实践

(一)固体废弃物管理的发展

在固体、液体和气体三种废弃物形态中,固体废弃物的污染问题最多,程度最严重,但却是最晚引起人们注意的,也是管理最薄弱的领域。阅读材料50展现了固体废弃物管理的发展历程。

> **阅读材料50:固体废弃物管理理念发展历程**
>
> 固体废弃物是人类生产和生活的伴生物。对城市固体废弃物而言,其管理理念的发展经历了如下的历程:
>
> 1. 固体废弃物管理的"消纳"思想
>
> 固体废弃物的消纳是利用自然环境容量,将其置于可接受的场所,使固体废弃物与城市生活环境相隔离。
>
> 第一次工业革命前,固体废弃物主要由植物、动物残余及各种灰渣组成,能在自然生态体系中被分解与转化,对环境的影响十分有限;受城市规模的限制,其产生量也相当有限,只要将其相对分散于城市周边的乡村环境中,在一段时间内通过物理、化学及生物作用就可以有效地降解固体废弃物。
>
> 随着城市规模的扩大和人类生活生产方式的变革,固体废弃物的组分日益复杂,数量骤增,消纳思想引导的城市固体废弃物处置实践出现了极大的危机。难以降解的有毒有害物质长期堆积,不仅污染了土壤,也对大气、水体造成严重危害;此外,数量骤增的固体废弃物占用了大量农田,在城郊形成了巨大的垃圾山,严重影响了人们的生产、生活。为解决上述问题,有关人员研发了焚烧、垃圾堆肥和卫生填埋等技术。然而,这些技术的出现与应用并没有完全解决固体废弃物污染问题。
>
> 2. 固体废弃物管理的旧"三化"和新"三化"原则
>
> 固体废弃物管理的"三化"原则,由"消纳"思想发展而来,通过管理实践的反馈,其本身也经历了从旧到新的理念发展过程,见表6-7。

表 6-7　固体废弃物管理的"三化"原则发展过程

名称	理念	内涵的重要性排序、产生原因及其具体表现		
		排序	产生原因	具体表现
旧"三化"原则	末端处理优化管理	无害化	对环境无害的要求	卫生填埋
		减量化	缓解填埋场所选址、建设难的矛盾	垃圾减容
		资源化	资源化前景乐观	可回收组分再利用或再生;垃圾堆肥;填埋产沼气;焚烧供热、发电
			经济压力	卫生填埋投资运行成本高
新"三化"原则	源头控制层级管理	减量化	源头控制与管理的转变	产品设计、销售及原材料选择规范化和减量化,绿色消费等
		资源化	分类、回收再造的可行性	源头分类收集、回收再利用或再生;垃圾堆肥;填埋产沼气;焚烧供热、发电
		无害化	对环境无害的要求	有害垃圾分类收集;卫生填埋

旧"三化原则"是一种固体废弃物处理处置技术的建立准则,着重"末端处理"。新三化"原则,根据其对固体废弃物管理的重要性及影响程度,其表达顺序也相应地改为:减量化、资源化、无害化。由此固体废弃物从末端处理的思想转变为源头管理的思想,这是一种设定优先级的、层级管理理念。在此理念的指引下,城市固体废弃物的分类、回收与再造技术等取得良好的发展。人们对固体废弃物的关注从垃圾本身延伸到产生行为的干预。在原先的技术性工作中融入了社会学、心理学、管理学、运筹学、生物学、环境科学、环境工程等学科思想;在管理的措施上,更多地运用法律、经济、教育和社会参与等手段。

3. 固体废弃物管理的"综合管理"理念

固体废弃物的综合管理理念,是继可持续发展理论之后产生的,即是在"三化"原则基础上,综合考虑经济、社会和环境的因素,满足三者的可接受程度,决定管理措施的力度和广度。

在可持续发展理念下,城市固体废弃物管理的根本性目标被理解为实现城市物流过程的生态化,包含:① 减少城市物流过程的原材料需求;② 减少城市物流过程向自然环境输出的废物流量,同时应使其组成特性达到尽可能高地与自然生态过程相容;③ 对进入自然环境的废弃物设置物流交换隔离屏障,避免废弃物对环境生态的直接冲击与破坏。

固体废弃物管理是城市可持续发展中环境管理的组成部分,应该立足在整个城市系统进行考虑。按照层级管理的"三化"管理理念进行推进,往往发现并不完全符合可持续发展的要求。例如,从减量化、资源化的角度,回收可利用物质属于优先采用的措施。但是,如果废弃物回收过程中所消耗的能源和资源比回收后获得的资源及节约的能源高,则回收从总体上讲并不具有可持续的特征。因此,这种将环境可承受性放在最重要位置的管理理念受到了社会和经济接受程度的挑战。

4. 循环经济理论

循环经济以资源的高效利用和循环利用为核心,将物质流动方式由传统的"资源—产品—废弃物"单向线形模式,转变为"资源—产品—废弃物—再生资源"闭合循环模式。循环经济使人类步入可持续发展的轨道,使传统的高消耗、高污染、高投入、低效率的粗放型经济增长模式转变为低消耗、低排放、高效率的集约型经济增长模式。

(二)固体废弃物管理与循环经济

循环经济的理论、方法和技术的不断充实和发展,逐渐成为对固体废弃物管理和利用的理论指导和方法指南。随着循环经济的发展,固体废弃物的循环利用成为其研究和实践的重点领域。固体废弃物的循环经济或循环利用可以从企业、产业和区域三个不同的层面来实现,通过企业内部回用、企业间梯级利用和再生产业的发展,构建起固体废弃物循环利用链条和再生利用网络,最大限度地实现固体废弃物的资源化。

应用循环经济理论指导固体废弃物管理,首先要推行清洁生产,改革生产流程,建立以生产过程不排放或少排放为原则的封闭系统。其次,要加强废物处理技术和有效利用技术的开发,从产品生产到废物处理,树立起防治公害、节约资源和便于循环利用的观念,建立起从改良产品设计,抑制废物产生以及废物处理市场在内的封闭的资源循环系统。

另外,要发展废物循环经济,还必须建立固体废弃物处理处置的市场化体制环境。政府要大力培育废物再利用产业,使物质的流动能够循环起来,成为环状。进行固体废弃物的资源化管理,能够带动废物处置和再生利用产业的发展,不仅可以从根本上解决废弃物和废旧资源在全社会的循环利用问题,而且可以为社会提供大量的就业机会。在发达国家,很多重要工业部门的生产原料主要依赖于再生资源。例如,法国每年铜产量原料的80%来自废铜再生,日本塑料产量的一半原材料是用废塑料,美国1/3的新闻纸是用废纸生产的。目前,中国的废物和闲置物再资源化产业发展尚处于起步阶段,发展潜力和前景非常广阔。

(三) 固体废弃物管理与第四产业发展

废弃物处置和再生利用产业是循环经济发展中的一个重要的节点产业,可称之为第四产业。没有这个中间环节,就不能建设成循环流动的链网,也就不能实现物质的环状流动。而一直以来,固体废弃物的管理、处置,被当成是社会公益事业由政府包揽,环境卫生部门既是监督机构,又是管理和执行单位,政企合一,不利于形成有效的监督和竞争机制。为此,有必要建立固体废弃物处置的市场竞争机制,完善管理体系的根本转换,营造固体废弃物集中处置的社会化服务网络,建立监督和社会保障系统,将固体废弃物处置产业直接推向市场。此外,还要建立固体废弃物的收费制度,推进垃圾处理处置社会进程,国家可以采取政策倾斜,以优先贷款扶持、政策性补贴、税收减免等方式,增加固体废弃物处理处置的资金投入,提高垃圾处理率。

阅读材料51：韩国的固体废弃物管理与绿色经济

2012年6月5日世界环境日主题为"绿色经济:你参与了吗?",旨在推动人们思考如何让绿色经济深入日常生活的方方面面,并以此带来社会、经济和环境方面的良性转变。为此,UNEP特别推荐了韩国的绿色经济发展案例。

韩国固体废弃物管理在鼓励重新利用固体废弃物作为资源方面取得了巨大成功。在过去数年中,韩国通过固体废弃物管理政策的实施,极大地提高了资源循环利用比率,创造了成千上万的就业机会,有效促进了资源循环型社会的创建。

韩国提出生产者延伸责任(extended producer responsibility,EPR)的系统,要求制造商和进口商对其一定比例的产品进行回收和循环利用。2003—2008年,EPR系统有6.067亿t固体废弃物得到回收,创造了超过16亿美元利益。仅在2008年,就有69 213t塑料制品被回收,产生经济效益约为6 900万美元。2003—2006年,EPR系统还新增加了3 200个就业机会。

EPR 的环境效益同样显著。EPR 鼓励回收而不是填埋或焚烧废弃物，因此直接减少的二氧化碳排放量约为 41.2 万 t/a，间接使垃圾填埋场减少了温室气体排放量 2.4 万 t。虽然韩国的固体废弃物总量自 2000 年以来逐步上升，但总固体废弃物回收比例也显著增加。在 1995 年，72.3% 的城市固体废弃物被填埋，回收率只为 23.7%；而 2007 年，回收率为 81.1%。

三、固体废弃物管理的基本内容和方法

（一）建立和健全固体废弃物管理体系

　　由于固体废弃物污染环境的滞后性和复杂性，人们对固体废弃物污染防治和管理的重视程度尚不如对废水和废气那样深刻，目前还没有能够形成一个完整、有效的固体废弃物管理体系。随着对固体废弃物污染的日益关注，建立完整有效的管理体系显得非常迫切。

　　根据《固体废物污染环境防治法》中"第一章　总则"和"第二章　固体废物污染环境防治的监督管理"的规定，国务院环境保护行政主管部门对全国固体废物污染环境的防治工作实施统一监督管理。国务院有关部门在各自的职责范围内负责固体废物污染环境防治的监督管理工作。

　　县级以上地方人民政府环境保护行政主管部门对本行政区域内固体废物污染环境的防治工作实施统一监督管理。县级以上地方人民政府有关部门在各自的职责范围内负责固体废物污染环境防治的监督管理工作。

　　国务院建设行政主管部门和县级以上地方人民政府环境卫生行政主管部门负责生活垃圾清扫、收集、贮存、运输和处置的监督管理工作。

（二）制定和严格执行各项固体废弃物管理制度

　　根据《固体废物污染环境防治法》（以下简称《固废法》）第三章"固体废物污染环境的防治"、第四章"危险废物污染环境防治的特别规定"的规定，目前中国的主要固体废弃物管理制度包括：

　　1. 分类管理制度

　　固体废物具有量大面广、成分复杂的特点，因此《固废法》确立了对城市生活垃圾、工业固体废物和危险废物分别管理的原则，明确规定了主管部门和处置原则。在《固废法》明确规定"禁止混合收集、贮存、运输、处置性质不相容的未经安全性处理的危险废物，禁止将危险废物混入非危险废物中贮存"。

　　2. 工业固体废物申报登记制度

　　为了使环境保护主管部门掌握工业固体废物和危险废物的种类、产生量、流向，以及对环境的影响等情况，进而有效地防治工业固体废物和危险废物对环境

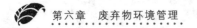
的污染,《固废法》要求实施工业固体废物和危险废物申报登记制度。

3. 固体废物污染环境影响评价制度及其防治设施的"三同时"制度

环境影响评价和"三同时"制度是中国环境保护的基本制度,《固废法》进一步重申了这一制度。

4. 排污收费制度

排污收费制度也是中国环境保护的基本制度。但是,固体废物的排放与废水、废气的排放有着本质的不同。废水、废气排放进入环境后,可以在自然中通过物理、化学、生物等多种途径进行稀释、降解,并且有着明确的环境容量。而固体废物进入环境后,并没有与其形态相同的环境体接纳。固体废物对环境的污染是通过释放出水和大气污染物进行的,而这一过程是长期的和复杂的,并且难以控制。因此,《固废法》规定:"企业事业单位对其产生的不能利用或者暂时不利用的工业固体废物,必须按照国务院环境保护主管部门的规定建设贮存或者处置的设施、场所",这样,任何单位都被禁止向环境排放固体废物。而固体废物排污费的交纳,则是对那些在按照规定和环境保护标准建成工业固体废物贮存或者处置的设施、场所,或者经改造这些场所达到环境保护标准之前产生的工业固体废物而言的。

5. 限期治理制度

《固废法》规定,没有建设工业固体废物贮存或处置设施、场所,或已建设但不符合环境保护规定的单位,必须限期建成或改造。对于排放或处理不当的固体废物造成环境污染的企业和责任者实行限期治理,如果限期内不能达到标准,就要采取经济手段以至停产。

6. 进口废物审批制度

《固废法》明确规定,"禁止中国境外的固体废物进境倾倒、堆放、处置";"禁止经中华人民共和国过境转移危险废物";"国家禁止进口不能用作原料的固体废物;限制进口可以用做原料的固体废物"。中国规定了废物进口的三级审批制度、风险评价制度、加工利用单位定点制度和废物进口装运前检验制度。

7. 危险废物行政代执行制度

由于固体危险废物的有害特性,其产生后如不进行适当的处置而任由产生者向环境排放,则可能造成严重危害,因此必须采取一切措施保证危险废物得到妥善处理处置。《固废法》规定:"产生危险废物的单位,必须按照国家有关规定处置;不处置的,由所在地县以上地方人民政府环境保护行政主管部门责令限期改正;逾期不处置或处置不符合国家有关规划的,由所在地县以上地方人民政府环境保护行政主管部门按照国家有关规定代为处置,处置费由产生危险废物的单位承担"。行政代执行制度是一种行政强制执行措施,它保证了危险废物能得到妥善、适当的处置。

8. 危险废物经营单位许可证制度

危险废物的危险性决定了从事危险废物的收集、贮存、处理、处置活动,必须具备达到一定要求的设施、设备,有相应的专业技术能力,还必须对从业单位和个人进行技术培训、资质审查和审批,并建立专门的管理机制。《固废法》规定:"从事收集、贮存、处置危险废物经营活动的单位,必须向县级以上人民政府环境保护行政主管部门申请领取经营许可证。"许可证制度将有助于危险废物管理和技术水平的提高,保证危险废物的严格控制,防止危险废物污染事故发生。

9. 危险废物转移报告单制度

危险废物转移报告单制度的建立,是为了保证危险废物的运输安全,以及防止危险废物的非法转移和非法处置,保证危险废物的安全监控,防止危险废物污染事故的发生。

阅读材料 52：日本对废弃食用油的利用与处置

1. 日本废弃食用油的定义和分类

日本把在烹饪以及食品加工中产生的废弃食用油,以及由于超过可食用日期等原因而废弃的食用油都定义为废弃食用油。废弃食用油通常有约80%来自餐饮以及食品加工行业,20%来源于一般家庭的日常生活。

以 2008 年为例,日本共消费 237 万 t 食用油,产生约 45 万 t 废弃食用油(约是中国的 1/5),其中 30～35 万 t 来自餐饮业、食品加工企业,约 10 万 t 源于一般家庭。而经过日本政府、企业及各个家庭消费者的共同努力,几乎所有的废弃食用油都得到了回收处理。

2. 对餐饮以及食品加工行业废弃食用油的管理

按照日本政府要求,餐饮及食品加工行业作为废弃食用油的主要生产者,必须完全回收其产生的废弃食用油。日本早在 1970 年就制定了《关于废弃物处理和清扫的法律》,并于 2008 年进行修订。该法规定,食品加工等企业产生的废弃食用油被规定为产业废弃物,作为产业废弃物的废弃食用油的排放、搬运和加工处理,都必须符合该法律的规定,在政府的严格监管下运行。

首先,食品加工厂、餐饮业等排出的废弃食用油不能直接倒入下水管道,而要经过冷却、过滤后装入指定容器内,交由有相关执照的搬运企业和处理企业搬运处理,废弃食用油排放企业必须同时和搬运企业、处理企业签订书面合约。在整个排放过程中,排放企业必须确保废弃食用油的质量(如不能掺入水或杂物)。其次,搬运企业在运送过程中,排放企业要对整个搬运过程进行现场确认和记录,包括使用的车辆、经过的路径等各个方面都要进行书面记录。搬运企业必须完全按照与排放企业的合约规定,将废弃食用油安全准时地运至处理企业,不能擅自更换加工处理厂或卖掉。如果在搬运过程中发生问题,排放企业也负有责任。再次,处理企业在对废弃食用油进行加工处理时,必须在拥有《食品循环利用法》中规定的"再生利用事业工场认定"资格证书的场所加工处理。处理企业必须严格按照委托处理协议进行加工处理,不能不经排放企业同意擅自转包或变更加工用途,同时必须履行减少废水等排放物产生的义务。

3. 对一般家庭烹饪过程中产生的废弃食用油的管理

日本家庭习惯把炸过二、三次食品的油扔掉,但他们的环保意识非常强,很少有人把废弃食用油直接倒入下水道。日本政府把一般家庭产生的废弃食用油,列为一般废弃物中的可燃烧类垃圾。按照规定,民众需要把这类垃圾丢入可燃性垃圾袋。为固化废弃食用油,日本家庭通常采用食用油凝固剂加以凝固,尽管购买凝固剂的费用要高于食用油本身;或采用吸油纸、旧报纸汲取后作为可燃垃圾丢弃。如果只是随意装在瓶子里或塑料袋中丢弃,垃圾回收工人将拒绝收取这类垃圾。最终,这部分可燃性垃圾被运往垃圾处理厂焚烧。

对一般家庭烹饪过程中产生的废弃食用油,各地方政府在办公网上明示家庭废弃食用油的分类和回收方法,通过图解详细地介绍回收方法、时间和地点。环境政策局还会印发大量的宣传手册,组织市民参观废弃食用油燃料化设施,加强市民的环保和资源再利用的意识。

4. 变废为宝

从20世纪八九十年代起,在政府主导下,日本各大企业开始尝试对被回收的废弃食用油进行精炼和加工,循环再生为各种产品。以2008年为例,餐饮业、食品加工企业产生的废弃食用油约30万~35万t,其中约有20万t被加工成饲料;4万t被作为肥皂、涂料和油漆等工业用原料;2万t被用于制造生物燃料;约有4万~9万t被直接焚烧、填埋。此外,一些全国连锁的大型食品加工企业开始和废弃食用油加工精炼企业合作,导入"废弃食用油循环利用系统",通过技术开发,把公司内部产生的废弃食用油加工成生物柴油,用于公司内部车辆所需燃料。这一做法,也与欧美一些国家将废弃食用油转化为航空柴油加以利用的做法,有殊途同归之妙。

资料来源:综合相关网络资料编写

（三）转变和创新固体废弃物管理方式

1. 注重固体废弃物综合管理的实现

最大限度地控制固体废弃物污染,实现废弃物资源的循环利用,在循环经济思想的指导下,固体废弃物管理的重点不再单纯地局限于如何实现固体废弃物的安全、卫生处置,而是遵循全面化和层次化的原则,从固体废弃物的产生、排放、运输、处理、利用到最终处置各个环节进行全过程的管理,从管理机构的建设、源头削减的实现、循环利用的优化、最终处置的无害化等方面加强研究。所谓全面化即"从摇篮到坟墓",废弃物的利用应覆盖从产生源、收集、贮存、加工、运输、处理直到最终处置的全过程;层次化即管理的优先次序,固体废弃物利用的最优先层次应是产生源减量,其次是收集过程中分类、直接利用,然后是加工综合利用与能量回收,最后才是无害化处置。

2. 延伸固体废弃物管理权限

必须延伸固体废弃物资源管理的权限,才能避免因管理权限的条块分割而使管理策略的实施受到阻碍。

就固体废弃物源头控制而言,管理的实施必然包括对工业与商业机构的管理;固体废弃物资源化产品进入市场,则涉及对市场价格体系的税收干预等综合经济部门的权限;城市固体废弃物分类收集的实施,有赖于社区管理部门的配合;公众环境意识的提高,则有赖于各类传媒积极有效地参与。可见,有效的固体废弃物管理需要多个部门的参与,与其说是管理权限的延伸,还不如说是固体废弃物管理的本质是从根本上改进所有与固体废弃物相关的各个单位的行为。

3. 全社会的公众参与

公众事实上是所有固体废弃物处理处置费用的最终支付者,当然也是固体废弃物综合管理所引起的环境生态改善的享有者。社会成员公平地参与固体废弃物管理,包含对管理决策的知情权和发言权,也包含社会成员公平地承担责任与义务。例如,饮料容器的回用是源头减量的措施,它需要公众参与相关的抵押回收或志愿回收活动;群众性的废弃物交换同样会产生源头减量的效果;作为城市固体废弃物减量化和处理处置优化的前端措施的垃圾分类收集,要求公众付出额外的劳动,在家庭或工作场所对废弃物进入分类投放和贮存;为使城市固体废弃物减量化能融入市场经济体系之中,社会成员应优先购买和使用含再生资源物质多的商品,同时可能承担其中包含的资源化过程成本;公众应积极地改变他们的消费习惯,抵制使用废弃率高的一次性商品。

阅读材料 53：自然之友志愿者清理香山垃圾的清香行动

北京香山深受市民和中外游客的喜爱。香山公园内除了有几条正规的登山线路外，还有若干条深受"驴友们"喜欢的"野路"。正规登山线路上有公园环卫工人负责捡拾垃圾，但"野路"多属"三不管"地带，很多登山爱好者选择这些野路攀登游览后，留下了不少的垃圾，却多年无人清扫，成为当地环境管理中的一个问题。

为此，北京市自然之友 2012 年 3 月组织了 200 名志愿者，选择了一条被称为"小香巴拉"徒步线路，开始了清理香山垃圾活动。据统计，此次"清香活动"共捡拾垃圾 40 大袋，重约 150kg，人均拣拾垃圾 0.75kg。

随机对 40 大袋垃圾中的一袋进行分类统计后发现，有金属 13 件、塑料包装 40 件、塑料叉子 6 件、吸管 4 件、湿纸巾 40 件、纸巾包装 12 件、饮料瓶 31 件、食品包装 117 件、卫生纸 142 件、纸包装盒 3 件、纸杯 2 件、利乐包装 3 件、鞋垫 3 件、大茶包 2 个、网兜 1 件、烟头 20 个、香蕉皮 2 个、苹果核 5 个、黄瓜蒂 2 个、鹌鹑蛋皮 5 个。自然之友介绍，每次"清香活动"结束后，他们都会对垃圾成分进行分析，这和每次香山捡拾垃圾的成分差不多。

清香行动已经开展了 7 年，虽然也采取过挂牌宣传等方式，但却发现，垃圾总也捡不完。因此，自然之友非常想以香山为样本，调查大家扔的哪类垃圾更多，然后进行更有针对性的宣传。这次发现，食品塑料包装、纸巾和卫生纸、湿纸巾及其包装分列所捡拾垃圾的前三位。其中，食品塑料包装几乎每次都排列垃圾第一位。他们正在考虑使用"把食品垃圾带下山"这样的宣传语提醒人们。

（四）加强固体废弃物综合管理规划

固体废弃物的收集、运输、处理是一个大的系统工程，涉及技术、经济、自然环境、管理等各个方面，并需较大的经济投入，所以需要制定综合管理规划。

综合管理规划的主要内容包括源头管理规划、收运管理规划、处理处置管理规划、固体废弃物资源化利用及其产业化发展规划、固体废弃物处理处置与资源化利用的技术发展规划等。

综合管理规划的步骤主要有：固体废弃物现状调查与评价、固体废弃物变化趋势预测、规划目标与指标设置、规划方案确定、规划方案的实施及保障等。

阅读材料54：零掩埋与不落地——台北生活垃圾处理的最佳实践

"垃圾围城"是许多城市管理者不得不面对的难题之一。2005年，全世界100多个城市签订《旧金山绿色都市及城市环境协议》，共同承诺2040年完成垃圾零掩埋的目标，而中国台北市却保证在2010年底即可完成，领先目标足足有三十年。那么台北市为何有这么大的信心呢？在2010年上海世博会最佳实践区台北案例馆，我们找到了答案。

台北案例馆的名称是"迈向资源循环永续社会的城市典范"，口号是"美好城市生活的典范"。该馆展示了台北市的"垃圾不落地"、"资源全回收，垃圾零掩埋"实践，反映秉持追求永续社会及智慧型便利城市的理想。

1. 垃圾分类

表6-8是台北市资源回收分类表。从1992年，台北环保部门通过宣传教育、组织环保志愿团体，以及颁布法令等途径，让市民自觉进行垃圾分类。现在，90%以上的民众都对垃圾分类有全面了解，超过60%的市民可以做到对混合材质垃圾进行分类。垃圾分类和回收已经成为台北民众的一种习惯。垃圾由政府组织回收后，交给下游厂商拆解、整理、回收，并由一些单位来收购。

表6-8　台北市资源回收物分类表

类别		说明
平面类	旧衣类	各种干净旧衣物
	废纸类	报纸、影印纸、杂志、纸袋、再生纸、其他纯纸浆成品
	塑料袋类	塑料袋
立体类	干净保丽龙类	保丽龙餐具类、工业用保丽龙（缓冲材）
	一般类资源物	各类瓶罐、容器、参合、单一材质的玩具、小家电（吹风机、台灯、电话、传真机、录放机、随身听、吸尘器、手提式收录音机、捕蚊灯、电蚊拍、电子游乐器、塑料外壳灯具）、其他废塑料、其他非金属、瓶罐、亚克力、塑料软管、含ABS塑钢、马桶盖、废轮胎（机车胎及脚踏车胎）、废油类（废润滑油及废食用油）
		日光灯管、灯泡、干电池、环境卫生用药容器、光盘片、移动电话、高强度照明灯管（HID灯）、水银温度计

续表

类别		说明
其他大型家具家电类	大型家具家电类	抽油烟机、弹簧床、手推车、瓦斯炉、大型饮水机
	四机一脑类	电视机、电冰箱、洗衣机、冷气机、计算机(打印机、计算机屏幕、计算机主机、鼠标、键盘、扫描机)
	车辆类	汽车、机车
厨余	生(堆肥)厨余类	果壳类、园艺类、残渣类、硬壳类、其他类 (注:椰子壳、榴莲壳不在厨余类,另收集后送交回收车)
	熟(养猪)厨余	水果类、蔬菜类、果仁类、米食类、面食类、豆食类、肉类、零食类、罐头类、粉状类、调味类、其他类

2. 垃圾不落地

垃圾不落地是指民众直接将分类好的垃圾交给定时回收垃圾的车辆,而不是放在社区的垃圾桶内。在垃圾分类把垃圾变成资源的同时,"垃圾不落地"由于免去了垃圾桶环节,又从根源上清洁了城市环境。台北垃圾车由政府环境部门运营,如同公交车一样,定时、定点行进在各个社区,成为市民生活所必需。

台北在垃圾收费上实行了国际通行的"污染者付费"原则,这一点与很多欧美国家的环境税或垃圾费相同。在 2000 年,政府将水费和垃圾费分开征收,并推广一种特制的、带有防伪商标的收费垃圾袋,使民众通过购买垃圾袋付费的形式支付垃圾费。只有盛装不可回收垃圾的垃圾袋是收费的,民众丢弃的不可回收垃圾越多,需要购买收费垃圾袋数量就越多,随之付出的垃圾费就越多。而可以回收利用的垃圾资源则由政府免费收集,不需要付费。台北市专用垃圾袋有六种尺寸,垃圾费包含在垃圾袋购买费之中,一般 14cm 的垃圾袋是 1.5 元新台币/个。如果有人伪造这种垃圾袋,则要受到极其严格的处罚。

小小收费垃圾袋给台北市容环境卫生带来了巨大的变化。2000 年推动垃圾费征收以后,垃圾产量迅速下降,2009 年,从之前每天 3 000t 左右下降到 1 009t,减少了 67%;掩埋量降得更多,从之前每天 2 500t 下降到 59t。这 59t 不可回收的垃圾,一部分用于环保水利,剩下的用于填土。

资料来源:2010 年上海世博会台北案例馆参展内容。

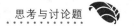

主要概念回顾

废弃物管理	二氧化硫控制区	突发性水污染防治
环境空气质量标准	突发性大气污染事件	固体废弃物
污染物排放标准	大气环境质量公报	危险废物
环境影响评价	清洁能源	生活垃圾分类
三同时制度	机动车船污染排放年检	废弃物回收利用体系
排污申报制度	点源管理	工业固体废物申报登记
排污收费制度	面源管理	进口废物审批
浓度控制制度	水环境质量标准	危险废物经营单位许可证
总量控制制度	地表水源保护	危险废物转移报告单
酸雨控制区	水污染纠纷解决	

思考与讨论题

1. 据 2012 年有关数据统计,当前中国有 4/5 的城市不能达到环境空气质量标准（GB3095—2012）,空气污染严重影响居民身体健康。长三角、珠三角、京津冀等地区城市大气灰霾和光化学烟雾污染日渐突出,灰霾天数占到全年总天数的 30% ~ 50%。对比阅读材料 48 中有关内容,你认为雾都伦敦治理大气污染的经验对于中国有何可借鉴之处?试做简要总结,你是否还能在这些经验之外做更多补充?

2. 2011 年下半年以来,以 $PM_{2.5}$ 为主的大气污染及其防治任务成为了舆论的热点,短短几个月内,《环境空气质量标准》修订发布,$PM_{2.5}$ 被纳入空气质量常规监测指标。查阅《环境空气质量标准》（GB3095—2012）并比较修订之后的标准与之前的标准有哪些不同,这些差异说明了什么?

3. 水的质量与人们的日常生活息息相关,然而人们对于水质的监测并不如对大气质量的监测频率高,思考为什么会出现这种情况? 2012 年 3 月,四川省自贡市率先开展地表水环境质量日报工作,原每月对釜溪河水质实施监测,每季度对国、省控重点污染源企业开展一次监督性监测工作,现在每天通报前一天水环境质量状况。你认为自贡市的这种表率行为是否能在全国进行推广?并请对你的看法做出解释。

4. 城市污水有集中处理和分散处理两种方式。有人认为,将城市污水集中起来后组成成分会变得格外复杂,一些含放射性物质或者病原体的污水排入后更增加了处理难度,而分散处理可以避免这一问题。因此,城市污水处理应该均衡集中处理和分散处理这两种方式。对于这种说法你是如何看待的?请给出你的解释。

5. "垃圾放在一起才是垃圾,分开放就是宝贝"。也许很多人不知道,中国是最早提出垃圾分类收集的国家之一,但不得不承认中国在这一方面做得并不尽如人意。国际上有很多垃圾分类很成功的国家,比较而言,你认为中国这方面有何"硬伤"?该怎样对症下药?

练习与实践题

1. 在很多城市的工业区,你都能看到厂区中间有冒着烟的大烟囱,这些烟囱形状各异,高低不齐。你是否知道这些向周围空气中不断灌入的烟尘的组成成分是怎样的? 它们对人体健康又有什么影响? 试以你所知道的一个向空气中排放烟尘的工业企业为例,采取实地考察或查找资料的方法找出以上两个问题的答案。

2. 大气污染防治重点城市制度规定,直辖市、省会城市、沿海开放城市和重点旅游城市应当列入大气污染防治重点城市,请查阅资料并了解中国 113 个大气污染防治重点城市空气质量大体情况,你认为是否应该有一套针对大气污染防治重点城市的专门的环境空气质量标准? 请说明你的理由。

3. 你所在的城市是否发布了空气质量日报? 如果有,请查看都有哪些指标,了解这些指标数值的含义。与《环境空气质量标准》相比,空气质量日报的指标要少得多,请思考为什么会出现这种情况?

4. 请查找相关资料,了解生活饮用水地表水源的保护和管理都有哪些手段措施? 如有可能,实地考察你所在地的生活饮用水地表水源,走访其中的工作人员,判断在管理上是否还有潜在的问题。

5. 加拿大蒙特利尔的圣·米歇尔环保中心是在垃圾填埋场上建立起的一个大型绿地公园社区,2010 年,它作为成功案例参加了上海世博会城市最佳实践区的展出。查阅相关资料,总结蒙特利尔市在这一过程中采取的有效措施,你认为它的经验是否有普适性并值得推广? 请具体说明。

6. 据统计,在 20 世纪末,发达国家再生资源产业规模为 2 500 亿美元,在 21 世纪初已增至 6 000 亿美元。目前,中国的废物和闲置物再资源化产业发展尚处于起步阶段,你认为在中国发展再生资源产业可能的机遇和挑战有哪些? 如果你作为一个再生资源产业领域内的创业者,你会以何种形式和内容进行创业?

7. 请依照图 6-1《中华人民共和国大气污染防治法》中规定的各项制度的图示,分别画图表示《中华人民共和国水污染防治法》和《中华人民共和国固体废物污染环境防治法》中的各项制度,并比较异同。

第七章
企业环境管理

　　企业是人类产业活动的主体。人类通过产业活动,开采自然资源,并加以提炼、加工、转化,从而制造出所需要的生活和生产资料,最终形成物质财富。产业活动因创造物质财富而成为人类社会生存发展的基石,但不合理的产业活动也是破坏生态、污染环境的主要原因。因此,对企业活动进行环境管理,具有十分重要的意义。

　　企业环境管理不但要符合政府的环境法律法规标准和公众的环境要求,而且要将"环境"纳入经营活动本身,使"关爱环境"成为推动企业追求经济效益的内在动力。当然,企业环境管理和经营既要接受政府的要求与监督,也要接受公众对企业环境经营提出的要求和监督。企业环境管理和经营应努力将这些外部的要求和监督内化为自身发展的需要和自己的社会责任。

第一节　政府对企业的环境监督管理

一、概述

(一)概念和特征

　　政府对产业的环境管理是政府运用现代环境科学和政策管理的理论和方法,以产业活动中的企业环境行为作为管理对象,综合采用法律、行政、经济、技术和宣传教育的手段,控制企业在产业活动中资源消耗和废弃物排放,调整相关生产技术和设备标准等的管理行为的总称。

　　政府对产业的环境管理可根据管理对象分为微观管理和宏观管理两类。微观管理是以作为产业活动基本单元的企业为对象进行的管理;宏观管理是对从事某一行业的所有企业进行的管理。

　　政府对产业的环境管理有三个特征。一是政府能够从经济社会发展的高度来调控整个产业发展方向和规模,具有强制性和引导性,它可以有效地克服企业个体发展选择的片面性和局限性。二是管理的具体内容和形式与产业性质密切

相关,不同行业的资源环境特点采取不同的管理模式,其管理重点是那些资源和能源消耗量大、废弃物排放量大的行业,如冶金、化工、焦炭、电力等;三是管理具有较强的综合性,它不仅需要政府环保部门的努力,同时也需要政府内部经济管理部门的参与,还需要政府外部的行业协会、咨询公司、公众和相关社会组织的参与。

（二）政府对产业环境管理的意义和作用

由于政府是整个社会行为的领导者和组织者,政府能否依据可持续发展的要求控制产业活动的资源消耗和废弃物排放,引导和帮助企业按资源节约型、环境友好型的目标实现良性发展,是产业环境管理中最主要的内容和最根本的目标。

严格环境执法和监管,创建并维护一个公平、自由、民主的法制环境,是政府能够在产业环境管理中应该做的最重要,也是最有意义的工作。因此,强调政府严格执法、监管以及政府本身的依法、守法,对于产业环境管理来说非常重要。

二、政府对企业的微观环境管理

（一）对企业发展建设过程的环境管理

政府对企业发展建设过程的环境管理,是对企业发展建设过程中各个环节进行的环境监督和管理。

在企业建设项目筹划立项阶段,政府对企业进行环境管理的中心任务是对企业建设项目进行环境保护审查,组织开展建设项目和规划的环境影响评价,以保证建设项目和规划布局合理,减少资源消耗和污染排放的措施合理、恰当。

在企业建设项目生产工艺和流程设计阶段,其中心工作是监督建设项目的环境目标和环境污染的工程措施落实与否。

在企业建设项目施工阶段,其中心任务是督促检查环境保护设施的施工,以及防止施工现场对周围环境的影响。

在企业建设项目验收施工阶段,其中心任务是验收环境保护设施是否与主体工程一起完成。

在企业正常生产经营阶段,则需要对企业污染源和污染物排放、污染收费、环境突发事件等工作进行管理。

在企业因各种原因关闭、搬迁、转产时,也要进行相应的环境管理。例如,对一些中心城区企业关闭和搬迁后可能造成的土壤和地下水污染情况进行风险评估,对企业转产进行相应的环境影响评价工作等。

（二）对企业生产过程的环境管理

政府对企业生产过程环境管理的核心是物质资源利用和消耗、生产的工艺流程、废弃物产生和排放三个环节。

长期以来，对企业生产过程的环境管理主要依靠传统的八项环境管理制度，特别是环境影响评价、三同时、排污收费、限期治理、排污许可证和目标责任制度，它们对于工业企业污染源的管理发挥了重要作用。

《清洁生产促进法》已成为中国环保部门对企业生产过程进行环境管理的主要依据。根据《清洁生产促进法》第二十八条规定，企业应当对自身生产和服务过程中的资源消耗以及废物的产生情况进行监测，并根据需要实施清洁生产审核。污染物排放超过国家和地方规定的排放标准或者超过经有关地方人民政府核定的污染物排放总量控制指标的企业，应当实施清洁生产审核。使用有毒、有害原料进行生产或者在生产中排放有毒、有害物质的企业，应当定期实施清洁生产审核，并将审核结果报告所在地的县级以上环境保护行政主管部门。

（三）对企业其他环境行为的管理

随着现代企业环境保护工作的开展，企业环境管理的内容已经远远超过了单纯的污染源治理和清洁生产的范围，一些与企业环境保护相关的新生事物，如企业环境信息公开、企业 ISO14000 环境管理体系认证、企业环境绩效、企业环境行为评价、企业环境责任、企业环境安全、企业循环经济和企业绿色营销等不断出现，这些新出现的企业环境行为和活动很多都需要政府环保部门的协调、协作、监督和管理，有些已经成为现在政府对企业进行环境管理的新内容。举例如下：

在企业环境信息公开方面，根据《清洁生产促进法》，一些污染严重的企业必须公布其污染排放的相关数据，并接受政府和公众的监督。而政府管理部门的职责就是对企业发布信息的数量、质量、真实性进行核实。

在企业环境行为评价和企业环境绩效管理方面，政府可以制定专门的企业环境绩效管理计划，鼓励企业和政府管理部门签订自愿性的环境绩效管理协议，以推动企业提高其环境绩效，改善其环境行为。在本书第三章第四节中阅读材料30："美国国家环境绩效跟踪计划"，以及中国国家环境保护部正在实行的"国家环境友好企业"计划，都属于政府开展的对企业环境绩效的管理。

在企业环境安全方面，因一些生产或者排放有毒有害物质的企业可能造成严重的环境影响和事故，其环境安全监管逐渐成为政府对企业进行环境管理的重要方面。这需要政府环保部门对其物料投放、泄漏、排放等问题进行经常性的监督，对生产过程进行定期检查，以消除事故隐患。

需要特别指出的是，在政府对企业一些环境行为的管理中，单纯依靠政府本

身的力量是远远不够的,还必须得到一些专门的环境公司及其他社会组织的帮助和参与。例如,在企业清洁生产审核中,技术审核工作只能由专业性的环境审核公司来完成,而不是由政府管理部门来进行;在企业环境绩效评估时,也要委托专业的研究机构、评估公司或大学来编写评估报告,再由政府机制根据评估报告进行审核。因此,政府对企业进行的环境管理,实际上是政府、企业和 NGO 相互配合、协调、互动的一个综合性工作,而不是政府一家的事情。

三、政府对行业的宏观环境管理

(一)制定和实施行业环境技术政策

行业环境技术政策是由政府制定和颁布的,是提高行业技术发展水平、有效控制行业环境污染,引导和约束行业发展的技术性行动指导政策。

由于行业的多样性和特殊性,行业环境技术政策必须针对不同的行业进行制定。一般而言,行业环境技术政策包括行业的宏观布局、产品结构调整与升级、产品设计、原材料和生产工艺的优选、清洁生产技术的推广、生态产业链条的建立、废弃物的再资源化与综合利用、污染物末端治理、实施排污收费、实行污染物总量控制等多个方面。无疑,这是一项庞大而复杂的工作。

行业环境技术政策的制定需要政府部门与各行业协会、主要企业和相关社会组织的密切合作。例如,在绿色信贷方面,行业协会可协助环保部门制定具体的鼓励类、限制类、淘汰类项目和工艺的名录,提供给金融机构作为信贷发放的依据;在环境污染责任保险方面,行业协会可协助环保部门提出初期开展试点的投保重点行业、企业等,提高行业内防范环境风险的能力;在重污染企业退出机制方面,行业协会可协助环保部门对行业中重污染企业的特点进行具体分析,提出方案和建议;在产品、工艺名录方面,行业协会可向环保部门建议提出包含限制类、淘汰类的"高污染、高环境风险"产品名录,作为控制出口相关经济政策的参考;也可提出鼓励类的清洁工艺、产品名录,用于企业所得税、增值税等税收优惠政策中。

(二)制定和实施能源资源的标准和政策

行业环境保护与该行业使用的能源和原材料密切相关。因此,政府有关煤、石油、电力等能源,以及土地、水、木材等资源的各项政策,对于行业发展起着重要的引导作用。从环境管理角度,这些政策、标准的制定和实施,有利于从根本上控制资源能源的浪费,从源头上减少污染物排放。因此,这也是政府对企业进行环境管理的重要方面。

阅读材料 55 介绍了上海市用于行业管理的产业能效标准。

阅读材料55:《上海产业能效指南》(2011版)简介

上海是中国最大的城市,其能源和资源的消费总量名列全国城市之首。行业产值能耗已越来越成为上海市可持续发展的重要制约指标。为此,上海市经济委员会自2004年起编制《上海产业能效指南》。2011年版《上海产业能效指南》遴选了70多种主要产品(工序)的能效值,梳理了《国民经济行业分类与代码》中33个行业类别的能效平均水平,以衡量不同行业的能效水平,见表7-1。

表7-1 上海市行业能效相关指标

产值排序	产值能耗排序	产值水耗排序	行业名称合计	工业产值 万元	产值能耗 t(标准煤)· (万元)⁻¹	产值水耗 m³· (万元)⁻¹
1	32	27	通信设备、计算机及其他电子设备制造业	59 586 069	0.026	0.982
2	26	26	交通运输设备制造业	45 001 173	0.041	1.095
3	24	22	通用设备制造业	24 016 939	0.048	1.604
4	4	9	化学原料及化学制品制造业	22 520 358	0.508	2.973
5	28	25	电气机械及器材制造业	19 785 237	0.038	1.13
6	1	30	黑色金属冶炼及压延加工业	17 171 539	0.924	0.644
7	6	29	电力、热力的生产和供应业	14 547 454	0.237	0.793
8	2	31	石油加工、炼焦及核燃料加工业	13 557 401	0.835	0.167
9	22	23	专用设备制造业	11 052 337	0.056	1.498
10	17	12	金属制品业	9 467 548	0.087	2.57
11	12	15	塑料制品业	6 167 243	0.151	2.302
12	33	32	烟草制品业	5 387 013	0.006	0.144
13	25	10	纺织服装、鞋、帽制造业	5 348 947	0.046	2.841
14	5	6	非金属矿物制品业	5 223 721	0.24	3.604

续表

产值排序	产值能耗排序	产值水耗排序	行业名称合计	工业产值 万元	产值能耗 t(标准煤)·(万元)$^{-1}$	产值水耗 m^3·(万元)$^{-1}$
15	18	7	食品制造业	4 428 493	0.085	3.529
16	13	24	有色金属冶炼及压延加工业	4 252 083	0.108	1.492
17	19	3	医药制造业	4 052 199	0.084	3.901
18	31	28	仪器仪表及文化、办公用机械制造业	3 513 705	0.028	0.943
19	11	2	纺织业	3 392 976	0.161	6.315
20	20	5	农副食品加工业	2 614 688	0.083	3.789
21	8	8	造纸及纸制品业	2 480 380	0.211	3.383
22	29	19	工艺品及其他制造业	2 442 033	0.033	1.929
23	30	21	家具制造业	2 284 406	0.033	1.604
24	15	16	印刷业和记录媒介的复制	2 124 548	0.091	2.185
25	10	4	橡胶制品业	1 834 096	0.178	3.844
26	21	18	文教体育用品制造业	1 789 695	0.04	2.016
27	14	1	饮料制造业	1 693 671	0.038	6.516
28	9	14	燃气生产和供应业	1 442 741	0.033	2.417
29	27	17	皮革、毛皮、羽毛(绒)及其制品业	1 386 103	0.033	2.143
30	16	13	木材加工及木、竹、藤、棕、草制品业	850 799	0.028	2.557
31	7	11	化学纤维制造业	498 932	0.026	2.689
32	3	33	水的生产和供应业	428 826	0.006	—
33	23	20	废弃资源和废旧材料回收加工业	396 974	0.924	1.884
—	—	—	所有行业	300 740 327	0.185	1.586

《上海产业能效指南》的发布,引起了政府、企业和社会各界的关注。对政府而言,它提供了吸引投资、引进项目、淘汰劣势产业、制定差异化产业政策提供客观评价标准和量化参考依据,推动产业能效水平整体提高。对企业而言,只需要获取自己单个大类产品的总产出和总能耗即可计算出对应的指标值,操作简便,简单明了,有助于了解自身能效水平及推行能效对标管理。对公众和 NGO 等社会组织而言,能效指南的数据信息公开以最直观、详细、准确、可靠的方式,说明了不同行业的能耗水平和排序名次,有利于大家对企业的了解和监督。

资料来源:《上海产业能效指南(2011 版)》,2011。

(三)制定绿色采购制度促进企业环境管理

"绿色采购"是指政府在采购活动中,优先购买对环境负面影响较小的环境标志产品,以树立政府的绿色形象,促进企业环境行为的改善,从而对社会的绿色消费起到推动和示范作用。由于政府采购量大,采购产品和服务多样,采购对象广泛,完全可以培养和扶植一大批绿色产品和绿色企业,同时引导公众选择和购买绿色产品。

政府的绿色采购对于发挥政府在环境保护中的主导作用有重要意义。不难判断,绿色、公平、透明的政府采购制度,可以有效地激励和倡导企业生产和销售绿色产品。为此,世界有很多国家都出台了政府绿色采购的专门法规。中国政府也于 2005 年提出制定具有可操作性的绿色采购制度,这对于全社会的绿色消费具有强大的示范和推动作用。绿色采购不仅可以促进企业环境管理的改善,还可以推动国家绿色经济战略及其具体措施的落实。因此,成为一个绿色政府的重要考核标准。

(四)制定优惠政策扶持环境保护产业发展

环境保护产业是整个社会产业活动能够进行有效预防和治理各种环境污染和生态破坏的物质基础,包括污水处理业、垃圾处理业、大气污染防治业、废弃物再资源化和再利用、环保设备制造业和环保服务业等。广义的环保产业还包括从事资源节约、生态建设等工作的行业,如水资源保护、绿化造林等。

环境保护产业直接决定了整个经济产业活动与自然环境和谐、协同的程度。随着世界范围内对环境保护的重视,环境保护产业不仅成为国民经济发展新的增长点,而且成为一个国家或地区环境保护水平和能力高低的重要标志。因此,支持和鼓励环境保护产业的发展,是政府环境管理的重要方面。

第二节 以企业为主体的环境管理

一、企业环境管理的概念

(一) 企业环境管理的概念和特征

企业的环境管理,也称环境经营,是企业运用现代环境科学和工商管理科学的理论和方法,以自身生产和经营过程中的环境行为和活动为管理对象,以减少企业不利环境影响和创造企业优良环境业绩,直至成为获取经济利益的重要要素的各种管理行动的总称。

企业环境管理有以下三个特征:一是企业作为自身环境管理的主体,决定了企业环境管理的主要内容和方式,但同时还要受到政府法律法规、公众特别是消费者相关要求的外部约束。二是企业环境管理的具体内容和形式与企业的行业性质密切相关,如从事资源开采、加工制造等行业的企业环境管理与金融业、旅游业等服务性行业的企业环境管理会有很大差异。三是企业环境管理按其目标可分为多个层次,最低层次可以是满足政府法律的要求;稍高是减少企业生产带来的不利环境影响,承担企业社会责任;更高层次则是通过企业环境管理创造优异的环境业绩,乃至经济利益,以及影响社会的消费方式。

(二) 企业环境管理的意义和作用

企业在环境保护与经济发展中扮演着极其重要的角色,是保护环境的主力军。企业通过环境管理可以促进整个社会可持续发展。

霍肯在其《商业生态学》指出:"商业、工业和企业是全世界最大、最富有、最无处不在的社会团体,它必须带头引导地球远离人类造成的环境破坏。"这是对企业环境管理作用非常恰当的描述。

二、企业环境管理的理论和实践

(一) 企业环境管理中存在的问题

由于各种历史和现实原因,企业的环境管理长期未能得到重视,这在一些经济不发达国家的企业更为突出。以中国为例,企业在环境管理上存在的问题主要有:① 在经营理念上认为企业的目标就是追求利润,而把环境治理当成政府和社会的责任,因此不重视甚至忽视企业环境管理;② 许多企业没有专门的环境管理部门,没有规范的环境管理制度,更谈不上国际化的标准管理体系;③ 企业在生产经营上对自然资源无序无度滥采滥用,资源利用效率低下;④ 由于资金短缺、技术落后等原因,只对生产末端的污染物进行有限的治理,有的企业甚至不进行治理,造成严重污染;⑤ 大多数企业的环境管理停留在以遵守国家法律法规和环境标准为最高要求的低水平上,缺乏对创造环境业绩、树立环境形象、承担环境责任等高层次目标的追求,企业环境管理还没有成为企业经营管理中不可缺少的重要内容。

以上这些问题,既与中国企业发展水平和企业自身环境管理能力相关,也与政府对企业的引导、约束,以及公众对企业环境行为的社会监督和要求有着重要的关系。

(二)市场约束下的企业环境管理行为

在市场机制的约束下,企业环境管理行为可大致分为三类:

一类是消极的环境管理行为。具体表现为企业在经济利益的刺激下不遗余力地降低成本,宁愿缴纳排污费和罚款也不治理污染,能够非法排污就不会运行环境治理设施,能够蒙混过关就不会在环保上投入一分钱。这种现象在很多中小企业中大量存在,引发了众多的资源浪费、环境污染和生态破坏问题。

二类是不自觉的环境管理行为。在政府越来越严格的环保法律法规和标准及消费者对绿色产品越来越重视的双重作用下,企业为了提高竞争能力,会努力变革传统的粗放型生产经营方式,通过加强管理、改进技术、循环利用、清洁生产等措施实现节能降耗和生产绿色产品的目的。这样,企业在实现自身经济利益的同时,也在一定程度上不自觉地保护了环境。

三是积极的环境管理行为。一些企业,特别是大企业在追求企业经济利益和投资者利润的同时,为实现"基业长青"的目标,也意识到企业还应该为提高人们生活质量、促进社会进步做出贡献,其方式就是主动承担起企业的社会责任。因此,一些企业会主动提出企业的环境政策、自觉减少资源、能源消耗和污染物排放,并通过 ISO14000 环境管理标准体系等方式加强企业的环境管理,表现出积极的环境管理行为。同时,在绿色供应链的要求下,大量与大公司有商业合作关系的其他企业,特别是中小企业,也不得不按国际通行标准建立自身的环境管理体系,满足大公司在环境保护方面提出的标准和要求,以维持与大公司的合作关系。在这种趋势下,积极的环境管理行为,变成企业自身发展的内在追求。

(三)企业社会责任与环境经营

企业社会责任(CSR)要求企业应采取有利环境的技术防止环境污染,尽可能保护自然环境等。同时,CSR 还要求企业在遵守法制、市场经济制度和不破坏自然环境的前提下,完成税收、就业、产品和人权等责任。

但从企业在社会发展中的性质和作用来看,环境与慈善一样,并不能成为企业社会责任的核心。因为企业本质是创造财富。当企业的税收、就业等责任，与企业的环境责任相冲突时，在很多情况，特别是在经济不发达的情况下，企业会选择先完成其他社会责任。

因此，有必要强调"企业环境经营"的理念。如前所述，环境经营是在遵守法规标准、承担社会责任的基础上，进一步将"环境"纳入经营活动本身，以既能创造经济效益，又能保护环境，甚至通过保护环境而创造更多经济效益。

下面的阅读材料说明了宝钢集团对 CSR 和环境经营的理解，体现了一个传统上被视为高污染、高消耗的行业如何推动生态文明变革和承担自己的责任。

阅读材料56：宝钢集团对 CSR 和环境经营的理解

去年的社会责任报告，我和大家分享了对企业社会责任的理解：价值创造、诚信经营和环境改善是三个基础，员工、社区和供应链是三个优先选项。今年我想和大家探讨关于钢铁业未来。全球已进入了一个新的时代，钢铁业必须及时调整，适应新时代的要求，才能够在可持续发展的道路上继续前行。

我们知道，时代的转折与变迁，要么是"人与自然"关系的重大调整，要么是"自然与人"关系的革命性变革。全球变暖等环境问题正成为全球热点问题，其实质就是人与自然的关系问题。人类从崇拜自然到利用自然、征服自然，其生产方式也相继经历了原始时代、农业时代和工业时代。尤其是到了工业时代，新知识、新技术、新产品爆炸式地涌现，在以惊人的速度创造了惊人财富的同时，也导致自然资源的急剧消耗和生态环境的日益恶化，温室效应、臭氧层空洞、酸雨等全球性环境问题层出不穷，人与自然关系尖锐对立，造成了现代人本身从物质到精神的双重危机。在这样一个新时代里，由于钢铁业是一个物质质量和能量高度聚集的产业，因而在人们的意识中，很容易产生一种错觉，好像钢铁业就意味着高能耗、高排放、高污染。

事实并非如此，钢铁产品是一种具有环保价值的产品。当前，钢铁作为人们生产、生活不可或缺的一种基础材料，从它所具备的优良的使用性能来看，钢铁材料仍然是不可替代的、经济性的好材料。如果我们现在就大规模地减少钢铁生产，转而使用其他替代品，对整个社会经济体系来说，并不意味着碳排放的减少，恰恰相反，会带来更多的碳排放。钢铁事业的价值所在，其实人们每天都会直接感受得到。一座座拔地而起的高楼大厦、安全便捷且多彩多姿的大跨度桥梁、气势宏伟四通八达的机场建筑群、发展迅速的高速铁路网、在高速公路上飞奔的汽车、往返穿梭于天涯海角的远洋巨轮……凡是在这个世界上人们可见的、可依靠的一切有力量、有高度、有视野、有距离的建筑和人工物体,无一不是钢铁的杰作。钢铁在这个世界上所起的作用,无需用语言和文字来表达。毫不夸张地说,是钢铁支撑起了这个世界,也是钢铁改变了这个世界。

日益苛刻的环境要求,对钢铁业来说,的确是一个巨大的挑战。应对这样的挑战,需要勇气、需要智慧,要有坚决的行动,也要有足够的实力。能否适应未来社会对节能减排的要求,肯定会成为钢铁企业盛衰的分水岭。事实会证明,不是所有钢铁企业都能成为环境选择的成功者,因为市场的要求是在成本和环境两方面同时具有优势的企业才能成为最后的优胜者。我们现在经常讲企业的社会责任,其实企业的社会责任和企业的经济责任是统一的,是不可分离的。我们谋求两者的统一,在努力满足社会要求的同时实现自身业务空间的扩展。"环境经营"是宝钢的选择,在环境经营体系中,满足社会对环境的要求,不再是一种负担,而是一种机会,它是经营的一部分,而且可能成为最有创意的一部分。在宝钢,环境经营的思想已经被广泛接受,并正在逐步转化为各经营体系的行动。

在我们向社会所宣示的公司远景中,我们承诺要做绿色产业的驱动者。这并不是要表示我们有多么伟大,而是说明钢铁业在整个国民经济体系中,特别是制造业的整个运营过程中具有举足轻重的地位,与上下游的各大产业广泛关联。我们会坚定地沿着这条可持续发展的道路走下去,也希望有更多的利益相关方加入我们的行列,为全社会的技术进步、为全人类的生存环境改善做出贡献,让我们共同来见证。

资料来源:宝钢总经理、社会责任委员会主任何文波在《2010年社会责任报告》的致辞。

三、企业环境管理的基本内容和方法

(一)制定企业环境政策

企业环境政策,是指企业对于涉及资源利用、生产工艺、废弃物排放等与环境保护相关的领域的总体指导方针和基本政策,有时也称为企业环境方针、环境战略、环境理念、环境目标等。它体现出一个企业在环境管理方面总的理念和看法。

企业环境政策从企业发展战略的高度全面规定了企业环境管理的基本原则和方向,因而是企业环境管理的根本保证。

阅读材料 57：ABB 公司的环境政策

ABB 是电力和自动化技术领域的一家大公司，其核心业务是为客户提供能效更高的系统、产品和服务，降低能源和自然资源的消耗量。

环境管理是该公司最优先的业务之一，其承诺：

■ 建立环境管理体系（如 ISO14001），落实环境原则（如承诺持续改进，守法，员工的意识培训），以环境友好的方式运作业务；

■ 鼓励供应商、分包商和客户采用国际环境标准，从而增强价值链各个环节的环境责任感；

■ 以能源和资源效率为中心改进其制造工艺；

■ 开展工厂环境绩效的定期审核，以及与并购和业务剥离相关的环境审核；

■ 向发展中国家转让高生态效率的技术；

■ 开发和推广资源效率更高并且有助于更好地利用可再生能源的产品和系统；

■ 发布基于生命周期评估的产品环境声明，公示其核心产品的环境绩效；

■ 将环境因素列入重大客户项目的风险评估中；

■ 按照 GRI 的要求，编制年度可持续发展报告，并委托独立机构对其进行审查，从而确保报告的透明性。

环境政策是 ABB 公司对可持续发展承诺不可分割的组成部分，它贯穿于整个公司的发展战略、业务流程和日常运营中。

（二）建立环境管理制度体系

传统上，企业环境管理制度体系就是在企业内部建立全套从领导、职能科室到基层单位，在污染预防与治理、资源节约与再生、环境设计与改进以及遵守政府有关法律法规等方面的各种规定、标准、制度、操作规程、监督检查制度的总称。在这种管理体系下，企业根据自身需要设计管理体系，并操作执行。目前，中国大多数企业的环境管理都属于这种情况。

1993 年，国际标准化组织颁布了 ISO14000 系列环境管理体系标准后，ISO14000 系列环境管理标准已经迅速成为企业建立环境管理体系的主流标准和指南。根据 ISO14001 中的定义，环境管理体系是一个组织内全面管理体系的组成部分，它包括为制定、实施、评审和保持环境方针所需的组织机构、规划活动、机构职责、惯例、程序、过程和资源，还包括组织的环境方针、目标和指标等管理方面的内容。

由于 ISO14000 系列环境管理体系标准的重要性,本节将在稍后内容中对此进行专门介绍。

(三)绿色设计、绿色制造

绿色设计和制造是采用生态、环保、节约、循环利用的理念和方法进行产品的设计和生产,以减少产品在生产、流通、消费、废弃等过程产生的资源消耗、废物排放和生态破坏。广义的绿色设计还包括绿色材料、绿色能源、绿色工艺、绿色包装、绿色回收、绿色使用等环节的设计。

产品生命周期评估方法(life cycle assessment,LCA)是开发绿色产品进行绿色设计的有利工具。借助 LCA 的理念和方法,就有可能将环境管理从行业、企业的宏观层次渗透到产品设计的微观层次。

> **阅读材料 58:硬盘的变迁——1980 年的 20GB 和 2012 年的 64GB**
>
> 近年来数据存储技术在容量上的发展有变缓的趋势,但如果以三十年前的技术与今天相比,那种感觉恐怕只能用不可思议来形容了。
>
> 1980 年,IBM 提出"薄膜"磁头技术,并推出了首个容量超过 1GB 的硬盘"IBM 3380 直连存储设备",每个容量为 2.5GB,重量达 250 kg。8 块这样的硬盘组建成一套存储系统,其总容量有 20GB,重达 2 t,价值 64.8 万~113.7 万美元。
>
> 而今天,一块小小的 SD 存储卡重量不过 0.5 g,容量却能达到 64GB,价格只要 100 美元,而且不久后就有望迅速下滑。
>
> 电脑也经历了体积和体重的双重减小的过程。1946 年 2 月 15 日人类第一台电子计算机"埃尼阿克"诞生时,它拥有约 90 m^3 的体积和 30 t 的重量。今天功能强大的 Thinkpad 移动工作站重量为 2.68 kg,时尚轻薄的 Mac air 笔记本电脑重量为 1.2 kg,而最新型的 ipad 平板电脑重量只有 0.68 kg,体积也只有书本大小。
>
> 可见,由于科学技术的进步及其产业化,生产同样功能产品所需要消耗的钢、铜、铝、玻璃等物质量会大幅度减少。这一点在 IT 领域尤其明显,现代的笔记本电脑、超薄液晶电视、手机等小型化产品的出现,使人类得到更多信息服务的同时,对环境的影响却大幅度减少。

(四)绿色营销

绿色营销是用生态的理念和方法对企业传统的营销方式进行变革和创新。

具体内容包括采取新的宣传方式,如在广告中除了强调产品的高性能,还要强调产品的无污染和更节能;采取更为多样的销售方式,如以租代售、以旧换新,主动回收废旧产品等。绿色营销已经成为现代企业营销的重要内容,广义的绿色营销还包括绿色信息、绿色产品、绿色包装、绿色标志、绿色销售渠道、绿色促销策略、绿色服务、绿色回收等内容。

绿色营销也为商家带来了巨大利润。例如,世界最大的包装公司之一——索诺科公司在1990年就提出了"我们既制造了它,我们就要回收它"的承诺,开始从用户手中回收使用后的产品,这一政策得到了客户的热烈欢迎,该公司目前有2/3的原材料来自回收的材料,并创造了收入和销售的新纪录。

阅读材料59:美国Interface地毯公司的绿色营销

美国Interface地毯公司成立于1973年,起初只是一个小地毯零售店。而到1993年,Interface公司已成为全球最大的地毯生产商之一,产品占全球地毯销售市场的40%,并因为优异的企业环境理念和业绩成为世界知名的生态企业。

1. Interface公司创始人安德森的绿色经营理念

Interface公司的创始人安德森是一位著名环境和可持续发展领域的专家,曾任美国总统可持续发展委员会主席。他在谈起公司成功之道时,强调了两点:一是守法经营,"遵守法律,遵守,再遵守",在这个前提下,才能谈得上各种经营策略;二是在1994年读霍肯写的《商业生态学》,他说:"这本书改变了我的生活,它使我大彻大悟,当我读到一半时,就发现了我所要寻找的设想,有了一种改变公司现状的迫切感"。安德森说,我完全同意霍肯的观点,即商业、工业和企业是全世界最大、最富有、最无处不在的社会团体,它必须带头引导地球远离人类造成的环境破坏。1994年,安德森确立了"强调企业对人、生产过程、产品、客户需求和利润的全面责任"的企业宗旨,提出要将Interface公司变成恢复自身发展能力的企业,然后影响其他企业向可持续方向发展,Interface公司要以实际行动成为全球第一家工业生态学公司。

2. Interface公司"零浪费"的绿色设计和生产模式

安德森为Interface公司制定了"21世纪的新型公司"和"零浪费"目标,并带领7 000员工为之努力。公司在地毯设计和生产中采取的一些有效的环保措施包括:一是尽量利用风能、太阳能和水能,生产出世界上第一条"太阳能地毯",虽然价格稍贵一些,但无公害生产的前途不可限量;二是采取"封闭式循环再生利用",尽量多采用天然原材料和可分解的产品,少用矿物质燃料;

三是提高运输效率,减少浪费,比如通过电视会议来减少不必要的旅行,将工厂设在市场附近,规划最高效率的后勤供应等。

3. Interface公司"变卖地毯为租地毯"的绿色营销模式

Interface公司认为,企业要实现可持续的发展,就必须通过商业伙伴,影响利益相关群体,如原料商、生产商、投资人、客户、社区等,来传播可持续发展的概念,使之深入到人们的日常生活中。

为此,Interface公司在创新经营模式上下了很大功夫。传统上,盛行的经营模式重点在生产、营销和服务,而Interface公司最值得称道的创新营销模式是,通过与客户签订绿色服务合同,变销售地毯为租赁地毯,按年收取地毯服务费,客户地毯破损后公司负责修补或更换新的地毯。这种情况下,消费者花大致相同的钱,获得了相同的地毯的功能,但是省去了地毯损坏后处理地毯以及再购买的麻烦;地毯租赁服务商更愿意生产耐用的地毯,大部分地毯收回后可以做修复,不能修复也能重新作为原料生产新的地毯,大大节省了原料和生产成本,同时与客户关系更加稳定。刚开始时,销售地毯大宗收入可能被小额的地毯月租金所代替。但客户对地毯的需求因此而变得多样化,每个地毯的使用寿命也比过去延长了,这使得客户获得了更多的经济利益和地毯享用。公司也获得了更多的效益,而最后扔到垃圾填埋场的地毯大大减少,减少了资源浪费和环境污染。这一创新举措,在很短的时间内使公司从一个地方性的小公司发展为一个跨国大公司。Interface公司创造的"以租代售"的绿色营销模式赢得了全世界的支持。

安德森表示,他头脑中成功企业的标准是:必须能提供高质量的产品和服务,高效率地利用资源,与供应商和客户以及社区建立牢固的联系,对资源再生利用,不做损害地球和污染环境的企业。

这样的公司和商业模式还有很多,农药生产公司正转变成为农业害虫管理公司,使用天敌、物理诱捕和农药结合的方式杀虫,从而减少农药使用;家具生产公司正转变成为家具及室内布置服务公司;汽车厂商正面临来自汽车租赁或者汽车共享服务公司所带来的挑战;传统的报纸媒体正在被电子媒体所替代……表7-2为新旧商业模式变化的比较。

表7-2　商业模式变化的比较

比较	注重产品生产和销售的传统模式	注重销售功能和服务的环保商业模式
产品形态	有形的产品	无形的产品

续表

购买方式	产品的购买	功能的购买,服务时体验,满意为止
服务期	约定保修期	整个使用期
产品所有权	归消费者	归服务提供者
功能更新	产品功能固定不变	可灵活更换服务获取新的功能
投入	初始投入高	没有初始投入
环境物质流动	物质单向流动	物质循环

（五）治理废弃物、开展清洁生产和发展循环经济

减少各种自然资源和能源消耗,减少各种废水、废气、废渣、噪声等废弃物的产生和排放,是企业环境保护的最基本的任务。

1. 治理废弃物

由于受经济、技术等条件的制约,企业在生产过程中产生一定量的废弃物是难以避免的。因此,企业对废弃物进行治理以达到政府有关排放标准和污染物总量控制的要求,是企业环境管理的重要工作。

废弃物治理包括废气、废水、固体废物和噪声污染等方面的防治工作,具体涉及改善能源结构、采取新工艺、建设末端治理设施等技术手段。需要指出的是,废弃物治理应当坚持预防为主、防治结合、综合治理的方针。

2. 开展清洁生产

清洁生产是从生产的全过程来控制污染物的一种综合措施。联合国环境规划署在 1999 年首次将清洁生产定义为:"清洁生产是一种新的创造性的思想,它将整体预防的环境战略持续应用于生产过程、产品和服务中,以增加生态效率和减少人类及环境的风险。对于生产过程,清洁生产要求节约原材料和能源,淘汰有毒原材料、减低所有废弃物的数量和毒性;对于产品,清洁生产要求减少从原材料提炼到产品最终处置的全生命周期的不利影响;对于服务,清洁生产要求将环境因素纳入设计和所提供的服务之中。"图 7-1 列出了清洁生产全过程控制管理模式。

3. 发展循环经济

传统的经济发展是以"资源—产品—废弃物"为表现形式的线性模式,这是造成目前环境问题日益严重的经济学根源。循环经济则是立足于提高资源利用效率,在生产和再生产的各个环节按"物质代谢"关系安排生产过程和产业链条,形成一种以"资源—产品—废弃物—再生资源"为表现形式的经济发展模式。

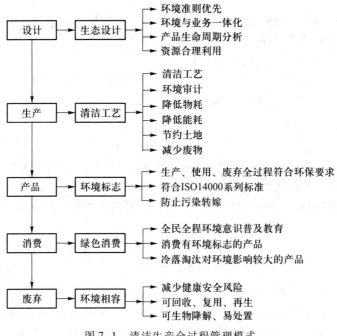

图 7-1 清洁生产全过程管理模式

对于企业而言,发展循环经济要使生产中的各种物质,特别是废弃物尽可能的再循环利用起来,并纳入区域层次上构建的生态产业链条,以最大限度地提高自然资源利用效率,减少废弃物排放。

阅读材料 60:循环经济发展的典型模式

循环经济的核心是将物质流动方式由传统的"资源—产品—废弃物"单向线型模式,转变为"资源—产品—废弃物—再生资源"闭合循环模式。在长期实践中,循环经济逐步形成了四种基本模式,在企业、区域和社会三个层面展开。

1. 杜邦模式——企业内部循环经济模式

基本特征:通过推行清洁生产、综合利用资源、能源,组织企业内各工艺间的物料循环、延长生产链条,减少生产过程中物料和能源的使用量,尽量减少废弃物和有毒物质的排放,最大限度地利用可再生资源,同时提高产品的耐用性。

典型代表:杜邦公司。该公司将循环经济三原则发展成为与化学工业相结合的"3R 制造法",通过放弃使用某些环境有害型化学物质、减少一些化学物质的使用量以及发明回收本公司产品等新工艺,到 2000 年已经使该公司的总废物减少了 1/4,有害废弃物减少了 40%,温室气体排放量减少了 70%。

2. 卡伦堡模式——区域生态工业园区模式

基本特征:按照工业生态学的原理,通过企业间的物质集成、能量集成和信息集成,形成产业间的代谢和共生耦合关系,使一家工厂的废气、废水、废渣、废热成为另一家工厂的原料和能源,建立工业生态园区。

典型代表:丹麦卡伦堡工业园区。该园区的主体企业是电厂、炼油厂、制药厂和石膏板生产厂。以这四个企业为核心,通过贸易方式利用对方生产过程中产生的废弃物或副产品,作为自己生产中的原料,不仅减少了废物的产生量和处理费用,而且产生了很好的经济效益,形成了经济发展和环境保护的良性循环。

3. DSD 模式——社会层面上的废弃物回收再利用体系

基本特征:建立废旧物质的回收和再生利用体系,实现消费过程中和消费过程后物质与能量的循环。

典型代表:德国废弃物双元回收体系(duales system deutschland, DSD)。DSD 是专门组织回收处理包装废弃物的非盈利社会中介组织,1995 年由 95 家产品生产厂家、包装物生产厂家、商业企业以及垃圾回收部门联合组成,目前共有 1.6 万家企业加入。这些企业组织成网络,在需要回收的包装物上打上绿点标记,然后由 DSD 委托回收企业进行处理。政府只规定回收利用的任务指标,其他一切均按市场机制运行,如果盈利,DSD 会返还给企业或相应减少对企业第二年的收费。

(六)发布企业环境报告书

企业环境报告书,是一种企业向外界公布其环境行为和环境绩效的书面年度报告,它反映了企业在生产经营活动中产生的环境影响,以及为了减轻和消除有害环境影响所进行的努力及其成果。企业环境报告书的主要内容包括企业环境方针、环境管理指导思想、实施计划、具体措施和取得的环境绩效等。

目前,定期公开发布环境报告书已经成为很多著名企业环境管理的重要内容。对于这些企业而言,环境报告书是对企业环境工作和管理的总体概括,是宣传企业环境绩效和环境形象的重要方式;对于政府而言,这些企业自愿发布环境报告书是企业在主动遵守政府法律基础上的进一步行动,当然是政府所希望和鼓励的;对于公众而言,环境报告书是全面了解企业、认识企业环境行为的重要途径。由上可见,企业主动发布环境报告书不仅是企业环境管理的重要方面,也是那些环境绩效优秀、环境形象良好、主动担负起可持续发展社会责任的企业自愿与政府、公众在环境管理方面相互沟通交通的重要方式。因此,发布环境报告书是一个企业环境管理水平高低和是否优异的重要标志。

> ······ **阅读材料 61:华为公司 2011 年的可持续发展报告简介** ······
>
> 　　华为公司是全球领先的信息与通信解决方案供应商。其发布的 2011 年可持续发展报告的主题是"丰富人们的沟通和生活"。报告回顾了华为公司在消除数字鸿沟、关爱员工、公平经营、绿色环保、社会公益、供应链 CSR 管理、利益相关方沟通、安全运营八大社会责任方面的理念、承诺及实践成效。
>
> 　　① 华为以消除数字鸿沟为己任,致力于确保所有人都能享受到通信和信息服务的基本权利。如华为通过技术创新降低网络成本,使得运营商在盂加拉国偏远地区成功运营;建设的应急网络在地震等自然灾害时迅速弥补通信能力的缺失;提供的智能城市解决方案已在全球超过 50 个城市得到广泛的应用。
>
> 　　② 华为致力于为全公司 14 万多员工提供完善的福利保障、职业发展和个人价值实现。2011 年华为为员工保障投入 45.34 亿元,为员工提供管理和专业技术两种职业晋升通道以实现不同的个人价值,还推行极具竞争力的薪酬体系。
>
> 　　③ 绿色环保是华为的核心战略之一,华为聚焦信息和通信技术,贯彻绿色通信、绿色华为、绿色世界的方针。华为在产品、技术、服务方面持续努力,进行全流程节能减排管理,推行全生命周期碳排放评估,2011 年完成了 35 类产品的生命周期分析。华为依据国际标准和各国法规建立了废弃物回收利用体系,在深圳建立废品处理控制中心,与全球服务商合作建立全球区域性的废品处理平台,对全球范围内废弃物进行一站式拆解和再回收处理。2011 年全球共回收处理 7 403 t 废弃物,其中 6 960 t 被循环再利用,再利用率达 94%。华为制定了绿色包装"6R1D"策略,即以适度包装(right packaging)为核心的合理设计(right)、预先减量化(reduce)、可反复周转(returnable)、重复使用(reuse)、材料循环再生(recycle)、回收利用(recovery)和可降解处置(degradable)。2011 年绿色包装发货量为 4.76 万件,主设备绿色包装比例达 79%,回收率达 85.8%。
>
> 　　④ 供应链的 CSR 管理是华为公司现阶段的关注重点。华为坚持阳光采购和道德采购原则,在供应商选择方面坚持 CSR 一票否决制。2011 年 27 家供应商于 2011 年通过了华为绿色伙伴认证,鼓励供应商采取创新的方式开展节能减排,构建绿色供应链。2011 年华为举办了主题为"承诺与创新"第三届

全球供应商 CSR 大会,6 家重要客户和 174 家供应商的高层管理人员签署了 CSR 承诺。

⑤ 华为致力于社会公益,回馈当地社会,为推动当地社区经济、社会和环境的积极改善做出贡献。"播种通信未来种子"、"华为大学生工作体验"、"爱心协会"等项目以华为特有的方式承担社会责任,开展慈善活动。

还值得一提的是,该报告参照全球报告倡议组织(Global Reporting Initiative, GRI)《可持续发展报告指南》3.0 版的框架进行编写,达到 GRI 应用等级的 B+水平,并聘请第三方机构德国莱茵 TÜV 集团对报告进行了审验。

资料来源:华为投资控股有限公司 2011 年可持续发展报告,2012。

四、ISO14000 系列环境管理体系

对现代企业而言,ISO14000 系列环境管理体系的建立和运行,是企业环境管理和环境经营最重要,也是最基本的内容。简单地说,企业是社会的一个组织,而 ISO14000 标准就是一个以"组织"为单位,以标准体系的形式规范和约束组织活动(也包括政府组织和 NGO 组织)的环境管理体系。由于该体系已经在世界范围内广泛推广和应用,成为现代企业环境管理的重要内容和主流方向,下面将进行重点介绍。

(一) ISO14000 的产生背景

从 20 世纪 80 年代起,美国和欧洲的一些公司为了响应可持续发展的号召,提高在公众中的形象以获得经营支持,开始建立各自的环境管理方式。如荷兰率先在 1985 年提出建立企业环境管理体系的概念,在 1988 年试行实施,到 1990 年又推行标准化和许可制度。1990 年后,欧盟一些国家开展了环境管理体系、环境审核工作,并由第三方予以认证以证明企业的环境绩效。这些实践活动奠定了 ISO14000 系列标准产生的基础。

在 1992 年联合国环境与发展大会之后,各国政府领导、科学家和公众认识到要实现可持续发展,就必须改变工业污染控制战略,从加强环境管理入手,建立污染预防的新观念。通过企业的"自我决策、自我控制、自我管理"方式,将环境管理融于企业全面管理之中。为此,国际标准化组织(International Organization for Standardization, ISO)从 1992 起正式制定环境管理系列标准,以引导和规范企业和社会团体等组织活动、产品和服务的环境行为。

(二) ISO14000 的框架结构

ISO 成立于 1946 年,总部设在瑞士日内瓦,由 100 多个国家的标准化组织构成,是世界上最大的非政府国际组织。ISO 的任务是推动标准化,使之成为促

进国际贸易的一种手段。ISO 标准都是文件化的、协调一致的技术规定,各国的厂家、公司可用它们作为指南,确保原材料和产品符合的规定和要求。随着 ISO9000、ISO14000、ISO18000、ISO26000 等标准体系在全球范围内的推广应用,标准化已经成为保障现代工业社会顺利运作必不可少的基本条件。

ISO 在 1992 年成立了一个技术委员会 TC207,负责起草 ISO14000 系列标准。TC207 下设 6 个分委员会 SC1～SC6,每个委员会下设若干个工作组,具体起草一个标准。ISO 秘书处为 TC207 安排了 100 个标准代号,即 ISO14000～ISO14100。其基本构成见表 7-3。

表 7-3　ISO14000 系列标准的基本构成

分委员会	主题	标准号
SC1	环境管理体系 EMS	14001～14009
SC2	环境审核 EA	14010～14019
SC3	环境标志 EL	14020～14029
SC4	环境行为评价 EPE	14030～14039
SC5	生命周期评估 LCA	14040～14049
SC6	术语和定义 T&D	14050～14059
WG1	产品标准中的环境因素	14060
	备用	14061～14100

(三) ISO14000 的定义和适用范围

ISO14000 标准是环境管理体系(environmental management system,EMS)标准的总称,是 ISO 制定的第一套组织内部环境管理体系的建立、实施与审核的通用标准。它可以指导并规范组织建立先进的管理体系,指导组织取得和表现正确的环境行为,引导组织建立自我约束机制和科学的管理行为标准。

ISO14000 标准具有极其广泛的适用性。具体表现在:

① 它规定了 EMS 的要求,而该 EMS 适用于任何类型与规模的组织,并适用于各种地理、文化和社会条件。

② 在管理对象上,它适用于那些可被组织所控制,以及希望组织对其施加影响的因素。

③ 适用于任何具有下列愿望的组织:a.实施、保持并改进环境管理体系;b.使自己确信能符合所声明的环境方针;c.向外界展示这种符合性;d.寻求外部组织对

其环境管理体系的认证/注册;e. 对符合本标准的情况进行自我鉴定和自我声明。

④ ISO14001 标准没有要求组织一定要在整个公司或集团的层次上实施环境管理体系,相反,可以选择特定的设施、部门或运作单元来实施 ISO14001 标准,前提是这些选定的组织单位应该具有自己的职能和行政管理。

⑤ 在 ISO14000 系列标准中,ISO14001 是唯一能用于第三方认证的标准,其附录 A 为其使用提供了提示性指南。

(四) ISO14000 环境管理体系的特点

ISO14000 环境管理体系标准与法律、行政、经济手段相比有很大的不同,具有如下一些特点:

① 以消费者行为为根本动力。以往的环境保护工作是由政府推动,依靠制定法规、法令来强制企业执行;ISO14000 标准强调的是非行政手段,用市场以及人们对环境问题的共同认识来达到促进生产者改进环境行为的目的。环境意识的普遍提高,使消费者的行为成为环境保护的第一动因。

② 自愿性的标准,不带任何强制性。企业建立环境管理体系、申请认证完全是自愿的。越来越多的企业出于商业竞争、企业形象、市场份额的需要,在企业内部实施 ISO14000 标准,并以此向外界展示其实力和对保护环境的态度。

③ 没有绝对量的设置,以各国的法律、法规要求为基准。整个标准没有对环境因素提出任何数据化要求,强调了体系的运行以达到设定的目标、指标,并符合各国的法规要求。

④ 强调持续改进和污染预防。要求企业实施全面管理,尽可能把污染消除在产品设计、生产过程之中,要求企业注重环境行为的持续改进。

⑤ 强调管理体系,特别注重体系的完整性。要求采用结构化、程序化、文件化的管理手段,强调管理和环境问题可追溯性体现出的整体特色。

⑥ 强调生命周期思想的应用。对产品进行从摇篮到坟墓的分析,从根本上解决环境问题。

阅读材料 62:ISO14001 标准的主要内容

1. 总要求(ISO14001 4.1)

组织应建立并保持环境管理体系。

"建立"是指组织决定按 ISO14001 标准要求从环境管理体系开始,到形成这一体系的全过程,包括体系的策划、设计和体系文件的编写,组织机构的配置和人员、资源的安排等。"保持"是指体系运转过程中实施监督和纠正措施,并通过审核和评审促进环境管理体系的持续改进。

2. 环境方针(ISO14001 4.2)

最高管理者应制定本组织的环境方针并确保：① 适合于组织活动、产品或服务的性质、规模与环境影响；② 对持续改进和污染预防的承诺；③ 对遵守有关环境法律、法规和组织应遵守的其他要求的承诺；④ 提供建立和评审环境目标和指标的框架；⑤ 形成文件，付诸实施，予以保持，并传达到全体员工；⑥ 可为公众所获取。

环境方针的制定与实施是最高管理者的职责，是组织在环境保护方面的宗旨和方向，是组织总体方针中的组成部分。环境方针的内容必须包括"两个承诺和一个框架"。两个承诺是承诺遵守法律及其他要求，承诺持续改进和污染预防；一个框架是要为环境目标和指标的制定和评审提供指导。

3. 规划(策划)(ISO14001 4.3)

规划包括以下四个方面的内容，是建立环境管理体系的启动阶段。

① 环境因素(ISO14001 4.3.1)。组织应建立并保持程序，用来确定其活动、产品或服务中它能够控制，或可望对其施加影响的环境因素，从中判定那些对环境具有重大影响，或可能具有重大影响的因素。组织应确保在建立环境目标时，对与这些重大影响有关的因素加以考虑。组织应及时更新这方面的信息。

② 法律与其他要求(ISO14001 4.3.2)。组织应建立并保持程序，用来确定适用于其活动、产品或服务中环境因素的法律，以及其他应遵守的要求，并建立获取这些法律和要求的渠道。

③ 目标和指标(ISO14001 4.3.3)。组织应针对其内部每一个有关职能和层次，建立并保持环境目标和指标。环境目标和指标应形成文件。

组织在建立与评审环境目标时，应考虑法律与其他要求，它自身的重要环境因素、可选技术方案、财务、运行和经营要求，以及各相关方的观点。

目标和指标应符合环境方针，并包括对预防污染的承诺。

④ 环境管理方案(ISO14001 4.3.4)。组织应制定并保持一个或多个旨在实现环境目标和指标的环境管理方案，其中应包括：a.规定组织的每一有关职能和层次实现环境目标和指标的职责；b.实现目标和指标的方法和时间表。如果一个项目涉及新的开发和新的或修改的活动、产品或服务，就应对有关方案进行修订，以确保环境管理与该项目相适应。

4. 实施与运行(ISO14001 4.4)

① 组织机构和职责(ISO14001 4.4.1)。管理者应为环境管理体系的实施与控制提供必要的资源，其中包括人力资源和专项技能、技术以及财力资源。

为便于环境管理工作的有效开展,应当对作用、职责和权限做出明确规定、形成文件,并予以传达。组织的最高管理者应指定专门的管理者代表,无论他(们)是否还负有其他方面的责任,应明确规定其作用、职责和权限,以便:a.确保按照本标准的规定建立、实施与保持环境管理体系要求;b.向最高管理者汇报环境管理体系的运行情况以供评审,并为环境管理体系的改进提供依据。

② 培训、意识与能力(ISO14001 4.4.2)。组织应确定培训的需求。应要求其工作可能对环境产生重大影响的所有人员都经过相应的培训。

应建立并保持一套程序,使处于每一个有关职能与层次的人员都意识到:a.符合环境方针与程序和符合环境管理体系要求的重要性;b.他们工作活动中实际的或潜在的重大环境影响,以及个人工作的改进所带来的环境效益;c.他们在执行环境方针与程序,实现环境管理体系要求,包括应急准备与响应要求方面的作用与职责;d.偏离规定运行程序的潜在后果。

从事可能产生重大环境影响的工作人员应具备适当的教育、培训和工作经验,从而胜任他所担负的工作。

③ 信息交流(ISO14001 4.4.3)。组织应建立并保持程序,用于有关其环境因素和环境管理体系的:a.组织内各层次和职能间的内部信息交流;b.与外部相关方联络的接收、文件形成和答复。组织应考虑对涉及重要环境因素的外部联络的处理,并记录其决定。

④ 环境管理体系文件(ISO14001 4.4.4)。组织应以书面或电子形式建立并保持下列信息:a.对管理体系核心要素及其相互作用的描述;b.查询相关文件的途径。

⑤ 文件控制(ISO14001 4.4.5)。组织应建立并保持一套程序,以控制本标准所要求的所有文件,从而确保:a.文件便于查找;b.对文件进行定期评审,必要时予以修订并由授权人员确认其适宜性;c.对环境管理体系的有效运行具有关键作用的岗位,都可能得到有关文件的现行版本;d.迅速将失效文件从所有发放和使用场所撤回,或采取其他措施防止误用;e.对出于法律和(或)保留信息的需要而留存的失效文件予以标识。

所有文件均须字迹清楚,注明日期(包括修订日期),标识明确,妥善保管,并在规定期间内予以留存。应规定并保持有关建立和修改各种类型文件的程序与职责。

⑥ 运行控制(ISO14001 4.4.6)。组织应根据其方针、目标和指标,确定与所标识的重要环境因素有关的运行与活动。应针对这些活动(包括维护工

作)制定计划,确保它们在程序规定的条件下进行。

程序的建立应符合下述要求:a.对于缺乏程序指导可能导致偏离环境方针和目标与指标的运行,应建立并保持一套以文件支持的程序。b.在程序中对运行标准予以规定;c.对于组织所使用的产品和服务中可标识的重要环境因素,应建立并保持一套管理程序,并将有关的程序与要求通报供应方和承包方。

⑦ 应急准备和响应(ISO14001 4.4.7)。组织应建立并保持程序,以确定潜在的事故或紧急情况,做出响应,并预防或减少可能伴随的环境影响。

必要时,特别是在事故或紧急情况发生后,组织应对应急准备和响应的程序予以评审和修订。

可行时,组织还应定期试验上述程序。

5. 检查和纠正措施(ISO14001 4.5)

① 监测和测量(ISO14001 4.5.1)。组织应建立并保持一套以文件支持的程序,对可能具有重大环境影响的运行与活动的关键特性,进行例行监测和测量。其中应包括对环境表现、有关的运行控制及对环境目标和指标的跟踪信息进行记录。

监测设备应予校准并妥善维护,并根据组织的程序保存校准与维护记录。

组织应建立并保持一套以文件支持的程序,以定期评价对有关环境法律、法规的遵循情况。

② 不符合,纠正与预防措施(ISO14001 4.5.2)。组织应建立并保持一套程序,用来规定有关的职责和权限,对不符合进行处理与调查,采取措施减少由此产生的影响,采取纠正与预防措施并予完成。

任何旨在消除已存在和潜在不符合的原因的纠正或预防措施,应与该问题的严重性和伴随的环境影响相适应。

对于纠正与预防措施所引起的对程序文件的任何更改,组织均应遵照实施并予以记录。

③ 记录(ISO14001 4.5.3)。组织应建立并保持一套程序,用来标识、保存与处置有关环境管理的记录。这些记录中还应包括培训记录和审核与评审结果。

环境记录应字迹清楚,标识明确,具备对相关活动、产品或服务的可追溯性。对环境记录的保存和管理应使之便于查阅,避免损坏、变质或遗失。应规定其保存期限并予记录。

组织应保存记录,在对其体系及自身适宜时,用来证明符合本标准的要求。

④ 环境管理体系审核(ISO14001 4.5.4)。组织应制定并保持定期开展环境管理体系审核的方案和程序,目的是:a.判定环境管理体系是否符合对环境管理工作的计划安排和本标准的要求;是否得到了正确的实施和保持。b.向管理者报送审核结果。组织的审核方案(包括时间表)应立足于所涉及活动的环境重要性和以前审核的结果。为全面起见,审核程序中应包括审核的范围、频次和方法,以及实施审核和报告结果的职责与要求。

6. 管理评审(ISO14001 4.6)

组织的最高管理者应定期对环境管理体系进行评审,以确保体系的持续适用性、充分性和有效性。管理评审过程应确保收集必要的信息,供管理者进行评价工作。评审工作应形成文件。

管理评审应根据环境管理体系审核的结果、不断变化的客观环境和持续改进的承诺,指出可能需要修改的方针、目标以及其他要素。

(五) ISO14000 环境管理体系的运行模式

ISO14001 规定了环境管理体系的五大要素,即环境方针、环境规划、实施与运行、检查与纠正措施和管理评审。这五个要求的运行模式如图 7-2。

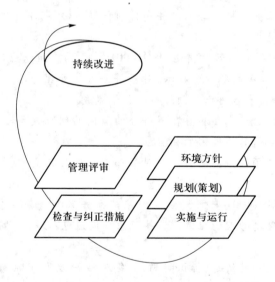

图 7-2　环境管理体系的运行模式

可见,这五大要素将一个环境管理体系紧密联系在一起。在环境方针的指导下制定实施方案并监测其运行状况,达到所制定的目标,再通过管理评审进一步改进提高。这些步骤相辅相成,共同保证了体系的有效建立与实施。再加上持续改进的原则,就构成了螺旋式上升和动态循环的环境管理体系模式。

(六) ISO14000 标准的实践和发展趋势

ISO14000 标准的最终目标是通过建立符合各国环境保护法律、法规要求的国际标准,在全球范围内推广 ISO14000 系列标准,达到改善全球环境质量,促进世界贸易,消除贸易壁垒的最终目标。目前,全球已经有数以万计的公司企业通过了 ISO14000 认证,建立了符合国际化标准的企业环境管理体系,这已经逐渐成为现代企业发展的基本条件之一。

ISO14000 标准的发展趋势是与 ISO9001 质量管理体系、OHSAS18001 环境职业健康安全管理体系呈现一体化的倾向,见图 7-3。这三大系列的标准管理体系都是国际性标准,都遵循自愿原则,都执行 PDCA 管理模式,都具有相似的核心精神,在标准应用的相关方等方面也大致相同。因此,对于现代企业来说,这三大类标准的一体化,有利于全方面地应对管理活动,构建成企业生产和服务行为、社会行为和环境行为的标准规范。

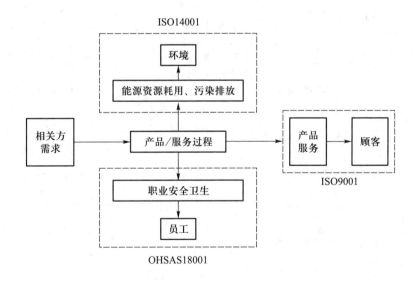

图 7-3　ISO14000、ISO9001、OHSAS18001 系列标准的一体化趋势

第三节 企业环境管理的案例分析

一、概述

(一) 商业模式的绿色转变

现代企业发展带来的环境问题,不仅为环境科学家所关注,也逐渐成为当代企业家的重点关注对象。与几十年前相比,越来越多的企业家开始发自内心地相信,环境和可持续发展不仅仅关系到地球的未来,也切实关系到每一个企业未来的竞争能力和赢利能力。

企业的各种活动,从研发、生产、人力资源、市场营销、行政后勤、IT 到运营、采购、物流、投资都与环境问题密切相关。表 7-4 列出了迈克尔·波特教授总结的企业价值链的社会影响,这表明了企业家看待企业环境问题的基本视角。

表 7-4　企业价值链的社会影响

	价值链的环节	价值链面对的社会问题
支持性活动	公司基础设施:财务、计划、投资者关系	财务报告实践;治理实践;透明度;游说措施
	人力资源管理:招聘、培训、薪酬体系	教育、职位培训;安全的工作条件;多样性与歧视;健康、薪酬政策、解雇政策
	技术研发:产品设计、检验、流程设计、材料研究、市场研究	与大学的关系;道德研究实践;产品安全性;原料转换;循环利用
	采购:零件、设备、广告与服务	采购与供应链实践,包括贿赂、童工、冲突、对农民的价格;使用特定的原材料,自然资源的使用
基础性活动	内部物流:如原材料的储备、数据的可获得性	运输的影响,例如排放、交通阻塞和道路设计等
	内部运营:如组装、零件、分支机构运营等	排放与废弃物;生物多样性与影响;能源与水;工作安全与劳资关系;有害物质排放
	外部物流:订单处理、仓库、报告准备	包装的使用与处理;交通运输的影响
	市场营销与销售:销售能力、促销、广告、网络等	市场营销与广告(文案撰写等);定价实践(价格歧视);顾客信息(反竞争定价等);隐私权
	售后服务:顾客抱怨处理、顾客支持	废物处置;易耗品的处置;顾客隐私等

注:引自迈克尔·波特,战略与社会:竞争优势与企业社会责任的关联,哈佛商业评论,2006。

（二）绿色公司与绿色商机

商业模式的绿色转变，需要绿色公司来实现。无论是位列世界 500 强的大公司，还是为数众多的中小型企业，都面临着商业与环境相融合带来的绿色机会。表 7-5 罗列了 75 种绿色商机，其中一些是已经被成功实践，可以为企业家和创业者开创"绿色事业"提供启发。

表 7-5　75 种绿色商机

领域	商　　　机		
绿色能源	1. 太阳能技术培训 2. 小型风力涡轮发电 3. 生物柴油 4. 甘蔗乙醇	5. 纤维素乙醇 6. 太阳能烹饪 7. 微生物发电 8. 燃料电池备用电力	9. 负瓦装置及核查 10. 移动式太阳能电源
培育绿色企业家	11. 环保教育 12. 首席可持续发展官	13. 绿色慈善管理 14. 环保说客	15. 环保技术转让 16. 环保律师
建设绿色家园和企业	17. 降温屋顶 18. 绿色模组式房屋 19. 绿色照明	20. 通风管道维修 21. 智能房屋 22. 可循环热能	23. 绿色建筑认证 24. 房屋节能顾问
投资绿色资金	25. 绿色金融经纪人 26. 小额绿色信贷	27. 碳补偿调查员 28. 碳交易员	29. 绿色投资顾问 30. 环境会计师
自然界商务之道	31. 绿色化学 32. 生物塑料产品	33. 自然排毒 34. 生物勘探	35. 仿自然形态产品
减少浪费	36. 无纸化办公 37. 让产品梅开二度	38. 环保包装设计 39. 重复利用建筑材料	40. 绿色购物袋 41. 绿色家居
供应绿色食品	42. 绿色快餐 43. 家用食品安全检测 44. 当地食品	45. 益生菌食品 46. 改良作物育种 47. 低碳杂货店	48. 遗产作物
合理用水	49. 循环水 50. 收集雨水	51. 瓶装水替代品 52. 收集凝结水	53. 环保型管道工 54. 低耗水人工景观
提供绿色服务	55. 绿色旅馆 56. 绿色广告业 57. 绿色干洗业 58. 生态旅游业	59. 绿色评级服务业 60. 绿色家居改装 61. 绿色商业顾问 62. 绿色保洁	63. 再循环服饰 64. 虚拟商务会议 65. 生态沙龙

领域	商　　机		
绿色运输业与城市	66. 环保泊车经销 67. 绿色加油站	68. 新型汽车共享服务 69. 无污染园艺	70. 公交环保体系 71. 绿色咖啡屋
绿色农场	72. 沼气 73. 新型养鱼场	74. 草原生物燃料 75. 生态害虫防治	

注：引自格伦·克罗斯顿著，黎涓译，75 种绿色商机，电子工业出版社，2010。

二、制造业

制造业是产业链中将原材料加工成产品的环节，制造业中的大多数行业，都曾经或仍旧是环境污染的主体。

（一）钢铁行业

传统的钢铁行业是高污染、高消耗的基础性产业，与上下游的各大产业广泛关联。因此，钢铁行业的环境创新往往可以带来一系列变化。阅读材料 63 介绍了像造汽车一样造房子的宝钢建筑系统集成公司。

阅读材料63：像造汽车一样造房子的宝钢建筑系统集成公司

宝钢公司在 2011 年成立了一家志在绿色经营、承担更多社会责任的新公司——宝钢建筑系统集成有限公司，试图从根本上颠覆依靠钢筋混凝土的传统建筑方式，实现"像造汽车一样造房子"的愿景。

该公司将从信息化管理、集成化设计、装配化施工到装修建筑一体化的新型绿色产业链打造钢结构住宅。钢结构建筑具有自重轻、强度高、造型美、施工快、污染少、抗震性能好等特点，更重要的是在钢结构住宅建造过程中碳的排放量比建造传统住宅降低 20% ~ 40%，并且主体结构可以 100% 循环再生利用。

新的业务范围将涵盖政府公用建筑、保障型住宅、商业建筑、商品住宅，代表了"绿色建筑"发展方向。相信这一创新不仅改变了钢铁行业，也会对建筑行业产生深远的影响。

（二）饮料制造业

饮料业与水资源、水环境和水污染问题密切相关。阅读材料 64 介绍了可口可乐公司是如何应用"水足迹"和"水中和"的理念和行动，致力于商业与环境关系的改进。

阅读材料64：可口可乐公司的"水足迹"和"水中和"

可口可乐公司的主要产品是可乐和橙汁。没有水，公司就无法运营。如何更好地利用水资源，减少排放到自然界的污水已经成为可口可乐履行社会责任的关键问题。

为此，2005年可口可乐公司建立了水资源管理基本框架，提出了三大管理目标：① 减少用水。2012年可口可乐公司水利用效率比2004年提升40%。② 循环用水。对处理过的生产用水循环利用。③ 还原用水。通过参与相关的水资源保护项目，补充生产产品过程中消耗的水量。

可口可乐公司为了达到水资源管理的目标，提出了"水足迹"和"水中和"的理念。

1. "水足迹"

可口可乐公司与荷兰的一家名为"水足迹网络"的NGO合作，开发了"产品水足迹"评估工具，并对公司产品进行了彻底评估。希望通过评估产品的"水足迹"，掌握各生产环节的用水情况，以便制定有效节水措施。所谓"产品的水足迹"是指，企业在产品生产过程中的水消耗，以及供应商在生产原料过程中的水消耗。

他们将水分为三类：① 绿水——土壤中聚集的雨水；② 蓝水——地下水和地表水，如溪流和湖泊的水；③ 灰水——废水。

在"产品水足迹"评估中发现，用水大户不是在产品生产的工业环节，而是在原料供应的源头——农作物生产环节。例如，在荷兰，生产0.5 L易拉罐可口可乐利用绿水15 L、蓝水1 L，排放灰水12 L；生产1 kg甜菜（可口可乐原料之一）用绿水375 L、蓝水54 L，排放灰水128 L。针对该情况，可口可乐公司正在推动"可持续发展农业战略"加以解决。

2. "水中和"

为了保证生产产品水资源的可持续性，保证可口可乐产品的质量和安全性。可口可乐公司在2007年提出了"水中和"的理念，即通过减少生产环节用水量和协助社会保护水源的行动，将消耗的水返还给大自然。即：厂区内的水利用和收集+社会与社区中的水利用和收集+协助农业增加水资源利用效率的结果≥企业在生产过程中利用的总水量。

由此可见，对于在全球各地生产3 000种饮料，每年用水量达到760亿加仑的可口可乐公司来说，其水资源管理战略体现了国际大公司勇于承担社会责任，以及高瞻远瞩的发展方针。

资料来源：大自然保护协会、可口可乐公司，产品水足迹评估，2010。

三、服务业

服务业与现代日常生活和商务活动密切相关,就业人口众多,成为商业与环境关系转型的主要领域。

(一)零售业

零售业是直接面对消费者的行业,对于倡导绿色消费,进而引导绿色供应链、绿色生产、绿色设计有重要意义。阅读材料 65 介绍了沃尔玛公司的可持续发展战略。

> #### 阅读材料 65:沃尔玛公司的可持续发展战略
>
> 沃尔玛公司(Wal-Mart)名列世界 500 强榜首。环境可持续发展是沃尔玛社会责任计划的五大主题之一。从 2005 年开始,沃尔玛公司将可持续发展作为其全球使命,将可持续发展融入到供应链及运营的各个环节,制定了"可持续发展 360"战略,开始为百分之百使用可再生能源、"零"浪费、销售有利于资源与环境的商品三大目标而努力。
>
> 1. 建设环保节能的商场
>
> 通过采用 LED 节能照明、安装节能冷冻柜、余热回收装置、关闭非高峰时期部分照明等措施节水节能,建设环保节能的商场。环保节能商场有望比普通门店提高能效 40%,减少用水 50%,减少温室气体排放量 20%。
>
> 2. 销售环保商品
>
> 以"农超对接"项目为例,沃尔玛自 2007 年起开始帮助农民提高市场适应能力、引导标准规模化生产、指导其在生产中推进环境保护。这不仅增加了农民收入,也带给消费者新鲜、安全、可口、实惠和环保的农产品。截至 2010 年,沃尔玛在中国建立了 46 个农超对接基地,面积超过 34.7 万亩,惠及 47.9 万农民。
>
> 3. 建立可持续发展供应链
>
> 以在供应商中推广环保包装为例,沃尔玛通过举办相关培训,协助供应商在确保包装完全承担基本功能的前提下,尽量简化包装,降低生产、运输和废品处理方面的能耗,最终减少环境负担。例如,通过重新设计潘婷和玉兰油产品的包装瓶,与原包装相比节约 13% 以上的耗材,每年沃尔玛销售这些产品就节省 40 t 塑料。
>
> 4. 与相关方的环保合作
>
> 沃尔玛积极与中国政府、供应商伙伴、行业协会等单位合作,共同达成可

持续发展的目标。例如,与环境保护部认证中心合作制定绿色超市标准,与商务部和农业部签署《共促"农超对接"合作备忘录》,与中国饮料工业协会签订《饮料产品绿色生产和绿色运营推进计划》,与中国21世纪议程管理中心签署《关于可持续发展竞赛的谅解备忘录》。

(二)酒店业

酒店业是商务会议、旅游住宿、休闲度假等服务的提供商。由于好的自然环境,总是能为酒店业带来更多的客人和盈利,这使得酒店业比其他服务行业更加热衷于探讨商业与环境的共赢模式。阅读材料66介绍了万豪酒店在商业与环境方面的努力。

阅读材料66:万豪酒店的尚自然计划与平武关坝村的大熊猫保护

万豪国际集团是一家具全球领导地位的酒店管理企业。作为国际酒店业的知名品牌,万豪是如何能与大熊猫保护联系在一起的呢?

"尚自然——饮水思源"项目是万豪国际集团和保护国际基金会(Conservation International, CI)携手实施的一个水资源保护计划。该计划通过支持四川省农村进行符合"可持续发展"原则的经济活动,减少对当地环境的影响,以保护水资源。万豪国际集团为该项目投入了50万美元的种子基金,用于当地村庄社区发展和生物多样性保护。

四川省平武县木皮藏族乡关坝村是"尚自然——饮水思源"在中国资助的第一个社区项目。

关坝村位于四川盆地西北部,是一个藏汉民族杂居村,有408口人,约87 km²。其自然条件得天独厚,毗邻唐家河、白水江、王朗大熊猫自然保护区,森林覆盖率超过95%,并拥有大熊猫、金丝猴、扭角羚、红腹锦鸡等多种国家级保护动物,银杏、珙桐、红豆杉等多种国家级保护植物。因此,关坝村是大熊猫等珍稀野生动物的栖息地和生态廊带,是周边保护区的重要缓冲区;另外,由于其地处涪江上游的支流火溪河流域源头,还是平武县木皮乡场镇水源地。但全村自2000年左右有1 113亩耕地退耕还林后,仅存农地96.7亩,人均0.24亩,经济社会发展相对缓慢,身处大山深处的村民们一直过着紧巴巴的日子。

"尚自然——饮水思源"项目的核心,是资助关坝村养蜂合作社购买新蜂箱、掌握先进养蜂技术及改良基础设施,并以获得的部分经济收益来支持当地自然保护。在大熊猫自然保护区及其周边缓冲区域，养蜂可能是当地唯一既可增加农民收入，又不对当地野生动植物造成任何影响或破坏的经济活动。虽然独特的生态环境使蜂产品具有无污染、品质好的优势，但由于村民一直沿用传统的方式经营蜜蜂养殖，一只蜂箱正常情况下每年只能生产蜂蜜 5 kg，再以 20 元/kg 卖给当地批发商，收入很少。"尚自然——饮水思源"项目帮助关坝村成立了养蜂合作社，采用了先进的多片式蜂箱，正常情况下可产出蜂蜜 8~15 kg，养殖效率被大大提高，价格也提高到 60 元/kg。合作社每年拿出 60% 的利润返还给蜂农，剩下 40% 为公积金和公益金，以及维持合作社的长期运转的"发展基金"。

养殖技术改造和经营管理方式上的改进，使关坝蜂蜜产业迅速发展。蜂蜜产业的发展，又导致对环境保护的关注和力度得到实质性加强。村民不仅参与合作社的积极性大大提高，也开始有意识地维护村里的自然环境，因为村民都知道生态环境直接关系到蜂蜜的质量。为了保护环境，关坝村不仅明文禁止乱捕野生动物、偷伐树木和采挖野生药材，合作社还成立了一支监测巡护队伍，制定了详细的监测巡护方案，以保护村里的野生动植物资源以及水资源。

可见，"尚自然——饮水思源"项目帮助村民将传统生产方式转变为可持续的、新的发展方式，不仅改善了他们的生活，还对水资源、森林以及大熊猫栖息地起到了保护作用，使保护环境与发展经济真正形成了相辅相成的关系。

此外，2010 年 10 月起，万豪国际集团在中国的酒店开始零售关坝蜂蜜。截至 2011 年底，关坝村共向万豪酒店交付了 1 850 kg 蜂蜜，其中，一部分被直接送到万豪酒店的餐厅，另一部分被分装成 300 g/瓶的"尚自然"牌罐装蜂蜜，在酒店商店中以每瓶 158 元销售。由于其已经通过有机食品认证，并在包装上印有保护大熊猫的图案，虽然价格不菲，但也颇受欢迎。

万豪国际集团销售蜂蜜的收入将作为项目追加资金继续支持合作社的发展，部分销售款项已经为合作社购置一辆皮卡车。

从这个成功的案例我们可以看出，商业与环境的结合，可以让一个全球酒店品牌与一个偏远山村联系起来，携手推进社区发展和环境保护，达到互利共赢的目标，这将会是商业可持续发展的重要内容。

四、金融业

金融业是现代市场经济的核心产业。在环境问题的冲击下，金融业不仅本身正在发生深刻的绿色变革,也通过强大的金融手段推动整个社会向绿色转型。

银行业是金融业的核心。现代环境形势下,银行业可以通过绿色办公严格控制自身的能耗、纸张消耗和水耗;可以通过电子银行,提升效率的同时做到了节能环保。最重要是,银行可以通过绿色经营,对整个经济和社会的发展进行重要的环境金融调控,发挥不可替代的重要作用。

银行的绿色经营,将对污染企业构成最致命的打击。阅读材料67介绍了对现代金融业产生重大影响的"赤道原则"。

阅读材料67:什么是赤道原则

赤道原则(the equator principles,EPs)是由世界主要金融机构根据国际金融公司和世界银行的政策和指南建立的,旨在决定、评估和管理项目融资中的环境与社会风险而确定的金融行业基准。实行赤道原则的金融机构被称为赤道银行(equator banks)。赤道银行包括花旗银行、巴克莱银行、荷兰银行、汇丰银行、JP摩根、渣打银行、美洲银行和中国的兴业银行等金融机构。其数量看似不多,但它们在全球的业务量和影响巨大,占据全球项目融资总额的90%以上。从2003年起,EPs直接运用于全球绝大多数大中型和特大型项目中,确立了国际项目融资的环境与社会的最低行业标准。

EPs文件主要包括序言(preamble)和原则声明(statement of statement of principles)两部分。原则声明部分列举了9项原则,赤道银行承诺只把贷款提供给符合这9个条件的项目。

第1条规定了项目风险的分类依据,根据国际金融公司的环境与社会审查标准而制定的内部指南,建立筛选过程,按有关银行通用术语把贷款项目分为A类、B类或C类,分别表示具有高、中、低级别的环境或社会风险。

第2条规定了A类项目和B类项目的环境评估要求,包括环境影响评估、社会影响评估和健康影响评估以及更深层次的要求。对A类和B类项目,借款人要完成一份环境评估报告,说明怎样解决在分类过程中确定的环境和社会问题。

第3条是EPs的核心部分,规定了环境评估报告应包括的主要内容,共17项。在其注释中还规定环境评估要遵守东道国现行的法律、法规和对项目的要求以及世界银行和国际金融公司预防和减少污染指南,对于位于低收入和中等收入国家的项目还需进一步考虑国际金融公司的保全政策。

第4条规定了环境管理方案要求,适用对象是A类项目(在适当的情况下包括B类项目),内容包括环境和社会风险降低的行动方案、监控和管理以及计划等。借款人必须向银行证明其项目符合东道国的法律,并符合涉及有关产业部门的世界银行和国际金融公司的预防与减轻污染指南。对新兴市场中的项目,借款人还必须证明环境评估中考虑到了国际金融公司的保全政策,后者为处理自然栖息地、土著人口、非自愿移民、水坝安全、林业和文化财产等问题提供了指南。

第5条规定了向公众征询意见制度,A类项目(在适当的情况下包括B类项目)的借款人或第三方专家要用各种适当的方式向受项目影响的个人和团体,包括土著民族和当地的非政府组织,征求意见;环境评估报告或其摘要要在合理的最短时间内以当地语言和文化上合适的方式为公众所获得;环境评估和环境管理方案要考虑公众的这些意见,对于A类项目还需独立的专家审查。

第6条规定了借款人的约定事项,遵守项目建设和运营过程中的环境管理方案;定期提供由本单位职员或第三方专家准备的有关环境管理方案遵守情况的报告;在适当的情况下,还需定期提供根据商定的拆除方案拆除设施的报告。

第7条规定了补充监督和报告服务,由贷款人聘请的独立环境专家提供。

第8条规定了违约救济制度,如果借款人没有遵守环境和社会约定,赤道银行将会迫使借款人尽力寻求解决办法继续履行。

第9条规定了EPs只适用于总融资5 000万美元以上的项目。

EPs来自于金融机构践行企业社会责任的内外部压力,以及利益相关者、政府部门、多边金融组织、社会责任融资基金以及非政府组织的外部压力。因此,许多银行把EPs视为向公众展示它们关注环境和社会问题的渠道,许多利益相关者做出投资决定时也考虑这些问题。

资料来源:根据赤道银行成员网站资料整理编写。

赤道原则是银行业发展的一个重要的里程碑,也是一个商业与环境共赢的典范。与其他企业环境管理的手段相比,赤道原则的特点有:

① 赤道银行实际上成了环境保护的民间代理人。在赤道原则中,环境保护的义务主体是赤道银行,而不是国家和政府。赤道银行通过督促项目的发起人和借款人,直接监督环境和社会标准在项目中的应用,它只受项目融资的限制,而不受国界的限制,因为其依据是一个特殊的金融文件,而不是国际条约和协定。因此,赤道银行的环境保护行为与政府的行为相呼应,成为一支强大的民间力量。

② 赤道原则已经发展成为成熟的行业惯例。赤道原则不是一个国际条约,

没有国际组织,无需加盟,也无需签订协议,成为赤道银行只需自己宣布已经或将要建立与赤道原则一致的内部政策和程序。尽管赤道原则本身没有授予任何组织和个人强制执行的权力,其法律约束力并不强,但它已经成为国际项目融资的社会和环境方面的行业惯例,具有行业无法抗拒的魅力,谁忽视它就会在国际项目融资市场中步履艰难,甚至可能会被迫退出国际项目融资市场。

③ NGO 是监督赤道原则实施的主要力量。一些国家的 NGO 有较强的社会影响力和公信力,成为监督银行的重要力量。

实践教学Ⅰ 环 境 创 业

一、环境创业概述

(一)什么是环境创业

环境创业,是指以环境保护为切入点进行主要盈利模式的创业形式,此类创业在追求经济利益的同时,能够实现环境保护的目的。

环境创业是一种新兴创业模式,它的出现有着深刻的社会背景,从企业组织的绿色化到创业活动的绿色化,这个转变过程中也伴随着人类对于环境与经济之间关系的思考转变。迄今为止,人类发展经济大多以破坏环境为代价。鉴于这一既成事实,环境创业的出现为经济和社会可持续发展指出了明路,其价值不仅仅在于它为那些识别和应用环境机会的快速反应且超前行动的创业者提供新的机会,更重要的是,环境创业还有可能成为一股社会力量,推动企业向更具可持续性的方向转型。

(二)环境创业的机遇与热点

随着国家、公众对环境问题的重视,环境创业成为环境保护领域的一个重要的热点。

当前资源的耗竭、环境的恶化、气候的变暖也已成为各国政府关心的头等大事。中国政府也相继提出循环经济和低碳经济。从"绿色照明节能灯推广"、"能效标识的推进"、"绿色采购"政策执行,到 2008 年"绿色奥运"、2010 年"低碳世博"的成功举办,无一不透露着中国政府在环保方面的强大决心;同时,各种国际谈判(如哥本哈根会议、坎昆会议)、国际贸易(如绿色壁垒的设置)等,也使政府必须对环境问题做出良好的应对,以维持国际上负责任大国的形象;再加上国际金融危机、绿色政治、绿色经济等的影响,政府必将不遗余力地支持环境创业。

对公众而言,作为环境质量的直接受体,公众对于环境变化的感受是最为直观和强烈的,随着政府对于环境事件的透明化处理程度愈来愈高、公众参与环境事件的渠道越来越广,公众对于环境安全的担忧、改善环境的需要愈发强烈。这种感觉,成为环境创业得以发展的雄厚根基。特别是在中国,广大公众在享受经济高速发展、物质逐渐丰富的同时,却再度开始对马斯洛需要层次理论中的基础需要——生理需要"衣食住行"产生担忧,特别是基于环境健康和环境安全层次上的困扰,面对各种与环境安全相关的突发事件,松花江污染、肯德基苏丹红、三聚氰胺奶粉、龙口粉丝掺假、红心咸鸭蛋、大连漏油事件、多地多起血铅事件、日本核辐射事件等,为公众一次又一次地敲响了警钟,使公众逐渐被迫愿意为"环境安全"买单,从而创造了一个新兴的市场需求。

对企业而言,环境创业也成为企业发展的一个新兴机遇。一些领先的大型企业打出了"环境牌"。大型企业无论从研发、生产、营销还是在上下游供应链的选择上,都更多地倾入了绿色的成分,"绿色"不仅成为企业的环境品牌战略,成为企业体现社会责任的主要渠道,同时更重要的是,为企业带来了名副其实的经济利润。例如,GE 公司 2005 年推出"绿色创想"计划,到 2009 年,具有环保优势的产品和解决方案给 GE 带来 180 亿美元收入,占当年 GE 年销售额的 11%。其中在中国的收入达到 9.53 亿美元,同比增长超过 22%,"绿色创想"的增长速度相当于其他公司平均增长速度的两倍。以绿色产品、绿色体系和绿色责任三者为一体构成的环境品牌战略"来势汹汹",必将成为各大企业得以可持续发展的制胜法宝。

大企业的绿化,还对中小型企业形成了"倒逼效应"。虽然发展"绿色"的投入相对较大、回报周期相对较长,在一定程度上限制了中小企业的参与。但由于国家对于环保的日益重视和环境处罚力度的不断加大,公众对于环保产品和服务的需求逐渐增加,大型企业对于上下游供应链的绿色认证等要求的逐渐提出,中小型企业不得不在这样的压力下或者被淘汰、或者寻求转型,成为绿色创业的又一个重要主体。

二、环境创业的主要内容

(一)以环保产品为主的创业

环保产品是环境创业的一个重要方向。传统的环保产品主要是以解决水、气、声、渣这四类环境污染问题为目的的产品。例如,各类采样仪器、监测仪器、分析仪器、处理处置设备等。新兴的环保产品,除包括各种各样的节能产品、新能源产品如 LED 灯、太阳能薄膜发电、太阳能热水器等;还包括直饮水设备、厨余垃圾处理器、甲醛捕捉剂、有机绿色食品等。这些环保产品,由于切合了国家宏观环保低碳政策的需要及政府绿色采购需要,或是满足商业化公司的绿色供应链采购需要,并贴合公众对于健康生活品质的需求,从而成为市场的热点。

以产品作为环境创业的选择是一个相对成熟的思路。针对传统产品的不足,发现新兴市场的需要,对环境产品进行研究、开发、改进、推广和整合,是环境创业的重要内容。表1列出了两种以环保产品为对象的环境创业模式的对比。

表1 以环保产品为对象的环境创业模式的对比

类型	同类环保产品创业	不同产品组合创业
模式	商业对商业	商业对消费者
案例	水处理公司(膜与膜组件、过滤设备、泵阀、仪器仪表及自动化控制,污水及污泥处理设备,水处理药剂、紫外线、臭氧等杀菌消毒设备各类水处理产品)	节能环保超市(提供低端环保产品,如节能灯、节能水龙头、活性炭包除味剂等,也可提供太阳能热水器、家庭直饮水设备等高端环保产品)

续表

类型	同类环保产品创业	不同产品组合创业
模式	商业对商业	商业对消费者
优点	市场定位明确,客户群体细分,容易找准第一桶金的突破口,一旦在该类行业中立下优良的口碑,那么品牌效应的效果会非常明显	整合市场各类产品资源,以规模化运营的方式供消费者按照各自需求进行选择、购买,同时这种规模化运营的方式容易复制,一旦效果良好,可遍地开花
缺点	目前国内缺乏行业规范,竞争者水平参差不齐,站在客户角度难以辨别产品好坏,直接导致创业者即使拥有好的产品也难以快速凸显优势、占领市场	成立此类超市需要的前期资金和精力投入较大,需要建立与各类供应商之间的良好关系,同时回报周期相对较长,需要一定的时间

（二）以环保服务为主的创业

与环保产品不同,环保服务主要提供的是一种非实体的技术或信息。这是一种前期资本投入较少,而技术、管理和人力资源投入较多的创业形式。

环保服务主要有两种,见表2。一种是着眼于环境资源,利用各类自然环境的宜人价值为公众提供环境功能服务,如生态旅游、休闲农业、环境景观设计等,这一类可称为环境资产的经营。第二种是致力于环境咨询服务,面向各行各业提供环境咨询服务,包括法律咨询、影响评价、尽职调查、风险评估、标准体系认证、监测分析、工程咨询、技术服务、信息服务、会计和审核等,来帮助各个行业的企业更好地开展环境管理和环境经营。

表2　环保服务的创业类别

类型	环保技术服务类的创业	环保咨询服务类的创业
关键	环保专利	环保资质或证书
案例	创业者拥有解决某种环境问题的专利,如某种水处理技术、清洁燃煤技术等,那么通过对此类技术的直接转让或不断复制,便可成为创业企业稳定的利润来源	此类型的创业内容也相当广泛,包括环境监测、环境评价、环境规划、环境认证、环境审计、环境风险评估、合同能源机制、绿色投资顾问等
常见行业	常见的技术类型体现在传统的水、气、声、渣行业,其中又以水行业需求最大,废弃物的减量化、资源化利用也是一个较为重要的领域	环境监测和环境评价等目前在中国,已成为稳定化且常态化的管理模式,因此,若以此作为创业起点,则风险较低,利润来源较为稳定
潜力行业	低碳产业是一个发展的趋势	环境认证、审计、风险评估等在发达国家已相对较成熟,在国内还处于起步的阶段,将是一个发展趋势

利用环保服务来进行创业,除了选择以仪器、设备等来投入类似环境监测等服务,大部分还是着重于人力成本,即非设备、仪器等固定资产的投入。因此,不难发现,相比于利用环保产品为起点来创业,此类环保服务创业的优势是投入资金少,易于启动,但前提是要有素质较高的专业人力资源。

三、环境创业者

（一）创业者的素质

被现代创业研究誉为"鼻祖"的经济学家熊彼特(Joseph Alois Schumpeter)在1934年出版的《经济发展理论》一书中这样描述了创业者:首先,要有一个梦想和创建个人王国甚至王朝的意愿,尽管这不一定是必需的……其次,要有一种征服的欲望、战斗的冲动,为了证明自己比其他人更强大,为了成功,不在意成功带来的结果,而在乎成功本身。从这个角度讲,经济上的活动和体育运动则有了某种类似……经济上的最终收益只是次要的问题,或者其价值主要在于成功的标志和胜利的象征,这些更重要的作用通常在于激发更多的投入……最后,要能在创新、胜任某项工作或是运用自己能力和智慧的过程中体会到愉悦感……这些人寻找困难,为了改变而改变,在创业中自得其乐。

拓展阅读1:四种类型的创造性人才

现代社会存在着四种类型的创造性人才,创业者至少是其中一类,也可以是兼备几类于一身。

■瞻望未来的追梦者。这样的人因为可能出现的未来而激动,并常常能影响其他人一起瞻望有可能实现的未来。他们的创造力来自以下两种能力的组合:能看到未来的需求,能清楚地标示通过创新来满足未来需求的可能路径。

■主意导向的人。这样的人酷爱各种各样的新想法。他们被一个想法所吸引的原因,可能是该想法很优雅、很独特、概念上很复杂精致,但吸引他们的肯定是关于某事物的设想,而不是那个事物自身。他们的创造力来自于他们有探索新想法的能力与内在需求。

■慧眼识关系的人。这样的人能看出表面无关的事物之间的联系。很多最富有创意的想法之产生,都是来自于将表面无关的事物给关联了起来。

■适应性强的人。这样的人不觉得突然变化(比如,添加一个颠覆性的新想法,重写一遍产品描述)有什么大不了的。适应强的人之所以具有创造力,是因为他们随时准备迎接变化。

资料来源:David Hailey, Relationship between Innovation and Professional Communication in "Creative" Economy, Journal of Technical Writing and Communication. 2010.2.

（二）创业者与管理者

创业者与管理者看似只有一步之遥，实则相去甚远。有专家认为，CEO多为按部就班和教育的产物，那些卓越的创业家却多是桀骜不驯、不可遏制的天性爆发的结果。绝大多数的职业经理人都是管理者，但却不一定适合做创业者，更不一定成为好的创业者，而一个好的创业者若要使其创立的公司或组织能够可持续发展，必须成为一个好的管理者。

那么，创业者与管理者之间究竟存在着什么样的区别和联系呢？可以用"打江山"和"守江山"来形容。对创业者而言，创业的过程是一个面对未知世界不断做出决策，并愿意承担风险的过程，自信的创业者将在市场风险相同的情况下更快地获得市场先机，在市场中占领一席之地。而管理者则不同，管理或者决策是在一个相对成熟的环境下来进行的，管理者可以通过对历史资料和过去的各项业绩等的研究大大降低决策的不确定性，从而使他的决策过程更加系统化、程序化，所承担的风险也更小。因此，创业者和管理者的核心区别在于风险的识别和决策的制定过程不同。不管怎样，创业者的创业一旦进入正常轨道，其角色必须要逐渐调整过来，脚踏实地地做好一个管理者。

（三）大学与环境创业

大学生，包括研究生，是创业活动的重要参与者。受到良好专业教育和创业教育的环境类学生是环境创业的主力军。因此，环境创业的发展对于环境科学专业教育，特别是本科阶段环境科学专业的环境创业教育提出了新的要求。环境创业对于创业者综合素质的严苛要求也对大学人才培养提出了挑战。

当代大学有三大职能，分别是教学、科研和社会服务。从环境创业的角度，在教学方面，需加强大学课堂里的创业教育，以培养创业型的人才，使其具备扎实的知识储备和过硬的综合素质。在科研方面，可以提供创业的技术，培养革新精神和创造能力，鼓励将相关的科研成果转化成积极有效的创业产品和服务，将科研面向市场。在社会服务方面，则是更直接和深入地参与到环境创业中来。

通过创业教育，不仅实现环境专业的创新和发展，还可推进整个社会的可持续发展。

拓展阅读2：美国大学生的环境创业

美国是创业的天堂。这很大程度上得益于美国特色的学校创业教育。美国创业教育实施体系覆盖了从小学、初中、高中、大学乃至博士研究生的全过程，包括针对高年级小学生和中学生的读者K-12创业教育、社区学院创业教育、高等学校创业教育、创业中心的创业教育、MBA创业教育以及PHD创业教育。

在高校，大学生的创业活动引人注目，已成为美国经济的直接驱动力。当代许多著名的美国高科技大公司几乎都是大学生创业者利用风险投资创造出来的。例如，Intel的摩尔、Microsoft的盖茨、Yahoo的杨致远、Apple的乔布斯，以及Facebook的扎克伯格。这些大名鼎鼎的人士，无不是大学生创业教育的示范。据麻省理工学院（MIT）创业中心介绍，截至2011年底，MIT校友在美国成立了 25 800 多家公司,雇员多达 330 万人,每年的收入达 2 万亿美元,这相当于中国 2011 年 GDP 总量的 1/4。斯坦福大学开设了 17 门创业课程,内容涉及开办一个企业时如何融资、组织资源、招聘员工的方方面面,有 90% 的学生至少上过一方面的创业课程。斯坦福大学如此重视创业教育,故当今世界上很多 IT 巨头公司都是由该校的学生和教授创办的也就不足为奇了。

在环境创业方面,美国也鼓励大学生创建对环境有益的公司。在 2011 年福布斯财富评选中,美国 8 位大学生创业者就有 3 位是环境创业者。Bucknell University 的大三学生 Craig Dwyer 怀着环境可持续发展的希望和梦想创办了主线太阳能公司(Mainline Solar),2010 年底,成立仅仅一年公司已累计收入 500 万美元,利润达 60 万美元。Arizona State University 的大四学生 Zach Hamilton 受《清洁水法》中"不让油腻、污浊的废水流入下水道"规定的启发,在 2010 年创办了魔鬼清洗公司(Devil Wash),提供电动清洗服务,并通过过滤回收再利用其中 90% 的水,回收率远高于同类技术平均回收 50% 的水平。迄今为止,该公司销售额已达 5 万美元,利润达 3 万美元。

最有意思的是 Daniel Blake 创建的废物环保公司(Eco Scraps)。Blake 是 Brigham Young University 的一名大四学生,他发现家人定期将食物残渣扔到堆肥桶里,并用分解后的废物浇灌家中丰茂的菜园和果园。一天,当他在犹他州吃自助早餐,最后扔掉剩余饭菜的时候,发现垃圾桶里有很多根本就没有动过的食物,他想能否充分利用这些废物? 有了这个想法,Blake 便创建了自己的废物环保公司。2011 年,公司有了 8 名全职员工和 14 名兼职员工,每天从 75 家杂货店和批发商处收集 40 t 食物残渣,然后将其转化为优质的盆栽土壤,在网上出售给美国西部 200 家苗圃和园艺用品商店。在同巨型零售商 Costco 的合作中,由于收费比其他公司低 25%,Costco 付钱请 Blake 运走自己的废物,同时 Costco 在其门店售卖 Blake 的土壤,一包 20 磅(约 9 kg)重的盆栽土壤零售价 9 美元。Blake 预计,公司年销售额将达到 150 万美元,利润将达 45 万美元;他计划将所得利润重新投入公司业务之中。

有专家指出,创业精神是美国经济活力和发展活力的真正源泉,也是它能够一次次走出经济萧条继续发展的关键。美国大学生环境创业的成功不仅使自身得到良好的发展,也在一定程度上解决了环境问题,这非常值得学习。

另外,大学教师也是环境创业的重要主体。事实上,教师的行动对学生有潜在的重要影响。大学教师更多地改行当企业家而不是谋一官半职,大学生也会更多地尝试创业而不是考公务员。因此,要鼓励大学生创业,还要鼓励大学教师去创业,成为所谓的"创业型科学家"。表 3 为英国科学家分析统计的 2006—2007 年期间回收的 734 份关于英国大学教师对大学与企业关系看法的问卷结果。

表3　产学关系持不同态度的四类大学老师

类型	传统型	传统混合型	创业混合型	创业型
对大学－产业边界的看法	大学是大学，产业是产业，只在学术界追求成功	大学是大学，产业是产业，但双方需要合作	产学合作非常重要，但需要划清边界	产学合作非常重要
与产业界联系	与产业界有一点断断续续的联系	与产业界在某些商业活动中有断断续续的合作	与产业界在一系列商业活动中有连续合作	与公司有很强的商业联系
主要激励因素	主要为了获得科研经费	主要为了获得科研经费	除了获取经费外，成果应用、知识交流和建立人脉也很重要	同前，外加个人经济收益
对商业化的态度	抵制；商业化是对学术精神气质和学术自主的破坏	适应；商业化不是什么好事，但不可避免	结合，合作；从事商业化活动，但并不推崇与之相关的其他东西	接受，尊崇；将商业化活动嵌入日常工作
边界工作策略与角色定位	划清边界；保持学术角色	边界测试与维持；保住主导性的学术身份	边界协商与扩张；双重角色，但以学术角色为重点	边界包容与融入；两重身份

注：引自 Alice Lam, From "Ivory Tower Traditionalists" to "Entrepreneurial Scientists", Social Study of Science, 2010. 2。

虽然目前"创业型教师"数量还不多，但有专家认为，一个符合知识经济、可持续发展的创新型社会，这四类大学老师都需要，因为他们相互之间可以形成"必要的张力"，推动环境学术、环境产业、环境创业的共同发展。

拓展阅读3：趣谈环境专业毕业生发展的10个方向与环境创业

在当今就业形势下，环境专业的毕业出路在哪里，有人说，环境专业有70%的毕业生没有从事本专业工作，因为专业竞争力弱，社会对环保的重视只是停留在口号和报纸上。也有人说，环境专业有70%的毕业生可以PK掉其他专业的科班生，找到一份跨行业工作，并认为专业竞争力超强，反映了全社会各个行业都对环保人才有需求。到底是谁说得对呢？答案一时难以揭晓，有待见仁见智。还有好事者,总结了环保专业毕业生发展的 10 个方向,虽不无偏颇,但求参考。

① 继续读研/博/出国等深造→科研/教授→搞出好技术赚大钱/教书/专家

② 毕业→环评单位→环评工程师→环评专家/开公司当老板

③ 毕业→设计院/工程公司→环境工程师→技术专家/项目经理/开公司当老板

④ 毕业→环保材料公司→环保销售→销售经理/环保业务→开公司当老板

⑤ 毕业→水务投资公司→工程师→项目管理人员→高层

⑥ 毕业→污水厂/自来水厂→维护管理人员→厂长

⑦ 毕业→国企/外企/民企等制造业→环境管理→环保主管/EHS 管理师

⑧ 毕业→考公务员→监测站/环保局→公务员→环保官员

⑨ 毕业→事业单位→科研→高工→部门领导

⑩ 毕业→转行→更广阔的前景

实际上,除了上述 10 条道路,环境创业正在成为一个新的选择。无论是从国家的政策和资金扶持,学校的鼓励、社会的氛围、大学课程知识结构的转变,还是毕业生面临诱惑选择的机会,都比过去任何时候都有助于环境专业的大学生和研究生的创业。有专家提出,大学生的环境创业,要做好积累更多的人脉,了解真实的市场,发挥一个有想法、有闯劲、有活力的年轻人的优势,把创业作为自己就业的起点,发挥自己的专业优势,真正地去关注你的专业,找到创业突破口,尽可能寻求师长的帮助,提升自身的创业素质。

实践教学II　环境咨询业

一、环境咨询业

环境咨询业是为企业、政府或个人提供咨询类环境服务的产业,是一个专业程度很高的知识密集型行业。随着世界各国的环境立法趋于严格和企业环保意识的提高,环境咨询业的前景不断看好。以美国为例,2008 年有大约 8 000 家环境咨询公司。既有个人经营的独立咨询服务,也有雇佣了成百上千名专业人员的跨国环境咨询公司。环境咨询在美国的年营收额已经超过 100 亿美元。环境咨询师的专业背景包括化学、生物学、生态学、环境科学、工程学、经济学以及城市规划等。在中国,环境咨询业是环保产业的重要组成部分,目前正在迅速发展之中。

二、环境咨询公司提供盈利性环境管理服务

环境咨询业的业务范围跨度很大,环境咨询企业的服务范围涉及环境政策咨询、环境影响评价服务、环境监测服务、地区环境状况、污染地带清理、自然资源管理、环保审计、废物处理等多个领域。

环境咨询公司一般有三种形式。第一种是综合性的咨询公司下设一个专门的环境咨询部门,如在建筑、规划、工程、会计等咨询公司中,单独设立一个环境咨询部门;第二种形式是环境工程公司中,除了生态环境工程的业务,也开展环境咨询类业务;第三种形式是只做环境类咨询业务的公司。

拓展阅读4:某环境资源管理公司的环境咨询服务

该公司是一家全球性环境、健康、安全和社会咨询公司,涵盖工程、自然科学和地球科学、社会科学、经济学、规划和商业管理等多个学科领域,主要提供五个方面环境咨询服务。

1. 收购与兼并

每宗收购与兼并交易都具有特定的环境、健康、安全及可持续发展的风险和社会责任,而迅速对此类风险的量化管理成为交易过程的重要组成部分。内容包括:兼并、出售、收购、合资、资产的买入与租赁等 EHS 尽职调查;项目融资的 EHS 尽职调查,包括赤道原则审核;碳与能源尽职调查;并购重组支持服务;EHS 管理体系、EHS 企业文化建设、EHS 标准制定、EHS 现状与差距分析;社会调查、利益相关方调查及可持续发展评估;交易谈判支持服务。

2. 影响评价与规划服务

公司提供土地开发使用、交通运输、基础设施建设、采矿、油气开发以及发电等行业领域的影响评价与规划服务。内容包括:选址、选线研究;环境、社会、健康与经济影响评估;赤道原则与国际金融公司绩效标准审核;环境、社会和健康管理与行动方案;生物多样性监测与管理;移民安置规划与实施服务;土地使用规划和总体规划;法规符合性要求分析与支持服务;公众咨询与利益相关方参与;项目建设阶段环境、社会和职业健康的管理与监测。

3. 合规与风险管理服务

公司帮助全球客户实现其环境、健康与安全法律符合性要求,为客户,也为客户的利益相关方提供绩效保障与风险管理。内容包括:环境、健康、安全与社会管理系统评估与开发;职业健康与安全服务;法规符合性审计方案制定;化学品登记、评估、许可和限制(REACH)管理服务;审核方案制定、全球性审核、供应链审核;环境、健康、安全信息化管理;国际法规咨询;空气质量监测

与分析；固废与危废管理；水与废水管理；企业 EHS 报告及审核；供应链管理；培训与能力建设评估；风险管理服务；定量风险分析（QRA）；危险源识别分析（HAZID），危害与可操作性研究；（HAZOP），失效模式与效应分析（FMEA）工艺安全管理（PSM）；企业安全文化建设。

4. 污染场地治理

公司开展受污染场地治理工作，将土壤修复技术、污染场地风险评估、财务和项目管理、法规谈判与现场调查服务融为一体。内容包括：修复方案；现场调查；概念模型、数值迁移与归宿模拟；人群健康与生态风险评估；修复选项评估；修复设计；修复与建设管理；退役、污染治理及拆除服务；绿色修复。

5. 可持续发展与气候变化

公司帮助客户把可持续发展理念整合到其核心业务发展决策和企业文化发展制定之中。内容包括：能源与气候变化；可持续商业策略；可持续商业规则及意识培训；节能增效与成本控制；水资源可持续性评估；可持续城市与绿色建筑；供应链管理；产品/服务；生命周期分析与改进；信息、合规、沟通与品牌；社会发展战略，利益相关方参与及本地社区；公共政策与法规；经济分析；政府政策与国际发展和能力建设；产品生命周期评估与管理；碳足迹与水足迹计算。

三、其他商业性的环境咨询服务

除了专业性的环境咨询公司提供的环境管理服务外，还有大量环境管理服务由传统商业领域内部的环境部门来提供，如能源咨询和规划、有机食品认证、绿色供应链设计、生态景观设计、生态旅游认证等。

拓展阅读5：LEED 认证

LEED 的全称是"Leadership in Energy & Environmental Design Building Rating System"，它是由成立于 1993 年美国绿色建筑协会，一个由 3 000 多家公司、房屋建造者、大学、联邦和地方机构等组成的非营利组织，发布的一项绿色建筑标准《绿色建筑评估体系》，国际上简称 LEED™，在国内称"LEED 认证"，旨在推动发展高效节能、可持续的建筑物。目前，LEED™ 被认为是在世界各国的各类建筑环保评估、绿色建筑评估，以及建筑可持续性评估标准中最完善、最有影响力的评估标准。虽然 LEED™ 仅仅是由一个非营利组织制定，但它带动了一个 LEED™ 咨询业的发展，进而推动了全球建筑业的绿色转型。

LEED™中的绿色建筑评估系统涉及可持续建筑场址、水资源利用、建筑节能与大气、资源与材料、室内空气质量、创新与设计过程六大方面。通过以上六个方面对建筑进行综合考察、评判其对环境的影响并进行打分,以反映建筑的绿色水平。总分值为 69 分,按得分高低将通过评估的建筑分白金级(52~69 分)、金(39~51 分)、银(33~38 分)和认证级别(26~32 分)。

LEED™并非政府强制推行的绿色标准,那么建筑物为什么要通过 LEED 认证呢? 首先,通过这种由第三方评估的认证可以对建筑的绿色级别给出科学判定;其次,在全球越来越多的国家和地方为建筑物提供优惠政策都与 LEED™认证挂钩。例如,美国马里兰、纽约和俄勒冈州只对通过 LEED™认证的建筑物提供信用贷款,联邦政府自 2003 财政年度起要求其所有建筑物都必须通过 LEED™认证。

中国城市和建筑的迅速发展使 LEED 标准得到了越来越多的应用。上海世博中心就是通过美国 LEED 认证标准的金奖,该栋建筑采用了很多节能低碳的设计和技术,如墙体利用了工业废弃物粉煤灰回收利用制作的加气混凝土,还采用了保温玻璃幕墙、太阳能光伏、江水源热泵、雨水回收利用、自然通风、LED 光源、屋顶绿化、能源分项计量等多种技术和手段。

中国有一个与 LEED 类似的《绿色建筑标准》,是由住房和建设部颁发的。其最高等级为三星建筑,在建筑节地、节能、节水、室内环境、运行管理等方面有严格的要求,上海世博会上的世博文化中心和沪上生态家就荣获了绿色建筑标准三星标准。

环境标准是环境管理的一项重要标尺。在中国,大多数环境标准是由政府制定,并以国家标准、地方标准、行业标准的形式颁发;而在国外,越来越多的环境标准,如 ISO14000、ISO26000 系列标准、LEED™、许多污染物排放标准等,都由企业界、非盈利组织制定。由于它们制定的环境标准比政府部门更贴近企业、贴近市场、贴近国际最新动态,故已成为国际环境标准制定、应用和认证的一种趋势。

主要概念回顾

政府环境管理	绿色设计和制造	绿色公司	环境创业
绿色采购	绿色营销	绿色商机	环保产品
环境保护产业	清洁生产	环境咨询	环保服务
企业环境管理	循环经济	ISO14000	环境经营
企业环境报告书	企业社会责任	商业与环境	

思考与讨论题

1.《清洁生产促进法》是政府对企业生产过程进行环境管理的主要依据。2012 年 2 月 29 日,全国人大常委会表决通过了新修改的清洁生产促进法,新修改的清洁生产促进法进一步明确了政府职责,扩大了实施强制性清洁生产审核的企业范围。你认为在政府对企业进行环境管理时,应更多地采取强制约束还是政策引导?请说明你的理由。

2. 很多人认为环保 NGO 就是专给企业"找茬"的,你是否认同这个说法?你认为在达到环境保护这一共同目标过程中,环保 NGO 和企业该如何协调彼此之间冲突和合作?

练习与实践题

1. 面对环境污染和资源消耗日益严峻的形势,规模庞大的政府采购承载起保护环境和节约资源的重任,可持续发展的绿色目标成为政府采购中相当重要的一项政策目标。据不完全统计,2007 年,中国政府采购节能环保两类产品总额达 164 亿元,占同类产品采购的 84.5%。如果你是政府"绿色采购"工作的一名负责人,你将如何制定一个具有可操作性的绿色采购计划?

2. 除了专门从事环境保护工作的非政府组织,你认为在环境行为管理中,公众可能的参与方式和途径有哪些?请查找相应的案例进行验证。

3. 据有关资料统计,77% 的美国人表示企业的绿色形象会影响他们的购买欲,在欧洲市场上 40% 的人更喜欢购买环保商品,那些贴有绿色标志的商品在市场上更受青睐。购物时你是否能鉴别哪些是环保商品?面对以上数据我们是否可以认为,企业的环保责任意识能为他们带来潜在的巨大收益?如果是,你认为造成企业环境管理行为巨大差异的原因有哪些?

4. "绿色营销"与当前世界上许多国家正在实施的"可持续发展战略"密切相关。在当今世界 500 强的企业中实施"绿色营销"战略的企业不在少数,如 GE 推出了著名的"绿色创想"的营销战略,传达其管理和利用地球上稀缺资源的理念;沃尔玛公司则号称要"以绿色来拯救地球",至目前为止,它已在可持续发展项目中投资 5000 多万美元。长期来看,采取"绿色营销"战略的企业是如何在取得社会效益的同时获取更大的经济效益的?查找资料并请找出答案。

5. "国家环境友好企业"称号是目前国内企业在环保方面的最高荣誉,其考核主要包括环境指标、管理指标和产品指标。国家环保部于 2003 年开始在全国开展创建"国家环境友好企业"活动,先后表彰了拜耳(无锡)化工有限公司、上海宝山钢铁股份有限公司等优秀企业。查找相关资料,了解这些获得"国家环境友好企业"称号的公司在原材料采购、工艺选择、生产过程管理、控制各项环境指标、履行社会责任等方面都做了哪些突出工作?试做归纳总结。

6. 观察你的周围,哪些产品的设计中融合了绿色理念?试着举例说明。

7. 选择世界 500 强企业中你感兴趣的企业,登陆它们的官方网站下载企业环境报告书,了解一份完整的企业环境报告书的框架内容应该包含哪些内容,你认为一家小型企业无法为公众提供环境报告书可能的问题有哪些?

8. 实行赤道原则的金融机构包括花旗银行、荷兰银行、汇丰银行、JP 摩根、渣打银行、美洲银行。2008 年 10 月 31 日,兴业银行正式对外承诺采纳赤道原则,成为中国第一家本土赤道银行。查阅相关资料,了解这些银行是如何运用赤道原则判断、评估和管理项目融资中的环境与社会风险的。

第八章
自然资源保护与管理

自然资源的开发利用是人类社会生存发展的物质基础,也是人类社会与自然环境之间物质流动的起点。因此,自然资源的保护与管理,或称之为自然资源开发利用过程中的环境管理,是环境管理的首要环节。

自然资源在环境社会系统及其物质流中具有极其特殊的地位与作用,其重要性体现在以下两个方面:

首先,自然资源是自然环境系统的一部分,自然资源如山、水、森林、矿藏等是组成自然环境的基本骨架。不同地域自然环境之间的存在差异,主要在于自然资源组配的方式不同,进而形成的结构以及显现的状态不同。也就是说,自然资源的组配对自然的基本过程和状态有着决定性的作用。

其次,自然资源是人类社会经济活动的原材料,是形成物质财富的源泉,是人类社会生存发展须臾不可或缺的物质。在工业文明的时代,一个国家开发自然资源的能力,几乎成了"国力强弱"和"发达与否"的唯一标尺。人类沿着这个方向努力了二三百年,结果导致了自然环境的严重恶化和毁坏。

由上所述可见,自然资源是人类社会和自然环境相互作用、相互冲突最严重的一个界面。因此,处理好自然资源开发和保护的关系是处理好"人与环境"关系最关键的问题,当然也是环境管理学的核心问题。

需要注意的是,自然资源不但有地域性,而且有强烈的国家属性。不同的国家不但其自然资源的禀赋不同,而且其文化观念、生活习俗、政治制度、技术经济水平也不同。因此,各国都会从本国的国情和需要出发,而对属于本国的自然资源采用不同的原则和方法进行环境管理,而对属于全人类的自然资源如公海、大气层的环境管理则采用不同的立场和态度。

此外,从资源的角度看,生态系统,特别是自然生态系统,是一种最重要的自然资源,因此,对生态系统进行环境管理,也是自然资源管理的重要内容,它主要包括生物多样性和自然保护区的环境管理等。

第一节　土地资源的保护与管理

一、土地资源的概念与特点

（一）土地及土地资源的概念

土地是构成自然环境最重要的要素之一，是人类赖以生存和发展的场所，也是人类社会生产活动中最基础的生产资料，因而是一种重要的自然资源。

人们对土地的认识随着历史的发展而不断深化。不同的学科基于不同的目的和角度，形成了不同的土地概念。广义的土地概念，是指地球表面陆地和陆内水域，不包括海洋，是由大气、地貌、岩石、土壤、水文、水文地质、动植物等要素组成的综合体。狭义的土地概念，是指地球表面陆地部分，不包括水域，由土壤、岩石及其风化碎屑堆积组成。

土地资源是指地球表层土地中，能在一定条件下产生经济价值的部分。从发展的观点看，一些难以利用的土地，随着科学技术的发展，将会陆续得到利用，在这个意义上，土地资源与土地是同义语。

（二）土地资源的特性和作用

土地资源特点非常明显。一是土地资源的总量一般是个常量，地球陆地面积基本上决定了现代全世界的土地面积。二是土地资源是在自然力作用下形成和存在的，人类一般不能生产土地，只能利用土地，影响土地的质量和发展方向。三是土地资源占据着一定的空间，存在于一定的地域，并与其周围的其他环境要素相互联系，具有明显的地域性。四是土地资源的基本用途和功能不能用其他任何自然资源来替代。五是土地资源在人类开发利用过程中，其状态和价值具有一定程度的可塑性，可以被提升，也可能下降。

人类离不开土地，土地是人类社会安身立命的载体。土地本身就是农、林、牧、副、渔最基本的生产资料，同时也为人类生产金属材料、建筑材料、动力资源等提供生产资料。

（三）中国土地资源的特点

受自然赋存条件和人文历史的影响，中国土地资源的特点主要有：

① 土地类型复杂多样。中国的土地，从平均海拔 50 m 以下的东部平原，到海拔 4 000 m 以上的西部高原，形成平原、盆地、丘陵、山地等错综复杂的地貌类型。从水热条件看，中国的土地，南北距离长达 5 200 km，跨越 52 个纬度，经历了从热带、亚热带到温带的变化；中国的土地东西距离长达 5 400 km，跨越了 62

个经度,经历了从湿润、半湿润到半干旱的变化。在这广阔的范围内,不同的水热条件和复杂的地质、地貌条件,形成了复杂多样的土地类型。

② 土地总量大,人均占有量小。中国国土陆地总面积为 $960 \times 10^4 \text{ km}^2$,约占亚洲大陆面积的 22%,为全球陆地面积的 6.4%,仅次于俄罗斯、加拿大,居世界第三位。但中国人口众多,人均占有的土地资源数量很少。根据联合国粮农组织的资料,中国人均占有土地只有 1.01 hm^2,仅为世界平均数的 1/3,人均占有耕地面积只有 0.1 hm^2,仅为世界平均数的 37%。

③ 山地多,平原少,土地生产力低。中国的山地、高原、丘陵占国土陆地面积的 69%,而平原、盆地只占 31%;海拔小于 500 m 的土地面积只占土地总面积的 27.1%,特别是水资源充沛、热量充足的优质耕地仅占全国耕地面积的 1/3。

④ 可利用土地比重小,分布不平衡。中国土地面积很大,但可以被农林牧副各业和城乡建设利用的土地仅占土地总面积的 70%,且分布极不平衡。

⑤ 土地后备资源潜力不大。中国农业历史发展悠久,开发强度巨大,可开发为耕地的后备土地资源严重不足,只有 1 亿亩左右。

二、土地资源开发利用中的环境问题

开发利用土地资源造成的环境问题,主要是生态破坏和环境污染,其表现是土地资源生物或经济产量的下降或丧失。这一环境问题也称为土地资源的退化,是全球重要的环境问题之一。土地退化的最终结果,除了造成贫困外,还可能对区域和全球性安全构成威胁。据联合国环境规划署估计,全球有 100 多个国家和地区的 $36 \times 10^8 \text{ hm}^2$ 土地资源受到土地退化的影响,由此造成的直接损失达 423 亿美元,而间接经济损失是直接经济损失的 2~3 倍,甚至 10 倍。

中国是全世界土地退化比较严重的国家之一,主要表现在如下几个方面。

(一) 水土流失

过度的樵采、放牧,甚至毁林、毁草开荒,破坏了植被,造成了水土流失。另外,由于在工矿、交通、城建及其他大型工程建设中不注意水土保持,也是使水土流失加重的主要原因之一。

中国水土流失面积已从 20 世纪 50 年代的 $153 \times 10^4 \text{ km}^2$ 发展至 2011 年的 $357 \times 10^4 \text{ km}^2$,占国土面积的 37.1%。因水土流失全国每年丧失的表土达 $50 \times 10^8 \text{ t}$,其中耕地表土流失 $33 \times 10^8 \text{ t}$。因水土流失引起的土地生物或经济产量明显下降或丧失的土壤资源约 $37.8 \times 10^4 \text{ km}^2$。

水土流失使土地资源的生产力迅速下降。据研究,无明显侵蚀的红壤分别为遭到强度侵蚀和剧烈侵蚀的红壤中所含的有机质总量的 4 倍和 18 倍,全氮含量为 39 倍和 40 倍,全磷含量为 4.6 倍和 16.7 倍。在花岗岩地区,轻度侵蚀的红壤表层有机质为 1.3% ~3.78%,强度侵蚀的红壤表层中有机质降至 0.57%,红土层降至 0.157% ~0.233%,砂土层和风化碎屑层则降至 0.108% ~0.171%。

水土流失后,地表径流夹带大量的泥沙,进入河流、湖泊和水库,造成其中的泥沙淤积,使河床抬高,并使一些河流通航里程缩短,一些水库库容减少,严重影响下游人民群众的生产和生活。

（二）土地沙化、盐渍化、石漠化

土地沙化是指地表在失去植被覆盖后,在干旱和多风的条件下,出现风沙活动和类似沙漠景观的现象。2011 年,在中国北方和西北干旱、半干旱地区,已有 $31.1×10^4 \ km^2$ 的土地成为沙漠化土地,占全国土地总面积的 3.9%。土地一旦沙化,其发展速度迅速加快。沙化后土地的生产力将急速下降甚至完全丧失。

盐渍化是指土地中易溶盐分在土壤表层积累,超过作物的耐盐限度时,作物不能生长,土地丧失了生产力的现象,也称盐碱化。中国盐渍土的分布范围广、面积大、类型多,总面积约 1 亿 hm^2,是土地退化的一种重要类型。

在中国南方的部分山区,还存在土地石漠化问题。在湿润气候和岩溶发育的自然背景下,人为活动干扰导致地表植被破坏和土壤严重流失后,使基岩大面积裸露或砾石堆积。这种土地退化现象是岩溶地区土地退化的极端形式。

（三）土壤肥力下降

土壤肥力是指土壤供应植物生长所必需的水分、养分、空气和热量的能力。土壤肥力下降是由于土壤结构破坏、养分减少、水分和空气不协调的结果。

当前,中国的耕地由于重用轻养,耕作粗放,土壤结构破坏,耕层板结,土壤中水分、空气和热量等肥力因素难以协调,致使土壤肥力下降。其中,有 36.6% 的耕地普遍缺氮,59.1% 的耕地缺磷,22.9% 的耕地缺钾。有 50% 的耕地土壤有机质仅在 0.5% ~2% 之间。根据全国第二次土壤普查中 1 403 个县的汇总数据,土壤有机质含量低于 0.6% 的耕地占 10.6%,耕层浅的占 26%,土壤板结的占 12%。总体来看,中国耕地肥力不足,部分地区土壤肥力明显下降。

（四）土壤污染

随着工业的发展,特别是乡镇企业的兴起,工厂矿山生产建设中污染物的排放,农业生产活动等引起的土壤环境污染日益加重。据报道,中国受污染的耕地已近 $2 000×10^4 \ hm^2$。

三、土地资源环境管理的基本内容和方法

（一）土地资源环境管理的原则

根据上述情况可见,中国必须十分珍惜土地资源,合理利用、精心保护土地

资源,并在利用中不断提高土地资源的质量。其原则主要为:

① 以提高土地资源利用率为目标,全面规划,合理安排。在规划时要特别严格控制城乡建设用地的规模,注意土地使用的集约化程度和规模效益,保证农、林、牧等基本用地不被挤占。

② 以提高土地资源的质量为目标,合理调配土地利用的方向、内容和方式。严禁不合理的开发活动,防止土地退化。

③ 以防止土壤和地下水的污染、破坏为目标,综合运用政策的、经济的和技术的手段,严格控制各种形态污染物向地下转移。

(二)对土地利用现状开展调查和评价

调查的项目主要有三个方面:

一是土地类型的划分及其空间分布,调查水热条件、海拔高度、植被情况。

二是土地利用现状调查,主要内容包括:① 土地利用分类。目前可分为耕地、林地、园地、草地、居住与工矿用地、交通用地、湿地、水面,以及未利用的土地等九大类。② 土地利用率和土地利用效率分析。所谓土地利用率指已利用的土地面积与土地总面积之比;土地利用效率指单位用地面积所产出的产值或功效。

三是土地利用评价,其要点有:① 明确评价的目的。在实际工作中,土地利用评价目的有所不同。例如,可以为制定土地利用规划服务,或者为地籍工作提供基础资料。由于目的不同,相应的评价原则与方法也不相同。② 确定土地利用评价的原则。③ 选择土地利用评价的技术方法。

(三)制定科学、合理的土地利用规划体系

国家、省(自治区、直辖市)、县(区)、镇(乡)、村等不同层次应分别从宏观、中观和微观上制定出各类土地的利用规划。

制定土地利用规划的关键在于妥善处理好不同部门、不同项目在土地利用要求上的矛盾。这里要协调的有国家的利益(包括眼前的和长远的)、部门或地区的利益、企业单位的利益和公众(特别是农民)的利益。

(四)制定、完善并有效推行保障土地资源合理利用的法律法规和政策体系

为保护土地资源,需逐步完善和真正严格执行《土地管理法》、《环境保护法》等有关土地资源保护的法律和法规。

在法律法规严格监管的前提下,要形成和完善土地资源保护的政策体系。一个好的土地利用政策能够调动各种开发利用土地资源主体的积极性,恰当地协调政府部门、企业和公众三者的利益关系,巧妙地运用经济、法律各项手段,保护公众尤其是广大农民的经济利益,以保护土地资源。

第二节 水资源的保护与管理

一、水资源的概念和特点

（一）水资源的概念

本节所说的水资源,专指自然形成的淡水资源。其基本概念类似于上一节所说的土地资源。所不同的只是它的功能通过水量、水质及水能三个方面来表现。

水资源一般仅指在一定时期内,能被人类直接或间接开发利用的那一部分水体,如河流、湖泊、地下水和土壤水等淡水,个别地方还包括微咸水。因此自然界中的淡水水体,并不一定都能被称为经济学意义的"资源"。地球上这几种淡水资源合起来约为 $1\,065 \times 10^4\ km^3$,只占全球总水量的 0.32% 左右,所占比例虽小,但重要性却极大。

这里需要说明的是,土壤水虽然不能直接用于工业、城镇供水,但它是植物生长必不可少的,所以土壤水属于水资源范畴。大气降水是径流、地下水和土壤水形成的最主要、甚至是唯一的补给来源。

（二）水资源的特点

1. 循环再生性与总量有限性

水资源属可再生资源,在再生过程中通过形态的变换显示出它的循环特性。在循环过程中,由于要受到太阳辐射、地表下垫面、人类活动等作用,故每年更新的水量是有限的。水资源具有可循环再生的特性是从全球范围水资源的总体而言的,对一个具体的水体,如一个湖泊、一条河流,它完全可能干涸而不能再生。因此,在开发利用水资源过程中,一定要注意不能破坏自然环境的水资源再生能力。

2. 时空分布的不均匀性

由于水资源的主要补给来源是大气降水、地表径流和地下径流,它们都具有随机性和周期性（其年内与年际变化都很大）,并且在地区分布和季节分布上也很不均衡。

3. 功能的广泛性和不可替代性

水资源既是生活资料又是生产资料,更是生态系统正常维持的需要,其功能在人类社会的生存发展中发挥了广泛而又重要的作用,如保证人畜饮用、农业灌溉、工业生产、养鱼、航运、水力发电等。水资源这些作用和综合效益是其他任何

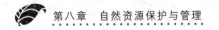

自然资源无法替代的。

（三）世界水资源的分布及特点

全球总水量 13.8 亿 km^3，但其中 97.5% 为海水，与人类生活和生产活动关系密切又比较容易开发利用的淡水储量约为 4 000 km^3 左右，仅占全球淡水总量的 0.3%。全球淡水资源不仅短缺而且地区分布极不平衡。巴西、俄罗斯、加拿大、中国、美国、印度尼西亚、印度、哥伦比亚和刚果 9 个国家的淡水资源占世界淡水资源的 60%，而约占世界人口总数 40% 的 80 个国家和地区的人口面临淡水不足，其中 26 个国家的 3 亿人口完全生活在缺水状态。预计到 2025 年，全世界将有 30 亿人口缺水，涉及的国家和地区达 40 多个。

水资源在不同地区、不同年份和不同季节的分配是极不均衡的。由于工农业的不断发展，人口的急剧增加和生活水平的提高，以及水资源的不合理利用和浪费，许多国家不断增长的需水量与有限的水资源之间的矛盾日益突出。目前世界上约有 60% 的地区处于淡水不足的困境，40 多个国家严重缺水。表 8-1 列出联合国规定的缺水标准。

表 8-1 联合国规定的缺水标准

人均拥有水资源量/($m^3 \cdot a^{-1}$)	所处缺水状态
<3 000	轻度缺水
<2 000	中度缺水
1 750	为紧张警戒线
<1 000	重度缺水
<500	极度缺水

（四）中国水资源的分布及特点

1. 总量多、人均占有量少

中国陆地水资源总量为 $2.8×10^{12}$ m^3，列世界第 6 位。多年平均降水量为 648 mm，年平均径流量为 $2.7×10^{12}$ m^3，地下水补给总量约 $0.8×10^{12}$ m^3，地表水和地下水相互转化和重复水量约 $0.7×10^4$ m^3。但由于中国人口多，故人均占有量只有 2 632 m^3，约为世界人均占有量的 1/4。

2. 地区分配不均，水土资源组配不平衡

总体上说来，中国陆地水资源的地区分布是东南多、西北少，由东南向西北逐渐递减，不同地区水资源量差别很大。

中国的水土资源的组配是很不平衡，超过 80% 的地表径流都在南方，而北方地区拥有全国 37% 的人口和 45% 的耕地，水资源却仅占全国总量的 12%。

全国平均每公顷耕地的径流量为 2.8×10^4 m^3,长江流域为全国平均值的 1.4 倍,珠江流域为全国平均值的 2.4 倍,而淮河、黄河流域只有全国平均值的 20%,辽河流域为全国平均值的 29.8%,海河、滦河流域为全国平均值的 13.4%。

中国地下水的分布也是南方多,北方少。占全国国土 50% 的北方,地下水只占全国的 31%。晋、冀、鲁、豫 4 省,耕地面积占全国的 25%,而地下水只占全国的 10%。从而形成了南方和北方地下水资源极不均衡的分布状况。

3. 年内分配不均、年际变化很大

中国的降水受季风气候的影响,导致地表径流量年内分配不均。长江以南地区 3~6 月(或 4~7 月)的降水量约占全年降水量 60%;而长江以北地区 6~9 月的降水量,常占全年降水量的 80%,秋冬春则缺雪少雨。

中国降水的年际变化很大,多雨年份与少雨年份往往相差数倍。如北京 1959 年的年降水量(1 406 mm)是 1869 年(242 mm)的 5.81 倍。安徽(蚌埠站) 1956 年的年降水量(1 565 mm)是 1922 年(376 mm)的 4.2 倍。

4. 部分河流含沙量大

中国平均每年被河流带走的泥沙约 35×10^8 t,年平均输沙量大于 $1\,000 \times 10^4$ t 的河流有 115 条。其中黄河年径流量为 543×10^8 m^3,平均含沙量为 37.6 kg/m^3,多年平均年输沙量为 16×10^8 t,居世界诸大河之冠。含沙量大的水体会造成河道淤塞、河床坡降变缓、水库淤积等一系列问题,同时增大了开发利用这部分水资源的难度。

二、水资源开发利用中的环境问题

(一) 水资源开发利用中存在的环境问题

水资源开发利用中的环境问题,是指水量、水质、水能发生了变化,导致水资源功能的衰减、损坏以至丧失。具体表现主要有:

① 河流、湖泊面积日益缩小,水文条件改变较大,从而使调洪、泄洪能力减弱、洪涝灾害加重、通航里程缩短,水产资源和风景资源受到不同程度的破坏。

② 水体污染日益严重,水生态环境受到严重破坏,影响了人体健康和生存质量,约束着流域社会经济的发展。

③ 地下水量日渐枯竭,地面沉降现象屡见不鲜。2010 年 20 个省级行政区对地下水位降落漏斗进行了不完全统计,共统计漏斗 76 个,漏斗年末总面积 6.1 万 km^2。2010 年《中国水资源公报》公布河南的安阳—鹤壁—濮阳漏斗面积达到 6 820 km^2,比一个上海市的面积都大。这种现象会导致不少沿海地区地面沉降、海水入侵,地下水质恶化,一些内陆碳酸岩地区也因此岩溶塌陷。

（二）水环境问题产生的主要原因

水环境问题产生的原因多种多样,总体来说都是由于人类社会行为不当造成的,主要有以下几方面:

① 砍伐森林,破坏地表植被造成水土流失、水源枯竭,使河水的水量减少,输沙量增加,河道和湖泊淤塞。

② 围湖造田,使湖泊数量、面积均大幅度减少。近30年来,全国原面积大于 1.0 km^2 的湖泊消失了243个,其中40%为非自然干涸。

③ 随着人口的增加,经济的发展,工业、农业和生活用水量(包括地下水的抽取量)与污水排放量均迅速增加。从而使地下水量减少,水体污染日益严重,水资源量的分配愈加不合理。

④ 突发性的河流污染事故不时发生,使局部地区的河流污染严重。2005年11月吉林石化公司双苯厂一车间发生爆炸,约100 t苯类物质(苯、硝基苯等)流入松花江,造成了江水严重污染;2011年6月杭州市发生苯酚泄漏,并随雨水流入新安江,造成水体部分污染;2011年8月云南曲靖市越州镇近15万t废料铬渣由于非法丢放,毒水被直接排放南盘江中;2012年初广西龙江河发生镉污染事件,直接威胁下游柳州市民的饮用水安全。这些突发性污染事件的频繁发生加剧了水环境问题。

三、水资源环境管理的基本内容和方法

（一）完善管理体制和管理组织机构,加强水资源的统一管理

水资源管理应把所辖地区的水(包括用水、污水、地表水、地下水、土壤水、雨水及农田排水等)以及水体周边的陆地作为一个整体来考虑,进行统一管理。

中国至今尚未在不同层次上建立统一的水资源管理机构,因而对水资源缺乏统筹规划,存在着"多龙治水"的现象,割断了水生产过程内在经济运行的统一性和连贯性。这种分散的管理体制在一定程度上影响了水资源的综合开发利用和水环境质量保护工作。因此,应按水资源循环的自然规律、社会经济规律及水资源具有多种功能的特点建立水资源统一管理机构。

在美国,联邦政府负责制定水资源管理的总体政策和规章,由州负责实施。负责水资源管理的联邦政府机构有国家环境保护局、陆军工程兵团、美国地质调查局、鱼类和野生动植物管理局、水土保持局、国家海洋与大气管理局、联邦能源监管委员会等机构;各州政府对于其辖区内的水和水权分配、水交易、水质保护等问题拥有大部分的权力,并建立了相当健全的州级水资源管理机构。为了解决跨州的水资源管理问题,美国建立了一些基于流域的水资源管理委员会。

（二）树立水环境资源有偿使用的市场观念，并将其引入水资源管理

《中华人民共和国水法》规定："水资源属于国家所有，即全民所有。"因此，任何单位、团体和个人都无权无偿开发利用属于国家所有的水资源。应确立水权观念，推进水资源有偿使用制度，比如可逐步开征资源税和排污税。

在过去十几年里，欧洲和美国在水资源管理中越来越多地采用经济手段，主要有：① 水权及水权交易。具体包括水权分配、水交易和水质交易，这种手段美国采用比较多，但各州的做法有很大差异。② 收取水费或税。多数欧洲国家都对抽取地表水和地下水收费或税。③ 价格和税收。欧洲和美国普遍将价格和税收作为环境管理的政策手段，广泛应用于水污染控制、生活用水供给、工业用水供给、污水处理、农业用水等多个方面。④ 私人投资。多数国家的做法是，公共部门保留供水和污水处理系统的所有权，而让私营部门参与一些服务的经营管理，同时，各国政府对水务服务提供补贴。

（三）实行水污染物总量控制，推行许可证制度，实现水量与水质并重管理

水资源保护包含水质和水量两个方面，两者相互联系和制约。水资源的总量减少或质量降低，都必然会影响到水资源的开发利用，而且对人民的身心健康和自然生态环境造成危害。

大量的废水未经处理，直接排入水环境系统，严重污染了水质，降低了水资源的可利用度，加剧了水环境资源的供需矛盾。对此，应大力推广清洁生产，将水污染防治工作从末端处理逐步推向全过程管理，全面实行排放水污染物总量控制，推行许可证制度，完善和加强水环境监测监督管理工作，实现水量与水质并重管理。同时调整现有水污染防治的经济政策，以使水环境保护工作顺应市场经济体制的需要，并根据经济和社会发展目标，进行多学科、多途径的水环境综合整治规划研究，探索出适合本地区当前技术经济条件的水环境资源保护措施的途径，系统地进行多目标优化的水环境资源综合开发。

（四）大力发展水资源的安全保障和循环再利用系统

主要有三个方面：一是水资源利用中的安全保障，包括防止城市饮用水源地和供水系统受到突发污染事件的影响，保障供水安全。二是建设用水单位（家庭、企业和事业单位）内部的水资源循环和再利用系统，如雨水利用、中水利用、循环水利用、家庭节约用水等。三是在城市整体层次上，按水的自然循环规律和社会经济规律建设良性的城市水循环系统，在保障用水安全的基础上，满足生活用水、生产用水和生态用水的需要。

（五）加强水利工程建设，积极开发新水源

由于水资源具有时空分布不均衡的特点，必须加强水利工程的建设，如修建水库、人工回灌等以解决水资源年际变化大，年内分配不均的情况，使水资源得以保存和均衡利用。跨流域调水则是调节水资源在地区分布上的不均衡性的一个重要途径。但水利工程往往会破坏一个地区原有的生态平衡,因此要做好生态影响的评价工作,以避免和减少不可挽回的损失。

此外,还应积极进行新水源的开发研究工作,如海水淡化、抑制水面蒸发、雨水收集和污水资源化利用等。

第三节　海洋资源的保护与管理

一、海洋资源的概念与特点

(一)海洋资源的概念

海洋约占地球表面的71%。覆盖着南半球4/5和北半球3/5的面积,是一个巨大的资源宝库。人们对海洋的认识和理解随着科学技术的进步而逐步深化。

海洋资源的概念通常有广义和狭义两种理解。狭义海洋资源是指生存于海水中的生物,溶解于海水中的化学元素、海水运动(如波浪、潮汐、海流等)所产生的能量,海水中贮藏的热量,深海底蕴藏的矿物资源,以及在深层海水中形成的压力差和海水与淡水之间的浓度差等。总之,指的是与海水水体本身有着直接关系的物质和能量。广义海洋资源除去狭义海洋资源所指的物质和能量之外,还把海洋上空的风,海底的地热,海上航运能力与景观以及各种海上设施的功能等都包括在内。

本节所讲的海洋资源中的海洋指的是以海岸带、近海为主的属于国家主权范围内的海洋,不包括公海。有关公海资源的环境管理问题属于全球环境问题范畴。

(二)海洋资源的特点

1. 种类多,储量大

海洋资源包括生物资源、化学资源、矿产资源、能源资源和空间资源,不但涉及人类生存和发展所需的各个领域,而且储量丰富。据统计,地球上的生物种类可能在200万种以上,海洋生物约占43%;海水中含矿物量大约为 $3\ 750 \times 10^4$ t/km³;海洋中还蕴藏着丰富的石油和天然气。

2. 开采技术难度高

海洋资源虽然储量巨大,但开采的技术难度极大。例如,矿物资源大多分散分布在很深的海底;化学资源多呈溶解状态,且相对浓度很小;能源的总量虽大,但能量密度低,能量转换率小等。另外,海洋虽有可利用的广阔空间,但其建设投资大,技术要求高。

3. 地域差异性

由于海洋面积辽阔,包括地球上的各种热量带,从而使海洋资源具有明显的地带性。但由于不同海区间通过洋流不断进行着大规模的水量和热量交换,所以在地带性差异中,又叠置了非地带性差异。另外,由于海洋有着巨大的深度,所以海洋资源的垂直方向上也存在有明显的差异。

二、海洋资源开发利用中的环境问题

（一）过度捕捞降低了海洋生物资源的生产能力

目前世界上过度捕捞,已经引起传统鱼类种数减少,许多重要经济鱼类资源减少。许多海兽,例如,全世界原有鲸 440 万头,现在只剩下几十万头。许多重要的鲸,如北极露脊鲸、灰鲸、座头鲸等已濒临灭绝。中国对海洋生物过度捕捞问题也很严重,传统捕捞对象的群体结构明显出现了低龄化、小型化、劣质化现象。例如,大黄鱼 1934 年产 22 万 t,1985 年产 2.6 万 t,1993 年产量只有 0.019 万 t,作为人们喜食的四大经济鱼类之一,现在普通民众已经很难吃到野生大黄鱼了。

（二）盲目围海造地破坏了海涂生态系统

适度、科学的围海造田、建港,对当地的经济发展和社会进步是必要的。但有些地区围垦工程的盲目性,造成了许多严重的不良后果。如一些新围滩地,因淡水不足而大面积荒芜,不但使已围土地难以利用,而且还引起堤外滩面生态条件急剧变化,影响贝类的繁殖和生长,导致有的贝苗产地绝产,有的传统养殖产地无法再继续进行养殖。河口、港湾的海涂围垦后,纳潮量显著减少,潮流变弱,沿岸泥沙流不断发展,港口航道日趋变浅。此外,由于围垦造田,芦苇资源和灌树林遭到大面积的破坏。例如,中国海南岛,原有红树林 8 000 余 hm^2,目前仅剩下不到 2 000 hm^2。

（三）海洋污染

20 世纪以来,工业迅速发展,人口大量增加,陆地和海洋开发的规模越来越大,在单一追求经济利益的驱动下,大量生产和生活的废水、废弃物、有毒化学物品进入大海,致使海洋污染日益严重。据统计,每年入海的石油约 $1\,000 \times 10^4$ t、多氯联苯 2.5×10^4 多 t、铜 25×10^4 t、锌 390×10^4 多 t、铅 30×10^4 t、汞 5 000 t。

对海洋环境威胁和破坏最大的是石油污染问题。以 2010 年 4 月发生的美国墨西哥湾漏油事件为例,当时英国石油公司(BP)租赁的"深水地平线"钻井平台发生爆炸并沉没,造成 11 名员工死亡。从事故发生到 3 个月后的封堵漏油,该平台底部油井每天的原油泄漏量约 6 万桶,合 9 500 t。美国墨西哥湾沿岸诸州的渔业、旅游业遭受重创,整个近海石油开发全部叫停,大量石油产业工人失业。而在英国,BP 公司股票大幅下跌,还要承担 200 亿美元"托管基金"和上不封顶的赔偿。英国政府每年 1/6 的来自 BP 公司股票分红的养老基金也受到威胁。

三、海洋资源环境管理的基本内容和方法

(一)加强对海洋资源储量、功能的调查,建立海洋资源环境管理信息系统

应进一步加强海洋水文、气象、化学、生物及地质等基础情况的调查研究。调查研究应以近岸及浅海大陆架海域为主,也要注意对大洋的考察。另外,在调查海洋资源状态的基础上,应用高新技术建立海洋资源环境管理信息系统,以实现对各种海洋要素发展演化趋势的动态分析和模拟,为各级政府部门在合理开发利用海洋资源和保护海洋环境方面提供快速、准确、有效的信息咨询和决策支持。

(二)合理利用和精心保护近海海洋生物资源,逐步发展外海远洋渔业

海洋生物资源开发面临的主要问题,是近海经济鱼类过度捕捞造成海洋生态系统的结构性破坏和生物多样性的减少。对于主要经济鱼类资源已遭受严重破坏的近海海区,除应保护产卵场、设立幼鱼保护区之外,还应对其中某些种类采取禁捕和增殖的措施。对于尚有一定资源数量的种类,则应加强管理,合理安排生产,控制捕捞强度。

海洋水产增殖、养殖是今后增加水产品的重要途径。发展"海洋牧场"式的养殖不但可以减轻近海的捕捞压力,而且可以实现高产、稳产的经济效益。

此外,发展外海和远洋渔业是开创海洋渔业新局面的一个重要举措,国家应对此采取鼓励和扶持的政策,促使其顺利发展。

(三)大力发展海洋科技,积极开发利用海洋资源

海洋资源具有极大潜力,是人类生存发展的重要依赖,但海洋开发难度大、技术性强、花费大,必须有强大的产业群支持。中国必须努力在海洋生物工程技术、海水直接利用和综合利用技术、海洋矿产资源勘探开发技术和海洋环境监测技术等领域有所突破,逐步赶上国际水平。

(四)建立海洋污染监控网络,加强海洋环境保护,防止海洋污染

海洋污染是可持续开发面临的重大问题,应根据海洋环境及资源的特点,建立和完善污染监控网络。对已污染的海区不仅要了解环境中污染物的浓度水平,而且要注意污染物的来源,为治理和预防提供基本情况。另外,还要注意防止海上工程设施(如修建海堤等)对海洋生态环境的破坏。

(五)建立海洋自然保护区,保护海洋生物多样性

海洋自然保护区是针对某种海洋保护对象划定的海域、岸段和海岛区。建立海域自然保护区是保护海域生物多样性和防止海域生态恶化的有效手段之一。中国现有海域自然保护区较少,急需增建一批海域自然保护区。例如,海岸盆地生

态保护区系列、红树林自然保护区系列和珍稀濒危物种自然保护区系列等。

（六）控制陆地开发行为对海洋环境的破坏

陆地开发行为对海洋环境有着重要的影响,要尽快颁布切实可行的法律、法规,有效控制陆地开发行为对海洋环境的破坏和污染。波罗的海是欧洲北部的内海,周围有芬兰、瑞典、俄罗斯、德国等9个国家,19世纪末20世纪初的一段时期,由于沿岸国家经济活动加剧,导致海水污染严重,鱼、海豹及食鱼海鸟体内蓄积了大量的DDT和聚氯联苯,鱼虾大部分都不能食用。针对上述情况,1974年波罗的海国家签署了赫尔辛基公约,共同参与波罗的海的污染治理。该公约是针对陆基污染源制定的第一个区域性条约,对波罗的海的生态保护和污染控制发挥了不可或缺的作用。

第四节 森林资源的保护与管理

一、森林资源的概念与特点

（一）森林资源的概念

森林资源是林地及生活和生长在林地上的生物群落的总称,包括林木、林下植物、野生动物、微生物、土壤和气候等资源。林地包括乔木林地、疏林地、灌木林地、林中空地、采伐迹地、火烧迹地、苗圃和国家规划的林地等。

森林是地球上最大的陆地生态系统,是维持地球生态系统平衡的要素之一。森林生态系统具有多种功能和效益,既能固碳释氧、涵养水源、防风固沙、保持水土、庇护野生动植物和净化大气环境,又能为经济社会发展和人们生活提供木材、药材和食品等多种林产品,还为人类提供森林观光、休闲度假、生态疗养和传承绿色文化的场所,是人类不可缺少的自然资源。

森林是可再生的自然资源,但因其生长和形成需要长达几十年甚至更长的时间。因此,必须在保持生态平衡的前提下进行木材和其他林副产品以及野生动植物资源的繁育和利用。

（二）森林资源的特点

1. 空间分布广,生物生产力高

森林的第一净生产力较陆地任何生态系统都高,如热带雨林年产生物量达500 t/hm^2。从陆地生物总量来看,整个陆地生态系统中的总重量约为$1.8 \times 10^{12} \text{ t}$,其中森林生物总量即达$1.6 \times 10^{12} \text{ t}$,占整个陆地生物总量的90%左右。

2. 结构复杂,多样性高

森林资源既包括地上部分的生物群落,也包括土壤及土壤中的生物,以及树木冠层以内的大气所构成的综合体;森林内所有生命和非生命,在以物质循环和能量流动为纽带的联系中,构成了一个有机整体。

3. 再生能力强

森林资源不但具有种子更新能力,而且还可进行无性系繁殖,实施人工更新或天然更新。同时,森林还具有很强的竞争力,在一定条件下能自行恢复在植被中的优势地位。

(三)中国森林资源的特点

根据第七次全国森林资源清查(2004—2008 年)结果,中国森林面积有19.5 亿 hm^2,森林覆盖率为20.36%,与世界森林覆盖率27%的平均水平还有差距。全国人均占有森林面积 0.141 hm^2,相当于世界人均占有量(0.6 hm^2)的23.5%,人均森林蓄积量10.55 m^3,只有世界人均蓄积量(72 m^3)的14.66%。与世界相比,中国森林资源的特点有:

1. 自然条件好,树种丰富,森林生态系统多样

中国地域幅员辽阔,地形条件、气候条件多种多样,适合多种植物生长,故森林树种特别丰富、类型多样,见表8-2。森林生态系统具有丰富的动植物,分布着高等植物32 000 种,特有珍稀野生动物10 000 余种。种类的丰富程度仅次于马来西亚和巴西。另外,中国是木本植物最为丰富的国家之一,共有115 科、302属、7 000 多种;世界上95%以上的木本植物属在中国都有代表种分布;还有属于本土特有种的植物共有3 科、196 属、1 000 多种。其中,银杉、珙桐、银杏、百山祖冷杉、香果树等,均为中国特有的珍惜濒危野生植物种类。

表8-2 中国的主要森林类型

	森林地带/地区	主要森林类型
地带性森林东南部的	寒温带针叶林带	兴安落叶松林、樟子松林、桦木林
	温带落叶阔叶林带	红松阔叶混交林、暗针叶林、落叶松林、杨桦杂木林
	亚热带常绿阔叶林带	落叶栎林、油松林、侧柏林、杨桦杂木林
	热带季雨林带	常绿阔叶林、常绿及落叶阔叶混交林、杉木林、柏木林、松林、竹林
非地带性西北部的森林	荒漠地区	胡杨林、梭梭林
	荒漠草原高山区	雪岭云杉林、青海云杉林、落叶松林、圆柏林、野果林
	川西、滇西北	多种暗针叶林、高山栎林、高山松林、常绿阔叶林
	藏南高山峡谷区	常绿阔叶林、常绿及落叶针阔叶混交林

2. 森林资源绝对数量大，人均数量小，分布不均

中国森林资源面积总量较大，居俄罗斯、巴西、加拿大、美国之后列世界第 5 位。但由于人口众多，人均占有林地面积和森林蓄积量分别相当于世界平均水平的 23.5% 和 14.66%。从空间分布来看，中国森林资源由于受历史因素、人为活动和自然灾害等因素影响，其地理分布极不均衡，大部分集中在主要江河流域上游和山地丘陵地带。在东北、西南及东南、华南丘陵山地森林资源分布多，而西北地区、华北、华东地区，森林资源分布较少。

3. 森林资源结构欠佳，资源生产力低，残次林多

现有的森林资源结构不尽合理。针叶林比重过少，从而降低了林木经济生产价值，给森林资源的持续发展增加了难度；用材林的面积、蓄积量比重过大，防护林及经济林、特用林比重过少，从而影响森林资源发挥多种功能。另外，还存在幼龄林、人工林偏多的情况，导致后备资源不足、林木品质不高等问题。

中国林地生产力相对较低，主要表现为林业用地利用率低、残次林多、单位蓄积量少和生长率不高等。全国林地面积只占林业用地面积的 43.2%，有些省份甚至低于 30%，远低于世界平均水平。其次是残次林地，除台湾、西藏东南部和大兴安岭、长白山、横断山、天山、阿尔泰山、祁连山、神农架等山区有成片的原始林地，大部分地区的森林已遭到不同程度的破坏，演替成次生林，单位蓄积量仅为 31.6 m^3/hm^2，而全国平均蓄积量为 90 m^3/hm^2。

4. 森林风景资源众多

中国森林风景资源十分丰富，是自然文化遗产的重要组成部分。截止到 2011 年，全国共建立各类森林公园 2 583 处，保护森林风景资源 1 677 万 hm^2，其中国家级森林公园 740 处、国家级森林旅游区 1 处，保护森林风景资源 1 152 万 hm^2，基本形成了以国家级森林公园为骨干，国家级、省级和县级森林公园协同发展的森林风景资源保护管理体系。中国世界自然和文化遗产名录有 15 处涵盖森林公园的景观资源，中国世界地质公园名录中有 15 处是森林公园，在自然文化遗产保护中发挥着重要作用。

二、森林资源开发利用中的环境问题

从世界范围来看，森林因其独有的经济与生态的双重属性，其在开发利用中存在的环境问题，大致可以概括为以下几个方面。

（一）森林覆盖率降低

据联合国粮农组织统计，为满足经济发展和不断增加的粮食需求，一些国家仍旧依靠毁林开垦土地以增加粮食等经济作物的生产。例如，非洲只拥有全球

森林面积的 16%，但在 2000—2005 年间，每年约减少 400 万 hm² 森林，接近全球森林采伐面积的 1/3。而巴西，在过去的 40 年间，亚马孙雨林中将近 20% 的树木遭到砍伐，以牧场和大豆种植园取而代之。

（二）涵养水源能力下降，引发洪水灾害

由于森林破坏导致土地涵养水源的能力下降，在大范围、高强度降雨期间，容易引发下游地区的洪水灾害。例如，印度和尼泊尔的森林破坏，很可能就是印度和孟加拉国近年来洪水泛滥成灾的主要原因。1988 年 5 ~ 9 月，孟加拉国遇到百年来最大的一次洪水，淹没了 2/3 的国土，死亡 1 842 人，50 万人感染疾病。这些突发的灾难，虽有其特定的气候因素和地理条件，但科学家一致认为，最直接的因素是森林被大规模破坏所致。

（三）引发水土流失，导致土地沙化

由于森林的破坏，每年有大量的肥沃土壤流失。进而导致土地的退化和区域经济社会发展的衰败，这样的例子在历史上非常多。以中国的黄土高原为例，古代的黄土高原林木蔽天、水草茂盛，森林覆盖率在 50% 以上，自然生态条件良好，是中华民族的发祥地和农业发源地。而随着森林不断被破坏消失，严重的水土流失、水旱灾害接踵而至，如今黄土高原森林覆盖率不足 6%，变成了千疮百孔、千沟万壑的破碎垣梁峁沟坡，成为我国环境脆弱、生产力水平低下、人民生活贫困的最落后地区之一。

（四）森林调节能力下降，引发气候异常

森林具有固碳释氧的功能，能够有效缓解温室效应，维护全球碳循环。而森林的破坏降低了其吸收二氧化碳的能力，加剧了温室效应。另外，森林资源的破坏，还降低了森林生态系统调节水分、热量的能力，致使有些地区缺雨少水，有些地区连年干旱，影响了正常的生产和生活。

（五）野生动植物的栖息地丧失，生物多样性锐减

森林是许多野生动植物生长、繁育的地方，保护森林就保护了生物物种，保护了生物多样性。然而，由于对森林生态功能认识不足，一些地方项目开发与生态保护之间的矛盾依然突出。贫困山区、林区农民仍未摆脱对森林资源的过度依赖，乱砍滥伐现象依然存在。这使得许多动植物失去了栖息繁衍的场所，使野生动植物数量大大减少，甚至濒临灭绝。

三、森林资源环境管理的基本内容与方法

（一）森林资源保护利用的原则

1. 生态功能与经济功能相结合的原则

森林既有生态功能，又有经济功能，它在向社会提供以林木为主的物质产品

的同时,也向社会提供良好的环境服务。在原理上,森林的这两个功能应是统一的,但在实际生活中两者又常常是矛盾的。针对这一特殊情况,森林资源保护和利用的原则必须是将上述两个功能结合起来。

2. 行政手段与市场运作手段相结合的原则

一方面保护森林资源是全民的利益,政府有责任用行政手段来限制对森林资源的破坏性利用。另一方面,森林又是重要的生产要素,必须按市场经济规律运作才能获得应有的经济效益。因此,森林资源保护利用的原则必须是行政手段与市场手段的结合。

(二)实行森林资源有偿采伐,建立林业投入补偿机制

建立林业投入补偿机制是保护森林资源的客观要求。从理论上讲,凡是消费森林生态效益的一切单位和个人都应该付费。但从实践上讲,为便于操作,目前可从以下几个方面先入手:

一是对依靠森林生态和经济功能从事生产经营活动有收入的项目,如已征收水费的大中型水库、水力发电站单位等,可以采用现行水费、电费、营业费中附加的办法,或者按年收入划出一定比例返还给林业部门,作为生态补偿。

二是对有些开发建设活动,降低了森林的生态功能,如开矿、采煤、大型基建工程等,除应缴纳征占用林地的有关费用外,还应对生态效益的损失进行计算和适当补偿。

三是发展多种经营,重点发展一些资源破坏少、经济效益好、产品有特色的经营方式,实现森林的可持续经营。阅读材料68就是一个很好的思路。

阅读材料68:发展竹藤产业

在材料科学已经十分发达的今天,人造材料已经可以取代从自然界中直接获取的天然材料。然而,由于天然材料中的生物源材料易于获得、价格低廉等因素,其在今天所用的材料中仍就占有重要地位。

竹材的强度可以和木材媲美,又比木材有更大的弹性和韧性,利用其强度可作为建筑材料和自行车车架等受力结构的材料,利用其弹性、韧性作为编织材料,这就使竹材比木材有更广泛的用途。值得一提的是,最早商业化生产的白炽灯,爱迪生选择的灯丝用的就是炭化的竹丝;钨丝灯泡是在竹丝灯泡用了20多年之后才研发成功的。竹子还有一个最大的优点,就是生长速度快,这就使竹材的生产周期大大短于木材,资源极易再生。而且,竹子易成林,也使之成为重要的水土保持植物。据考证,竹材在中国古代得到了大量使用,从而使得竹文化成为中国文化不可分割的一部分。

藤是藤本植物的通称指自身的茎不能独立向上生长,必须通过缠绕或攀缘其他物体的方式向上生长的植物。棕榈藤弹性、韧性很好,适用于编织或制作家具。其生长速度很快,在热带地区一年四季均可生长,故有较高的再生能力。

无论是竹还是藤,都以亚太地区的应用历史最为悠久,用途最为广泛。对于该地区的很多发展中国家来说,竹藤业是重要的经济产业。人们意识到,如果能够把竹藤业向拉丁美洲、非洲等地区推广,那么也一定可以促进那些地区的经济发展。而且,由于竹藤的再生能力强可以作为木材的替代品,因此竹藤业的发展有助于减少对森林的乱砍滥伐。

（三）利用森林景观优势,发展森林旅游

在当今社会,越来越多的人向往大自然,希望到大自然中,去调节精神、消除疲劳,探奇览胜,丰富生活,达到增进身心健康、愉悦精神的目的。因此,森林旅游已成为世界各国旅游业发展的一个热点,同时也给森林资源的利用与保护提供了一个良好的契机。

自美国 1872 年建立起世界上第一个国家森林公园后,各国相继建立起自己的森林公园。走向大森林,观赏大自然,已成为许多国家旅游活动的重要内容。中国有众多名山大川和丰富的森林景观。一般名山、文物古迹和森林资源都保护得较好,一座名山就是一片林海。森林中奇峰怪石、奇花异草荟萃,是林业、地质、水文、天文、地理、生物等科学家考察的好地方,同时也是摄影家、文学家、画家、艺术家汲取艺术营养的园地。这些自然和人文景观为中国发展森林旅游提供了良好的条件。

发展森林旅游业在满足人类回归自然要求的同时,也带来可观的经济收益。中国的张家界、九寨沟等国家森林公园,发展前景极为广阔。森林旅游业的发展还将带动商业、酒店、旅馆、食品加工,及运输业的发展。森林旅游在促进当地经济发展的同时,也为森林资源的保护与利用筹集了资金,为森林利用补偿机制的建立提供了保证。森林旅游业可以把森林资源的利用与保护有机地结合起来,寓管理于利用,既发挥了森林的生态、景观作用,又可以利用旅游收益来加强管理,增加投入,更好地保护和更新森林资源。

（四）改革林业经营与管理的机制

由于森林资源的破坏往往是由于利用不当造成的,因此,森林资源的利用和保护是密不可分的,为了保护森林资源必须改革林业的经营管理机制。

在中国,个体承包制的实施曾经使森林资源的利用和保护发生了可喜的变化,但随着改革的不断深入,使用权分散的状态与山地开发需要适度规模经营之间发生了矛盾。因此,还需要进一步改革完善。通过租赁、兑换等形式使森林资源经营权重组,可能是一个值得探索的新做法。

同时,要深化集体林权制度改革、国有林场改革、重点国有林区改革。深化改革的任务是稳定农户的林地经营权属,加快配套政策的出台,创造一个有利于长期投资的环境。在国有林区,配合其他部门的国有企业改革,尝试通过国有资产重组来搞活林区经济。积极探索通过林区职工家庭联产承包经营闲置林地缓解经济危困的途径。阅读材料69展示了尼泊尔林业管理的有效途径之一。

阅读材料69:尼泊尔的社区林业管理

在占全球面积0.1%的尼泊尔国土上,生长着6 500多种植物,1 000多种野生动物和鸟类。国土面积的40%被森林覆盖,12%被草地覆盖,为孟加拉虎、雪豹、犀牛、麝鹿、小熊猫、鳄鱼等野生动物提供了良好的栖息环境。

尼泊尔自然资源的有效保护归功于其良好的管理体系,包括国家政府管理和国家宏观调控下的社区管理两种方式。

国家管理模式主要是开设国家公园和自然保护区,由国家林业部门下设的国家公园和野生保护司负责其管理工作。尼泊尔设立了14处国家公园和野生动物保护区。其中,北部的珠峰国家公园被列为世界自然遗产,重点保护温带至寒带的冰川、草甸、湿地、森林等生态系统。南部的奇塔旺国家公园面积1 700 km²,重点保护热带、亚热带的草地、森林生态系统。它们对尼泊尔稀有野生动植物、特殊景观和生态系统的保护起到了非常重要的作用。

社区林业管理(community forestry management)模式源于尼泊尔政府于1976年制定的国家林业计划,该计划提出了林业资源的公众参与式管理,即国家将林地的经营和管理权下放给当地社区,将已遭破坏或退化的林地作为"造林地"、将基况良好的林地作为"保护地"来管理。根据"谁建设、谁受益,谁保护、谁获利"的原则,鼓励社区成员培育、管理和利用林地资源;"造林地"

内可以适当发展药材、用材林种植等商品林业,社区委员会通过大会决议讨论种植模式、收获数量及收益分配方式;"保护地"内,社区成员可以自由采集枯枝落叶、牧草等副产品,但对原生林实行严格保护,通过罚款或取消经营权等手段禁止社区成员乱砍滥伐;非社区成员采集社区林地的林副产品时需要付费,部分商用林或"保护地"的林业产品交易必须通过委员会讨论决定。

这种参与式的社区管理不仅使尼泊尔的林业资源得到有效保护,而且使当地居民从林业管理中受益。据报道,尼泊尔林地面积的年丧失率已从20世纪80年代初期的1.7%下降到目前的0.5%,每公顷林木数量增加了51%,森林面积增加了29%;社区林业每年总收益约为9.13亿尼泊尔卢比(1尼泊尔卢比约为0.11元人民币),社区林业总收益的36%用于学校、道路、医院等基础设施建设,极大地提高了当地群众的生活水平。由于成效显著,社区林业管理模式推广迅速,目前在尼泊尔约有14 000个社区林业团体,35%的人口已参与其中。现在,尼泊尔不仅以"佛"的诞生地而闻名于世,而且以社区林业管理的成功典范而享誉全球。

社区林业带来了显著的生态环境和经济社会效益。由于森林植被恢复得较好,土地退化得到减缓,雨季泥石流和山洪的发生频率明显减少,造成公路损毁情况大为改善。当地群众普遍认为,过去林地是国家财产,他们无权经营和管理,也无法从森林资源保护中受益,他们并不在乎森林资源的保护;相反,由于耕地和家畜是私有财产,他们会通过毁林垦田、林地放牧以求生计,但受自然条件限制,农牧业生产效率低下、收益较小,当地群众的生活水平低下,温饱问题得不到解决,医疗、教育、基础设施建设更是无从谈起。实行社区林业管理制度以来,社区成员都积极参与林地保护与建设,林业经济社会效益充分发挥,林业收益的部分资金作为基金用于社区学校、医院、公路等基础设施建设,其余部分根据实际贡献进行分配,使社区成员生活水平得到了显著提高。

虽然一些专业人士对社区林业管理模式还有一些不同看法,如社区林业分割了资源的整体管理,传统游牧业受到限制,分区分割阻碍了国家整体生态建设和野生动物保护。但社区林业确实给当地群众的生产生活带来的实惠,也对自然资源保护和可持续发展发挥了显著作用,从而提供了解决自然资源管理中生产发展和生态保护矛盾的可能途径之一,给我们带来一些启示和借鉴。

资料来源:董世魁等,探寻尼泊尔自然生态保护管理的有效模式.环境保护. 2008,85–87。

第五节 草原资源的保护与管理

一、草原资源的概念与特点

（一）草原资源的概念

草原是在温带干旱气候下,以丛生禾草为主的多年生草本植物群落分布的地区。它是半干旱地区把太阳能转化为生物能的巨大能源库,同时也是宝贵的生物基因库。草原适应性强,覆盖面积大,更新速度快,具有调节气候、保持水土、涵养水源、防风固沙的功能,有着重要的生态作用。另外,草地也是一种可更新、能增值的自然资源,是畜牧业发展的基础,并能提供丰富的野生动植物、名贵药材、土特产品,具有重要的经济价值。

（二）草原资源的特点

1. 自然生态特性

草原资源是一类重要的自然生态系统,具有保持和改善生态环境质量的功能。草原作为一种可再生资源,其可再生受土地面积有限性制约,若合理利用,其生物量生产力可能会不断提高;若利用过度,则可能造成草原生态环境和资源的破坏。

2. 经济特性

草原资源是畜牧业发展的基础,其经济价值的大小决定于稀缺性和开发利用条件。在中国,人均占有草地面积只有世界人均占有水平的1/2。因此,其稀缺性十分明显。草原资源具有明显的边际效益递减趋势。当牧畜饲养量超过适宜载畜量时,就会出现草原畜牧业生产力报酬递减的现象。

3. 功能多样

草原的功能包括农牧生产、保持水土、自然景观等多方面。

4. 复合性

草原生态系统的运行既遵循生态学原理又受到经济规律的调节和制约,更受到生产手段的影响。所以,对草原资源的管理实质包含了对自然、社会、经济、生产等方方面面。

（三）中国草原资源的概况

中国草原资源非常丰富,约有 $4.0×10^8 \ hm^2$,面积居世界第二,占全球草原面积的13%,占国土面积的41.7%。

中国草原分布极为广泛,遍布各个省市,其中内蒙古、广西、云南、西藏、青海、新疆、陕西、甘肃、宁夏、重庆、四川和贵州西部十二省(区、市)的草原面积约

3.3 亿 hm^2，占全国草原总面积的 84.4%。西藏、内蒙古、新疆、青海、四川和甘肃是中国的六大牧区，草原面积占全国草原总面积的 75.1%。全国有 264 个牧区半牧区县（旗），有草原面积 2.4 亿 hm^2，占全国草原总面积的 60.1%。

中国草原的种类也非常丰富，其中高寒草甸类、温性荒漠类、高寒草原类和温性草原类面积最大，占全国草原的 48.78%。草原气候也不同，跨越了热带、亚热带、暖温带、中温带、寒温带五个气候热量带。

但是，由于自然因素及人为不合理利用（如过度放牧等），已导致 90% 以上草原出现了不同程度的退化。

二、草原资源开发利用中的环境问题

（一）草场退化严重

草场退化是当前草原利用中存在的突出问题。退化的表现主要有：一是草群变稀疏低矮，产草量降低；二是草质变坏，优良牧草减少，杂草、毒草增加；三是生境条件劣化，包括旱化、沙化和盐渍化。

据统计，至 2010 年内蒙古草原年均退化 1.67 万 km^2，生态系统服务功能价值损失 32 亿元；青海省 70% 的草原不同程度退化，中度以上退化草场面积占总草场面积 21%，生态资产损失量达 $4.38×10^8$ 美元；西藏和新疆的天然草场，也有不同程度的退化，现状令人担忧。

（二）水土流失

草原所在的地带尽管年降水量不高，但降雨集中。因此在草场被破坏、地表失去覆盖后，水土流失现象极易发生。例如，内蒙古自治区水土流失面积曾占自治区总面积的 22.4%，其中最严重的是伊克昭盟的准格尔旗，全旗水土流失面积曾占总面积的 60%。

（三）珍稀动植物减少，鼠、虫害增加

由于各种原因导致草原资源破坏后，草原野生动植物栖息地大面积减小。加上乱捕滥猎，草原上的野生动物如黄羊、野驴、羚羊等数量大为减少。分布很广泛的狐、貉、狼和猛禽，数量也在急剧下降。优良牧草不仅数量大为减少，分布区也在缩小。与此相反，虫、鼠害却越来越严重，成为草原的一大祸患。为了灭鼠，大量使用农药，又造成牧草的农药污染。根据全国草原监测结果，2010 年，草原鼠害危害面积为 3 867.8 万 hm^2，约占全国草原总面积的 10%；草原虫害危害面积为 1 806.7 万 hm^2，占全国草原总面积的 4.5%。

（四）工矿业、农业和畜牧业发展引起草原生态环境的破坏和污染

工矿业发展已成为破坏草原生态环境的一个重要因素。露天煤矿的勘探和开采，会大面积破坏植被，剥离土壤，给当地自然景观造成严重的破坏；矿区的建

设和矿物的外运也影响沿交通线的大面积草原,并经常给草原带来污染。

农业和畜牧业的发展会导致草原生态环境的破坏,大量草原开垦为农田,以及大规模粗放型放牧都会造成草地资源减少和严重破坏。在世界许多著名的大草原上,都面临着这一问题。阅读材料70为巴西大草原的困境。

阅读材料70:巴西大草原的困境

看过《里约大冒险》的人们或许还沉浸在巴西绚丽多彩的动植物世界里,然而其电影原型巴西热带草原塞拉多,目前却饱受砍伐和农业扩张之苦,这片土地正面临着过度开发以种植大豆等动物饲料的危机。

塞拉多大草原位于巴西中部地区,向西向北延伸至亚马孙雨林,占地约为全国的23%。由于其植被的地下根长是地表高度的两倍多,一直被形象地称为"倒林"。该地区野生物种丰富,全球20%左右的物种栖息于此,如十分稀有的蓝色金刚鹦鹉、大犰狳、巨型食蚁兽、鬃狼和濒危貘等。30多年前农业学家发现,这片橙色土壤可转化用来种植经济作物。经过多年的砍伐、耕犁,50%的塞拉多草原已遭到破坏,仅2009年破坏面积就达7 637 km^2。目前仅有20%草原是完整的,能得到正式保护的更是少到8%;仅留下的20%左右的原始林地又被耕地分隔得支离破碎,其余绝大多数已被大豆、玉米等动物饲料所覆盖。

草原破坏的背后,是农业出口大国巴西的大豆出口量占到世界大豆市场的27%,是仅次于美国的第二大出口国。这些原产于中国的大豆现在大量出产于巴西人40年前还认为是"不适合农业开发"的稀树草原。

为此,世界自然基金会开展一项名为"负责任的大豆"的保护项目,希望全球能像保护亚马孙雨林那样保护塞拉多。亚马孙雨林素有"地球之肺"的称号。近些年,面对国际指责,包括美国商品巨头嘉吉公司、法国的德雷福斯等在内的多家世界主要大豆生产商,都同意停止砍伐亚马孙雨林,这使得目前亚马孙每年遭砍伐的雨林已放缓至0.18%,83%的雨林得到保留,其中有25%得到了正式保护。相比之下,塞拉多草原的处境却完全相反。世界自然基金会表示:"亚马孙雨林被严格保护起来,而大豆作为动物饲料的需求有增无减,所以这种需求就被转嫁到其他地方。塞拉多比较适合种植,这样一来,开发和扩张在所难免。"为此,"负责任的大豆"项目通过更多的商业巨头的参与、承诺和行动,减少对塞拉多的破坏。世界自然基金会还建议欧洲和美国的消费者们少吃肉以减少对草原的破坏,并力争让更多的巨头加入到"负责任的大豆"项目中来。

资料来源:《文汇报》2011年4月21日。

三、草原资源环境管理的基本内容与方法

（一）草原资源保护和利用的原则

在草原资源管理中，草场的开发与保护有时会处于互相排斥或互相对抗的状态。尤其是在牧民生活贫困的地区容易热衷于开发，而忽视保护。因此，需要因地制宜地处理好草原开发与保护之间的关系。

1. 立足于生产、生活和生态的统一原则

要制止日益严重的草原资源衰退和环境恶化，就必须协调生产、生活和生态之间的关系，合理利用草原资源，兼顾生态、经济、社会效益。

2. 协调发展原则

草原地区以牧为主，但要注意协调大农业的合理发展，做到以林养牧，以牧促林，确保牧、林、粮协调发展和一、二、三产业的均衡发展。

3. 坚持养、用、管、建结合原则

养草是基础，要对退化草原进行定期养育，使其休养生息。建立优质、高产的人工草地，提高草原载畜量。

此外，应发挥政府引导、市场调节和社区参与的多方力量，不断完善草场经营机制，使草原得到有效的利用和保护。

（二）促进草原地区生产、经营方式现代化

草场资源的保护与利用方式有着密切的关系，不合理的生产、经营方式是草原资源破坏的重要原因。因此，草场资源管理必须改变畜牧业的生产、经营方式。实现放牧畜群的规模经济，提高劳动生产率，促进草地的合理利用。

（三）因地制宜保护和利用草地资源

1. 多途径经营法

改变长期以来牧民过分依赖牧业的生产方式，把原来集中在草原单一资源上的人畜压力，分散在多种资源上，变牧民的单一经营为多种经营，引导牧民发展加工业、商业、草地旅游业等，以寻求多种脱贫致富途径，从而达到保护和合理利用草原资源的目的。

2. 区间资源优化

各草场根据自己的特点，实行区际协作，克服小而全的格局，实现资源优化组合，达到资源高度利用和深层开发与保护作用。

3. 依靠科技进步和企业协作

牧民一般都只能用直接投入物质、资金、能量的方法来增加放牧数量或改善草地状况，但往往因为缺乏能力而忽视技术和信息投入，导致生产出的农畜产品很难在高度发展的商品经济社会站住脚。因此，政府和牧业企业应引导各牧区

改良牲畜品种,推广先进技术与管理经验,采用现代科学技术保护草场资源,以实现更大的经济与环境效益。

（四）解决草原地区农村的能源短缺问题

牧区、农牧区的居民长期以来以草为燃料,这是引起草原退化的又一个重要原因。因此,要积极采取措施解决农、牧民的烧柴问题。其主要方法有推广省柴灶、发展薪炭林、发展沼气等。

（五）积极开展退牧还草工程

退牧还草是与"退耕还林"同步的生态恢复措施。中国在西部 11 个省区实施退牧还草,具体措施包括合理布局草原围栏、配套建设舍饲棚圈和人工饲草地、提高中央投资补助比例和标准,以及饲料粮补助改为草原生态保护补助奖励等。退牧还草政策和工程覆盖了西部地区严重退化的 10 亿亩草原,占所有西部退化草原的 40%。由于退牧还草从源头上处理好放牧与资源的合理利用的关系,成为了草原资源健康发展的基础。

第六节　生物多样性的保护与管理

一、生物多样性的概念及其作用

（一）生物多样性的概念

"生物多样性"（biological diversity or biodiversity）一词出现在 20 世纪 80 年代初。一般认为,生物多样性就是地球上的所有生物包括植物、动物和微生物及其所构成的综合体。1992 年联合国环境与发展大会通过的《生物多样性公约》对生物多样性做出如下解释:生物多样性是指所有来源的活的生物体中的变异性,这些来源包括陆地、海洋和其他水生生态系统及其所构成的生态综合体,包括物种内、物种间和生态系统的多样性。也有学者将生物多样性定义为:不同性质的生命系统不相似的属性,认为生物多样性是每一个生命系统的基本特征,是从分子到生态系统的各个生物级水平所表现出来的基本特征。

目前,大家公认的生物多样性的三个主要层次是遗传多样性、物种多样性和生态系统多样性,其中遗传多样性也称基因多样性。基因多样性又包括分子、细胞和个体三个水平上的遗传变异度,是生命进化和物种分化的基础。

物种多样性指在一定区域某一面积内发现的物种的数目及其变异,常用物种丰度（species richness）表示。

生态系统多样性既存在于生态系统内部,也存在于生态系统之间。在前一种情况下,指一个生态系统由不同种类组成,它们的结构特点多种多样,执行功能不同,因而在生态过程中的作用也很不一致。在后一种情况下,指在各地区不同地理背景中形成多样的生境中分布着不同的生态系统。保持生态系统的多样性,维持其生态过程对于所有生物的生存、进化和发展,对于维持遗传多样性和物种多样性,都是必不可少、至关重要的。

生物多样性还有许多其他的表达方式。如物种相对多度,种群年龄结构,一个区域群落或生态系统的格局随时间的改变等,但上述三个层次是最主要的。

(二) 生物多样性的作用

人类的生存离不开其他生物。地球上多种多样的植物、动物和微生物为人类提供了必不可少的食物、纤维、木材、药物和工业原料等,还为人类提供娱乐及丰富多彩的旅游文化生活。生物与其环境构成的生态系统,调节着地球上的能量流动和物质循环,构成了人类生存和发展所必须依赖的生命支持系统和物质基础。一般认为,生物多样性的价值主要有以下三个方面:

1. 直接使用价值

直接使用价值指被人类直接使用的价值,又可分为两类:第一类是实物价值,即指生物为人类生产活动提供了燃料、木材等原材料,为人类生存繁衍提供了食物、衣服、医药等生活用品。第二类是非实物价值,主要包括在旅游观赏、科学研究、文化多样性、畜力使用等方面提供的服务价值。

2. 间接使用价值

间接使用价值指能支持和保护社会经济活动及人类生命财产的生态功能价值。自然生态系统在有机质生产、二氧化碳固定、氧气释放、营养物质的固定与循环、重要污染物的降解等方面,为人类社会的生存发展发挥着极为重要和不可替代的作用。从局部来看,生物多样性的调节功能表现为涵养水源、巩固堤岸、防止侵蚀、降低洪峰、调节气候等方面,这类价值目前还很难像直接价值那样比较精确地定量计算。

3. 选择价值(或潜在价值)

选择价值指为后代人提供选择机会的价值。对于许多植物、动物和微生物物种,目前它们的使用价值还不清楚,有待于进一步去发现、研究和利用。如果这些物种遭到破坏,后代人就再没有机会加强选择和利用。为了使后代人和当代人公平享有利用这些物种的权利和机会,首先必须认识到生物多样性所具有的潜在价值。

阅读材料71：全球生物多样性的变化情况

1. 全球生物多样性概况

全球生物多样性是巨大的。据科学家估计，全球物种总数在5 000万～1亿种之间。表8-3为2001年《世界资源报告》中的物种统计表。由于许多新物种的不断发现，表中有些数据已经有了很大的变化。

表8-3　全球物种数目分类

类别	已知物种总数	受威胁物种种数
哺乳动物	4 629	1 096
鸟类	9 672	1 107
爬行动物	6 900	253
两栖动物	4 522	124
鱼类	25 000	734
高等植物	270 000	25 971
总计	320 723	29 285

2. 中国生物多样性概况

中国国土辽阔、海域宽广、自然条件复杂多样，加之有较古老的地质历史，孕育了极其丰富的植物、动物和微生物物种及其丰富多彩的生态组合，与墨西哥、哥伦比亚、厄瓜多尔、秘鲁、巴西、扎伊尔、马达加斯加、印度、马来西亚、印度尼西亚和澳大利亚一起，被列为全球12个"巨大多样性国家"之一。

① 物种丰富多样。据《中国生物物种名录》（2008），中国有高等植物34 291种，为世界第3位；是世界上裸子植物最多的国家；几乎拥有温带的全部木本属。中国的动物也很丰富，脊椎动物共有6 588种，占世界总种数的14%；还是世界上鸟类种类最多的国家之一，共有鸟类1 332种，占世界总种数的14.6%。

② 特有属、种繁多。中国生物区系的特有现象发达，高等植物中特有种最多，约17 300种，占中国高等植物总种数的57%以上，见表8-4。在中国的脊椎动物中，特有种有667种，占10.5%。人们熟知的有水杉、银杏、银杉和攀枝花苏铁，以及大熊猫、白暨豚等都是中国的特有种。

表 8-4 中国动、植物特有种统计表

门类		已知种(或属)数	特有种(或属)数	特有种(或属)占总数/%
动物	哺乳类	581 种	110 种	18.93
	鸟 类	1 244 种	98 种	7.88
	爬行类	376 种	25 种	6.65
	两栖类	284 种	30 种	10.56
	鱼 类	3 862 种	404 种	10.46
	总 计	6 347 种	667 种	10.5
植物	被子植物	3 123 属	246 属	7.5
	种子植物	34 属	10 属	29.4
	蕨类植物	224 属	6 属	2.3
	苔藓植物	494 属	13 属	2.0
	总计	3 875 属	275 属	10.3

③ 区系起源古老。由于在距今约 6 500 万年的中生代末,中国大部分地区已上升为陆地,第四纪冰期又未遭受大陆冰川的影响,许多地区都不同程度地保留了白垩纪、第三纪的古老残遗物种,如木兰、木莲、含笑等。中国所产的很多陆栖脊椎动物中不少都是古老种类,如羚牛、大熊猫、白暨豚、扬子鳄、大鲵等。

④ 种质资源丰富。中国的栽培植物、家养动物及其野生亲缘的种质资源非常丰富,作物品种、药用植物、牧草、观赏花卉等也异常丰富。中国的农业有7 000 年以上的悠久历史,很早就发掘、利用、培育繁殖了自然环境中的遗传资源,中国的果树种类数居世界第一,悠久的野生动物驯养历史造就了世界上最丰富的家养动物品种和类群及一些特有种质资源,从而形成了世界上最丰富的栽培植物和家养动物种类。

3. 生物多样性的变化概况

地球上的生命存在已有 35 亿年以上,随着地球的演化,曾产生过、也灭绝了很多物种。现在存在的生物也许只是曾经存在过的生物物种总数中的一部分。地球历史上生物物种的灭绝速度并不是恒定的。在某些时期,由于重大的地质剧变及其他自然灾害,大量物种可在比较短的时间内突然灭绝。古生物学家认为二叠纪末,海洋中的生物总数减少了90%,而发生在6 500万年前的不明原因的重大事件,导致了以恐龙为代表的大量物种的灭绝。

即使在地球活动较平静阶段,生物种类数也会由于多种多样的自然原因而不断减少。但是这种减少的速度是缓慢的。自从人类出现以后,特别是近几个世纪以来,人类活动大大加快了地球上物种灭绝的速度。有科学家认为,现在的生物物种数至少以1 000倍于自然灭绝的速度在地球上消失。有研究表明,自1600年以来,地球上有记录的动物灭绝586种,植物灭绝504种;1900—1950年期间共有60个物种灭绝,而在自然背景下,估计每100～1 000年才灭绝一个物种。

有关资料表明,中国生物多样性的损失也十分严重。到目前为止,大约有200种植物灭绝,估计有5 000种植物处于濒危状态,占中国高等植物总数的15%;大约有433种脊椎动物处于濒危状态,占中国脊椎动物总数的6.6%左右,见表8-5。中国动物和植物已经有15%～20%受到威胁,高于世界10%～15%的平均水平。在《濒危野生动植物种国际贸易公约》附录中所列的640个世界性濒危物种中,中国就占了156个。

表8-5　中国脊椎动物特有种和受威胁种的种数统计

类　　别	已知种数	受威胁种		稀有物种		受威胁稀有物种	
		种数	占总数比例/%	种数	占总数比例/%	种数	占总数比例/%
哺乳纲	581	134	23.0	110	18.9	22	20.0
鸟　纲	1 244	182	14.6	98	7.9	22	22.5
爬行纲	376	17	4.5	25	6.7	2	8.0
两栖纲	284	7	2.5	30	10.6	3	10.0
鱼　纲	3 862	93	2.4	404	10.5	6	1.5
总　计	6 347	433	6.8	667	10.1	55	8.3

二、破坏生物多样性的主要因素

破坏生物多样性的原因是多方面的,除了生物自身原因和自然原因外,人类活动是导致生物多样性破坏的最主要因素。

（一）生物生境（栖息地）及其破坏

生境（栖息地）是一个生物的个体、种群或群落生活地域的环境，包括必须的生存条件和其他对生物起作用的生态因素。简单地说，就是动物、植物或微生物正常生活和繁殖的地方。生境是生物多样性存在的基础，而人类活动导致生境的破坏是生物多样性减少的主要原因。生境可分为森林、湿地等类别。

以湿地生境为例，根据《湿地公约》，湿地指沼泽地、湿原、泥炭地或水域地带、带有或静止或流动、或为淡水、半咸水或咸水的水体，包括低潮时水深不超过 6 m 的海域。按照该定义，湿地仅覆盖了地球表面的 6%，却为地球上 20% 的已知物种提供了生存环境，这是由于水、陆、空界面上特殊的生境使湿地的生物多样性资源极为丰富，特别是在鸟类、鱼类和两栖类动物方面。在中国，湿地生境尤为重要，全国约有湿地面积 6 594 万 hm^2，约占世界湿地面积的 10%，居亚洲第一位，世界第四位。全世界雁鸭类有 166 种，中国湿地就有 50 种，占 30%；全世界鹤类有 15 种，中国仅记录到的就有 9 种；在亚洲 57 种濒危鸟类中，中国湿地内有 31 种，占 54%。在中国湿地中，有的是世界某些鸟类唯一的越冬地或迁徙的必经之地，如在鄱阳湖越冬的白鹤占世界总数的 95% 以上。

湿地集土地资源、生物资源、水资源、矿产资源和旅游资源于一体，但在长期人类活动影响下，湿地不断地被围垦、污染和淤积，面积日益缩小，许多物种受到威胁，其中包括很多濒危、珍贵和稀有物种，如白鲟、胭脂鱼、黑鹤、丹顶鹤、扬子鳄等。湿地生境遭到破坏的原因主要有：① 农垦、填海造地和城市开发，如围海造地使沿海湿地的面积以每年 $2×10^4 km^2$ 的速率在消失。② 湿地上游地区的水土流失引起的河床和湖泊泥沙淤积，如中国洞庭湖的面积由 20 世纪初的 4 350 km^2 萎缩到现在的约 2 500 km^2。③ 湿地水资源利用不合理，盲目排干湿地、过度取水调水等，导致湿地功能退化。④ 掠夺性开发利用湿地野生生物资源，引起湿地生物多样性衰退加速。

（二）外来物种入侵对生物多样性的破坏

在全球范围内，外来物种入侵是破坏生物多样性的第二大因素。全球化的商业、旅游和自由贸易，有意或无意地为物种传播提供了前所未有的机会。

外来物种的无意引种通常是指外来物种随人及其产品通过飞机、轮船、火车、汽车等交通工具，作为偷渡者或"搭便车"从原产地被引入到新的环境。例如，侵染松类植物的松材线虫就是由南京紫金山天文台从日本进口的光学仪器包装箱中携带的松材线虫传播介体——松墨天牛而引入的。而人为的有意引种入侵则多种多样。例如，作为牧草或饲料引进的凤眼莲、紫花苜蓿；作为观赏物种引进的堆心菊、加拿大一枝黄花;作为药用植物引进的决明、美洲商陆;作为改善环境引进的互花米草、巴拉草;作为宠物饲养引进的巴西龟等。

当外来种或非本地种由外地引入到本地,并快速生长繁衍时,就会对当地的生态环境带来很大的危害。例如,美国在 20 世纪 60 年代,为治理藻类、恢复生态而从中国引入了鲤鱼,由于在美国密西西比等河流中没有天敌,鲤鱼种群迅速扩张,并从本土鱼口中抢夺食物,它们每天要摄入自身体重 40% 的水草、浮游生物或野生蚌类,一些成年鲤鱼竟然长到了 1.2 m 长,45 kg 重,能跃起 3 m 高,且每条雌性亚洲鲤鱼能产卵 300 万枚;更不幸的是,美国人还不习惯吃这种多刺的鲤鱼。因此,鲤鱼的到来,使本地水体生态系统损失严重,被美国官方称为"最危险的外来鱼种"。2012 年 3 月,奥巴马政府宣布将斥资 5 150 万美元,防止鲤鱼入侵五大湖。加上之前的费用,联邦政府仅为抵御鲤鱼入侵就投入了 1.565 亿美元。

(三)环境污染对生物多样性的破坏

环境污染往往对生物多样性有巨大的破坏。在大气污染中,二氧化硫污染使对其敏感的地衣从许多城市和近郊以及接近污染源的森林中减少或消失;二氧化硫造成的酸沉降使湖泊、水库等水体和土壤酸化,危害农作物、鱼类和多种无脊椎动物的生存;农药的污染对小型食肉动物、鸟类(特别是猛禽)、两栖动物、爬行动物造成了巨大的危害。人类排放 CFC 物质引起的臭氧层臭氧浓度的减少,使紫外线强度过度增加,抑制了南极地区浮游植物的光合作用,从而影响了浮游动物、鱼类、虾和藻类的数量,并因食物链的作用,将使该地区的生态系统受到严重损害,甚至被完全破坏。

随着工农业发展和城镇建设的扩大,大量的工业废水、城市污水、农业废水排入江、河、湖、海等水体。其中重金属和其他有毒成分使水生生物死亡或影响其生长发育;大量有机物分解时消耗氧气并产生有毒气体,使水生生物失去了生存条件。另外,过量的氮、磷等营养物质排入湖泊、水库等水体造成富营养化使水体中浮游生物种类单一化,水草、底栖动物和鱼类激减。

(四)过度捕杀、捕捞、偷猎等对生物多样性的破坏

在短期经济利益甚至违法高额获利的驱使下,人类的许多合法和非法的捕猎行为往往对生物多样性造成巨大的破坏。例如,由于大多数动物的肉可食、毛皮可衣,并且其中许多动物具有所谓的传统药用价值和现代奢侈品象征,所以它们历来就是人们捕杀的对象。狂捕滥杀的行动已经使如新疆虎、蒙古野马灭绝,高鼻羚羊在中国境内消失,华南虎等日渐濒危。

阅读材料72：鄱阳湖候鸟的眼泪

鄱阳湖总面积接近4 000 km²，是中国第一大淡水湖，也是全球重要湿地之一。每年全世界有近一半的鸿雁、白头鹤和白枕鹤，以及超过全世界95%的东方白鹳和98%的白鹤在此越冬。然而，这个号称亚洲最大越冬候鸟栖息地的鄱阳湖正面临着猖狂的盗猎候鸟行为。目前其候鸟数量仅相当于10年前的1/10，甚至有人将这里视作中国南方的"可可西里"。

每年的冬春季节，鄱阳湖进入枯水期，水位降低。这种气候状况不仅使候鸟的食物减少，而且盗猎者可以更轻松进入候鸟的栖息地或觅食地进行盗猎。天网就是当地盗猎者常用的一种非常简单的捕鸟工具，制作成本相当低廉，但就是这种简单粗陋的黏网，却成了众多候鸟的葬身之所，一旦陷入天网，越挣扎网就越紧，候鸟只能坐以待毙。除了插天网捕鸟，捕猎者还会用毒药、强光灯等方式，这两种方式往往能成片杀死候鸟。最猖狂时，盗猎者会将拖拉机开进湖区，用拖拉机整车往外托运猎捕的候鸟。

面对猖狂的盗猎行为，相关政府对盗猎候鸟的打击力度也日渐增大。2009年12月，江西省政府批准再新建7个保护监测站，加大候鸟保护力度。政府对湖区各种非法猎捕、杀害、运输、携带、收购、出售野生动物的行政处罚标准，也都有明确规定。但由于野生候鸟黑市价格高昂，偷猎一只天鹅，差不多可抵上大半年的捕鱼收入，在暴利的驱动下，仍然有许多湖区农民为了卖钱，不惜铤而走险偷猎候鸟。

三、生物多样性保护与管理的基本内容与方法

（一）加强生物多样性保护的立法

法律是遏制人为因素造成生物多样性锐减趋势的首选武器。以中国为例，生物多样性保护的立法体系包括：

① 宪法，其第九条规定：国家保障自然资源的合理利用，保护珍贵的动物和植物，禁止任何组织或个人用任何手段侵占或破坏自然资源。第二十六条规定：国家保护和改善生活环境和生态环境，防治污染和其他公害；国家组织和鼓励植树造林，保护树木。

② 法律，主要有《环境保护法》、《森林法》、《海洋环境保护法》、《野生动物保护法》等。

③ 行政法规，主要有《野生动植物保护条例》、《植物检疫条例》、《国务院关于严格保护珍贵稀有野生动物的通令》等。

④ 地方性法规,如《广东省森林管理实施办法》等。

⑤ 规章,如林业部《森林和野生动物类型自然保护区管理办法》等。

在实施生物多样性保护法规的过程中,建立了若干法律制度,包括环境影响评价制度、自然保护区制度、许可证制度(如特许猎捕证)、休渔期制度、检验检疫制度等,这些制度为生物多样性保护提供了条件。

目前,生物多样性保护的立法已初具规模,基本形成了体系,但也存在一些问题,需要大力改进,主要有以下五个方面要尽快加以改进和完善。

① 法规的可操作性和相互协调性差,大多数关于生物多样性保护的法规分散在各有关自然资源法中,且大多为原则性的规定,还有些自然资源的管理涉及多个管理部门,部门之间各自的法规常有抵触和矛盾。

② 缺乏经济学的考虑,目前生物多样性保护法规措施往往没有把生物多样性的保护和持续利用有机地结合起来。

③ 保护对象和内容过窄,目前大多数生物多样性保护法规,其对象多限于一些珍贵、濒危或具有重大经济价值的大型野生动物,对于植物、微生物保护的立法则十分欠缺。

④ 现有的生物多样性保护法归属于实体法,而组织法、程序法则相当欠缺,致使实体法的实施缺乏必要的保障。

⑤ 在法规中,违法者责任不清或偏轻,民事责任、刑事责任规定不健全。

(二)加强生物多样性保护的执法

中国在生物多样性法制建设中奉行"立法与执法并重"的方针。在关于生物多样性保护的执法中,中国现行执法主体主要有四类:

① 国务院和地方各级人民政府。它们掌握综合性和全局性情况,主要承担依法行政的任务。

② 国务院环境保护行政管理部门和县级以上人民政府的环境保护行政主管部门。它们依法实施对生物多样性保护,并负有监督管理的职责。

③ 县级以上人民政府的土地、矿产、林业、农业、水政、渔政港务监督、海洋主管部门。它们分别负责对各种自然资源的监督管理。

④ 各级公安机关、法院、检察院、军队以及交通管理部门。它们依法实施监督管理。

从多年来的执法检查情况来看,虽然执法工作取得了一定的成绩,但违法捕捉、经营、贩运、倒卖、走私野生动物等破坏生物多样性的情况仍十分严重,一些地方随意侵占、蚕食自然保护区,在保护区内进行偷猎、滥采的事件还时有发生;因自然资源破坏、浪费而造成的生物种濒危、灭绝的情况也较多,执法工作形势非常严峻。因此,目前急需加强和改进执法工作。

（三）制定有利于保护生物多样性的政策

与法律、法规相比，政策有较强的灵活性，适用于各地生物多样性保护的实际情况和需要。一些有利于生物多样性保护的政策主要有：

① 自然资源的有偿使用政策。例如，林业部规定，凡是征用、占用林地的，用地单位应按规定支付林地、林木补偿费、森林植被恢复费和安置费；凡临时使用林地的，要按《土地复垦规定》支付损失补偿费，用于造林营木，恢复植被。

② 生物资源持续利用政策。例如，国家中药管理部门推行建立扶持资金和收购奖励及调整收购价格等措施，引导中药材的引种、野生动物养殖、植物药材驯化栽培工作，以保护野生药材资源。林业部门对野生动物驯养繁殖实行扶持政策，使一些动物的人工养殖业迅速发展起来，基本满足了市场对一些珍贵药材和毛皮的需求，从而避免了对野生动物的过度捕猎。

③ 财税补助政策。例如，国家通过财政和国债项目，开展天然林保护工程、退耕还林工程、京津风沙源治理等生态建设工程等。

④ 强化管理政策。主要通过建立各种制度、管理机构，组建监督管理队伍，运用法律、行政、经济手段，对各种可能损害生物多样性的行为进行严格的监督管理。例如，环境保护部门推行的"环境保护目标责任制"，林业部门推行的"森林资源任期目标责任制"，以及水利部门推行的"水土保持目标责任制"等。

⑤ 生态环境补偿费政策。近年来全国有多个地方对矿藏开发、土地开发、旅游开发、水、森林、草原等资源开发、药用植物资源开发、电力资源开发、海域使用等经济活动征收生态环境补偿费。征收的资金主要作为自然保护工作的专项资金，用于生态环境的恢复与重建。

（四）加强生物多样性的科学研究和公众教育

为了更有效地保护生物多样性，必须加强相关的科学研究工作。主要有：

① 生物多样性的编目。

② 生物多样性保护技术和理论。

③ 生物多样性的监测和信息系统。

④ 发展高新生物技术。

⑤ 生物多样性宏观管理研究。

另外，还需要加强的生物多样性的宣传教育工作。主要有：

① 加强新闻报道工作。

② 在影视制品中加大自然保护栏目的比重。

③ 利用与生物多样性有关的节日如"4.22地球日"、"6.5世界环境日"，爱

鸟周等进行各种宣传活动;在博物馆、动物园、植物园等地举办各种展览来提高公众保护生物多样性的意识、责任和参与的积极性。

④ 重视对青少年的生物多样性保护意识的教育。

（五）加强重要物种及其遗传资源的迁地保护

统一规划和协调各迁地保护机构,重点开展一些高濒危物种的拯救工作。通过建立动物园、植物园、树木园、野生动物园、种子库、基因库、水族馆、海洋馆等不同形式的保护设施,对那些比较珍贵的物种、具有观赏价值的物种或其基因实施人工辅助的异地保护。但这种保护在很大程度上属于挽救式和被动的,毕竟迁地保护是利用人工模拟环境,自然生存能力、自然竞争等在这里无法形成。但是,迁地保护可以为异地的人们提供观赏的机会,进行生物多样性的宣传,在某种程度上可促进生物多样性保护事业的发展。

（六）加强生物多样性保护的国际合作

保护生物多样性是人类共同关心的问题,所以需要国际社会超越文化和意识形态等多方面的差异,采取一致的行动。目前,许多国际组织和国家对生物多样性及其相关问题进行了研究,并编制了与生物多样性相关的法规、战略计划,也采取了许多保护生物多样性的行动,如国际生物多样性研究计划、全球《生物多样性公约》等。根据各国实际情况,有效地开展双边及多边国际合作,是全球生物多样性保护的关键内容。

第七节　自然保护区的管理

一、自然保护区的概念、类型及作用

（一）自然保护区的概念

自然保护区在世界范围内还没有一个统一的定义。国家公园、森林公园、自然禁猎区等都在一定程度上与自然保护区有概念上的重叠。在中国,自然保护区一词有两个含义:一是指具体的特定的某一保护区,二是指所有具有保护性质的区域的总称,即各种保护区的总称。中国《自然保护区条例》第一章第二条规定:自然保护区是指对有代表性的自然生态系统、珍稀濒危野生动植物物种的天然集中分布区、有特殊意义的自然遗迹等保护对象所在的陆地、陆地水体或海域,依法划出一定面积予以特殊保护和管理的区域。

（二）自然保护区的类型

自然保护区主要保护具有代表性的、自然的、近自然的、半自然的、人工的以及破坏或退化后能够恢复的生态系统;保护濒危、孑遗、珍稀的遗传物种资源;保护山地、河流、水源;保护国家和地方公园及自然景观、历史遗迹等。由于保护对象和分类标准的不同,自然保护区类型的划分也多种多样。

世界自然保护联盟(International Union for Conservation of Nature and Natural Resources, IUCN)在"保护区的类型、目标和标准"中论述了十种类型,即:科研保护区(scientific reserves)、国家公园(national parks)、自然遗迹(natural monuments)、自然管护区(nature conservation reserves)、资源保护区(resources reserves)、保护景观(protected landscapes)、人文保护区(anthropological reserves)、多功能保护区(multiple use management areas)、生物圈保护区(biosphere reserves)和世界遗产地(world heritage sites)。

中国根据主要保护对象,将自然保护区分为自然生态系统类、野生生物类和自然遗迹类三大类别共九个类型,具体情况见下面的阅读材料。

阅读材料 73:中国的自然保护区概况

中国于 1956 年在广东省鼎湖山建立了第一个自然保护区。从 20 世纪末开始,自然保护区的数量和面积都得以快速增长。截至 2011 年底,全国(不包含香港、澳门和台湾地区)已建立各种类型、不同级别的自然保护区 2 640 个,保护区总面积约 14 971.5 万 hm²,陆地自然保护区面积约占国土面积 14.93%,超过了全球 12% 的平均水平,见表 8-6。其中,国家级自然保护区 335 个,面积 9 315 万 hm²。

表 8-6　自然保护区建设现状(截止 2011 年底)

类　型	数　量		面　积	
	数量/个	占总数/%	面积/万 hm²	占总面积/%
自然生态系统类	1 819	68.90	10 271.31	68.61
森林生态系统类型	1 356	51.36	2 906.01	19.41
草原与草甸生态系统类型	40	1.52	204.76	1.37
荒漠生态系统类型	33	1.25	4 092.42	27.33
内陆湿地和水域生态系统类型	320	12.12	2 998.06	20.03
海洋和海岸生态系统类型	70	2.65	70.06	0.47

续表

类　型	数　　量		面　　积	
	数量/个	占总数/%	面积/万 hm²	占总面积/%
野生生物类	698	26.44	4 526.59	30.23
野生动物类型	544	20.61	4 300.29	28.72
野生植物类型	154	5.83	226.30	1.51
自然遗迹类	123	4.66	173.60	1.16
地质遗迹类型	91	3.45	118.20	0.79
古生物遗迹类型	32	1.21	55.40	0.37
合　计	2 640	100	14 971.5	100

　　截至2011年底,吉林长白山、四川卧龙、贵州梵净山、湖北神农架、广东鼎湖山、福建武夷山、新疆博格过峰、内蒙古锡林郭勒等28处自然保护区加入了国际生物圈保护组织。吉林向海、黑龙江扎龙、湖南洞庭湖、江西鄱阳湖、青海鸟岛、海南东寨港等38处自然保护区被列入《关于特别是作为水禽栖息地的国际重要湿地公约》国际重要湿地名录。

　　另外,截至2011年底,中国已建各类森林公园2 583处,其中国家森林公园总数达到746处,面积约1 200万 hm²,约占国土面积的1.2%;有国家级风景名胜区208处,约占国土面积的2%。其中,长城八达岭、承德避暑山庄和外八庙、泰山、黄山、武夷山、武陵源、武当山、青城山-都江堰、峨眉山-乐山大佛、黄龙、九寨沟、庐山等21处风景名胜区被联合国教科文组织列入《世界遗产名录》。这些森林公园和风景名胜区在广义上也属于保护区的范畴,它们一方面通过开展旅游活动创造了经济效益,另一方面也为自然保护做出了很大的贡献。

　　资料来源:中华人民共和国环境保护部。

(三) 建立自然保护区的作用和意义

　　自然保护区对人类的生存发展以及保护生态环境具有深远的意义,其作用和价值,主要体现在以下几个方面。

　　1. 为人类提供生态系统的天然"本底"

　　各种生态系统是生物与非生物环境间长期相互作用的产物。现今世界上各种自然生态系统和各种自然地带的自然景观,很多都遭到人类的干扰和破坏。

而在各种自然地带保留下来的、具有代表性的、被划为自然保护区加以保护的天然生态系统或景观地段,则是极为珍贵的自然界的原始"本底"。它们可以用来衡量人类活动对自然界影响的优劣,同时也对探讨某些地域自然生态系统的内在发展规律,以便人类建立合理的、高效的人工生态系统提供启迪。

2. 各种生态系统以及生物物种的天然贮存库

迄今为止,人类对生物物种的知识是极不完备的。尽管人类利用先进科学技术不断发现和研究众多新的物种,发掘出许多物种在工业、农业、医药、军事等方面的用途,但与整个自然界的物种数量及其对人类的现实和潜在价值相比,被人类发现、研究、认识和利用的物种只是极少数。但是,由于人类活动造成的环境污染,生物物种的破坏和减少日益加剧,可能许多物种在人类未来得及发现和命名时就消失或濒于灭绝,其后果是难以想象和无法挽回的。自然保护区正是为人类保存了这些物种及其赖以生存的环境,特别是对一些濒危和珍稀物种的继续生存和繁衍具有极为重要的意义。从此意义上说,自然保护区保存的物种资源和生态系统资源将是人类未来的财富和资源。

3. 理想的科学研究基地、教学实习场所和生态旅游目的地

自然保护区保持着完整的生态系统、丰富的物种、生物群落及其生存环境,还有一些非常优美的自然景观、珍贵的动植物或地质剖面、火山遗迹等。这为进行生态学、生物学、环境科学、资源科学等学科的教学和研究工作提供了良好的基础,成为设立在大自然中的天然实验室。

除少数绝对保护地域外,一般自然保护区都可以接纳一定数量的学生、游客等进行参观和游览。通过保护区的自然景观、展览馆、各种视听材料以及精心设计的导游路线,参观者可以在极大程度上提高环境意识和科学文化素质。

一些保护区具有提供生态旅游服务的潜力,特别是以保护自然风景为主要目的的保护区,对旅游者具有很大的吸引力。在不破坏保护区的条件下,适度开展生态旅游,已经成为许多国家实现保护与发展共赢的重要选择。

二、自然保护区管理的主要途径与内容

自然保护区管理是一个复杂的多层次的管理体系。它涉及自然、社会、经济和工程技术等学科领域,以及有关行政、治安、法律、经济等部门。这些因素彼此相互渗透和制约,共同影响整个管理系统的运转和效果。因此,必须将各种手段综合起来运用。自然保护区管理的主要内容如下:

(一)建立自然保护区的科学管理体系

中国自然保护区的管理体系分为中央、地方和自然保护区三级。中央一级主要负责制定和发布有关自然保护区的方针、政策和法律、法规,负责对自然保

护区进行宏观指导、监督检查和协调管理。地方人民政府的有关职能部门是二级管理层次,其主要职能是贯彻执行中央制定的关于自然保护区的方针、政策、法律、法规,并具体监督指导基层管理机制的管理工作。基层自然保护区管理机构是第三级层次,它的职责是在所管辖的自然保护区内具体实施建设和管理工作,见表8-7。

表8-7 基层自然保护区管理的机构

决策领导机构	职能管理部门	基层管理机构
自然保护区管理局	行政管理系统	宣传教育、基本建设、人事财务、办公室等
	科研科普管理系统	科研科、科研所、监测站、博物馆等
	公安保卫管理系统	管理处、管理站、派出所等
	开发经营管理系统	种植场、养殖场、加工厂及旅游、开发贸易管理部门等

(二)制定有关自然保护区的政策法规体系

从法律角度来看,自然保护区是依法建立起来的享有被法律保护的地域。自然保护区进行建设和管理,必须严格执行国家制定的有关法律,包括《环境保护法》、《森林法》、《草原法》、《野生动物保护法》和《自然保护区条例》等。另外,还必须与时俱进,根据国家总体保护形势,各地方、各自然保护区的类型、现状、面积大小等实际情况,制定出全国性和地方性的自然保护区的法律、法规和条例,特别是全国性的《自然保护区法》。

(三)妥善处理自然保护区保护与合理开发的关系

保护是任何自然保护区管理中的核心内容和首要任务。因为它将直接关系到自然保护区的生存和价值。

包括中国在内的很多发展中国家,仅依靠政府的财政力量目前还不可能全部解决自然保护区建设与管理所需的资金。在这种情况下,有条件的自然保护区在不影响其完成保护任务的前提下,进行适度、合理的开发利用,不仅是允许的,也是必要的。但这种开发利用只能在不破坏或对自然保护对象还有一定的保护效益的前提下进行。一般应遵循以下原则:① 开发利用活动必须严格限制在实验区范围内;② 严禁各种破坏自然资源和景观的开发活动;③ 采集、驯养国家重点保护动植物应经有关部门批准;④ 要综合考虑开发项目的自然、经济和社会效益,不能过分强调经济效益;⑤ 任何开发利用活动都应缴纳管理费和资源补偿费。

阅读材料74：保护与开发的博弈——张家界森林公园的"黄牌"风波

张家界国家森林公园成立于1982年，是中国第一个国家级森林公园。张家界所在的武陵源风景名胜区溪谷纵横，群峰罗拜，特别是有世界罕见的大面积石英砂岩峰林地貌，景观无与伦比。1992年，武陵源风景区被联合国教科文组织列入《世界自然遗产》名录。一时间，海内外游客蜂拥而至。为满足游客的吃、住、行，宾馆、饭店和大小不一的商贸棚点相继出现在绿水青山之间。尽管在世界自然遗产证书上写有"列入此名录说明此文化自然景区具有特别的和世界性的价值，因而为了全人类的利益应对其加以保护"，尽管在开发过程中管理层都提到保护问题，但大兴土木式的开发风潮势不可挡，人造的"天上街市"不和谐地耸立在优美宁静的"世界自然遗产"之中。

据不完全统计，1998年，景区内各色建筑面积达36万 m^2，违章面积3.7万 m^2，核心景区内冒出了"宾馆城"，"世界最美的大峡谷"中的金鞭溪每天接纳1 500 t污水……在保护与开发的博弈中，开发无限"风光"。1998年9月，联合国教科文组织在进行5年一度的遗产监测时，对张家界亮出"黄牌"警告，要求其限期整改，如整改不达标，张家界将被摘掉世界自然遗产的牌子。

为此，张家界市武陵源区开始了景区建筑大拆迁。1999年先期拆迁了景区内游道、公路两旁和游客集散地有碍观瞻的190余处2.5万 m^2 违章建筑。至2001年二期大拆迁又拆除接待设施124家，搬迁常住居民547户1 791人，拆迁建筑19.1万 m^2，恢复植被500亩。随后，湖南省人大常委会审议通过《湖南省武陵源世界自然遗产保护条例》，这是在中国当时尚无保护世界自然遗产的专门法律法规的情况下出台的第一部保护世界自然遗产的地方性法规。"草木不能动，沙石不能取，田坎不能烧，房屋不能建，污水不能乱排，垃圾不能乱丢"，上述条例结合武陵源遗产保护、管理的实际，对森林、野生动物、环境、地质地貌、国土保护、建设管理、旅游管理、工商管理等制定了33个禁令。通过采取一系列有效的措施和手段，张家界在规定的时间内完成整改，取消了"黄牌"。在这次代价高昂的教训中，张家界深切意识到只有依靠科学的景区规划和环境管理，才能走出开发与保护的矛盾。

据估计，目前已有22%的自然保护区因旅游过度开发而造成环境破坏，11%出现旅游资源退化现象。张家界的"黄牌"风波告诉我们，如何处理资源环境保护与合理开发经营的关系是每一个自然保护区需要认真对待和妥善处理的问题。

（四）努力协调自然保护区和周围居民生产生活的矛盾

一个规划合理的自然保护区,如果没有当地政府和周围居民的支持和配合,就不可能很好地实现管理。但自然保护区与周围居民之间一般都会存在不同程度的利益冲突。这有两方面的原因:① 当地居民长期居住在这块土地上,祖祖辈辈依赖这里的资源生存,一旦把这块土地划为自然保护区,势必会在一定时期内影响当地居民的生活,迫使他们改变已经习惯了的生存方式。② 一般而言,自然保护区的所在地大多属于不发达地区,当地居民比较贫困,受教育程度不高,不自觉中可能会违反自然保护区的有关规定。

因此,自然保护区必须注意协调与当地居民关系,使他们热爱自己的自然保护区。具体要注意以下几方面:

① 要照顾到当地人民的传统利益,在自然保护区建立后,当地居民的生产生活必须得到保证,在不影响保护任务的前提下,应在实验区边缘地带划出一定的地段和明确一定的资源种类、数量,允许群众从事正常的生产活动和开发利用活动。这一点应纳入保护区的规划。

② 吸收当地人民参加保护区管理。当地居民长期生活和工作在自己的家园,对本地动植物的种类分布、特征、用途等都比较熟悉。吸收当地人民参与自然保护区的管理工作,如担任护林员、巡护员等。这样,既可适当解决就业和收入问题,还可以增强他们的保护意识。

③ 引导当地人民开发新的致富道路。扶持他们开发有利于当地自然保护的靠山养山、靠水养水、劳动致富的道路。

④ 加强与当地政府配合,实施联营管理。自然保护区是一个自然—经济—社会实体,它在某些方面还要接受地方政府的领导,许多问题要依靠地方政府去解决。因此,争取地方政府或其主管部门参与自然保护区的管理是十分重要的。联营管理内容主要包括共同制定自然保护区的规划、制定在实验区内适度开发和利用资源的政策法规,共同争取外部的支持等。

阅读材料75:以三江源自然保护区措池村为例说协议保护

协议保护(conservation agreement, CA)是利用社会力量保护公共产品的一种创新机制,由政府和专业的保护机构,或其他非政府机构,如研究机构、私有公司或是社区,在协议基础上所建立的制度化的特许合约关系。所谓"特许",是指政府授予保护机构以保护为目的来管理国有土地的权力。

措池村坐落在海拔 4 600 m 的三江源保护区。这片位于长江源头的保护区,深处青藏高原腹地,是长江、黄河、澜沧江的发源地,也是藏羚羊、野牦牛、藏野驴、雪豹等珍稀野生动物的家园,总面积达到 15.23 万 km^2。2006 年 9 月,在保护国际(Conservation International, CI)的支持下,三江源保护区管理局与措池村签订了措池村保护协议,授权让措池村民在全村共 2 440 km^2 的土地上进行监测巡护。措池村的老百姓非常支持这一项目,他们说:"我们最需要的支持并不是钱,而是保护这里的权力。我们不愿意看到外来的人员到这里猎杀野生动物、破坏栖息地。"

在项目开展的最初两年中,措池村的监测巡护队——野牦牛守望者协会共制止 4 次外来人员的盗猎事件。措池村民还通过监测,了解了野生动物的迁徙及活动规律,他们自发划定了 5 个野生动物保护小区、13 个水源保护地、让出 3 条野生动物迁徙通道、在野生动物繁殖及迁徙期划定 3 块季节禁牧区、划定 3 块永久禁牧区。另外措池村民还开展了 6 项关于当地气候变化的监测工作。这些保护成果已经得到保护区管理局的认可,将在三江源地区更大的区域得到推广。

协议保护模式在应用上的优势主要有三点:① 资金效率高,这种直接支付补偿金的方式来保护栖息地和野生动物资源可能会便宜得令人吃惊,同时又减少政府的财政和管理的负担。② 能够明确并量化保护的成效,并以此作为提供激励或补偿的基础;③ 通过协议的方式约定责、权、利,充分发挥协议各方的优势,成为一种更高效保护管理方式。由于以上三方面的优势,协议保护被全球广泛实施,也被很多保护工作者认为是自然保护区和国家公园等保护模式的补充。

协议保护也有一定的局限性:① 对保护实施方和管理方的能力有要求,如社区良好的组织能力及保护传统、当地保护部门的管理能力;② 通过协议约定的方式,把保护权赋予保护的一方。但从一些国家的法律规定来看,这种定义较为模糊,保护权属性不明,争议亦较大;③ 在操作过程中需要充分的技术支持,如确定方法和指标以量化保护成效、确定补偿的标准和方式、开展监测评估等。

针对协议保护模式的局限性,考虑如何建立保护的长效机制是目前亟待解决的问题。可采取的解决措施有:加强宣传和培训,提高社区组织能力和当地保护部门管理能力;完善相关法律法规,明确保护权属性;引入科学的技术和方法;探索不同的激励及补偿方式,对传统保护模式做有益补充等。

三、自然保护区的管理方法

（一）自然保护区的区划

自然保护区区划是一项十分重要的基础性工作。一个好的区划，既能反映中国复杂多样的自然地理环境，又能使自然保护区在全国范围内的分布比较合理，形成体系完整的中国大自然保护网，并与世界大自然保护网衔接起来。

自然保护区区划的方法有两种。一种是《世界自然保护大纲》中建议采用的"生物地理分类"和由此演变出来较详细的"国家（或地区）分类法"，该方法充分考虑了生物对自然地理环境的影响和指示作用。另外一种是以自然区划理论为基础的分类法。由于中国自然区划工作开展的较早，理论和方法的基础都比较好，因此中国自然保护区区划中采用的是后一种方法。自然区划分类法采用区域（最高一级分类单位）、气候带（次一级分类单位）、自然综合体及其生态系统（基本分类单位）三级分类法。这种分类法将中国划分为 8 个区域，14 个气候带和若干个自然综合体及其生态系统。

不同类型的自然保护区，在大自然保护网中的作用和地位是不同的。综合型自然保护区多是不同区域中不同气候带内的代表性地段，它们是大自然保护网的基本网点，构成一级自然保护网。部分综合型自然保护区反映的是特殊地域的综合自然地理特征，是不同自然地带内主要的综合型自然保护区的补充和延伸，构成各自然地带的二级自然保护网，是大自然保护网的辅助点。其他类型自然保护区的空间分布多与地带性规律关系不大，只是大自然保护网的附加点，构成区域性的三级大自然保护网。

1979—1983 年中国开展了自然保护区区划。全国共分为 8 个区，这些区划既反映了自然地理条件的差异、生物资源分布的特点，又与全国的植被区划及动物地理区系有密切的关系。

在自然保护区区划的基础上，可根据国家自然保护的要求和财力、物力的可能，规划在全国一定时期内建立各种类型自然保护区的数量和面积。表8-8 列出中国自然保护区区划与植被区域和动物区系的对比。

表 8-8　中国自然保护区区划与植被区域和动物区系的对比

保护区区划	植被区划	动物区系
东北山地平原区	寒温带针叶林，温带针阔叶混交林	古北界，东北区
蒙新高原荒漠区	温带草原，温带荒漠	古北界，蒙新区
华北平原黄土高原区	暖温带落叶阔叶林	古北界，华北区
青藏高原高寒区	青藏高原高山草甸，草原，高寒荒漠	古北界，青藏区

续表

保护区区划	植被区划	动物区系
西南高山峡谷区	青藏高原山地,森林,高寒荒漠	东洋界,西南区
中南西部山地丘陵区	亚热带常绿阔叶林(西部)	东洋界,华中区
华东丘陵平原区	亚热带常绿阔叶林(东部)	东洋界,华东区
华南低山丘陵区	热带季雨林,雨林	东洋界,华南区

(二)自然保护区规划

自然保护区规划是指根据自然保护区的资源与环境条件、社会经济状况、保护对象,以及保护工程建设的需要,制定有关自然保护区的总体发展方向、规模布局、保护措施的配置和制度等方面的规划。它为实现自然保护区不同阶段的发展计划,落实各项具体措施,筹措经费和培养技术力量等管理目标服务,是促进自然保护区改善面貌、提高管理质量和管理水平的重要战略措施。

自然保护区的规划目标要显示出自然保护区在某一阶段的发展方向,以及将要达到的管护水平和标准,也为自然保护区建设和管理提供了战略方针和操作依据。从类型上分,自然保护区的规划目标可分为总体发展目标和建设、保护、科研、开发经营等具体发展目标;从时间上分,可分为近期目标、中期目标和远期目标,其年限也可与国民经济发展计划相结合。

自然保护区规划一般包括总体规划和部门规划两部分内容:

1. 总体规划

总体规划是在对自然保护区的资源和环境特点、社会经济条件、资源的保护与开发利用等综合调查分析的基础上制定的。其内容包括自然保护区的基本概况、总体发展方向、发展规模和要达到的目标,自然保护区的类型、结构与布局,制定自然保护区的资源管理、资源保护、科学研究、宣传教育、经营开发、行政管理等方面的行动计划与措施。在总体规划中要协调各部分发展的比例和建设标准,并要进行自然保护区建设与管理的总投资和总效益分析,制定实施规划的措施与步骤。

2. 部门规划

部门规划是在自然保护区总体规划基础上,对一些重点内容进行的深化和具体化。其任务是针对自然保护区总体规划中规定的各项发展内容提出具体的部署和指标,制定实现规划的方式和途径等。其内容主要包括:功能区规划、土地利用规划、保护工程规划、法制建设规划、科研规划、经营开发规划、行政管理规划、投资与效益规划,以及各部门所管辖的具体业务活动规划,如基建、旅游工程、工程人员编制和财务管理等规划。

（三）自然保护区的分区管理

长期以来，人们对自然保护区采取封闭式的管理办法，认为这是唯一有效的方法。但这样做把自然资源的保护与开发利用对立起来，导致保护与发展的矛盾长期得不到解决。这一问题在不发达国家尤为突出。为此，联合国教科文组织人与生物圈计划提出了"生物圈保护区"的概念。该概念特别强调保护与持续发展之间的关系，要求通过保护自然资源而使其能够持续发展；注重把自然保护与科学研究、环境监测、示范、环境教育与当地人民的参与结合起来；强调生物圈保护区的建立不仅要为提高当地人民的环境意识提供普及教育的机会和场所，而且要使当地人民的生活、生产受益。因此，对保护区的管理应采取科学工作者、管理人员、决策人员和当地群众相结合的方式。

在中国，应用生物圈概念对自然保护区进行建设和管理，将保护区划分为核心区、缓冲区和实验区，并在不同的功能区中开展各具特色的活动，采取不同的管理办法，把自然保护区发展成为以保护为主，兼顾科学试验、生产示范和旅游参观的基地。

> ### 阅读材料76：自然保护区的核心区、缓冲区和实验区
>
> 核心区是自然保护区内最重要的区域，是未受人类干扰或受最少干扰的、具有典型性的代表，原生性生态系统保存最好的地方以及珍稀动植物的集中分布地。该区具有丰富的遗传种质资源或具有科学意义的独特自然景观。因此，在核心区内一般禁止任何人类活动或只允许进行经批准的科学研究活动。核心区的主要任务是保护生态系统尽量不受人为干扰，使其在自然状态下进行更新和繁衍，保持其生物多样性，成为所在地区的一个遗传基因库。
>
> 缓冲区一般位于核心区的外围，可以包括一部分原生性的生态系统和由演替类型所占据的次生生态系统，也可包括一些人工生态系统。缓冲区一方面可以防止核心区受到外界的影响和破坏，起到一定的缓冲作用；另一方面，可以在不破坏其群落环境的前提下，开展某些试验性或生产性的科学试验研究。例如，开展植被演替和合理采伐的更新试验、珍稀动植物的人工繁衍、种群复壮试验等。在缓冲区内可从事教学实习、参观考察和标本采集等不影响核心区保护的活动，但禁止狩猎和经营性的采伐活动，一般也不开展旅游活动。如在特殊地段开展旅游活动，必须设有固定的导游路线和指示路标，防止游客误入核心区。

　　实验区位于缓冲区的外围,包括部分原生或次生生态系统、人工生态系统、荒山荒地等,也包括传统利用区和受破坏的生态系统的恢复区,它的地域范围一般比较大。实验区可推动(执行)生物圈保护区具有的许多特色功能,特别是发展的功能。在自然保护区管理机构的统一规划下,实验区可进行植物引种、栽培和动物饲养、驯化等试验;可根据本地资源情况和实际需要经营部分短期能有收益的农林牧副渔业的生产;可建立有助于当地所属自然景观带植被恢复的人工生态系统。在旅游资源比较丰富的自然保护区,可以划出一定区域开展旅游活动,增加保护区的收入。在把自然保护区建设成为具有保护、研究、监测、示范、教育以及持续发展等多功能的开放式系统中,实验区发挥着重要的作用。

(四) 自然保护区的评价

1. 评价指标

对自然保护区及其管理效果进行评价是自然保护区管理的一个重要方法。自然保护区评价一般主要包括以下指标:

① 多样性是评价自然保护价值最重要的指标,对于生态系统类型和野生生物类型的自然保护区,可用群落和生境类型及物种多度判断多样性,对于自然遗迹类的自然保护区,可用"自然遗迹的完整性和系统性"来反映多样性指标。

② 稀有性是在地理上分布受限与统计上量值低少的概念,在评价中比较直观和易为人们接受,可划分为物种稀有性、生境稀有性及自然遗迹稀有性等。

③ 代表性是度量自然保护区自然生态状况能在多大程度上反映该自然保护区所处生物地理区域的自然生态状况的指标。

④ 自然性是表示自然保护区受人类侵扰程度大小的指标。

⑤ 面积适宜性表征任何自然保护区均需要足够的面积容纳保护对象并维持其存在,一个自然保护区具有适当的有效保护面积是十分重要的。

⑥ 生存威胁是反映自然保护区保护对象受到来自各方的、可能使其偏离原有平衡点的压力的指标,可由脆弱性和人类威胁两方面指标构成。

⑦ 社会经济价值是反映自然保护区尚待开发的资源价值和可被人类社会利用潜力的指标,可分为资源直接利用价值、直接服务价值、间接社会经济价值和潜在社会经济价值四个方面。

⑧ 管理基础主要包括机构设置与人员配备、基础设施建设水平、管理目标及发展规划、经费来源情况等。

⑨ 科研基础是实现自然保护区管理目标、实施有效管理的保证,包括自然保护区的本底调查、科学研究和科技力量三方面的水平。

⑩ 管理成效是衡量一个自然保护区最终管理质量的指标,包括自然保护区资源和主要保护对象的保护状况,以及自然保护区经营水平和自养能力。

2. 评价标准

由于各种类型自然保护区的自然状况差别很大,无法用一套标准去衡量。但若分别制定评价标准,不仅繁琐和操作不便,而且不易从大尺度范围内进行综合评价与比较。为此,中国针对自然生态系统、野生生物及自然遗迹三种类型自然保护区的具体情况,在一套总的评价指标与标准下,适当进行修改调整,制定出三套评价标准,同时兼顾不同类型自然保护区评价的差异性和可比性。

自然保护区评价时,可以根据所制定的评价指标、赋分标准和计算公式,由专家、管理官员或有关人员组成评审团进行评价。评审团成员宜在 20 人以上,成员应具有权威性和代表性,并具有评审经验和熟悉评审对象。评价以专家打分的形式进行。生态系统类国家级自然保护区评审表见表 8-9。

表 8-9 国家级自然保护区评审表(自然生态系统类适用)

自然保护区名称							
自然保护区评价指标及分数							
典型性	满分	15	得分		脆弱性	满分	15	得分
多样性	满分	10	得分		稀有性	满分	10	得分
自然性	满分	10	得分		面积适宜性	满分	8	得分
科学价值	满分	8	得分		经济和社会价值	满分	4	得分
机构配置和人员配备	满分	4	得分		边界划定和土地权属	满分	4	得分
基础工作	满分	6	得分		管理条件	满分	6	得分
总分	满分		100		得分		

注:得分 85~100 分为很好,70~85 分为好,55~70 分为一般,35~55 分为差,小于 35 分为很差。

阅读材料 77:坦桑尼亚塞伦盖蒂国家公园的环境管理

你是否相信赤道附近会有雪山?这就是坦桑尼亚东北部的乞力马扎罗山。它不仅是非洲最高的山脉,也是非洲人心目中非洲独立和自由的象征,而且还滋养着世界上最大的稀树草原,孕育了著名的马赛游牧文化,俯视着非洲大地上依旧鲜活的人与自然相和谐的完美一幕。

塞伦盖蒂国家公园(Serengeti National Park)就坐落在乞力马扎罗山以西的大草原上。这里是电视纪录片《动物世界》最著名的拍摄地之一,非洲野生动物中最著名"大五(big five)"——狮子、大象、水牛、犀牛和猎豹都生活在这里。而塞伦盖蒂更广为人知的,则是号称世界自然奇迹的"动物大迁徙"。

塞伦盖蒂在当地的马赛语中意为"无边的草原",每年只有旱季和雨季之分。五六月份,草原的青草消耗殆尽。在漫长的旱季里,角马、羚羊和斑马等数百万食草动物追逐雨水和青草,经过塞伦盖蒂的三个主要的栖息地——南部草原(包括矮草原和长草原),北部林地,以及格鲁米提、塞隆勒拉和马拉的河边地区,路途长达 3 000 km,世界上最壮观的自然景象就在这里上演。

大迁徙中的先锋是斑马,他们把高草吃短,将矮草和鲜嫩的根茎留给后来的角马和羚羊。而此时,虎视眈眈的狮群隐藏在草丛中,喜爱腐肉的秃鹫也停歇在树木上。大迁徙必经之路的马拉河虽然不深,但也暗藏杀机,有大群的非洲鳄鱼期待着它们的美餐。两三个月后,动物不辞辛劳,追寻青草再度返回塞伦盖蒂。由于饥渴、天敌等因素的威胁,只有部分动物回到故土,并带来旅途中孕育出的新生命,演绎着物竞天择、生生不息的自然传奇。

坦桑尼亚国土面积的 1/4 被划为国家公园和保护区。塞伦盖蒂是坦桑尼亚,也是非洲最早的国家公园,其自然保护也经历了漫长的过程。早在 1929年,塞伦盖蒂中部地区被定为狩猎保护区;1951 年建成塞伦盖蒂国家公园,1959 年面积得到扩大,随后被列入了世界遗产名录。

在 1954 年前,国家公园一直允许马赛人放牧和耕种。此后,基于资源保护的压力而禁止放牧耕种,公园被分割成今天的塞伦盖蒂国家公园和恩戈罗恩戈罗保护区(Ngorongoro Reserves)。国家公园用于野生动物保护和旅游,严格限制人类进入。而在保护区内,则继续允许人为活动。

在设立保护区初时,未考虑当地人对自然资源的需求,他们也无法参与分享保护区的各种收益,结果导致当地人缺乏保护意识甚至猎捕动物出售。20世纪 80 年代后,保护措施逐渐发生变化。世界自然保护联盟(IUCN)与塞伦盖蒂地方当局联合实施了保护开发计划。从 1989 年该计划第二阶段起,吸收当地居民加入进来,以使当地社会发展同自然环境保护能够协调一致。新计划给予了当地社区周围野生动物的管理权,以防止公园中的非法掠夺性偷猎;部分地区还被划为公园缓冲区,便于当地人处置野生动物;监管保护野生动物的工作也由村民负责。当局同时制定了稳妥的土地利用计划,并把公园的旅游收入更多地返还到社区中。

国家公园东边的恩戈罗恩戈罗保护区原先是马赛人牧区的一部分,马赛人的牛羊和这个地区的野生动物一起分享草地。生活在这里的约40多万马赛人作为东非最大的游牧部族,始终遵循着部落祖先留给他们的传统,雨季他们搬到开阔的平原上,旱季则在灌木丛林和山区生活。马赛男人留长发,穿着鲜艳的马赛布,妇女则剃光头或只留短发,披挂串珠和项圈。他们在耳洞中塞上树叶或木棍,使耳洞越长越大,并认为耳垂越大越垂越美。马赛人主要饲养牛群,以牛羊肉乳为食物,喜饮鲜牛血,居住在用泥土砌成的圆形房屋里,整个社会则由部落首领和长老会议负责管理。马赛人至今仍然保持的这种原始社会形态,为这里的自然景观提供了更深层的文化内涵。

恩戈罗恩戈罗保护区还分布着九个火山,火山灰形成了肥沃的塞伦盖蒂大平原。火山形成的河流提供了充足的水源,在春天,百万只的火烈鸟聚集在火山口底部的咸水湖中。保护区允许马赛人带着家畜到火山口饮水和捕猎,但不允许他们在那里定居或开垦。此外,马赛人可随意在保护区内活动。

塞伦盖蒂优越的自然环境和极富非洲风情的游牧文化,带动了国家公园旅游业的发展,为当地人带来了可观的收入,也使当地人更加注重保护自然资源。恩戈罗恩戈罗保护区的宣传材料中写道:"如果没有保护区内人与自然的和谐共处,众多的生物乃至整个生态系统……都将面临严重的威胁……不危害自然环境,并且尊重当地文化风俗的旅游业才应当被鼓励。"

主要概念回顾

自然资源	土壤污染	森林旅游	自然保护区
土地资源	水资源管理	草原资源	社区林业管理
土地退化	海洋资源	退牧还草工程	协议保护
水土流失	海洋石油污染	生物多样性	自然保护区分区管理
土地沙化	海洋自然保护区	生态系统管理	自然保护区评价
土地盐渍化	森林资源	外来物种入侵	

思考与讨论题

1. 新中国成立以来分别于1958—1960年、1979—1985年两次开展全国土壤普查,都是针对农业生产而进行的,主要是了解土壤肥力;2006—2008年,国家拨款10亿元开展全国土壤污染状况调查,目的在于全面掌握全国土壤环境质量总体状况,查明重点地区土壤污染类型、程度和原因,评估土壤污染风险,确定土壤环境安全等级。你认为全国土壤调查目的的变化说明了什么? 了解污染现状只是第一步,你认为接下来更重要的工作有哪些?

2. 树立水环境资源有偿使用的市场观念,采用经济手段进行水资源管理不失为一种有效的方式。然而对于生活用水,自来水水费一直较低。以缺水严重的上海为例,自 2010 年 11 月 20 日起,自来水价格从 1.33 元/m³ 调整为 1.63 元/m³。你认为低廉的自来水水价能体现水资源的价值吗? 为什么在很多水资源短缺的城市或地区,水价仍然不高? 请思考,并做归纳总结。

3. 1999 年,四川、陕西、甘肃三省率先开展退耕还林试点,由此揭开了中国退耕还林的序幕。相比于退耕还林工程,退牧还草工程启动稍晚。2003 年开始,内蒙古、四川、青海等八省区和新疆生产建设兵团实施退牧还草工程。查找相关资料,了解在进行退耕还林和退牧还草两大工程中遇到了哪些相似的问题,是如何解决的?

4. 20 世纪 50 年代末,麻雀被列为"四害"之一成为被坚决消灭的对象。如今我们熟悉的麻雀已被一些国家列为濒危物种。2000 年,麻雀被中国列为国家二级保护动物。请问是否只有濒临灭绝的物种才需要特别的保护? 你认为现在保护生物多样性的理念和方式是否有需要完善的地方?

5. 自然保护区因其原始风貌和自然状态而格外具有吸引力,但随即带来的开发和经营又会让它的原始风貌和自然状态受到破坏,从而丧失最初的吸引力。你认为在这场博弈中,该如何协调自然保护区的保护和开发活动?

练习与实践题

1. 土地利用的不同途径会得到不同的利用价值:耕种农作物能得到经济价值;种一片涵养林会收获生态价值;盖起居民楼能得到社会价值;而建起一个广场则会得到文化价值。土地资源是宝贵的,选择最优的土地利用方式是可持续发展的必然要求。如何判断土地利用的总效益、总效率? 查阅相关文献,并做出你的推断。

2. 长期以来中国实行水资源分部门管理的体制,水量与水质、地表水与地下水等分割管理,导致部门职能交叉、管理效率低下。以广东省为例,水资源管理所包括的九项主要内容(水价管理、取水许可管理、用水定额管理等)同时由发改委、水利厅、环保局、建设厅、国土资源厅等数个省政府部门涉及管理。各部门间缺乏有效协调,管理绩效并不理想。你所在的省市是如何管理水资源的? 你认为是否有必要建立水资源统一管理机构? 迟迟未建的原因可能有哪些?

3. 2005 年,圆明园铺膜防渗事件引起轩然大波,其防渗工程的起因与北京水资源严重紧张的状况直接相关。在舆论的压力下,国家环保总局召开听证会,第一次使不同的意见展现在了决策者面前,同时也展现在了公众面前。查找资料了解事情的始末,如果你作为一名普通北京市民参与此次听证会,你会有哪些建议? 你会为公众争取哪些利益?

4. 获 2010 年第 82 届奥斯卡最佳纪录片奖的《海豚湾》(The Cove)真实而客观地记录

了每年 23 000 头海豚在日本太地町海湾被日本渔民捕杀的残忍行为。影片引发的关注迫使日本政府做出一些退步——太极地捕捞协会会长被辞退、国际鲸鱼保护协会日本代表引咎辞职。观看此片,感受个人的努力可能给海洋资源的保护带来的巨大影响。

5. 中国国宝大熊猫,也许是世界上受保护物种中特征最鲜明的动物。世界自然基金会(WWF)在 1961 年创建之初,就选择大熊猫"熙熙"作为组织标志。1979 年,WWF 作为受到中国政府邀请的第一个非政府组织,开始了大熊猫保护的重点优先项目。查找相关资料,了解栖息地破坏给大熊猫带来怎样的生存危机? WWF 对此提供的解决方案有哪些?你是否能做出补充?

6. 现在一提起物种入侵,许多人就为之色变,似乎所有的外来物种都会带来灾难。实际上,我们今天所栽培的植物、饲养的动物,大部分都不是本地原有,人类一直在引进并成功地利用外来物种。但也不能忽视外来物种的引进有时会破坏生态平衡,成为危害。请查找,你所在的地区是否有引入外来物种的实例?你认为我们该以何种态度对待外来物种?引入外来物种前后需要做的工作有哪些?

7. 你所在的省市有哪些自然保护区?试着查找这些自然保护区的规划,并仔细阅读,然后提出你的意见或建议。

第九章
中国和外国的环境管理简介

第二次世界大战后,世界各国的环境问题陆续呈现且日益突出,这成为制约经济发展,甚至影响人类生存的重要问题。为此,从 20 世纪 70 年代初起,各国纷纷加强了环境管理。由于不同国家的自然条件、社会制度、文化习俗、经济发展、科技水平不同,环境问题的严重程度、发展阶段、治理特点也不相同,因而环境管理的方法和特色也有很大的不同,形成了有不同国家特色的环境管理实践。

因此,建设具有中国特色的环境管理体制和制度,不仅需要根据中国的具体国情进行理论研究和科学创新,还应重视借鉴、吸收其他国家环境管理实践中的经验教训。为此,本章重点介绍了美国、欧盟、日本及澳大利亚各具特色的环境管理制度与管理措施。

第一节　中国环境管理简介

中国的环境管理开始于 20 世纪 70 年代。在以观察员身份出席了 1972 年联合国在斯德哥尔摩召开的"人类环境会议"之后,中国便开始了任务艰巨,但又卓有成效的环境保护和管理工作。

在早期,中国制定了《环境保护法》,建立了专门的环境保护机构,开始实行预防为主、谁污染谁治理、强化环境管理的三大环境政策。

在 20 世纪 80 年代初,环境保护被确定为中国的基本国策之一。国家制定并修改了《大气污染防治法》、《水污染防治法》等一系列关于污染防治和生态环境保护的法律,不断加强在国家和地方政府的环境保护部门的地位和职能,提出了环境与经济协调发展等新的环境管理理念,实行了被称为八项环境管理制度在内的具体环境政策手段。

20 世纪 90 年代之后,环境保护的重要性被全社会所认识,中国政府把可持续发展作为国家的基本发展战略。进入 21 世纪以后,在科学发展观、和谐社会的战略发展目标下,环境立法不断完善,执法力度不断加大,环境保护机构的地位日益提升,新的环境管理政策不断出现,环境保护投资不断增加。

中国环境管理包含的内容和方面很多,本章仅从机构设置、环境政策、环境投资三个方面对其整体做一个概括。更详细的内容可以参考相关书籍。

一、中国环境管理的机构设置

中国环境保护和管理的体制是由全国人民代表大会立法监督,各级政府负责实施,环境保护行政主管部门统一监督管理,各有关部门依照法律规定实施监督管理的体制。

(一)全国人大环境与资源保护委员会

全国人民代表大会设有环境与资源保护委员会,负责组织起草和审议环境与资源保护方面的法律草案并提出报告,监督环境与资源保护方面法律的执行,提出同环境与资源保护问题有关的议案,开展与各国议会之间在环境与资源保护领域的交往。

(二)环境保护部

环境保护部是国务院环境保护行政主管部门,对全国环境保护工作实施统一监督管理。表9-1列出中国环境管理机构改革发展轨迹。从中国最早的"三废治理办公室"到作为国务院正部级组成部门的环境保护部,显示了中国政府对环境保护工作的不断重视和职能强化。

表9-1　中国环境管理机构改革发展轨迹

时间	机构设置
1971年之前	无专门的机构;由各部、委兼管协调环境问题;在燃料工业部下设"三废治理办公室"
1971年5月	国家计委成立"三废"利用领导小组,这是中央政府成立的第一个环保机构
1973年1月	成立国务院环境保护领导小组筹备办公室。1974年5月成立国务院环境保护领导小组,下设办公室
1982年5月	成立城乡建设环境保护部,国务院环境保护领导小组撤销,其下设办公室并入该部后改称环境保护局,作为全国环境保护的主管机构
1984年12月	城乡建设环境保护部下属的环保局改称为国家环境保护局,同时也是1984年5月国务院成立的国务院环境保护委员会的办事机构
1998年5月	环境保护部门分出成立国家环境保护总局,直属国务院
2008年8月	国家环境保护总局升格为环境保护部

环境保护部的职责见本书第三章第二节中的阅读材料22。图9-1列出中国环境保护部的机构设置和职能。

	办公厅	负责部机关政务综合协调和监督检查。内设总值班室(保卫处)、部长办公室、综合处、文秘档案处(保密处)、信息化办公室、研究室、政务督查室、信访办公室
	规划财务司	负责环境保护方面的区划、规划编制和基础能力建设。内设综合处、规划区划处、预算处、投资处、财务处、内部审计办公室
	政策法规司	负责建立健全环境保护方面的法律、行政法规、经济政策等基本制度。内设综合处、法规处、环境政策处、行政复议处
	行政体制与人事司	负责环境保护干部队伍、人才队伍建设和行政体制改革,完善行政体制机制,提高整体能力。内设综合处、行政体制改革处、干部一处、干部二处、人力资源处(培训管理处)、干部监督处
	科技标准司	负责环境保护科学技术发展、技术进步。内设综合处、环境科技发展处、环境标准管理处、环境技术指导处、环境健康管理处(气候变化应对处)
	污染物排放总量控制司	承担落实国家减排目标的责任。内设综合处、水污染物总量控制处、大气污染物总量控制处、统计处
	环境影响评价司	负责从源头上预防、控制环境污染和生态破坏。内设综合处、规划环境影响评价处、建设项目环境影响评价一处、建设项目环境影响评价二处、建设项目环境影响评价三处、建设项目环境保护验收管理处
中华人民共和国环境保护部	环境监测司	负责环境监测管理和环境质量、生态状况等环境信息发布。内设综合处、环境质量监测处、污染源监测处、监测质量管理处
	污染防治司	负责环境污染防治的监督管理和环境形势分析研究。内设综合处、饮用水水源地环境保护处、大气与噪声污染防治处、重点流域水污染防治处、海洋污染防治处、固体废物管理处、化学品环境管理处
	自然生态保护司	负责指导、协调、监督生态保护工作。内设综合处、农村环境保护处(农村土壤污染防治处)、生态功能保护处、自然保护区管理处、生物多样性保护处(生物安全管理处)
	核安全管理司	负责核安全和辐射安全的监督管理。内设综合处、核电一处、核电二处、核电三处、核反应堆处、核燃料与运输处、放射性废物管理处、核安全设备处、核技术利用处、电磁辐射与矿冶处、辐射监测与应急处(核与辐射事故应急办公室)、核安全人员资质管理处
	环境监察局	负责重大环境问题的统筹协调和监督执法检查。内设办公室、排污收费管理处、监察稽查处、区域监察处、行政执法处罚处
	国际合作司	负责归口管理环境保护领域的国际合作与交流和统一对外联系,维护我国环境权益。内设综合处、国际组织和公约处、亚洲处、欧洲处、美洲大洋洲处(西亚非洲处)、核安全国际合作处
	宣传教育司	负责组织、指导和协调全国环境保护宣传教育工作,促进生态文明建设。内设综合处、新闻处、宣传教育处
	直属机关党委	负责部机关党的工作,领导在京派出机构、直属单位党的工作,建设和谐机关。内设办公室(宣传处)、组织纪检处、统战群团处
	驻部纪检组监察局	监督检查驻在部门及所属系统贯彻执行党的路线方针政策和决议,遵守国家法律、法规,执行国务院决定、命令情况,设综合室和检监察室

图 9-1　中国环境保护部的机构设置和职能

环境保护部的内部机构设置有：办公厅、规划与财务司、政策法规司、行政体制与人事司、科技标准司、污染物排放总量控制司、环境影响评价司、环境监测司、污染防治司、自然生态保护司、核安全管理司、国际合作司、宣传教育司、直属机关党委、驻部纪检组监察局。

　　环境保护部直属的事业单位有：环境应急与事故调查中心、机关服务中心、中国环境科学研究院、中国环境监测总站、中日友好环境保护中心、中国环境报社、中国环境科学出版社、核与辐射安全中心、环境保护对外合作中心、南京环境科学研究所、华南环境科学研究所、环境规划院、环境工程评估中心、卫星环境应用中心、北京会议与培训基地、兴城环境管理研究中心、北戴河环境技术交流中心。

　　环境保护部的派出机构有：华北、华东、华南、西北、西南和东北共六个环境保护督查中心，及华北、华东、华南、西北、西南和东北共六个核与辐射安全监督站。

　　环境保护部管理的社会团体有：中国环境科学学会、中国环境保护产业协会、中华环境保护基金会、中国环境新闻工作者协会、中国环境文化促进会和中华环保联合会。

（三）国务院其他与环境保护相关的部门机构

　　国务院所属的综合部门、资源管理部门和工业部门中也设立环境保护机构，负责相应的环境与资源保护工作。相关的部门主要有：国家发展和改革委员会（地区经济司环境处，环境和资源综合利用司）、商务部（节约综合利用司环保处）、科学技术部（农村与社会发展司资源环境处）、农业部（科教司生态环境处）、建设部（城市建设司综合处）、铁道部（环境保护办公室）、交通部（环境保护中心）、水利部（水资源司）、国务院法制局（农林城建司资源环境保护处）、全国绿化委员会办公室、审计署（农业与资源环保审计司）、国家海洋局（环境保护司）、国家林业局（保护司）等。

（四）中国环境与发展国际合作委员会

　　1992 年中国政府批准成立的中国环境与发展国际合作委员会（简称国合会），是一个高级国际咨询机构，主席由国务院的领导担任。国合会的主要职责是针对中国环发领域重大而紧迫的关键问题提出政策建议，并进行政策示范和项目示范。国合会委员包括国务院各有关部委的部长或副部长、国内外环发领域的知名专家、教授，以及其他国家的部长和国际组织的领导。

　　国合会以课题组的形式进行研究和提供咨询。国合会每年召开一次年会，中外委员、核心专家以及课题组组长届时参会。每次年会设立一个主题，邀请2～3名国内外著名人士作主旨发言，并进行一般性辩论。邀请中国有关部门和省、自治区、直辖市的代表作特邀发言,介绍中国实施可持续发展战略的情况。邀请国合会各捐款国的代表和有感兴趣的使馆、国际机构的代表作为观察员参加年会。

（五）地方环境管理机构

在地方层次上,一些省、市人民代表大会也相应设立了环境与资源保护机构。省、市、县人民政府也相继设立了环境保护行政主管部门,对本辖区的环境保护工作实施统一监督管理。各级地方政府的综合部门、资源管理部门和工业部门也设立了环境保护机构,负责相应地方的环境与资源保护工作。

二、中国环境管理的主要政策

（一）基本国策、基本方针和基本政策

1. 环境保护是中国一项基本国策

1983年,在第二次全国环境保护会议上提出了环境保护是现代化建设中的一项战略任务,是一项基本国策,由此确立了环境保护在国家发展中的地位。

曲格平认为,所谓国策,是建国之策、治国之策、兴国之策。只有对国家经济建设、社会发展和人民生活具有全局性、长期性和决定性影响的谋划和策略,才可称为国策。保护环境就具备了这样的品格,因此,把它定为一项基本国策。

2. 中国环境保护的基本方针

到目前为止,正式提出的中国环境保护的基本方针有两个。

①"三十二字方针"。1973年,中国召开了第一次全国环境保护大会。在周恩来总理主持下,提出了"全面规划、合理布局、综合利用、化害为利、依靠群众、大家动手、保护环境、造福人民"的三十二字方针。这一方针成为中国环境保护事业和环境政策发展的起点,并写进了中国第一个环境保护文件——《关于保护和改善环境的若干规定（试行草案）》及1979年颁布实施的第一部环境保护基本法——《中华人民共和国环境保护法（试行）》。

②"三同步、三统一"方针。1983年第二次全国环境保护会议提出:"在国家计划的统一指导下,环境保护与经济建设、城乡建设同步规划、同步实施、同步发展,实现经济效益、社会效益和环境效益的统一。"在1992年之后,中国又把可持续发展定为中国的基本发展战略。在1996年召开的第四次全国环境保护会议上,将"三同步、三统一"方针与可持续发展战略结合起来,提出:推行可持续发展战略,贯彻"三同步"方针,推进两个根本性转变,实现"三效益"统一。

3. 中国环境保护的基本政策

所谓基本政策,是在中国环境保护基本国策和基本方针指导下,制定的下一级的环境保护政策,主要有"三大环境政策"、"环境与发展十大对策"和在技术、经济、产业、能源等领域的环境政策。

> **阅读材料78:中国环境保护的三大基本政策**
>
> 预防为主政策,其思想是把消除污染、保护环境的措施实施在经济开发和建设过程之前或之中,从根本上消除环境问题产生的根源,减轻事后污染治理和生态保护所要付出的沉重代价。政策关键是转变"先污染、后治理"的经济发展模式和环境保护方法。
>
> 谁污染谁治理政策,其思想是治理污染、保护环境是生产者不可推卸的责任和义务,由污染产生的损害及治理污染所需要的费用,应该由污染者承担和补偿,从而使外部不经济性内化到企业的生产中去。
>
> 强化环境管理政策,是三大基本政策的核心,最具有中国特色,其提出的背景是基于当时的两个重要事实:一是没有足够的经济和科技实力治理污染;二是现有的许多环境问题是由于管理不善造成的。这一基本政策的主要内容是加强环境立法和执法、建立健全的环境管理机构和环境管理制度。

1992年世界环境与发展大会之后,中国在当年9月公布了中国环境与发展十大对策,作为中国环境保护的纲领性文件。其内容有:① 实行可持续发展战略;② 采取有效措施,防治工业污染;③ 深入开展城市环境综合整治,认真治理城市"四害"(烟尘、污水、废物和噪音);④ 提高能源利用效率,改善能源结构;⑤ 推广生态农业,坚持不懈地植树造林,切实加强生物多样性的保护;⑥ 大力推广科技进步,加强环境科学研究,积极发展环保产业;⑦ 运用经济手段保护环境;⑧ 加强环境教育,不断提高全民族的环境意识;⑨ 健全环境法制,强化环境管理;⑩ 参照国际社会环境与发展精神,制定中国的行动计划。

作为中国环境保护基本政策的还有国家层次上的环境技术政策、环境产业政策、环境经济政策和环境能源政策等。它们是在国民经济和社会发展各个领域内关于开展环境保护和管理的基本政策。

(二) 中国环境管理的主要政策

为落实环境保护基本国策、基本方针、基本政策,中国制定了一系列操作层次上的环境政策,如环境影响评价制度、排污收费制度。特别是"老三项"和"新五项"制度,这些环境政策的名称在环保部门的岗位培训教材中广泛采用。

阅读材料79：中国环境管理的"老三项"和"新五项"制度

"老三项"即环境影响评价制度、"三同时"制度和排污收费制度。"新五项"制度是城市环境综合整治定量考核制度、环境保护目标责任制、排污申报登记与排污许可证制度、污染集中控制制度、污染限期治理制度。

1. 老三项制度

① 环境影响评价制度是调整环境影响评价过程中所发生的社会关系的一系列法律规范的总和，它是环境影响评价的原则、程序、内容、权利义务以及管理措施的法定化。该制度的依据是《中华人民共和国环境影响评价法》。该法第二条规定："本法所称环境影响评价，是指对规划和建设项目实施后可能造成的环境影响进行分析、预测和评估，提出预防或者减轻不良环境影响的对策和措施，进行跟踪监测的方法与制度。"

② "三同时"制度是中国特有的环境管理政策，是指建设项目中的环境保护设施必须与主体工程同时设计、同时施工、同时投产使用的制度。该制度的依据是《环境保护法》，该法第二十六条规定"建设项目中防治污染的措施，必须与主体工程同时设计、同时施工、同时投产使用。防治污染的设施必须经原审批环境影响报告书的环境保护行政主管部门验收合格后，该建设项目方可投入生产或者使用。"

③ 排污收费制度是对废水、废气、固体废物、噪声等各类污染物和污染因子，收取一定排污费用的制度。该制度的依据是《环境保护法》，该法第二十八条规定"排放污染物超过国家或者地方规定的污染物排放标准的企业事业单位，依照国家规定缴纳超标准排污费，并负责治理。"该制度具体操作的依据是《排污费征收使用管理条例》和《排污费征收标准管理办法》。

2. 新五项制度

① 城市环境综合整治定量考核制度。所谓城市环境综合整治，就是在市政府的统一领导下，以城市生态理论为指导，以发挥城市综合功能和整体最佳效益为前提，采用系统分析的方法，从总体上找到制约和影响城市生态系统发展的综合因素，理顺经济建设、城市建设和环境建设相互依存又相互制约的辩证关系，用综合的对策整治、调控、保护和塑造城市环境，为城市人民群众创建一个适宜的生态环境，使城市生态系统良性发展。

② 环境保护目标责任制度。是通过签订责任书的形式，具体落实地方各级人民政府和有污染的单位对环境质量负责的行政治理制度。这一制度明确了一个区域、一个部门及至一个单位环境保护的主要责任者和责任范围，运用

目标化、定量化、制度化的管理方法,把贯彻执行环境保护这一基本国策作为各级领导的行为规范,理顺了各级政府和各个部门在环境保护方面的关系,从而使改善环境质量的任务能够得到层层落实。这是中国环境保护体制的一项重大改革。

③ 排放申报登记与排污许可证制度。排污申报登记制度规定,凡是排放污染物的单位,须按规定向环境保护行政主管部门申报登记所拥有的污染物排放设施、污染物处理设施和正常作业条件下排放污染物的种类、数量和浓度。排污许可证制度是以改善环境质量为目标,以污染物总量控制为基础,规定排污单位许可排放什么污染物、许可污染物排放量、许可污染物排放去向等的制度。

④ 污染集中控制制度。污染集中控制是指在一个特定的范围内,为保护环境所建立的集中治理设施和采用的管理措施;所谓污染集中控制,主要以改善流域、区域等控制单元的环境质量为目的,依据污染防治规划,按照废水、废气、固体废物等的性质、种类和所处的地理位置,以集中治理为主,用尽可能小的投入获取尽可能大的环境、经济、社会效益。

⑤ 限期治理制度。污染限期治理是以污染源调查、评价为基础,以环境保护规划为依据,突出重点,分期分批地对污染危害严重、群众反映强烈的污染物、污染源、污染区域采取的限定治理时间、治理内容及治理效果的强制性措施,是政府为了保护人民的利益对排污单位采取的法律手段。

（三）环境管理政策的发展趋势

1. 国家环境基本方针和基本政策的发展趋势

21 世纪,随着工业化和城市化的快速发展,中国迅速成为"世界制造工厂"和世界第二大经济体。同时,中国在 2002 年开始出现资源、能源、环境的紧张状态。为了解决面临的环境与发展问题,中国政府提出了一系列与环境保护和可持续发展相关的新理念,并通过具体行动加以落实。这些理念、方针和政策,包括新型工业化道路（2002）、科学发展观（2003）、循环经济（2004）、资源节约型、环境友好型社会（2004）、和谐社会（2005）、节能减排（2006）、创新型国家（2006）、生态文明（2007）、绿色经济和低碳经济（2009）、转变经济发展方式（2010）、绿色低碳发展（2011）和美丽中国（2012）。其中不少理念是在中国自己实践和认识基础上提出和发展的,还有一些是基于国际上的经验,体现中国环境与发展的特色。

2. 国家环境立法和环境政策的发展趋势

中国近年来在环境立法和环境政策方面取得了长足的进步,包括制定清洁生产促进法（2002）、环境影响评价法（2002）、水法（2002）、可再生能源法（2005）、循环经济促进法（2008）；修订了节约能源法（2007）、水污染防治法（2008）；出台应对气候变化国家方案（2007）；成立国家应对气候变化和节能减排工作领导小组及应对气候变化专门管理机构（2008）；全国人大还通过了"关于积极应对气候变化的决定"，这些法律法规和政策为环境管理提供了法律保障。

3. 政府加强环境管理的发展趋势

近年来，中国政府制定了以"节能减排"约束性指标为核心的环境与发展策略。从 2006 年开始，中国制定了降低能耗强度 20% 和减少主要污染物排放 10% 的约束性指标，并相应制定了综合性工作方案及其重点工作，通过采取法律、行政、经济、技术等一揽子综合措施予以落实。2009 年，进一步将应对气候变化的内容充实到节能减排战略中，首次对国际社会承诺自愿降低碳强度和增加森林碳汇等量化指标。在 2011—2015 年间，中国政府继续过去 5 年的政策取向，以转变经济发展方式为主线，增加非化石能源比重等约束性指标，提出合理控制能源消费总量、逐步建立碳排放交易市场等新政策，促进中国的绿色低碳发展和转型，逐步从理念到实践，走出了一条中国特色的可持续发展道路。

4. 具体环境政策的变化

中国传统的老三项和新五项环境管理制度都是 20 世纪 80 年代左右的产物，带有比较强的计划经济体制的色彩，随着社会主义市场经济的确立，这些以强制性、命令性为特色的制度也将改进和调整。总的趋势是强制、命令型的环境政策逐渐减少，但执行力度和成效加大；经济激励型的环境政策会大量增加，鼓励和自愿型的环境政策会逐渐增多。这三类环境政策之间会出现协同融合。

比如环境影响评价制度作为一项强制、命令型环境政策会得到进一步加强，除了项目层次、规划层次的评价外，还将会对政策进行评价。随着《环境影响评价法》的实行，环境影响评价制度将越来越显现出其巨大的作用。而另外一些环境政策，如污染物集中处理制度，在目前市场经济的体制下，就不一定是经济最优的选择，随着污染治理技术的发展和完善，可能会进行修改和调整。

另外，一些新的环境管理政策也会随着环境保护工作的日益发展而不断出现，如已经实行的国家环境友好企业制度、企业环境报告书制度、环境信息公开制度、严重污染企业的关停制度和公众参与制度等。这些新的环境政策将大大增加环境管理的有效性和效率，为政府、企业和公众构建起一个共同约束自身活动、保护环境的行为规则。

阅读材料80：生态文明与中国环保新道路

生态文明的本质特征是人与自然和谐相处，但这种和谐不是回归农业文明的低水平和谐，而是在继承和发展人类现有成果的基础上，克服工业文明立足于对征服和改造自然而导致人与自然关系的对立，重构人与自然的和谐。建设生态文明，是中国立足于经济快速增长中资源环境代价过大的严峻现实而提出的重大战略思想和战略任务，既反映了中国政府对环境与发展问题的清醒认识和自觉行动，也是对世界走可持续发展之路的有益探索和积极贡献。

环境保护是生态文明建设的主阵地和根本措施。生态文明建设的主要途径是积极探索出一条代价小、效益好、排放低、可持续的中国环保新道路。

"代价小"就是坚持环境保护与经济发展相协调，以尽可能小的资源环境代价支撑更大规模的经济活动。必须全面调整环境与经济的关系，坚持将环境保护提到更加突出的战略位置，从国家宏观战略层面切入，把环境保护与经济社会发展统筹考虑、统一安排、同时部署，对传统经济社会发展模式中不适应绿色发展要求的重点领域和关键环节进行改革，着力增强绿色发展的动力和活力。

"效益好"就是坚持环境保护与经济社会建设相统筹，寻求最佳的环境效益、经济效益和社会效益。环境保护贯穿经济建设和社会建设两大领域，对经济发展和社会和谐稳定有着举足轻重的影响。要大力推行环境友好的绿色生产、生活方式，在有效防范资源浪费和环境污染的前提下，实现环境效益、经济效益和社会效益相统一。

"排放低"就是坚持污染预防与环境治理相结合，用适当的环境治理成本，将经济社会活动对环境的损害降到最低程度。应当以污染减排为重点，健全激励和约束机制。把环保理念全面渗透到国民经济体系的各个领域，以及社会组织体系的各个方面，是有效防范环境污染产生和资源过度消耗的重要防线，也是减轻环境治理压力的关键。

"可持续"就是坚持环境保护与长远发展相融合，通过建设资源节约型、环境友好型社会，不断推动经济社会可持续发展。必须以环境容量优化区域布局，以环境管理优化产业结构，以环境成本优化增长方式，加快推进中国经济发展方式转变。

资料来源：摘自环境保护部部长周生贤在中国环境与发展国际合作委员会2010年会发言。

三、中国环境管理中的环境投资

（一）环境投资

环境保护投资是指社会各有关投资主体从社会的积累资金和各种补偿资金中,拿出一定的数量用于防治环境污染、维护生态平衡及与其相关联的经济活动。目前,中国公布的环境保护投资范围主要指污染防治的投资,通常不包括生态保护和恢复的投资,如植树造林、水土保持、自然保护区建设以及治理沙漠等。

中国环境保护投资,目前是指在污染源治理和城市环境基础设施建设的资金投入中,用于形成固定资产的资金,包括城市环境基础设施建设投资、老工业污染源污染治理投资、新建项目"三同时"环保投资三部分。另外,环境保护投资也可以按投资的环境要素进行分类,分为水污染治理、大气污染治理、固体废物污染治理、生态治理和能力建设等方面的投资。

与环境保护投资密切相关的是环境保护融资,它是指各有关投资主体为了进行环境保护投资或其他环境保护活动从社会各方得到资金支持的行为。包括政府融资和企业融资两部分。

目前,环境保护的投资和融资,政府都处于主体地位。这一方面说明了政府在环境保护方面具有不可替代的作用,同时也说明作为市场经济活动主体的企业还没有积极参与到环境保护行动中,并发挥应有的作用。

（二）中国环境保护的投资水平

中国的环境污染已经越来越受到政府和社会的关注,一个重要的表现是环境保护投资总量一直持续上升。但环境保护投资占同期 GDP 的比例仍偏低,1999 年首次达到 1%,2004 年增加到 1.4%,2011 年增加到 1.8%,达 1908.6 亿元。

与世界许多发达国家和发展中国家相比,中国环境保护投资处于较低的水平。在今后 10～20 年间,由于较多的历史环境欠账和当前环境需求,环保投资需求规模和缺口还将进一步扩大。如何增加环境保护的投资,解决环境保护投资和融资矛盾,是中国环境保护面临的一个重要问题。

（三）中国环境投融资体制存在的问题

中国现行的环境保护投资体制是在计划经济体制下逐步形成和发展起来的。其特点为政府是最大的投资主体,投资目标主要是追求环境和社会效益,投资过程没有建立投入产出和成本效益核算机制。中国现行的环境保护投资体制主要存在着四个方面的弊端:

① 投融资机制没有理顺,投资总量不足。目前的环境保护投资的资金来源主要是政府预算资金,以政府为主要投资主体,把污染治理的责任过多地推向政

府,而没有引入市场机制建立投入产出和成本核算体系,缺乏经济利益驱动机制,不利于国内外的企业资金和社会资金进入环境保护领域。

②　环保法律法规仍然需要完善,有效需求不足。由于环保法律法规不完善和执法不严等问题,目前缺乏针对排污单位的有效激励机制和监督管理制度。企业不建设污染治理设施或环保设施建成但不运行的情况普遍存在。一些城市环保基础设施,还存在建成后不正常运行的情况。

③　污染者付费没有具体化。按污染者付费和使用者付费原则,公众和企事业单位应当支付生活污水处理费、垃圾处理费等环境污染治理费用,但目前这方面体制还没有完全建立和完善,所收取的费用远远小于实际的治理费用。不足的部分,则是政府的额外投入。

④　融资渠道单一。长期以来环保投资来源主要是国家财政资金、银行资金、自筹资金和利用外资等,在一些城市尝试了 BOT、用户集资等形式,但投资渠道仍然不够广泛,迫切需要改革和开放环境投融资体制。

第二节　美国环境管理简介

一、美国环境管理的体制与机构

美国是联邦制国家,在环境管理上实行的是由联邦政府制定基本政策法规和排放标准,并由州政府负责实施的管理体制。联邦政府设有专门的环境质量委员会和国家环境保护局,对全国的环境问题进行统一的管理;联邦其他各部门设有相应的环境保护机构,分管其业务范围内的环境保护工作。各州政府也都设有环境保护专门机构,负责制定和执行本州的环境保护政策、法规和标准等。

美国环境法确立了联邦政府在制定和实施国家环境目标、环境政策、基本管理制度和环境标准等方面的主导地位,同时承认州和地方政府在实施环境法规方面的重要地位。美国的环境管理就是在其环境法所规定的这种联邦法和州法的关系框架中进行的。

（一）美国国家环境质量委员会

美国国家环境质量委员会(The US Council On Environment Quality,CEQ),设在美国总统办公室下,原则上是总统有关环境政策方面的顾问,也是制定环境政策的主体。其成员一般为三人,由总统任命并经参议院批准。

CEQ 的职能主要有两项。一是为总统提供环境政策方面的咨询,二是协调各行政部门有关环境方面的活动。根据《国家环境政策法》(National Environmental Policy Act,NEPA),CEQ的具体职能是:① 协助总统完成年度环境质量报告;② 收集有关环境现状和变化趋势的情报,并向总统报告;③ 评估政府的环境保护工作,向总统提出有关政策的改善建议;④ 指导有关环境质量及生态系统调查、分析及研究等;⑤ 向总统报告环境状况,每年至少一次。另外,CEQ依据法律和总统授权,负有协调行政机关间有关环境保护方面活动的职责。

CEQ在美国环境事务中具有重要的地位。但它的建议只有被总统采纳才能实现。由此可见,在美国,总统对环境事务的态度决定着CEQ的合理建议能否实现或在多大程度上实现。

(二)美国国家环保局

美国国家环保局(US Environmental Protection Agency,EPA)是联邦政府执行部门的独立机构,直接向总统负责。根据《国家环境政策法》授权,EPA主管防治大气污染、水污染、固体废物污染、农药污染、噪声污染、海洋倾废等各种形式的污染治理和环境影响报告书的审查。图9-2列出美国EPA的服务对象。

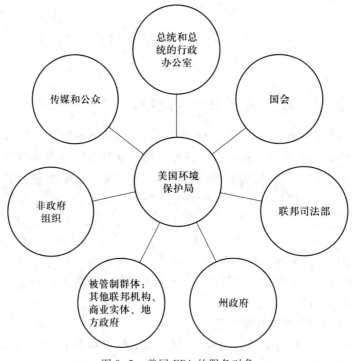

图9-2　美国EPA的服务对象

EPA的主要工作包括:

(1)法规的制定和执行:EPA根据国会颁布的环境法律制定和执行法规。

EPA 负责研究和制定各类环境计划的国家标准,并且授权给州政府和美国原住民部落负责颁发许可证、监督和执行守法。如果不符合国家标准,EPA 可以制裁或采取其他措施协助州政府和美国原住民部落达到环境质量要求的水平。

(2)提供经济援助:EPA 将国会批准预算的40% ~50%通过用申请基金的方式直接资助州政府环境项目。EPA 提供基金给州政府、非营利机构和教育机构,以支持高质量的研究工作,增强国家环境问题决策的科学基础,并帮助实现 EPA 的目标;提供研究资金和研究生奖学金;支持环境教育项目,提高公众意识、知识和技能以做出对环境质量有利影响的最好决策;提供州政府、地方政府和小企业环境融资服务和项目的信息。

(3)赞助自愿合作伙伴和计划:EPA 与超过 1 万家工厂、企业、非营利机构与州和地方政府,合作开展自愿污染预防计划和能源节约方面的项目。合作伙伴自愿制定污染管理目标(如节水、节能等),EPA 则通过各种奖励回报自愿合作伙伴。

(4)加强环境教育:EPA 努力发展教育工作,培养公众的环保意识和责任感,并启发个人养成爱护环境的责任心。

为了执行上述职能,EPA 建立起了复杂的运行体制,见图9-3。EPA 分成三个主要部门。一是位于华盛顿的 EPA 总部,主要职责是制定条例和协调行动。一旦环境立法被国会通过并经总统签署正式成为法律,EPA 就被授权制定一套综合性的条例。在 EPA 的日常事务中,EPA 总部扮演着区域、国会和执行机构之间的"界面"角色。二是 EPA 区域办公室,其主要任务是执行环境项目,协助州争取可授权项目,向 EPA 总部报告项目进展情况及协助项目开发。目前,全美共有 10 个 EPA 区域办公室。三是研究与开发办公室,负责有关污染和控制、污染物迁移和转化过程、健康和生态效应、测量和监测,以及风险评价等的综合研究与开发项目。同时,一有要求,它就会及时为 EPA 管理者和区域办公室及州、地方和外国政府提供相关的技术评估、专家咨询和技术帮助等服务。

此外,EPA 还设有一个科学顾问委员会,它并不是研究与开发办公室的一部分,它的作用主要是确保 EPA 的项目与行动有坚实的科学基础。该委员会由国会建立,包括80 个委员及 200 余个顾问,主要为 EPA 管理者就科学与工程方面的事务提供咨询。委员来自学术界、工业界以及物理、化学、生物、数学、工程、生态、经济、医药等独立实验室。

（三）联邦政府部门的环境保护机构

除了 CEQ 和 EPA 两个专门性环境保护机构外,在联邦政府中还有一些部兼有重要的环境保护职能。

商务部根据《1973 年濒危物种法》授权,拥有濒危物种方面的行政管理权

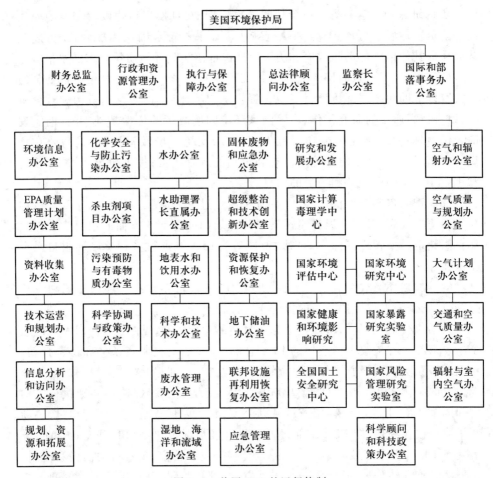

图 9-3 美国 EPA 的运行体制

力。内政部根据《1984 年露天采矿控制和回填法》授权,拥有控制露天采矿活动的环境影响的行政管理权;根据《1976 年联邦土地政策和管理法》授权,拥有对其管辖的国有土地的管理权;根据《1973 年濒危物种法》,在濒危物种保护方面也拥有一部分行政管理权。劳工部根据《职业安全和健康法》授权,拥有监督管理劳动场地环境的执行权。此外,运输部对危险废物运输进行管理,核管理委员会兼顾放射性物质污染的防治。

（四）美国州政府的环境保护机制

美国各州都设有州一级的环境质量委员会和环境保护局,州的环境保护机构在美国环境保护中占有重要的地位。大多数控制环境污染的联邦法规都授权联邦环保局把实施和执行法律的权力委托给经审查合格的州环保机构。此外,州环保机构和其他行政机关还可以依据州的环境保护法规享有环境行政管理权。州环保机构根据有关授权享有对违法者处以罚款的权力,对被管理者进行现场检查、监测、抽样、取证和索取文件资料的权力。尽管各州都设有专门的环境保护机构,但环境保护工作的兼管情况仍十分普遍,如很多州都把大气污染控制作为环境保护局的职责,但也有一些州是由卫生局或者自然资源局或者由一个专门的委员会承担;在水污染方面,大部分州都是由环境保护局管辖,但也有的州是由自然资源局或独立委员会管辖。

需要指出的是,各州的环保局并不隶属于 EPA,而是依照州的法律独立履行职责,除非联邦法律有明文规定,州环保局才与 EPA 合作。

根据美国的联邦环境法规,EPA 和州环保局的关系有以下几种情况。一是州在环境保护方面负有主要责任,而联邦政府的领导和帮助也必不可少。二是联邦政府在环境保护各主要领域(尤其是在污染控制方面)享有对州和地方政策的监督权,甚至在一定条件下可以替代州的执行。三是州和地方政府不得制定和执行比联邦政府规定的环境标准更低的环境标准,但可以制定并执行比联邦标准更高的环境标准。

总之,联邦政府和州政府在环境保护中的职能是相辅相成的。联邦政府具有主导地位和优先权,又在一定程度上承认州和地方政府的特殊权力,以保证联邦政府所规划的区域环境目标的实现。

二、美国环境管理的主要政策

美国环境管理的基本政策是将环境保护纳入社会、经济发展的决策和规划的全过程。这方面的内容有很多,下面只简要地介绍美国的环境影响评价、许可证和排污交易三项制度,以及美国环境管理的一些主要措施。

(一)环境影响评价制度

美国是世界上第一个把环境影响评价制度以法律形式固定下来的国家。

1969 年美国颁布的《国家环境政策法》规定:联邦政府的所有机构,应当尽可能……在对人类环境质量负有重大影响的每一项建议或立法建议报告和其他重大联邦行动中,均应由主管官员提供一份包括下列各项内容的详细说明:① 拟议中的行动将会对环境产生的影响;② 如果将建议付诸实践,将会出现的任何不利于环境的影响;③ 拟议中行动的各种可供选择的替代方案;④ 地方对人类环境的短期利用与维护改善环境的长期生产能力之间的关系;⑤ 拟议中的行动如付诸实施,将要造成的无法逆转和无法恢复的资源损失。

为了执行上述规定,CEQ 制定了《关于实施国家环境政策法程序的条例》,对环境影响评价的评价目的、评价对象和评价者、评价程序等作了详细规定。

美国环境影响评价制度的确立及实施,对美国及其他国家产生了重大影响。到 1977 年,美国国内有 26 个州结合地区特点建立了这一制度。它的实施,使上百个重大工程项目得以改进或放弃,减少了很多有损于环境的错误行动。20 世纪 70 年代以后,包括中国在内的大多数国家效法美国,开始实行这一制度。

(二)许可证制度

美国的许可证制度,即"国家消除污染物排放制度",是在 1977 年修订并更名的《清洁水法》中创立的。根据这个制度的规定,由 EPA 或者其计划已获得 EPA 批准的州给排污者颁发排污许可证。点源的任何排污都应当遵守排污许可证所规定的各种限制,否则,将被认定为违法行为。1990 年的《清洁空气法》修正案中借鉴了《清洁水法》中水污染排放许可证制度的经验,增设了"许可证"一章,强化了有关空气污染物排放许可证制度的规定。该章对许可证的管理体制、管理对象、许可证的申请和审批等方面均作了详细规定。

在许可证管理体制方面,《清洁空气法》1990 年修正案中,确立了一个在 EPA 监督下的、由各州实施的空气污染控制许可证管理体制。EPA 制定了一项规定许可证计划基本内容的条例,各州空气污染控制机关根据这一条例制定并实施许可证制度。修正案规定各州的许可证计划必须包括许可证的申请、监测和报告、许可证管理费、管理人员和资金、许可证管理机关的执法权、审批程序、许可证管理的公开等一些基本内容。

在许可证管理对象方面,它适用于下列对象:① 酸雨控制条例规定的受控点源;② 排放危险空气污染物的重大点源;③ 酸雨控制条款和危险空气污染物控制条款规定的其他污染源(包括点源);④ 防止空气质量严重恶化条款和未达标地区条款规定的许可证所管理的污染源;⑤ EPA 条例中指定的其他点源。

在许可证的申请和审批方面,修正案要求,许可证管理对象在其成为管理对象之后的 12 个月之内提出许可证申请。许可证申请书必须附有一份该管理对象的守法计划。许可证审批机关在收到申请后 18 个月内对申请做出决定。

许可证审批机关须向 EPA 提供许可证申请书、有关规定的文本、拟颁发的正式许可证和副本。许可证审批机关还必须将许可证审批事宜通知有关州政府和 EPA 并听取其书面意见。如审批机关不同意其他州或 EPA 的书面意见,应提出不同意的理由。EPA 如果发现许可证不合法,有权反对州审批机关颁发许可证,但必须以书面说明反对的理由。许可证的审批如遭 EPA 的反对,州审批机关应在限期内修改许可证中的不合法条款,否则,不得颁发许可证。如果审批机关未在限期内呈报修改了的许可证,则由 EPA 决定该许可证是否颁发。

(三)排污交易制度

美国是排污交易制度的诞生地。20 世纪 70 年代中期,美国《清洁空气法》

1970 年修正案规定的空气污染控制措施对工业企业的经济压力越来越明显。在这种情况下,EPA 提出了"排污抵消"政策,希望通过这一政策的实施,在减轻空气污染的同时允许企业发展。所谓"排污抵消"是指以一处污染源的污染物排放削减量来抵消另一处污染源的污染物排放量的增加量或新源的污染物排放量。

著名的"泡泡政策"是最先得到采用,也是应用最广泛的一项排放抵消办法。EPA 从 1979 年开始试点执行这一政策。该政策的设计者把一家工厂或一个地区的空气污染物总量比作一个"泡泡",一个"泡泡"内可包括多个空气污染物排放口或污染源。该政策允许在同一"泡泡"内的一些污染源增加排放量,而其他污染源削减排污量来相互抵消。这一政策在经济上有很大的刺激性,便于工厂灵活地进行污染控制,突破了原先的单一指令性管理。

1986 年,EPA 扩大了"泡泡"政策的应用范围,提出了"多泡政策",允许不同工厂和企业转让和交换排污削减量,这为工厂和企业在如何达到费用最省的削减污染方案提供了新的选择。

在 1990 年的《清洁空气法》修正案中,EPA 又大大扩展了排污交易制度应用范围,国会批准可以用排污交易作为实现每年减少 $1\,000 \times 10^4$ t 硫氧化物排放作为实现减轻酸雨威胁的手段,该政策保证了每年减少 $1\,000 \times 10^4$ t 硫氧化物排放量是发生在那些能够以最低廉的代价控制排放的污染源内,这无疑大大节约了硫氧化物排放治理的费用。否则,单纯用指令性管理方式控制、削减 $1\,000 \times 10^4$ t 硫氧化物,需耗资几十亿美元。

（四）增加政府环境保护经费的投入

美国环境状况有所好转的原因,除了加强管理外,还在于增加了环境保护费用。据统计,1972—1992 年美国污染控制总费用差不多增长了一倍。1993 年污染控制总投入占 GDP 的 1.8%,达到 920 亿美元;1993 年美国用于环境保护的总费用已经超过 GDP 的 2%。按 EPA 的预测,在现有法规的要求下,未来的污染控制总费用将会继续增长。但在 2011 年,由于金融危机,政府减少 EPA 环保费用预算,比 2010 年减少了 16%,约 16 亿美元。

（五）完善环境法律体系

美国的环境保护法律体系比较完善,法律条文很详细,操作性强,体现着环境管理的权威性。至 2012 年,美国国会通过的环境保护方面的法律有 32 个。例如,《国家环境政策法》、《清洁空气法》、《清洁水法》、《安全饮用水法》和《综合环境反应、补偿与责任法》等。其中,《国家环境政策法》的制定具有划时代的意义,它的产生标志着美国环境保护法律的成熟与完善,其中最值得推崇的是环境影响评价制度的出现。

（六）加强环境管理的研究

EPA 管理机构体制是按环境介质划分的,下设空气、水、固体废弃物、农药等办公室。这一体制与美国的现行环境法律体系吻合。例如,依据《清洁空气法》来制定大气质量标准,依据《清洁水法》来确定所希望达到的水质条件等。但随着环境问题研究的不断深入及环境意识的提高,人们逐步认识到环境是一个多因子相互联系相互制约的整体。因此,美国很早开始就从整体观点出发来考虑问题,用系统的方法开展环境管理的研究,并以人体健康为重点,通过风险评价手段进行决策分析,并据此制定管理方案。

（七）开展环境教育

1990 年美国《国家环境教育法案》要求 EPA 负责协调联邦环境教育的新行动,并在国家层次上领导公共和私有部门的环境教育行动。该法案也授权在 EPA 总部内设立一个环境教育办公室来负责执行一些环境教育项目和计划。该机构的主要任务是努力推动和支持国家教育部门培养具有环境意识和环境责任感的公民,并在所有人中激发和形成一种"爱护环境"的个人责任感。其目标为扩大交流与协作、教育青年保护环境、鼓励人们从事环境方面的职业等。

EPA 负责一系列的环境教育项目,主要有环境教育教师培训项目、环境青年总统奖、国家环境管理研究网络、环境教育奖、全美环境教育和培训基金会等。

三、美国环境管理的主要特点

（一）通过改革行政决策的方法和程序来实现国家环境保护目标

《国家环境政策法》要求:"联邦政府的一切官署均应在做出可能对人类环境产生影响的规划和决定时,采用综合利用自然科学、社会科学以及环境设计工艺的系统的多学科的方法";"确定并发展各种方法和程序,确保当前尚不符合要求的环境舒适和环境价值亦能在决策制定时与经济和技术问题一并得到适当的考虑";"在制定和发展开发资源的计划中提倡和使用生态学情报",并专门规定了环境影响评价制度作为保障。改革行政决策方法和程序,在行政决策过程中考虑环境的价值是美国国家环境管理战略的关键。

（二）将法律与技术相结合来控制污染

美国在环境管理中特别重视以法律的强制性推广最佳可行污染控制技术,以促进污染治理,并利用法律引导生产部门的技术和产品的更新和污染控制技术的发展。这种特点明显地体现在对各种污染物规定的排放标准上。例如,《清洁空气法》所规定的对新污染源实行"新源执行标准",是以"充分证实了的最佳控制技术"为基础的;《联邦水污染控制法》对"现有直接排放的点源"规定的排放标准,是以"当前可得最佳可行控制技术"为基础的;对有毒污染物规定的排放标准,是以"经济上可行的最佳可得控制技术"为基础的;对常规污染物规定的排放标准,是以"最佳常规污染物控制技术"为基础的。

（三）将行政管理与公众参与相结合以提高管理效率

美国环境管理中的一个显著特点是将行政管理与公众参与相结合。这一特点在美国的环境影响评价制度中得到了充分的体现。另外,《清洁空气法》等环境法规为保障公众的环境管理参与权利,专门规定了"公民诉讼"、"司法审查"等条款。在美国,公众参与环境管理是对环境行政管理的重要补充,它可以弥补行政管理的懈怠和缺陷,以提高国家环境管理的效率。

第三节 欧盟环境管理简介

一、欧盟环境管理的体制与机构

（一）机构设置

欧盟负责环境保护的机构是欧洲环境委员会、欧盟环境部长理事会和欧洲环保局。欧洲环保局还设立对欧盟外的国家开放的环境数据收集和技术办公室。

至2012年,欧洲环保局有32个成员国,他们共同致力于欧洲环境的保护。包括执行董事部、气候变化部、行政服务部门、情报通信部、综合环境评估部、自然生态系统脆弱性部门、业务服务,以及环境信息系统共九个部门。环保局的活动目标必须由参与国一致确定,影响较小的决定也需要经2/3国家通过才能生效。

（二）机构的职能

欧盟理事会为欧洲环保局确定了应完成的十项任务。它们是:① 收集、处理和分析来自各成员国的资料;② 提供必要的信息,使理事会能够开展环境工作,并制定环境指令;③ 向欧盟理事会提交报告,并制定统一的准则,从而对收集到的资料进行评价;④ 协调各种测量方法,以便于比较来自不同成员国的环境资料;⑤ 将来自欧洲和联合国的资料进行汇总;⑥ 提供环境信息,每三年向公众公布一份环境状况报告;⑦ 促进科学进步,旨在保证措施的科学性;⑧ 制定对破坏环境所带来的费用损失进行评定的方法;制定预防、重建和保护环境的方法;⑨ 互相交流最优预防和降低环境破坏的技术;⑩ 与欧盟其他机构及其活动计划相协调。

欧盟环保局的一项重要任务是向各成员国提供对欧洲整体的环境现状的客

观概述。环保局还应收集有关环境质量、环境影响和环境易损性的信息。欧盟、公众和各成员国应能得到这些信息，以利于各层次的环境管理。应注意的是，欧盟环保局本身并不具备进行环境调查的能力，它只能依赖于各个成员国提供的信息开展工作。

二、欧盟环境管理的政策与基本策略

欧盟环境政策的表现形式可以分为两大类：一是欧盟环境法律；二是非法律的欧盟环境政策文件。欧盟法律主要包括欧盟基础条约、国际条约或协定、条例、指令和决定。非法律的欧盟环境政策文件，主要包括建议、意见、决议、行动纲领或规划和其他政策文件等。在欧盟环境法体系中，宪法性规范即建立欧洲共同体或欧盟的基础条约，起着十分重要的根本性、指导性作用。

（一）欧盟的环境政策的法律框架

《单一欧洲法》和《欧洲联盟条约》中的"环境条款"即第 130 条规定："① 共同体的环境政策应该致力于如下目标：保持、保护和改善环境质量；保护人类（人体）健康；节约和合理利用自然资源；在国际上促进采用处理区域性的或世界性的环境问题的措施。② 共同体的环境政策应该瞄准高水平的环境保护，考虑共同体内各种不同区域的各种情况。该政策应该建立在防备原则及采取预防行动、优先在源头整治环境破坏和污染者付费等原则的基础上。环境保护要求必须纳入其他共同体政策的制定和实施之中。"

为了履行欧盟环境保护方面的职责，在《罗马条约》中专门补充了单独的环境保护一章，该章明确了两大内容：① 欧盟的环境目标是保持和改进环境质量，保护人类健康，保证节约和合理地使用自然资源；② 强调预防为主的重要性。在"源头"处制止有害物质进入环境，实行"污染者负担"原则。《罗马条约》还规定把保护环境的要求作为欧盟政策的组成部分。这些规定不仅使欧盟环境法法典化，而且使保护环境的要求在《罗马条约》中具有中心地位，并为欧盟环境法的发展提供明确的法律依据。

在以上法律框架下，欧盟制定了一系列环境政策和具体的环境保护措施。

（二）欧盟的环境政策和环境行动计划

欧盟对环境问题的关注是由 20 世纪 60 年代工业化的迅速发展而引起的，其环境政策体系也是从 1972 年以后才开始逐步形成的。欧盟 2009—2013 年的政策目标为：① 继续支持欧洲在环境分析和评估方面的立法；② 确保获得高质量的环境数据、信息和服务；③ 开展综合性环境评估，以及在全球范围内欧洲需开展许多前瞻性研究；④ 解决关键环境问题的事项需在政策议程上优先出现；⑤ 加强决策者和公民的交流以及对环境的宣传。

迄今为止,欧盟共实施了六个环境行动计划,发展了包括法律、市场和财政手段、金融支持和一般支持措施在内的系统化政策工具,建立了涵盖空气、气候变化、水、废弃物、化学品、噪声、土壤、土地使用和自然与生物多样性,以及生物技术等诸多领域的较为全面的环境政策。1977 年、1983 年的第一、二个行动计划属于"治疗型",主要侧重于污染的治理,1987 年的第三个行动计划转向预防为主,实现了欧盟环境保护战略从"治疗"到"预防"的转变。

欧盟在第六个环境行动计划《环境 2010:我们的未来,我们的选择》确定了四个优先研究领域:① 遏止气候变化。目标是把温室气体的大气浓度维持在一定水平以不再引起地球气候的非自然波动。中短期目标是在 2008—2012 年间,将温室气体的排放量减少 8% 以上(与 1990 年相比);长期目标是到 2020 年,将温室气体的排放量减少大约 20% ~ 40%(与 1990 年相比);首要任务是解决由政府间气候变化专门委员会确定的温室气体的排放量减少 70%。② 自然和野生生物的保护。保护自然系统的结构和功能,必要时进行恢复;防止欧盟和全球生物多样性的丧失;防止土壤侵蚀和污染。③ 环境与健康。目标是防止化学制品、受污染的空气和水、噪声等对人类健康的危害。④ 自然资源和废弃物。目标是确保可更新资源和不可更新资源的消费处于环境承载力的范围之内。通过提高资源利用效率减少废弃物的最后处理量,到 2010 年,减少的量为 2000 年的20%,到 2050 年,减少到 2000 年的 50%。

(三)欧盟的主要环境保护措施

从 1967 年开始,欧盟先后制定了 200 多项政策法规和措施,这些政策法规和措施涉及水、大气、噪声、化学品管理、废弃物管理、自然保护等多个方面。

在水方面,1975 年欧盟议会发布命令,要求成员国应采取必要措施,以确保地表水质符合规定的用途。每个成员国应无差别地将指令适用于国内水体和跨国水体。为此,欧盟制定了一系列指令,如保护和管理地表水的指令,包括对饮用水、浴场用水、渔业用水保护和管理的规定;保护地下水免受污染的指令;保护水生生物环境免受某些危险物质污染的指令,以及削减企业向水体排放污染物的指令。

在大气方面,1963 年欧洲议会和部长理事会通过了《控制大气污染原则宣言》;1970 年发布了关于汽车噪声等级和污染物排放的指令;1980 年通过了《大气质量限定标准指令》,该指令为成员国地区的二氧化硫和悬浮颗粒物规定了具有强制性的大气质量限定标准和非强制性的指导标准。如今,欧盟已发布了几十条有关大气环境标准的指令。这些指令发布与实施对保护和改善成员国的空气环境、有效地预防和控制大气污染、实现共同的环境目标起到了至关重要的作用和法律保障。

在燃料使用方面,欧盟理事会在1975年通过了《使各成员国某些液态燃料含硫量立法趋于接近》的指令和《减少硫化物排放为目的石油燃料使用建议书》文件等,要求向特别污染区和严重污染大气的燃料使用者提供净化燃料,并要求促进和发展脱硫及其他加工工艺,减少二氧化硫的排放。文件还要求在所划分的特别保护区内只能使用低硫燃料,成员国应采取全部必要的措施使汽油含硫量降到一定水平,否则不得在欧盟市场上出售。2003年颁布了《重构对能源产品和电力征税的欧盟框架指令》;2009年批准发布《关于燃料效率和其他必要参数的轮胎标签指令》;2012年初欧盟发出了《燃料质量指令》。

在噪声控制方面,欧盟主要注意了运输工具、建筑机械和家用电器等产品的噪声,依据国际标准化组织的工作成果制定了最高噪声排放标准。2000年5月8日,欧洲议会和欧盟委员会发布了《关于协调各成员国有关释放影响环境噪音的户外使用设备法规的指令》(简称欧盟噪声指令),对其下属的25个成员国提出了57类室外用装备的环境噪声污染限值。

在化学品管理方面,欧盟1967年对危险物品的分类、包装和标签作了规定;1981年规定,新化学品在进入市场前必须向欧盟委员会通报,并附上该物质对人和环境潜在风险的评估;2008年发布《关于化学品注册、评估、授权与限制制度》,它是欧盟基于保护人类健康和环境安全的长远考虑,同时也为提高欧盟化学工业竞争力,追求社会可持续发展而建立的一个统一的化学品监控管理体系。

在废物管理方面,欧盟1975年制定了关于废物处置一般原则的指令,确定了"废物"的概念,规定了管理要求,包括减少废物的产生和回收再利用的一般义务,以及无害化处置;2002年发布《欧盟电子废弃物管理法令》,对于电子废弃物、回收、资源化、处理、生产商、分销商等13个概念作了严格的名词定义,明确了各个相关环节的责任和义务,制定了详细的管理和回收处理措施和目标;2005年制定了《关于报废电子电器设备指令》,规定了分类回收制度,即将电子废弃物单独收集,不让其进入城市垃圾系统;2006年发布《关于在电子电器设备中禁止使用某些有害物质指令》,目的是限制在电子电器产品中使用对人类健康有害和不利于电子废弃物以环保方法再生和处理的物质。

在自然保护方面,欧盟在1979年通过了一项旨在对鸟类栖息地提供全面保护的指令,采取了一些控制和禁止濒危物种贸易的措施,并对以往的保护立法,如保护野生动物的"伯尔尼协定"和保护候鸟的"渡恩协定"进行了补充,并提出建立"大自然2000"的分类保护区网络,采取协同政策保护野生动植物群,强调进行更多的研究工作。另外,为保证欧盟在充分开发基因工程、利用生物技术的巨大经济潜力,切实保护人民的身体健康,防止环境污染,制定了统一的生物技术管理方案;并打算通过更好地进行城市规划和建立更多的绿地来改善欧洲的环境。

三、欧盟环境管理的主要特点

（一）通过制定共同的环境保护政策来解决环境问题

面对日益严重的环境污染和资源枯竭,欧盟各国从 20 世纪 60 年代起就分别制定了一些环境保护政策,但由于污染没有国界,有许多河流经几个国家,不少湖泊归几个国家所有,对这些河流或湖泊的污染问题,各国单独采取行动收效甚微。必须通过在欧盟成员国执行统一的环境政策、法规和标准,才能更好地推动欧盟范围内环境保护的发展。而且由欧盟采取共同的环境政策使欧盟成员国在环境保护问题上以一个声音说话,也可以加强它们在世界上的地位。

（二）注意处理欧盟与各成员国之间的关系

欧盟是一个重要的政府间区域组织,其环境法是当今世界最重要的区域国际法,它是国际社会在跨国界环境事物综合性立法的首次尝试。欧盟立法中通过直接使用原则和优先适用原则来协调与各成员国国内环境法的关系。

直接使用原则是指,欧盟环境法直接效力于成员国国内法律秩序,欧盟各基础条约中的某些条款和所制定的法令在成员国中直接适用,不必事先采取立法措施。

优先适用原则是指,当直接适用原则在成员国内造成欧盟法与国内法发生效力竞争或抵触,则适用欧盟法优先于成员国国内法的原则。

在欧盟内部环境保护方面,欧盟的共同政策与成员国的单独政策并行不悖。虽然 1986 年《单一欧洲文件》为欧盟在环保领域制定共同政策提供了正式的法律基础,但实际上,欧盟在环境领域的职权并不具有排他性。该文件第 130R（4）条表明:欧盟的环境保护政策只具有辅助性质,因为这些政策的保护程度必须高于单个成员国的相应政策。第 103T 条还规定,欧盟环境保护措施不得阻止任何成员国采取更为严厉且符合欧盟章程的保护措施。

在欧盟涉外环境合作方面,欧盟与成员国的权力也是"并行"的。按《单一欧洲文件》的规定,欧盟在环境领域的对外关系权不应影响成员国在国际机构谈判和缔结国际协定的权力。

（三）强调经济发展不能以牺牲环境为代价

欧盟《罗马条约》的宗旨是调整各缔约国之间的竞争和贸易,因此,欧盟在制定环境政策时也充分体现该宗旨,希望通过协调各成员国的环境政策减少贸易中的非关税壁垒。为了保证社会经济效益,欧盟特别强调经济发展不能以继续破坏环境为代价。

阅读材料81：英国人的日常生活习惯与环保意识

1. 饮食习俗与环保意识

英国人的饮食习俗既卫生健康，又注重节约资源。他们的饮食不尚浮华，正式宴会也不过五六道菜，包括一两道凉菜，两三道热菜（主菜），一道汤，一两道甜点。英国人忌吃野生动物，一般人只吃家畜家禽的肉，甚至只吃海鱼。英国的湖泊众多，在所有的湖泊江河里均有大群大群的淡水鱼和野鸟，但没有一个英国人会把它们和食物联系在一起，更不会有人去偷猎为食。英国人乐意买加工好的成品，很少买粗加工的或未加工的东西，肉是剔骨切成片块状的，鱼是剔刺切片或带面托的，蔬菜是净菜，这样从食品中剔除出去的东西可以统一处理和利用，减少厨房垃圾。英国人吃东西不尚大，买水果、蔬菜或禽肉均不挑拣大个儿的，而更愿意选择自然生长出来的个头，这种选择从根本上抑制了农民盲目使用化肥和激素催生，利于健康和环保。

2. 穿着习俗与环保意识

英国人在穿着方面以节俭、方便、实用为宗旨。服装由几套夏装外加两件保暖外套组成，职业人士另加两三套西装。所以，在英国人的心中，没有衬裤、衬衣的概念，也没有冬天穿毛裤的习惯。他们夏天穿夏装，春秋天穿夏装外罩保暖外套，冬天穿夏装外罩棉外套，春夏秋冬总穿单裤或裙子。当然，他们穿衣方面尚简的习惯与他们室内和车内良好的供暖设备有关。英国人还有一个把不再中意或不适合的、但还能穿的旧衣服、鞋帽等送到义卖商店的习俗。义卖商店统一消毒、整理、出售，所得钱款用来资助穷人。

3. 居住习俗与环保意识

在居住方面英国人尚绿不尚大。民居是两层或三层的小楼房，总建筑面积100 m² 左右，包括居室、客厅、厨房、餐厅、洗手间和车库，前后有不小的两块空地，大都用作前后花园。英国人似乎对绿地有着世代相传的热情，往往认为前后花园的绿化是衡量家庭居住条件的一个重要尺度。另外，院落之间的空地是他们保护隐私的重要手段，房舍与房舍之间由前后花园、左右绿地隔开，中间还有绿篱隔断。学校、政府机构、医院等地的绿地更大，几乎所有的建筑均掩映在绿树繁花之中。"节约每一寸土地，将它绿化起来。我们会为哪怕一寸裸露的土地感到羞愧。"这种环保意识，充分解释了英国绿化如此完美的原因。

在居住方面英国人也不尚新，住房式样变化非常慢，城乡差别也很小。许多人住的是自己父辈、祖辈甚至曾祖辈留下的房子，他们往往以展示自己房子悠久的历史和古色古香的建筑风格为荣。房屋从外部看古朴简陋,但内部却十分整洁、现代化。这种重实用、不尚新的传统不仅节约了土地和建材,也避免了因频繁拆弃旧房和建筑新房而产生的建筑垃圾。当然,英国人对老房子持续几代的利用,是以他们住房建筑的高标准设计、高质量建造和维护保养为基础的。

4. 出行习俗与环保意识

英国人的出行心态尚实用不尚奢华,几乎每个家庭都拥有轿车,但私车往往仅限于旅游和上下班使用,长途出差、探亲访友,更乐意选择乘火车。这与英国发达的火车、地铁交通和严格的管理制度密不可分。许多街区都限制私家轿车的通行,对在市区行驶的私车征收很高的费用,汽油价格、停车场收费都很高,使得私家车的使用频率较小。市区乘地铁和公共汽车非常方便,票价也相当便宜,每一个站点都有非常明确的路线标识,都提供免费交通图。而铁路几乎连接所有的城市和旅游名胜区,车票非常便宜,不分车次,只要你买了到达某地的车票,就可在当天的任何时间乘坐任何一列火车开往这个地方,每隔十几分钟或约半小时便有一趟,因此坐火车不用急着赶时间。

英国人在旅游住宿方面也是尚实用而不尚奢华。英国许多宾馆的外观非常像民宅,实际上有些就是由较大的民宅改造而成。为数不少的家庭旅馆都乐意接纳房客,一般主、客双方的交易十分规范,已经成为向在外求学、工作、出差、旅游等活动的人们提供住宿的主力军。这种住宿形式充分地利用了居民闲置的住宅空间,提供了方便的服务,也节约了土地资源。

第四节　日本环境管理简介

一、日本环境管理的体制与机构

日本从中央到地方都有比较完善的公害防止组织,如图9-4所示。

(一) 公害对策会议

日本《公害对策基本法》第25条规定,公害对策会议,作为总理府的下属机构。会议由会长一人和委员若干人组成;会长由内阁总理兼任,委员由内阁总理在有关的省、厅长官中任命。公害对策会议的主要职权是:① 处理有关都道府县制定的公害防治计划;② 审议有关防治公害的规划和综合的措施,并促进这

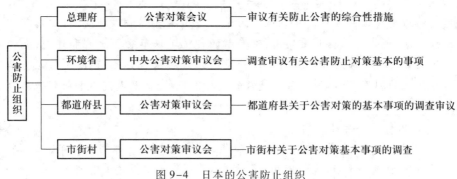

图 9-4 日本的公害防止组织

些措施的实行;③ 处理法律法令所规定的属于会议职权范围内的其他事宜。

（二）日本环境省

环境省是日本环境保护的职能机构,直属首相领导。环境大臣是日本内阁大臣,负责领导环境省开展全国环境保护工作。

环境省设有大臣官房、综合环境政策局、自然环境局、水和大气环境局、地球环境局、环境调查研究所和地方环境事务所,见图 9-5。环境省的主要职责为:① 负责制定和监督执行环境政策、计划和环境标准;② 组织协调环境管理工作,监督环境法规的贯彻执行;③ 指导和推动各省和地方政府的环境保护工作;④ 其他法规定的环境管理事项;⑤ 与其他省共管某些领域的事务。

（三）公害对策审议会

由于环境问题技术上的复杂性,为了使国家制定的各种环境决策和重大管理措施在经济、法律、政策等各个方面稳妥可行,《公害对策基本法》第 27 条规定,设立中央公害对策审议会,作为环境省的下属机构。审议会由人数不超过 90 名的委员组成,委员由内阁总理大臣从具有防治公害的知识和经验的专家中任命,均为兼职。审议会的日常事务由环境省大臣官房处理。

中央公害对策审议会的主要职权是:① 应内阁总理大臣的要求,调查和审议有关公害对策的基本事项;② 应环境省大臣和有关大臣的要求,调查和审议有关公害对策的重要事项;③ 处理法律法令规定的属于中央公害审议会职权范围内的事宜。

环境省和公害对策会议两者的主要职能基本一致,它们的区别在于,环境省主要负责组织、协调全国环境保护的事务性工作;而公害对策会议主要是就环境保护的方针、政策、计划、立法及重大环境行为为内阁总理大臣提供咨询,实际上是内阁总理大臣的环境咨询机构。

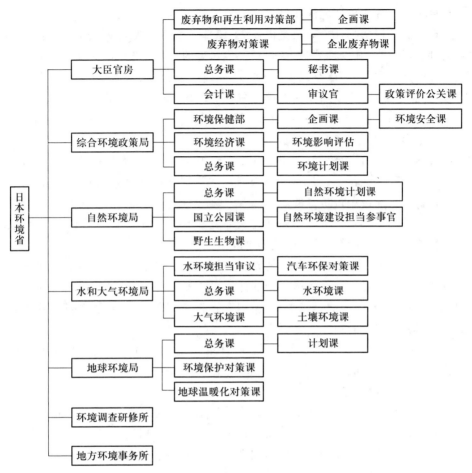

图 9-5 日本环境省的机构设置

二、日本环境管理的制度与基本策略

日本是一个工业高度发达的国家,第二次世界大战后,日本国内震惊世界的公害事件屡屡发生,成了名副其实的公害大国。公害成了严重的社会问题,导致民众强烈不满。在巨大环境危机的压力下,日本政府在公害防治方面采取了相应的措施,并从环境立法、管理、污染治理、环境科学技术研究和环境教育等方面加强环境保护工作,到 1976 年,基本控制了工业污染。

(一)环境影响评价制度

从 1972 年开始,日本政府将环境影响评价作为一项政策来实施,规定新建项目必须进行环境影响评价。如今,环境影响评价已经成为日本运用得最为广泛和卓有成效的一项环境法律制度。

日本的环境影响评价对象是以私人、团体负责的开发行为或国家组织的由私人、团体执行的开发计划为主,包括产生污染的工业建设和各种可能对环境造成影响的开发项目,大体有以下几种:① 修建高速公路、普通公路及其他道路;② 修建水库及其他河川工程;③ 修建铁路;④ 修建机场;⑤ 围垦;⑥ 土地区划;⑦ 修建新住宅;⑧ 修建工业区;⑨ 修建新城镇;⑩ 修建流通业务区;以及造地、变更土地形状和新建建筑物、决定或变更港口计划。

日本规定,项目组织者(事业人)要实施拟定项目时,应根据主管大臣规定的方针,进行调查、预测,编制环境影响报告书,召开征询会。因此,日本的环境影响评价是由建设单位负责的。

日本的环境影响评价工作包括提交环境影响报告书草案、举行说明会、提交环境影响报告书、提交事后调查计划书等阶段。

日本在环境影响评价过程中特别强调资料的公开及公众的参与,以便监督项目建设者提出足以确保环境安全的评价报告书。由于评价报告书涉及专门知识,公众不易了解。因此,规定项目组织者在报告书草案阅览期间,必须召开说明会,征询当地居民意见。

为了检验评价效果,确保环境安全,日本还建立了事后环境监测和调查制度,事后环境监测和调查是工厂或企业应当履行的义务。

(二)污染物总量控制制度

日本在污染物控制方面实行污染物排放总量控制制度。

日本在 1974 年修订《大气污染防治法》时增补了总量控制制度,该法规定:如果工厂和企业按规定的硫氧化物和烟尘的排放标准排放废气,所在地区达不到公害对策基本法所规定的大气环境质量标准,则该地区的都、道、府、县知事应制定降低排放量的计划,并在此项计划的基础上根据总理府命令规定排放总量的控制标准。

1978 年以后在水质污染控制方面也实施了总量控制制度。首先由内阁大臣按总量削减的基本方针,规定出削减负荷的年度目标,都、道、府、县知事以此为根据在总量削减计划中按不同发生源定出各自区域内规定削减目标量,以及达到这一目标的措施,并贯彻实施削减对策。

(三)无过失责任制度

这是在进行污染损害赔偿时实行的一项制度,指一切污染危害环境的单位或个人,只要对其他单位或个人客观上造成了财产损失,即使主观上没有故意或过失,也应承担赔偿损失的责任。

日本在《矿业法》、《大气污染防治法》、《水污染防治法》中都规定了对污损害赔偿实行无过失损害赔偿的责任制度。例如,《大气污染防治法》第二十五条第一款规定:"工厂或企业由于企业活动而排放的有害于人体健康的物质造成生命或健康的损害,该工厂或企业应对损害负赔偿责任";《水污染防治法》第十九条第一款也作了类似的规定:"如果工厂或企业由于废液所含的有害物质对生命或健康造成损害,企业所有人应就此项损害负赔偿责任"。

(四)公害纠纷处理制度

日本《公害对策基本法》第二章第二十一条第一款规定:政府应采取必要措施建立调解、仲裁等解决公害纠纷的制度。为此,日本于 1970 年和 1972 年分别制定了《公害纠纷处理法》和《公害等调整委员会设置法》,确立了由行政机关处理公害纠纷的环境行政法律制度。这两部法不仅规定可以通过斡旋、调解、仲裁及裁定等方式处理公害纠纷,而且为实现此制度设置了公害等调整委员会。

该委员会可以对下列纠纷进行斡旋、调解和仲裁:① 由于大气污染或水质污染引起危害人体健康的纠纷;② 由于大气污染或水质污染引起危害动植物,或者危害其生长环境的纠纷;③ 因航空器噪声引起的纠纷;④ 因新干线列车运行噪声引起的纠纷;⑤ 公害发生地区和受害地区处在不同的都、道、府、县内(即跨地区)的公害纠纷。

除了对上述纠纷应当事人的请求进行斡旋、调解和仲裁外,法律规定公害等调整委员会还有下列职责:① 当某纠纷将导致多数受害者生活贫困或产生其他重大社会影响时,应对纠纷进行斡旋;② 对通过职权斡旋难以解决的公害纠纷案件,应进行调解;③ 调解由都、道、府、县公害审查委员会移送的公害纠纷案件;④ 调解在裁定程序上有附加调解要求的案件;⑤ 仲裁由双方当事人一致申请公害等调整委员会仲裁的案件。

(五)加强环境法制

日本是较早制定实施专门的环境保护法律的国家,在 20 世纪 60—70 年代,就已建立了比较完备的环境法制。多年来,日本的环境立法日臻完善,疏漏越来越少,其环境立法体系之完备,内容之具体,法律、法规编纂、出版之及时,居于世界之冠。

日本早在 1967 年就制定了《公害对策基本法》,1970 年作了重大修改,明确了废弃物处理对策为公害对策,并规定了关于自然环境的保护,以及委托都、道、府、县知事设立环境标准的权限等。1993 年,鉴于《公害对策基本法》在环境方面的缺陷,日本又制定了《环境基本法》,作为其综合性的环境保护基本法。形成了以宪法关于环境保护规定为基础,以综合性的环境基本法为中心,其他相关部门法为补充,以及包括污染防治、自然保护、环境纠纷处理及损害救济、环境管理组织等内容的环境法律、法规、制度和环境标准组成的完备体系。

日本在公害控制方面的法律有《大气污染防治法》、《水质污染防治法》、《海洋污染防治法》、《噪声控制法》、《震动控制法》、《恶臭防治法》、《矿业法》、《原子能基本法》、《建筑标准法》和《农药管理法》。在环境保护方面的法律有《自然环境保全法》、《自然公园法》、《温泉法》、《森林法》、《都市绿地保全法》、《关于古都风土保存的特别措施法》、《文化财产保护法》和《关于鸟兽保护及狩猎的法律》等。在生活环境整治方面的法律有《都市公园法》、《都市公园等整备紧急措施法》、《下水道法》、《下水道紧急整顿措施法》、《关于废弃物处理及清扫的法律》、《净化池法》和《广域临海环境整备中心法》。在费用负担与资助方面的法律有《公害防止事业费企业负担法》、《关于公害防止事业国家财政上的有关措施的法律》和《公害防止事业法》。在公害救济方面的法律有《公害纠纷处理法》、《公害损害健康补偿法》、《关于原子能损害赔偿契约的法律》和《煤炭矿害赔偿等临时措施法》。在公害犯罪方面的法律还有《关于危害人体健康的公害犯罪惩治法》等。可见，日本的环境法律体系是相当完备的。

（六）加强环境监测和科学技术研究

日本拥有周密完善的监测系统。国家有监测中心，在全国各地设有 80 个大气污染监测中心站，1 254 个自动监测站，1 205 个重点厂的自动监测系统，形成了遍布全国的环境监测网。

日本政府十分重视环境科学技术研究。日本的科学研究机构分属于政府、地方和学校三个系统。对污染危害机制和环境生态等基础理论的研究、开发新技术、研制新设备等都由专门机构承担。各研究机构在环境标准、环境预测和环境工程经济学方面的创造性工作，使日本成为世界环境科学技术最发达的国家之一。

为了开展环境科学研究。日本采取了一系列措施：① 促进环境科学的交流，通过科研经费将大学和各研究机构横向联系起来。以现有的研究设施为中心，建立具有交流促进机能的组织。② 充实科研经费及设备、设施。③ 培养环境科研工作者。④ 推进国际合作。

（七）加强企业内部的环境管理

日本环境省要求各企业从全球环境保护的观点出发来加强企业环境管理。

日本企业内部一般都有相应的环境管理机构，工作主要包括：① 与地方政府商定各种污染物的排放量，签订各种文件协议；② 制定本厂环境工作规划，动员全厂精心操作，防止公害；③ 对全厂管理和操作人员进行有关的技术管理教育和考核，合格者授予环境管理者资格；④ 组织定期监测，校正自动监测仪表，按时向地方政府报告；⑤ 按期向地方政府缴纳排污税金，组织人员定期检查环保设备和设施；⑥ 组织动员绿化；⑦ 获得 ISO14000 企业认证，参与绿色采购；

⑧ 实行污染物释放与转移登记制度和环境信息披露制度,降低环境风险;⑨ 运用 3R 原则和 LCA 法。

日本还在企业中实行公害防治管理员制度,即由企业聘任员工为公害防止管理员,经过国家级公害防止管理员资格测试后,负责对本企业的污染物排放设施实施监视,对公害防止设施进行管理,对本企业排放的污染物进行监测,对测定的数据进行记录、整理,并向有关的行政部门进行汇报。该制度通过企业自觉的环境管理和监测,有的放矢地进行污染防治,使企业污染物排放达标,用较少的经济成本实现较大的环境效益。同时,在企业、政府和公众之间建立起信息沟通的桥梁,通过政府的行政监理和公众的社会监督,使企业不断改善其环境行为,逐步提高企业在国际市场上的竞争力。

(八)大力治理污染源

日本政府和企业为了消除公害污染,采取了一系列污染治理措施,付出了巨大的代价,但也取得了很大的成效。

① 大气污染方面,采取了烟气脱硫、脱硝及防尘技术,使大气环境明显改善。② 水质污染防治方面,通过提高水的循环率以提高其利用率,发展水处理系统,使企业废水达标排放。到 1976 年日本广大工业区的水质达到了农业、工业和渔业用水标准,许多死河死湖又逐渐恢复生机,被迫逃亡的水生生物和鸟类陆续返回栖息地。③ 工业固体废弃物方面,工业废弃物通常使被视为一种资源实行回收利用,这是与日本国土狭小,资源贫乏和重视环境保护分不开的。一个工厂排出的废渣常常是另一个工厂的生产原料。因此,在日本,工业废弃物基本上是不废不弃的,城市生活垃圾也采用集中焚烧处理,回收能量。

环保部门还非常重视环境的绿化,他们把园林和草地称为城市和企业的肺。因此,绿化在日本是重要的环境工程项目。一般工厂的绿化面积占总面积的 12% ~25% ,一些工厂厂区与城市之间都建有 20 ~100m 宽的隔离性环保林带。

(九)加强环境教育

日本环境污染控制方面所取得的成就与其重视环境教育是分不开的。日本的环境教育主要有三种类型:

一是大学环境教育。从 20 世纪 70 年代开始,日本大学里的环境类专业发展迅速,很多大学都设有环境类专业,为日本造就了大批的环境科学技术人才。

二是成人继续教育。成人继续教育在日本大致有三种形式:① 政府所属机构或官民结合的机构,如国立公害研究所及日本环境协会。培养对象主要是政府公务员,以提高管理能力、增加环境保护方面的新知识为主要目的。② 受地方公共团体委托设立各种训练班,涉及大气和水质方面。这种训练班针对性强。如规划审核班,其培养目标是能够进行审核设计,正确理解审核设计的内容。又如指导培训班,其对象主要是都、道、府的职员,市、村、镇指导监督的人员,培训目标是能够对申请书进行正确的审核指导,提高管理水平。③ 企业本身的培训质量提高。企业除委托上述培训中心有计划地培训人才外,在本单位内一般是结合新技术、新仪器的使用进行自学。内容有一定的规定,企业作定期检查。

三是社会教育。环境保护最重要的是全体国民的重视和全体国民对环境问题的理解和协助。日本在这方面做得很成功。各市政府和有关组织经常散发各种环保宣传教育材料。材料通俗易懂,图文并茂,趣味性很强,很能吸引读者。

日本环境保护协会受环境省的委托,在环境宣传教育方面主要做下面的工作:① 利用电影、电视提高国民对环境的关心,普及环境保护的基本知识;② 出版各种环境教育教材、资料,如环境系列丛书等,从幼儿到成人,进行广泛的宣传教育;③ 为了提高各个阶层对环境保护的认识,邀请优秀专家在各地召开演讲会和研究会;④ 组织科学工作者和技术工作者进行学术交流和讨论;⑤ 出版、散发关于环境科学论文及行政管理方面的法令通告等;⑥ 组织国内外的环境调查和研究。

此外,日本各研究所、工厂企业也都把环境社会教育看作是自己的义务。工厂、研究所向社会开放,接受中小学生及市民参观。

阅读材料 82 介绍了日本垃圾处理的"八大怪",从中不难看出日本环境教育所取得的良好效果。

阅读材料82:日本垃圾处理"八大怪"

在中国有"云南十八怪"等说法,而在日本,有专家考察其垃圾处理后,收获很大,感触颇多,竟也编成"日本垃圾处理八大怪",分享如下。

第一怪:出门拎着垃圾袋。中国民俗讲究"开门七件事,柴米油盐酱醋茶",而日本人开门第一件事是扔垃圾。日本的男人每天早上出门,都是一手拎着公文包,一手拎着垃圾袋,把垃圾送往指定堆放地点或者丢入公寓一层的垃圾收集器。所以日本人调侃"老公就是扔垃圾的机器"。我们注意到,街头设置的垃圾箱并不是很多,日本人外出,也都是把垃圾放在自己随身带的垃圾袋里,所以在繁华商业区,碰到漂亮 MM 提着垃圾袋逛街,千万别觉得奇怪!

第二怪:焚烧厂认不出来。从成田机场到东京,沿途就有四座垃圾焚烧厂,但是如果不介绍,从那简洁时尚、美观别致的造型看,你绝对想不到那会是垃圾焚烧厂。每座垃圾焚烧厂都堪称建筑精品,风格独特。而日本的另一座重要城市——大阪,当年为申办奥运,更是把很多艺术创意融入垃圾焚烧厂的设计中,搞得焚烧厂像儿童游乐园,也被诗意地称为"梦幻园"。

第三怪：游泳馆傍着焚烧厂盖。垃圾焚烧产生的热量，可以用来加热游泳馆的池水，为周边居民提供一个舒适的锻炼环境。因此，在日本垃圾焚烧厂旁边，经常会看到温泉会所的醒目招牌。

第四怪：进厂必须换拖鞋。在日本参观垃圾设施，不论是垃圾焚烧厂、垃圾中转站，还是再生利用资源回收中心，进门第一件事就是换拖鞋，一种很方便舒适的皮拖。厂区干净整洁，清静雅致，也没有什么异味，感觉像是高档写字楼。

第五怪：扔垃圾按挂历来。在日本，每天收运什么垃圾都是不一样的。垃圾中转运输站等机构每年初就会给卫生责任区内的每一个家庭发放一本垃圾挂历，每天收运什么垃圾，在挂历上都有文字图案标明，一目了然。例如，周一收纸类，周二收可燃垃圾等。辖区居民们每天只管按图行事，这样就轻松做到了科学分类回收。

第六怪：分类细单收瓶盖。我们喝完饮料，一般都是把一个整瓶扔进可回收垃圾箱。但在日本，扔瓶子可没那么简单，垃圾箱根据城市功能区的差别，各有不同，但是都有形象的图示，提醒着游人，这个垃圾箱专收空瓶儿，饮料没喝完尚有残液的瓶子扔到那个垃圾箱，有的地方甚至还会要求把瓶子和瓶盖分开收集，以便按不同材质回收利用，所以在有的垃圾箱上，你会看见多出一个小筐子，里面堆满了瓶盖儿。可见垃圾分类细化到什么程度，真是让人惊叹！

第七怪：宣传教育靠小孩。日本的垃圾处理设施是向公众开放的，成为一个宣传教育的基地和窗口。设施配套都设有专门接待参观访问的"见学所"。学校学生、市民都是这里的常客，特别是学生，参观垃圾处理设施是必修课。而且参观之后，学校会组织学生撰写见闻感受，编辑制作宣传墙报和PPT，绘制宣传画和海报，利用废旧物品制作手工艺品，这些作品还会被垃圾处理设施的"见学所"收藏和展览，成为生动有趣的宣传品。经过这样的过程，环保理念自然深入人心。孩子们也由此成为向公众进行环保宣传的小小传播者。

第八怪：二手家具抢着买。再生资源回收中心，好像一家家具店展厅。据介绍，因为生活好了，很多家庭会更新家具，旧家具就从四面八方汇集到这里，在这里经过专业的清洗、修补等工序，家具焕然一新，再出售给需要它的人。这样的二手家具很便宜，吸引很多人周末来淘货，因为供不应求，都抢着要，有时不得不采用"抓阄"等形式来决定"花落谁家"。

资料来源：日本新华侨报网，作者：张红樱，2010年3月11日。

三、日本环境管理的主要特点

（一）具有较完备的环境管理机构

在日本，从中央到地方各级政府设有较完整的环境管理机构，机构之间相互制约，相互促进，强调地方长官在环境保护方面的责任，并注意与中央机构的配合，从而形成了从中央到地方的完整体制。

工矿企业也有比较健全的环境管理机构。根据日本政府的规定，凡是职工人数在20人以上的工厂，都要配备防治公害的环境专职管理人员；凡排放烟尘或废水超过一定数量的大型企业单位都必须设置主管公害的科室和配备管理公害的主任，负责解决企业中的公害防治技术与管理问题。

（二）适时修改法律，以适应环境管理的需要

新的环境管理措施出台时，日本立法机关都会对所涉及的有关法律进行适时修改，以适应环境管理的需要。以《水污染防治法》为例，在设置环境厅、环境省、实行无过失责任、实施总量控制制度、制定《环境基本法》等措施出台时，都对《水污染防治法》作了相应的修改，该法现在已作了至少八次修改。

（三）以环境标准作为政策的目标和手段

日本不仅有完善的环境法律体系，而且非常重视环境标准的制定，将标准作为基本的环境政策目标和环境政策手段。其环境标准有两种，一种是"环境标准"，这基本上是对环境政策目标的规定，对污染者并没有约束力；另一种是"排放标准"，作为环境政策的手段，主要对污染者起约束作用，因此，对这类标准制定得非常严格、明确和具体，而且经常修订，并不断补充新内容。

（四）地方政府的行为超前于中央政府

地方政府的立法以及对制度的实施超前于中央政府，可以说是日本公害防治行动上的传统特点，该特点在对环境影响评价制度的实施上表现最为明显。日本环境厅在1980年就草拟了《环境影响评价法案》，但由于遭到财经、企业界的反对而迟迟未得到国会的审批。而在中央的统一立法及制度尚未正式出台以前，地方早已对环境影响评价进行立法规定和实施。例如，福冈县的《开发事业的环境保全对策纲要》、川崎市《环境影响评估条例》等均属此类。

日本政府还授予地方政府在环境管理中的很多权力。例如，地方可以根据具体情况制定比国家标准更严格的标准和条例；新建厂要取得地方政府的同意，订立合同，提出保证，方可定址造厂；在规定的排放标准以内，厂家须向地方政府缴纳排污费，不允许超标排放，否则地方和监督部门有权勒令减、停产。

（五）企业环境管理重在"防"

日本企业的环境管理始终与企业的经济发展密切联系。重点在"防"而不

是"治",以减少污染事故和突发性事故造成的经济损失。通过环境管理,塑造了企业形象,提高了企业的声誉。

在日本企业环境管理中还有一个特点就是将环境保护、劳动保护、防灾和环保产业的发展集为一体进行管理,理顺了管理体制,更有利于环境的改善。

阅读材料83:日本企业实行严格自主环境管理的原因

1. 强大的外部压力

严格的法律制度对企业治理污染具有强大的外部压力。日本政府1970年制定的《关于危害人体健康公害犯罪处罚法》规定:"对于因排放有害人体健康的物质(含积累性物质)而导致公众生命、身体危害者,处以3年以下的刑罚或者300万日元以下的罚金。致人死伤者,则处以7年以下的刑罚,或者500万日元以下的罚金"。这比中国在2010年才将重大环境污染罪"入刑"早了近30年。日本1973年制定的《公害健康受害补偿法》还规定:"因健康受害物质(煤烟、特定物质、粉尘)等对人的生命、身体造成损害的情况,不管当事企业是否故意、有无过失,均负有赔偿受害者的责任"。这些法律制度的规定对企业加强环境污染治理形成了强大的外部压力,迫使企业采取措施努力减少污染物的排放。

2. 高额的排污收费标准

与中国的排污收费主要用于补助企业污染治理和政府行政开支不同,根据《公害健康受害补偿法》,日本对二氧化硫等污染物的排污收费主要用于救济因公害造成的健康受害者,包括对受害者的医疗费、疗养费、损害补偿费及遗嘱补偿费等七个种类的补偿。根据公害受害者数量的变化,单位污染物排放的收费标准也有变化,经济杠杆的作用促使日本企业不断降低污染物排放浓度。

3. 公害防治资金支援和税收优惠政策的鼓励

《公害对策基本法》规定:"国家和地方政府应努力采取必要的金融和税收措施,鼓励企业修建和改进公害防治设施"。1970年以来,政府一直以低于市场利率1%~2%的优惠利率,向企业提供偿还期在10年以上、用于修建污染防治设施的贷款。此外,对公害防治设施可减免固定资产税,根据设施的差异,减免税率分别为原税金的40%~70%。这些措施极大地鼓励了日本企业增加环保投入,在公害问题较严重的1975年,企业对污染治理技术设备的投资占资本投入的17.7%,之后维持在5%左右。大量资本投入为解决污染问题奠定了雄厚的物质基础。

4. 消费者接受环境友好型产品

当收入达到较高水平之后,人们有可能撇开价格因素而去购买环境友好型产品。20世纪60年代后半期,日本掀起了消费者运动,企业的商品被贴上公害标签后,消费者和合作企业拒绝购买其产品,导致该企业丧失市场而被淘汰出局。那些积极采取措施治理污染,产品质量优良的企业逐步占有了市场。因此,企业认识到只有赢得地区和社会的信赖才有可能在市场竞争中获胜,从而积极采取措施治理环境污染,并且在严于国家环境标准的基础上实行企业自主环境管理。

5. 绿色贸易壁垒的限制

随着经济全球化进程的加快,许多国家把对产品的环境要求作为一种新的贸易壁垒手段。日本是一个以出口型经济为主的国家,当ISO14000标准推出后,日本企业界敏锐地意识到环境管理及其认证有可能成为新的贸易壁垒手段,没有通过环境管理标准认证的企业,其产品将被进口国拒之门外,这对日本以出口产品为主的企业来说将是致命的打击。同时,一个污水横流、噪声扰民的企业,其产品不但会受到社会舆论谴责和公众抵制,而且"不完全成本"构成的不正当竞争,甚至会引起国内外同行的反倾销诉讼。因此,越来越多的日本企业认识到环境管理的重要性和紧迫性,并从长远发展的角度出发,不断提高能源利用效率,降低污染物排放,保持污染治理技术和管理上的领先性,从而避免其他发达国家利用环境技术的优势,设定名目繁多的环境标准来限制日本产品进入该国市场。

资料来源:裴晓菲,日本企业实行严格自主环境管理的原因及启示,上海环境科学,2006.2。

第五节　澳大利亚环境管理简介

一、澳大利亚环境管理的体制与机构

澳大利亚是个联邦制国家,政府机构分为联邦政府、州政府和地方政府三级。

联邦政府的内政与环境部下设彼此独立的档案局、电影委员会、遗产委员会、国家公园与野生动物服务处、战争纪念馆、大堡礁海上公园管理局。其中遗产委员会主要负责管理澳大利亚国家公园内历史遗产和进行环境影响评价,他们在生态可持续发展团体及地方政府的配合下开展工作。

在参众两院也设有相应的委员会,如参议院的科学与环境委员会、众议院的环境与保护委员会。

州政府及地方政府也有负责保护环境和文化遗产的相应机构。

二、澳大利亚的环境状况及主要管理对策

(一)主要环境问题

由于澳大利亚人口密度低,远离其他工业国家,加之采取了一系列保护措施,所以其环境状况总体良好,存在的主要问题有:

1. 生物多样性锐减

自从欧裔移民大量涌入,原始生境被辟作农地、牧场或城市,澳大利亚已有75%的雨林(约占全部森林面积的40%),近70%的原始植被被砍伐或被其他植物代替。如按面积计算,每年大约有 $60 \times 10^4 hm^2$ 原始植被因人类活动而被"清除"。据专家估计,大约已有5%的生长得较高的植物、9%的鸟类、23%的动物、7%的爬行类、16%的两栖类、9%的淡水鱼类已经绝种或濒临灭绝。

2. 水资源短缺和污染加重

澳大利亚水源不足,是地球上最干旱的大陆,70%的耕地靠地下水灌溉。近年来,随着澳大利亚矿产资源的开发,水资源的消耗有所增加,并且产生了大量的酸性矿山废水,对水体水质有一定的影响。

3. 城市环境问题加重

澳大利亚人口集中于城市。据统计,85%的澳大利亚人居住在1万人口以上的聚居点,多数人聚居在不到整个大陆面积1%的五个大城市和东海岸地区,这给当地资源环境造成了较大压力。

(二)主要环境管理对策

针对澳大利亚的环境状况,澳大利亚政府采取了相应的措施,这些措施主要包括:① 适当控制移民增加;② 保护森林和草地资源;③ 发展可持续农业,控制水土流失,减少化肥、农药使用量,推广生物技术;④ 治理海洋污染,工业和城市污水必须经处理才能排放;⑤ 保护矿山环境及恢复治理。

在采取上述措施的同时,澳大利亚推行了一系列行之有效的环境管理制度和对策:

1. 环境影响评价制度

澳大利亚1975年制定的《联邦环境保护法》中确立了环境影响评价制度,并在《环境保护法的行政程序》中作了较详细的规定。

就澳大利亚环境影响评价制度本身而言,无论评价主体、对象、范围,还是环

境影响报告书的编制、公告等,都与美国的极为相似。例如,评价对象以政府行为为主,评价事项包括社会文化等要素。但其范围要比美国广,不仅包括个别项目,还包括计划提案,与外国和洲之间鉴定协议,以及条约的交涉、运用和执行等。澳大利亚对民间项目也规定了环境影响评价制度,但目前仅限于与外国投资有关的矿山开发、矿产输出等项目。在报告书的编制程序上也与美国相似,所不同的是,在美国实施环境影响评价制度的主体是国家机关;而在澳大利亚,政府行为的环境影响评价主体是国家机关,而民间企业则由个人和企业行为人编制环境影响报告书。

2. 收费制度

澳大利亚的收费制度主要用于两方面:一是对水和废物征收排污费;二是对水和废物征收用户费。

所谓用户费是对需集中处理的污染物而支付的费用,收费标准根据污染物处理量而定。澳大利亚对家庭、企业按固定费率征收污水处理用户费;并对城市固体废物收集实行用户收费,征收对象也是家庭和企业,按固定费率收费。

3. 水价改革和水权交易制度

为提高水资源的利用效率,澳大利亚政府积极推进水价制度改革,充分运用水价等经济手段促进供水业的良性循环,取得了良好的效果。

1994 年,澳大利亚政府推出了水资源改革框架协议,要求各州签署这一协议,对水资源分配中的水权关系、水量、水的可转让性等进行改革,这大大推动了水权交易市场的形成和发展。在水资源交易中,政府也是积极的参与者。2004年,政府出资 5 亿澳元从国家东南部的墨累河流域的水权拥有者手中购买 5 000亿 L 水。政府把这 5 000 亿 L 水保留在墨累河流域,以维护其生态环境。水交易市场机制是一个有力的经济杠杆,澳大利亚政府用这一杠杆来调控全国对水资源的提取和利用,引导和刺激各行各业合理用水、节约用水。

4. 保护国家遗产对策

澳大利亚遗产委员会认为,作为澳大利亚自然环境和文化环境的组成部分,国家遗产对后代及当今社会具有美学、历史、科学和社会意义及其他特殊价值。因此,在澳大利亚环境保护的各个历史过程中都非常注重对国家遗产的保护,其保护尤注重与州和地区的有关机构进行协作。1992 年,联邦和各州及地区签署了有关环境保护的政府间协议,同时把社区参与作为保护遗产工作的一个重要方式,在任何一项保护计划中都有当地居民参与。遗产委员会还举办社区遗产讲座,这已成为地区拯救濒危动植物和森林保护区计划中的一个组成部分。1997 年,澳大利亚环境部和农牧业部共同设立了预算总额为 15 亿澳元的自然遗产保护信托基金会。为了保护世界最大的珊瑚礁——大堡礁世界自然遗产,还加大了农业面源和入海河流的污染防治力度,禁止海洋探险活动,有效地防范棘冠海星对珊瑚虫的生命威胁,限制旅游开发商的不当开发和游客的过度流入。

5. 保护生物多样性对策

为了保护生物多样性,澳洲制定了《国家生态可持续发展战略》、《澳大利亚环境保护与生物多样化保护法》、《国家野草控制战略》、《澳大利亚濒危动植物和生态区域保护战略》等法规政策。澳洲高度重视预防为主的原则,自20世纪70年代起,联邦和州政府均要求对重大的发展计划进行环境影响评价,从源头开始预防和减轻不当的人为开发活动所造成的环境污染和生态破坏。在管理中,采取了一些具体而又切实可行的防范措施。如为了保护好世界上最小的企鹅(全球仅分布于南极、南非、澳洲),在面积相当于新加坡1/3的墨尔本企鹅岛(约有1 000多只企鹅),严格控制居民数量,在1 000多住户中,研究人员就占了一半,对游客要求做到"三不准",即不准吸烟、不准抚摸、不准拍照(因前些年使用闪光灯致使企鹅失明而无法出海)。

三、澳大利亚环境管理的主要特点

澳大利亚是一个经济发展水平较高、生产和资本都很集中的国家,其农牧业相当发达,尤其是养羊业,羊毛产量几乎占全世界羊毛总产量的1/3。澳大利亚矿藏资源得天独厚,是世界矿产品的重要生产国和出口国。因此,澳大利亚把环境保护作为第一国策,在环境管理中很注重对生态环境及自然资源的保护,并通过环境立法和执法建立并实行各项环境管理制度和措施,使整个国家的环境质量处于良好状态。

(一) 建立全流域管理模式

澳大利亚认为水资源和土地资源之间存在着密切的相关性,必须在环境和自然资源管理中实现一体化,因而建立了综合型的全流域管理,强调政府与公众一起努力协调合作,以生态可持续方式管理自然资源,协调人类活动和环境的相互关系,实现自然资源持续利用。在澳大利亚,无论是生活在城市、集镇、农场还是深居荒野,每个人都可参加全流域管理,为改善国家环境贡献力量。

1. 全流域管理的主题和目标

全流域管理的主题是"公众与政府一起努力",考虑人类活动对土地、水、植被和动物的影响,以及对他人和流域本身的影响,以协调合作的方式,形成自然资源持续利用的最佳管理。全流域管理的目标为:① 协调与流域管理有关的政策、项目和活动;② 在自然资源管理上获得公众积极参与;③ 确认自然资源的破坏并进行整治;④ 促进自然资源的持续利用;⑤ 提供稳定的、有生产力的土地、高质量的水资源和受保护的高繁殖能力的植被。

2. 全流域管理的机构

全流域管理的机构是在州区域内设立的州流域管理协调委员会,它是全州的一个中央协调机制。其管理职能是:① 协调全流域管理战略的实施;② 监测和评价全流域管理战略的效果;③ 向主管部长或任何与全流域管理有关的其他部长提供建议;④ 调节流域管理委员会的活动,并与流域管理协会保持联系;⑤ 行使任何其他的由负责部长直接授权的、与流域管理有关的职能。

全流域管理的另一个机构是在区域或整条河流水平上设立的流域管理委员会,负责监督和协调该区域或整条河流的自然资源管理活动。其管理职能是:① 促进和协调全流域管理政策和项目的执行;② 建议和协调政府、社会组织和个人的自然资源管理活动;③ 明确流域需求并准备执行战略;④ 协调计划准备基金;⑤ 监测、评价和报告全流域管理战略和计划的进展,实施情况;⑥ 提供解决有关自然资源的冲突和问题的论坛;⑦ 促进调查、研究自然资源管理问题的原因和结果,并解决这些问题;⑧ 完成任何其他的由州协调委员会授权的、与全流域管理有关的职能。

另外,在全流域管理运行的框架和过程中,还有大量地方组织和高等院校、科研机构的专家介入,从而构成流域管理网络体系。

3. 全流域管理的特征和原则

全流域管理的特征表现为:① 政府、企业和社会各界之间普遍合作;② 协调自然资源管理的途径;③ 考虑自身的活动对他人的影响;④ 寻求解决自然资源管理冲突的评判规则;⑤ 对流域生态系统的理解;⑥ 公众对流域问题参与管理战略的认识,从而确定优先解决的问题;⑦ 公众参与政府的项目,使公众行为能够付诸实施。

为了达到全流域管理确立的目标,保持有生产力的土地、清洁的水源、茂盛的植被和多样性的野生动物,全流域管理要坚持四个方面的原则:全局和局部要同样关注;动员所有社会成员(包括政府和一般公众)参与;在所有的相关者之间合作;做出合理长远规划。

(二)加大对环境违法行为的处罚力度

澳大利亚不仅有专门的《环境违法和处罚法》,而且在《清洁空气法》、《清洁水法》、《噪声控制法》和《污染控制法》等单行法中都有刑事处罚的条款。《环境违法和处罚法》是 1998 年颁布的,其立法宗旨是通过引入刑法手段制止环境破坏行为、减缓环境恶化的趋势。该法所称的"环境犯罪"是指故意或过失以危害或可能危害环境的方式实施的违反环境法律规定的行为,其所称"危害环境"是指任何直接或间接改变环境导致环境质量恶化的行为,包括任何故意或过失导致空气、水的物理、化学、生物性质改变的行为。该法将危害环境的犯罪行为分为三类,分别给予不同的处罚。

第一类是严重的环境危害行为,凡违反法律规定"以危害或可能危害环境的方式"处理废物、造成泄露或排放臭氧耗竭物质的行为均属犯罪。对这类犯罪行为一般对法人处以 100 万澳元、对自然人处以 25 万澳元以下的罚金,个人违法还将被判处最高 7 年的有期徒刑;另外,被判有罪的违法者还要承担恢复环境的费用。

第二类是实质性环境危害行为,主要指违反《清洁空气法》、《清洁水法》、《噪声控制法》的污染行为和不遵守《环境违法和处罚法》有关"清理"规定的行为。对这类行为一般对公司处以 12.5 万澳元、对个人处以 6 万澳元以下的罚金。

第三类是一般环境危害行为,主要指违反《地方行政管理法规》的违法行为和其他一些后果不很严重的违法行为。对这类行为一般处以 100 澳元的罚款。

可见,在澳大利亚这种不以危害后果为前提条件,既处罚行为犯,又处罚结果犯的严厉处罚措施,在很大程度上发挥了刑法和其他法律的威慑力量、减少了污染、防止了严重污染事故的发生。

(三)重视培养幼儿及青少年的环境意识

澳大利亚从幼儿园、小学、中学到大学"环境保护"都是必修课。幼儿园的孩子所接受的环境启蒙教育是:人需要呼吸新鲜空气和饮用洁净水。从爱鸟爱树,保护野生动物入手,向儿童进行环保教育,使他们从小就打下爱护自然、保护自然的基础。

进入小学后,引导学生认识到:要使自己有一个良好的生存环境,至少要有一个空气新鲜、阳光充足、蓝天、绿地、碧水、宁静和谐的空间。教师经常把学生带到大自然、工厂、农场、海边和牧场等地参观,使学生们认识到环境是人类生存的基础,保护环境就是保护自己。给学生讲"生物圈"的概念,使小学生了解人与自然之间相互依存的关系,懂得人与动物应该交朋友的道理。

到了中学,主要是让学生学习本国的保护自然环境、生态环境的法律,包括社会及经济发展要与自然环境的保护相结合的立法教育;矿产、森林、水、土地资源的合理开发、利用和保护之间关系的立法教育;对国家级自然公园、保护地、人文景观、历史遗迹和各种古迹进行保护的立法教育;对土地规划、环境影响评估、污染控制和治理等方面的立法教育。

到了大学,则有专门的环境工程、环境科学系科,对学生进行专业的环境教育。各州都有环境工程学院和环境科学学院,还有环境保护研究所、研究院。

由于澳大利亚通过"以人为本",深入人心的环境教育,使人们形成了保护生态环境的意识。因此,人人都能自觉地参与环境保护的各种活动。

（四）大力推行社区环保，从小事做起

20 世纪中期，澳大利亚曾有过因土地使用不当，造成大面积沙化的沉痛教训。70 年代初，澳大利亚政府认识到问题的严重性后，提出了"人人环保，打扫澳大利亚"的口号，努力提高全民环保意识。

为了达到这个目标，政府大力推行社区环保行为。例如，政府鼓励家庭自觉行动起来，以社区为单位，向每个家庭提供一个可循环使用的多层垃圾袋，将生活垃圾分类送到指定地点，有条件的家庭还将生活垃圾在自家后院用蚯蚓处理。据联邦环境与遗产部的统计，参与社区环保行为的家庭达到家庭总数的 90%。政府也推崇要环保需注重从日常小事做起，让民众切实体会到环保的意义和好处。例如，联邦政府向家庭和游客免费发放《如何减少家庭能源消耗和废气排放指导》小册子，介绍如何购买省电冰箱、合理配置灯泡，如何充分利用自然光等。

主要概念回顾

环境保护部	环境友好型社会	环境影响评价制度	公害对策审议会
基本国策	环境保护投融资	许可证制度	无过失责任制度
三大环境政策	美国 CEQ	排污交易制度	公害纠纷处理制度
老三项制度	美国 EPA	欧盟环境行动计划	保护国家遗产对策
新五项制度		日本环境省	全流域管理模式

思考与讨论题

1. 中国实施环境管理的八项制度至今已有几十余载，随着时代的变迁它们是否仍适用？是否需补充"新几项"？查找相关案例并请给出你的意见。

2. 根据发达国家的经验，一个国家在经济高速增长时期，在一定时间内环保投入要持续占到国民生产总值的 1%～1.5%，才能有效地控制住污染；达到 3.0% 才能使环境质量得到明显改善。如此看来，中国环保投入占 GDP 的比例总体上来说还是偏低的，造成中国环保投资不足的原因有哪些？你认为应该采取哪些措施来增加环保投资和融资？

3. 第一任国家环保局局长曲格平在 2008 年的一次访谈上曾建议："环保部门的能力建设需要加强。目前中国环保部门机构偏小，人员偏少，现在环保总局机关只有 200 多人，加上所属事业单位也只有 2 600 人，而美国环保局有 18 000 人，相差很远；德国、日本、荷兰等国的环保部人员也很多。因此，从中央到地方各级环境管理部门都要较大幅度地增加编制，以适应所承担的职责。"你是否认可他的说法？加强中国环保部门能力建设的关键有哪些？请说明你的观点和理由。

4. 对比美国环保机构,你认为我国该如何设计中央与地方环境管理部门之间的互动机制?

5. 由于各国的历史文化传统、政治经济制度及流域情况不同,各国的流域管理体制也呈现出不同的特色——既有对流域进行统一立法的,如日本,也有以单条流域为对象立法的,如美国;在流域管理机构设置上,既有集中统一的模式,如澳大利亚的全流域管理模式,也有合作协调的模式,如法国流域管理委员会和流域水资源管理局。尽管各国流域管理体制不存在最佳的标准模式,但不同国家的流域管理各具特色、值得参考。中国的流域管理特色有哪些?这些经验对于中国建立新型的流域水污染防治机制有什么借鉴意义?

练习与实践题

1. 继成为国家战略性新兴产业之后,2012 年出台的《国家环境保护"十二五"规划》也为环保产业带来利好政策:未来五年全社会环保投资需求约 3.4 万亿元,诸多新兴环保产业领域将得到重点支持。请研究此规划,找出这 3.4 万亿元的环保投资是如何分配的?思考将投资需求转化为市场需求的条件是什么,在具体落实过程中又会面临怎样的问题?

2. 开发新能源或者发展节能环保产业,资金是很大的问题。融资包括国内国际两种渠道:第一是国际渠道,众所周知,世界银行是清洁发展机制(CDM)的最大买家;第二是国内渠道,中国通过 CDM 这种机制从世界银行获得了不少资金,基于这一收入成立了中国CDM 基金,也是企业的重要融资渠道。除此之外,还有哪些企业环保融资渠道?你认为造成融资困难的原因有哪些?请针对这些问题查找资料并给出你的建议。

3. 有人说:"环境污染是工业革命带给人类的重要礼物",作为工业革命的发祥地,从18 世纪下半叶至 20 世纪 80 年代,欧洲各国经历了环境污染之痛。今天,欧洲作为全球环境治理的典范,其环境治理之路仍任重而道远。查找相关资料,了解欧洲在治理环境问题时遇到的困难和采取的措施,并思考欧洲目前的环境挑战有哪些?

4. 欧盟通过实施多个环境行动计划,建立了涵盖气候变化、水、空气、废弃物、土壤、自然与生物多样性等诸多领域的环境政策,为改善欧洲乃至全球环境做出了贡献。在中国环境管理领域也有类似的行动计划,如"节能减排五年行动计划"、"环保三年行动计划"等,查找资料并比较欧盟和中国环保行动的差异,你认为欧盟的经验对于中国更好地落实环保行动计划有什么借鉴意义?

5. 日本由一个曾经的"公害大国"发展成为世界上环境污染防治最为先进的国家。作为一衣带水的邻邦,日本的经验给中国何种启示?请查找相关资料并归纳。

6. 中国的世界遗产在数量上居世界第三位,请了解这些遗产的保护现状如何?与澳大利亚相比,中国的遗产保护措施有哪些优势和不足?查阅相关资料并找出答案。

第十章
全球环境管理

　　环境污染和生态破坏日益全球化,使人们结成了一个命运共同体。人类不仅要"共享"地球赋予的丰富自然资源和优美的环境,还要共同保护地球,为建立一个理想的生存和发展环境而努力。这既是人类的共同利益所在,也是人类面临的共同责任。然而,这样的共同利益和共同责任的维护和落实,却没有一个负责的人类社会的组织结构与其相对应。从全球层次来看,虽然有联合国环境规划署、世界自然基金会这样的全球性环保组织,但从根本上,还缺乏一个超越国家主权的机构来负责全球环境保护,这使得全球环境保护的难度和复杂性大大增加。因此,缺乏明确的环境保护和管理的责任主体,而是由各个主权国家政府和相关国际组织在相互博弈,是全球环境问题区别于其他环境问题的重要特点。

　　本章将主要对全球环境问题的现状、特点及产生原因进行分析,介绍在全球环境保护中起着重要作用的国际组织、国际环境条约,以及中国参与国际环境活动的情况及对全球环境问题的基本原则立场。

第一节　全球环境问题的现状和特点

一、全球环境问题的现状及特点

(一) 全球环境问题的现状

　　全球环境问题是指超越一个以上主权国家的国界和管辖范围的环境污染和生态破坏问题。

　　全球性环境问题有三个方面的特征:一是指在不同国家和地区具有普遍性、共同性,如气候变化、臭氧层破坏、生物多样性锐减、水资源短缺、森林破坏、沙漠化等;二是指某些国家和地区的环境问题,其影响和危害具有跨国、跨地区乃至涉及全球的后果,如酸雨、海洋污染、有毒化学品和危险废物越境转移等;三是指这些全球环境问题的解决需要全球的共同行动。

目前,国际社会最关注的全球环境问题主要有全球气候变化、酸雨、臭氧层耗竭、有毒有害化学品、废弃物越境转移、生物多样性的减少和海洋污染等,这些都是发达国家特别关注的"热点"。与此同时,水污染、水资源短缺、土地退化、沙漠化、水土流失、森林减少等区域性生态问题广泛存在于发展中国家,由于其产生面广、影响深远,受到了广大发展中国家的普遍关注。

在本书第一章阅读材料1"当今世界的环境状况"中,对全球环境问题现状进行了详细的介绍。

(二) 全球环境问题的特点

全球环境问题虽然是各国各地环境问题的延续和发展,但它不是各国家和地区环境问题的简单加和,因而在整体上表现出其不寻常的特点:

1. 全球化

过去的环境问题虽然发生的地点遍及世界各地,但其影响的范围、危害的对象或产生的后果主要都集中于污染源附近或特定的生态环境中,即便是震惊世界的八大公害事件,也都是局限于特定的地理位置和环境条件,其影响空间有限。而全球环境问题,如臭氧层耗竭、温室效应和酸雨等涉及高空、海洋、臭氧层,其影响的时间和空间尺度远非一般环境问题所能比拟,其影响范围是全球性的,对人类社会经济、人群健康、生物生态和环境变迁等的影响也是全方位的。

2. 综合化

过去,人们关心的环境问题主要是"三废"污染及其危害,实际上都是环境污染事件和由此引起的人群健康问题。而全球环境问题远远超出了这一范畴,涉及人类生存和发展的各个方面。因此,解决当代全球环境问题不能只寄希望于"三废"的治理,而是要站在全球的高度将全球作为一个完整的包括自然、社会、经济和生活等在内的复杂巨系统来进行统一规划和综合整治。

3. 社会化

过去,环境问题关注者主要是来自科技界尤其是环境科学界、生态学界、医学界的学者,以及有关地区的居民。而全球环境问题已是全球社会共同关心的问题,不同国家和地区、不同阶层和社会利益集团、不同职业人员和不同地位层次的人,都与环境问题息息相关。环境问题已影响到社会生活的各个方面,包括政治、经济、法律、教育、科学、文化和伦理等领域。所以,环境问题的妥善解决,是社会可持续发展的基础。

4. 政治化

环境问题的政治化主要表现为:

① 在宪法和国家计划中都有环境保护的内容。许多国家通过宪法和国家计划等宏观性法律政策文件,对环境问题和环境保护作了明确、具体的规定,使

环境保护成为国家的基本国策。

②政党的"绿化"。很多国家成立了许多以"绿色"为旗帜的绿党,将环境保护作为绿党的主要任务。此外,许多政党纷纷将环境保护纳入党纲、党章或党的竞选纲领。

③环境外交日益频繁。在国际舞台上,各国竞相高举环境保护的旗帜,以使自己在国际活动中获得主动。近年来,有关环境问题的谈判实际上已经成为一个政治问题,引起国际组织的广泛关注。各种高层次、大规模的有关环境问题的国际会议的数量越来越多。1992年在巴西召开的联合国环境与发展大会,以及2012年"里约+20"峰会,都以其出席人数之多、规模之大、讨论问题内容之广,创下了联合国历史的新纪录,被公认为环境外交史上的重要里程碑。

可见,全球环境问题成了需要国家通过其根本大法、国家战略和综合决策进行处理的一件国家大事,成为评价政治人物、政党政绩的重要内容,因而也成为国际政治、外交、贸易活动中的重要组成部分。

二、全球环境问题的产生原因

全球环境问题的产生无疑与人类社会经济活动有关,并随着人类社会经济活动的规模和深度的发展而发展。归纳起来,造成这些问题的原因主要有:

(一)高消耗的生产模式和高消费的生活方式

发达国家在其长达200多年的工业化过程中,采取了大量消耗资源、大量排放污染物的生产模式和高度消费的生活方式。发展到今天,仅占世界人口约20%的发达国家,消耗着世界80%以上的能源和资源。这种生产生活方式是气候变暖、臭氧层耗竭等全球性生态危机产生的历史原因。然而,这种生产消费模式虽然使一些地方富裕和发达起来,却在更多的地方造成了贫穷和落后;虽然提高了人类的生产能力,却过度消耗了资源,破坏了生态平衡和人类的生存环境;虽然满足了部分人的近期需要,却牺牲了人类长远的发展利益。因此,发达国家的工业化是以牺牲地球环境为巨大代价的。令人担心的是,目前仍有不少发展中国家正走上这种发展道路。因此,转变生产方式和消费方式是当前人类面临的共同任务,发达国家如此,发展中国家更是如此。

(二)发展不足(贫穷)地区的生活生产方式

对发展中国家来说,特别是不发达国家,其环境问题主要是发展不足造成的。许多贫困国家不得不过度开发和廉价出卖自己日益枯竭的自然资源以维持其国民收入。而自然资源的大量开发和出口,使发展中国家生态环境进一步恶化,自然环境的恶化反过来又限制了发展。

（三）不平等的国际经济秩序

第二次世界大战之后,国际政治格局有了很大的变化,但旧的、不平等的经济秩序仍然主宰着国际经济关系,其对环境的影响主要表现为南北之间不平等、不合理的资源和污染转移。发展中国家从殖民地时代遗留下来的原材料出口国的地位尚未根本改变。发展中国家向发达国家出口的产品主要是木材、矿产、粮食等初级产品,其生产是以大量消耗或破坏本国的自然生态环境为代价的。但这些产品的输出价格并没有将其环境成本计算在内。从发达国家出口到发展中国家的产品主要是工业品,而在这些工业品的价格中包含了输出国控制工业污染的代价。显然这是一种不平等的贸易。在这种贸易中,发展中国家的损失既包含经济上的损失,又包含环境上的损失。而对发达国家来说,既以高价输出了产品,又转移了控制工业污染的代价。另外,在这种贸易中,很多对环境有害的产品和技术通过贸易的方式从发达国家流向发展中国家,对发展中国家的环境造成很大危害。这类产品和技术包括一些发达国家禁用的医药、杀虫剂、石棉制品和生产有毒危险品的工业技术等。

三、全球环境管理的必要性和主要内容

（一）全球环境管理的必要性

1. 全球环境问题的出现决定了必须对人类的环境行为进行全球管理

人类的生存环境是一个开放的系统,各个组成部分之间相互联系、相互制约。因此,全球环境问题的解决必须依靠各国共同的努力。

2. 地球是人类共同的家园,需要人类共同给予保护

地球及其自然资源为全人类共同所有,当然需要各国采取共同的行动进行管理。

3. 为了维持国际社会的安全和政治秩序的稳定,也需要通过共同的行动对全球环境问题进行管理

发达国家大量占用发展中国家的环境资源,向发展中国家转嫁工业污染,已成为令人担忧的政治问题;跨国的环境污染和生态破坏也会引起国家之间的纠纷、冲突,影响到国际社会的安全和政治秩序的稳定。有些国际问题专家就明确指出:以色列和巴勒斯坦之间纠纷的一个重要原因就是对水资源的争夺,因为水关乎他们的生死存亡。环境难民的增多等问题也日益成为国际社会不安全因素。1992 年联合国环境与发展大会秘书长斯特朗明确指出"确保全球环境安全是人类史上所面临的空前绝后的巨大挑战"。消除这些不安全因素需全球采取共同行动。

（二）全球环境管理的主要内容

全球环境问题是由人类活动引起的，当人们在探索消除或减轻人类发展活动给环境带来的消极影响时，推迟或延缓发展速度是一个可行的途径，但对于急需摆脱贫穷、落后的发展中国家来说，经济发展是整个民族生存发展的需要。因此，通过一系列程序与科学技术对"人—环境"系统实行适宜的管理，就成了解决环境问题的关键。

全球环境管理主要是通过国际社会采取各种措施，协调各主权国家的主流意志，制定有关的国际法律原则、规则和制度，调整国家与国家之间的关系，规范各国的行动，使其符合自然生态的发展规律，有利于地球环境的保护和改善，保障全球环境资源的合理利用，促进和保障人类社会的持续正常发展。

阅读材料84：公地悲剧——从经典到现代

1968年，Garret Hardin在Science杂志上发表的一篇文章中提出"公地悲剧"（The Tragedy of the Commons）概念，这一概念及其案例成为了许多环境科学教科书解释环境问题产生根源的经典内容。

Hardin举出了一个牧民与牧场的假想例子。简单地说，"公地悲剧"是指在一个可以自由和不受约束的牧场里，每个牧民都会尽可能多地饲养牲畜。这样的做法对每个牧民来说都是合理和可行的，但对于整个牧场而言，最终会由于过度放牧导致牧场的环境恶化，进而导致每个牧民的损失。Hardin解释说，对于牧民，可以从自己增加的羊只上获得所有的利润，并且这种正效益归牧民一个人独有；但对牧场，羊群数量增加带来的过度放牧问题和牧场退化问题，其损失和危害却是转嫁到所有牧民身上。Hardin指出，由于这样的个体行为是可预见的，并且将持续发生，必然会导致"公地自由带来整体毁灭"的"悲剧"，即"持续进行、永无休止的悲剧"。

对于如何解决经典的公地悲剧问题，Hardin列举出潜在的管理解决方式，如私有化、污染者付费、管制与规范等。而现代环境科学的发展，已经通过研究、制定和实施法律、行政、产权、市场、管制、宣传教育等多种环境政策，成功解决了一个个小的"牧场"问题，目前在多数市场经济完善的发达国家，"小型公地"悲剧几乎看不到了。但是，如果扩大到全球尺度上，把地球看作一个"大公地"的话，情况就非常不乐观了。

预计到2020年，世界人口将达到80亿，到2050年将达到100亿，这个庞大数字的背后是众多的政府、机构、组织和民众。他们为了生存和发展，会像Hardin所说的公地悲剧中的牧民一样，明明知道地球资源环境的有限性，但却不由自主地争夺资源、污染环境。这不仅是因为地球资源环境没有产权，更是因为缺失了全球环境的有效监管。

这也许就是现代意义上的"全球公地悲剧"。迄今为止，全球环境问题的预防和解决，没有一个真正的责任人，也没有明晰的产权（虽然说地球是我们的和我们的后代的），没有真正建立起一个有效的治理机制，总体上还是处在各个主权国家相互博弈的阶段，包括政治、经济、环境等各方面利益的博弈，而真正从全人类角度，从解决全球环境问题的角度开展的全球环境治理，尚待开展。因此，全球环境问题的解决，仍然任重而道远，我们需要拭目以待，但更需要有跳出悲剧的勇气、决心，以及极其艰难的对策、决策和政策设计。

第二节 全球环境管理的主要行动

一、全球环境管理的基本原则

作为全球环境管理的基本原则，必须具有三个特点。

① 这些原则必须是各个国家都遵循的根本准则，它们构成全球环境管理的基础。

② 这些原则必须贯穿于整个全球环境管理领域，包括污染防治、保护生态环境和自然资源等。国际环境管理的某些原则，如"污染者负担"，就只能作为一般性原则，而不能成为基本原则，因为它仅适用于污染方面的环境问题。

③ 这些原则应该是国际社会所公认的，必须得到各国的承认。一国或几国提出的某一原则，可能有重要意义，但在其未得到国际社会承认之前，不能成为全球环境管理的基本原则。这些基本原则主要体现在各国签订的有关全球环境保护的公约、宣言、议定书等文件中。迄今为止，作为体现"基本原则"的文件主要有 1972 年《人类环境宣言》、1992 年《关于环境与发展的里约宣言》（简称《里约宣言》）和有关全球性公约，以及区域性公约。

（一）国家环境主权原则

国家环境主权原则是当代全球环境管理的基本原则，是核心，是国家主权原则在全球环境管理中的应用。每个国家不论大小，都有自己的环境主权，即对于本国范围内的环境保护问题拥有在国内的最高处理权和国际上的自主独立性。

该原则要求国家间必须彼此尊重对方主权，不得从事任何侵害别国环境主权的活动。《人类环境宣言》明确规定："各国享有按自己环境政策开发自己的自然资源的主权,同时还有义务保证在其管辖或控制下的活动,不致损害他国的环境或属于国家管辖范围以外的地区的环境。"《里约宣言》也重申:"各国拥有按照其本国的环境与发展政策开发本国自然资源的权利,并负有确保在其管辖范围内或在其控制下的活动不致损害其他国家或在各国管辖范围以外地区的环境责任。"

由上可见,国家环境主权应包括两方面的内容。一是国家对其自然资源拥有永久主权;二是国家虽有权按自己的政策开发本国的自然资源,但必须保证这种活动不致损害他国和国际公有地区的环境。

（二）国际环境合作原则

全球环境问题多是跨越国界的。任何国家都可以控制经济、军事、政治等方面的对外交往。但是,对于全球环境问题,如海洋污染、臭氧层耗竭、大气污染物长距离漂移等问题,任何一个国家,无论其经济实力和科技实力多么雄厚,都不能依靠自己单独的力量来切实地解决环境问题,持久地取得环境保护的成效,更无法阻止全球环境恶化。因此,《人类环境宣言》第七条指出:"种类越来越多的环境问题,因为它们在范围上是地区性或全球性的,或者因为它们影响着共同的国际领域,将要求国与国之间广泛合作和国际组织采取行动以谋求共同的利益。"《里约宣言》也强调,世界各国应在环境与发展领域内加强国际合作,为建立一种新的、公平的全球伙伴关系而共同努力。

国际环境合作应该特别重视下列几方面:

① 建立信息、教育制度及有关的国际机构。向各国环境决策者和有关机构准确、及时地提供关于环境问题的信息,以及人类活动对环境潜在影响的资料。

② 建立信息交流与事先协商的制度。各国在从事可能对另一国的环境造成影响的活动之前,有义务通知另一国,并与另一国相互协商以取得后者的同意。为了各国共同合作,这不仅是一项道德义务,也是一项法律义务。

③ 共同努力提高现有技术,发展无污染或低污染的新技术,并加以广泛应用。

④ 交换有关专家和科学人员。

⑤ 援助发展中国家。发展中国家的环境问题是由于不发达状况所造成的,要解决发展中国家的环境问题,发达国家应进行援助,包括削减或免除债务,以增强它们解决环境问题的能力。

（三）共同但有区别的原则

该原则包含两个相关联的内容,即共同的责任和有区别的责任。共同的责任是指由于地球生态环境的整体性,各国对保护全球环境都负有共同的责任,都应该参与全球环境保护事业。有区别的责任是指各国虽然负有保护全球环境的共同责任,但发达国家和发展中国家对全球环境问题应负有的责任是有区别的。

从已经形成的全球和区域环境问题看,主要责任者是工业发达国家,这是历史事实。甚至发展中国家面临的一些环境问题,也与发达国家的长期掠夺或廉价收购资源有关,对此,发达国家已承认了这一事实。

既然工业发达国家要对所造成的环境问题负责,那么,它就有义务承担环境的治理费用。这一点非常重要,因为发展中国家面临摆脱贫穷和发展经济的双重压力,没有能力担负转嫁到他们头上的环境治理任务。在这方面,修正后的《蒙特利尔议定书》做出了表率,建立了专门基金,帮助发展中国家转变传统的氯氟烃工业技术。之后的《气候变化框架公约》和《21世纪议程》中都明确规定了筹集环境基金的渠道和数额,由工业发达国家每年拿出占国民生产总值0.7%的基金,以帮助发展中国家治理环境。

明确了发达国家的责任,也不能掩饰发展中国家的责任,除了历史原因外,发展中国家的许多环境问题是因其对发展与环境关系处理不当或管理不善造成的,且这一趋势日渐增长。因此,发展中国家也必须认真对待环境与发展问题。但发展中国家对改善全球环境的责任,是与发达国家有区别的,其责任和义务为在加速发展经济和摆脱贫困的同时,应注意保护本国资源和环境,积极参加全球环境合作。

（四）预防原则

由于存在科学不确定性,不能完全确认某一环境变化是由什么行为引起的。因此,不确定性是全球环境管理领域的一个重大障碍,解决不确定性的最好方法是采取预防原则。《里约宣言》原则十五就明确提出了这一点:"为了保护环境,各国应按照本国的能力,广泛采用预防措施,遇有严重或不可逆转损害的威胁时,不得以缺乏科学的充分确实证据为理由,延迟采取符合成本效益的措施防止环境恶化"。

二、当前全球环境管理的主要机构

环境保护已成为与社会经济发展密切相关的全球性重大问题。许多国际组织是专门为解决环境问题而设立的,有些则是基于其他国际合作协调目的而创设的。

全球性国际组织主要有联合国系统的联合国教科文组织、联合国粮农组织、世界卫生组织、世界气象组织、政府间海事协商组织、国际原子能机构和联合国环境规划署。对于前六者来说,环境保护不是他们的工作主题,但他们很早就参与了国际环境合作,并且是目前全球环境合作的主要参加者。UNEP是专门的环境组织,在全球环境保护行动中发挥着重要的作用。

其他国际组织,包括欧盟、东盟、非盟、经济合作与发展组织、世界贸易组织、世界银行、世界自然保护联盟、全球环境基金和世界自然保护基金会等,也结合各自组织的特点,在全球环境保护中做出了巨大贡献。

下面简要介绍联合国环境规划署、经济合作与发展组织和世界自然基金会。

(一)联合国环境规划署

1. 机构设置和运行

在 1972 年联合国瑞典斯德哥尔摩人类环境会议上,通过了著名的《人类环境宣言》,并提议在联合国体系内建立负责处理与人类环境有关事务的国际组织。这个组织就是 1973 年 1 月成立的 UNEP。

UNDP 总部设在肯尼亚首都内罗毕,是联合国设在发展中国家的第一个全球性环境组织。UNEP 下设环境规划理事会、秘书处和环境基金三个主要部门。

环境规划理事会是一个集体代表机关,也是 UNEP 的最高机关。它领导着环境规划署的整个组织机构,由 58 个会员国组成,任期三年。自 1985 年起每两年召开一次,会期为 10~12 天,在 UNEP 总部举行。环境规划理事会的工作是促进环境领域的国际合作,并向联合国大会提出政策建议,评估世界环境状况,评述每年环境基金利用资金的情况,并批准其计划。

秘书处是 UNEP 的一个常设的机关,作用是保证联合国范围内环境保护领域的国际活动具有高效率。秘书处的具体业务部门是环境规划项目办公室和环境基金与行政办公室,他们实际上承担着对环境保护领域的国际活动进行管理的工作。而执行主任是 UNEP 秘书处的领导,根据联合国秘书长的推荐,由联合国大会选举产生,其任期为四年,可连选连任。

环境基金成立于 1973 年,全称为联合国环境基金,其目的是为 UNEP 补充经费。环境基金是在各个国家自愿的基础上筹集的,也接受非联合国组织的自愿捐献,还接受各种捐助及遗产等。根据联合国决议,基金应全部或部分用于联合国系统环境领域的一些活动,包括:① 在全世界范围建立生态控制和评估制度;② 改善环境质量监测措施;③ 交换和传播信息;④ 教育居民及培训人员;⑤ 为国家、地区及世界环境组织提供援助;⑥ 加强科学调查研究等。

2. UNEP 的环境观察与评价组织

为了完成观测评价世界环境状况这一重要任务,UNEP 专门成立了三个重要的附属组织,即国际环境资料查询系统、全球环境监测系统和潜在有毒化学品国际登记中心,以从事环境观测和评价工作。

国际环境资料查询系统是一个全球性的环境情报协调机构,任何国家的决策机构都能通过查询系统,从其他国家或机构获得所需要的环境情报。查询系统的主要职能是:① 组织和促进国际机构和国家之间在环境情报的收集、评价和分发方面的合作;② 帮助各国的决策机构将有关的环境决策纳入国家的发展规划;③ 帮助各国建立环境情报的收集和处理系统;④ 寻求更多的情报资料点,以扩大设在各国联络点的情报系统。

全球环境监测系统是为了切实履行评价环境状况的职能,预测环境发展趋势而建立的,其工作是同联合国系统的机构合作进行环境监测,把各个国家和各国际组织的地面监测站、船只、飞机和人造卫星收集到的环境数据加以分析和标准化。其监测范围包括自然资源(森林与动物界)、气候、卫生条件、大气及水质、食品污染、海洋污染和远距离大气传输污染物等。该监测系统的基本任务是观察和评价生物圈的状况,从生态学角度阐述人为因素对环境的有害影响,确定环境允许的生态负荷,预测生物环境状况。因此,该监测系统首先要观测环境中主要污染物的本底状况,其中包括铅、汞、镉、砷、二氧化硫、硫酸盐、苯并芘、有机氯农药、臭氧、氮氧化物、二氧化碳、烟尘以及其他某些化学元素和化合物。对上述物质的全面监测是通过环境本底监测网络来完成的,这个网络是由设在有关国家的自然保护区和生物保护地带的环境监测站组成的。中国已参加了全球环境监测系统。

潜在有毒化学品国际登记中心是 UNEP 的一个全球有毒化学品管理的重要资料数据库,服务于全球层次上对化学品的管理和控制。中心的任务是:① 有效地利用各国关于化学品对人体及环境影响的现有资料,进行登记工作;② 以登记的资料为基础,找出现存有关化学品知识的空白,为进一步的研究提供线索;③ 对有潜在危害的化学品进行鉴定,以加深对它们的了解;④ 推荐有关潜在有毒化学品的全球层次、地区层次和国家层次的政策、规定、措施、标准和控制法规。该中心的最终目的是通过向那些负责保护人类健康和自然环境的人们提供有关情况、资料,以减少环境中化学物质的有害影响。该中心还提供基本信息,以便预测化学物质的危险性及可能带来的有害后果。

(二) 经济合作与发展组织(OECD)的环境委员会

经济合作与发展组织是由 34 个市场经济国家组成的政府间国际经济组织,旨在共同应对全球化带来的经济、社会和政府治理等方面的挑战和机遇。OECD 的前身是 1960 年成立的欧洲经济合作组织,其成员包括了大多数的发达国家。

1970 年 7 月 OECD 成立了环境委员会。环境委员会特别重视环境政策与社会、经济政策的结合,它对成员国政府所认为的对保护环境有重要意义的政策和制度加以研究,然后交 OECD 最高决策层审议,作为 OECD 的决议(对成员国具有约束力)或劝告(成员国承担道义上的义务)通过,由各国政府付诸实施。

OECD 环境委员会成立以来,主要从事了以下的活动:① 召开环境部长会议,协调成员国的环境政策,讨论和起草未来的环境政策。② 倡导和提出国际法中的一些原则,如 1972 年该组织批准了"污染者负担原则"作为成员国的指导原则。该组织还建议在实践中实行"不歧视"和"内外平等"的原则,根据这两项原则,各国应当在自己的经济政策及活动中既要考虑本国的利益,还要考虑邻国的生态利益。③ 讨论国家文件。环境委员会自 1970 年成立以来做出了多项劝告和决定。例如,要求成员国政府采取措施以减少或停止排放多氯联苯和水银毒害环境的《关于多联苯规定的决定》和《关于水银规定的劝告》等。

OECD 在保护环境方面开展了相当广泛的工作,包括分析各国环境保护政策及其与国际经济的关系;研究国际污染问题并提出解决办法,特别是空气污染、水污染、噪声及废弃物处理的问题;研究化学物质对人类健康与环境的危害,能源开发、生产和使用对环境造成的影响等,并提出改善环境的建议。OECD 首先提出的"污染者负担原则"已被各国环境法和国际环境法普遍接受和应用。

(三) 世界自然基金会

世界自然基金会(World Wildlife Fund,WWF)是全球最大的独立性非政府环境保护组织之一。1961 年成立时名为世界野生生物基金会,1988 年改为现名。WWF 的宗旨是为自然保护提供财政资助,它一直致力于环保事业,在全世界拥有将近 520 万支持者和一个在 100 多个国家活跃着的网络。它与 UNEP 等组织有着密切的合作关系,成员十分广泛,在许多国家和地区设有分会。

WWF 积极从事全球生物多样性的保护、野生生物及其生存环境的保护。其工作主要包括:建立和管理自然保护区,保护野生生物的栖息地;促进物种多样化的研究;制定自然保护教育计划;发展自然保护组织和机构;进行自然保护培训。迄今为止,WWF 已拨款资助 130 多个国家的数千个自然保护项目,支持了世界各地 260 多个国家公园和自然保护区的工作,至少拯救了 33 种濒临灭绝的动物物种。

WWF 是第一个受中国政府邀请来华开展保护工作的国际非政府组织。从 1979 年开始建立联系后,WWF 在 1996 年正式成立北京办事处,此后陆续在中国 8 个城市建立了办公室,项目领域包括大熊猫保护、物种保护、湿地和淡水生态系统保护、森林保护与可持续经营、教育与能力建设、能源与气候变化、全球气候行动、野生生物贸易、科学发展与国际政策等方面。至今,WWF 共资助开展了 200 多个重大项目,投入数十亿元人民币。

阅读材料85：WWF 与中国大熊猫保护

WWF 的标志是一只大熊猫，WWF 在中国的工作也始于保护大熊猫。WWF 西安办公室 2002 年成立以来，一直致力于秦岭大熊猫及其栖息地保护、秦岭生物多样性保护，以及社区经济的可持续发展。

WWF 早在 1980 年就开展了卧龙大熊猫研究，出版了世界第一本大熊猫专著《卧龙的大熊猫》，从此引起了全世界对大熊猫这一特有珍稀物种的广泛关注。1985 年和 1999 年，WWF 与国家林业局合作开展了两次全国大熊猫种群和生存状况调查，为大熊猫种群动态、保护区规划和建设提供了完整资料。

WWF 与国家林业局及四川、陕西和甘肃三省合作，建立和完善了 63 个自然保护区，总面积达 3 618 800 hm^2，覆盖大熊猫栖息地的 45%，62% 的种群得到有效保护，基本上形成了比较完整的全国大熊猫保护网络。在关键区域建立了黄土岭、土地岭等走廊带，逐步连接相互隔离的大熊猫种群，促进种群间的基因交流，提高种群生存力。

WWF 在秦岭和岷山实施了大熊猫及其栖息地的网络化建设与管理，实施了野外大熊猫的监测与巡护体系，监测大熊猫种群和栖息地的动态变化，并将这一体系逐步标准化，为相关部门开展大熊猫保护提供参考。此外，WWF 在秦岭和岷山开展了一系列替代生计和替代能源项目，深入开展宣传教育，促进大熊猫保护区周边社区的可持续发展，促进与自然的和谐相处。

大熊猫及其栖息地保护工作虽然已取得一定进展，但是，目前大熊猫的正常生存和繁衍的形势依然不容乐观，导致大熊猫栖息地破坏、退化、丧失和破碎化的威胁因素依然很多。大熊猫栖息地保护的范围依然十分有限，55% 的栖息地和 38% 的大熊猫种群依然没有被纳入保护区范围。根据以往数据和 WWF 的工作经验，这些威胁因素按其威胁程度由原来的采伐、偷猎、放牧、耕种等演变为大规模的道路建设、采矿、旅游、水坝等，并随地域不同而存在一定的差别。

未来 30 年，在大熊猫及其栖息地保护中，WWF 面临的挑战是：如何从源头上有效降低大规模人为活动的影响，延缓或消除大熊猫栖息地的破坏、退化、丧失和破碎化，将大熊猫种群数量提高并维持在一个相对安全的水平；如何将相互隔离的种群重新连接，使大熊猫在不同种群间能够自由往来，促进种群间的基因交流，提高种群生存力；如何从景观水平上，对这一区域的森林、草地、湿地、湖泊等多种功能性生态系统及相关的重要野生动植物加以整体保护；如何实现自然保护区周边地区社会经济的可持续发展，培育合理的森林补偿机制和恢复机制,减少人类对自然资源的过度依赖,实现人与自然的和谐相处。

面对机遇与挑战,WWF 在 2008 年启动了"跳动的绿色心脏——WWF 中国长江上游大熊猫分布区整体景观保护和社会经济可持续发展项目"。在中国版图上,力图将大熊猫已有栖息地和潜在栖息地整合起来,包括四川、陕西和甘肃三省的秦岭、岷山、邛崃、凉山和相邻山系大熊猫分布区,涉及 16 市、45 县、194 镇,人口近百万。项目从景观水平上对森林、草地、湿地、湖泊等功能性生态系统及其相关地主要物种,加以整体保护。

这一整合区域恰似中国版图上一颗跳动的绿色心脏。WWF 坚信,构筑这颗跳动的绿色心脏,大熊猫的未来一定会更加充满生机。

三、当前全球环境管理的重要国际行动

目前,国际上采取的重要行动主要有三个方面。一是加强国际环境合作,如召开各种形式、层次的全球环境问题的会议,制定共同宣言和章程等。二是制定、签署和履行全球环境保护公约。三是开展全球环境教育,提高公众的环境意识。

其中,全球环境保护公约受到最为广泛的重视,其行动也最为具体和最具成效。越来越多的国家不再把环境问题看作是孤立的局部现象,他们认识到只有通过国际合作,制定和签署国际环境保护条约、双边或多边环境保护条约、区域性环境保护条约等法律文件,协调各国的行动才能解决全球环境问题。下面就一些重要的国际环境保护条约进行介绍。

(一)《蒙特利尔议定书》

关于消耗臭氧层物质的《蒙特利尔议定书》是一项旨在保护臭氧层,淘汰一些被认为是消耗臭氧物质的生产和消费的国际条约。由于其广泛的采纳和实施,它被喻为一个国际合作的典范"也许是最成功的国际协议……"。

1981 年,UNEP 针对臭氧层枯竭问题,提出将臭氧层保护列为首要立法项目。1985 年 3 月 22 日,22 个国家和欧洲经济委员会在维也纳签署了《保护臭氧层维也纳公约》。该公约是 UNEP 首次制定的、具有约束力的全球性国际环境法文件,也是第一部全球性的大气保护公约,依照该公约的规定,缔约国将承担保护人类健康和环境免遭人类改变或可能改变臭氧层的活动而产生的不利影响的义务。

1987 年 9 月 14—16 日在加拿大蒙特利尔,来自 43 个国家的环境部长和代

表,通过了世界上第一个关于控制氯氟烃使用量的保护臭氧层的决定书——《关于消耗臭氧层物质的议定书》(又称《蒙特利尔议定书》)。根据该项议定书,发达国家在 20 世纪末应该把造成臭氧层减少的氯氟烃的使用量减少 50%;对于发展中国家,如果氯氟烃的人均消耗量不超过 0.3 kg,他们可以有 10 年的宽限期。

1987 年 9 月 16 日,该条约开放签署;1989 年 1 月 1 日起生效。之后,议定书先后经历了五次修订,分别是在 1990 年(伦敦)、1992 年(哥本哈根)、1995 年(维也纳)、1997 年(蒙特利尔)和 1999 年(北京)。特别是在 1990 年修正的议定书使受控物质除 1 种可延长至 2005 年外,其他全部在 2000 年 1 月 1 日停止使用,还确定了建立保护臭氧层的基金机制,并规定了发达国家以公平的条件向发展中国家迅速转让替代品等有关技术。

有两个机构的高效工作保证了《蒙特利尔议定书》的有效实施。位于内罗毕 UNEP 总部的臭氧秘书处,一直为公约组织及其工作组、评估小组安排和服务大型的会议。而《蒙特利尔议定书》多边执行基金则为发展中国家工业转型提供资金、技术援助、培训和能力建设等,截至 2012 年,提供了至少价值 28 亿美元的支持,以帮助发展中国家遵守承诺。

尽管《蒙特利尔议定书》还有不足之处,但基本上兼顾了发展中国家的意愿,特别是建立国家基金和在技术转让问题上所达成的一致,为环境领域中的合作树立了典范,是国际社会解决全球问题的一个重要开端。

阅读材料86:蒙特利尔议定书——联合国历史上最广泛缔结的协议

从 1987 年 9 月签署到 2012 年 9 月,《蒙特利尔议定书》在 25 年间经由 197 个国家批准,监管了全球逐步淘汰氯氟烃(CFCs)进程,使得全球所有受控臭氧消耗物质(ODS)的生产和消费减少了 98%,有力地保护了全球臭氧层。

毫无疑问,《蒙特利尔议定书》已经成为联合国历史上最广泛缔结的协议,并取得了巨大的成功。全球观测证实,大气中主要 ODS 浓度在下降,随着议定书条款的实施,臭氧层在 2050—2075 年间可以恢复到 1980 年前的水平。

据估计,若没有《蒙特利尔议定书》,那么到 2050 年北半球中纬度地区和南半球中纬度地区的臭氧消耗至少分别上升 50% 和 70%,是目前水平的 10 倍。由于该议定书的实施,在全球范围内,防止了 1 900 万例非黑色素瘤肿瘤癌症、150 万多例黑色素瘤肿瘤癌和 1.3 亿多例白内障病例。

联合国秘书长潘基文表示,当我们在寻求缓解和适应气候变化、解决其他环境威胁和努力执行"里约+20"峰会成果之际,《蒙特利尔议定书》的故事彰显了向包容性绿色经济转型所带来的机遇和福祉。《蒙特利尔议定书》以科学为基础进行政策制定和预防方法、提倡共同但有区别的责任和惠及子孙后代的基本原则将使所有的国家受益。

UNEP 臭氧秘书处的执行秘书马可·冈萨雷斯表示,若是没有科学家的思索、领导人的前瞻性、外交官在议定书签署上的努力,今日的臭氧层也许会变得不同。如果我们不采取协调一致的行动,我们现在就会被锁在臭氧层破坏的噩梦中:皮肤癌、白内障发病率升高和生态系统的显著恶化。我们在过去1/4 个世纪的行动展示了全球保护臭氧层的决心,并创造了臭氧层安全,这是真正值得庆祝的。

（二）《联合国气候变化框架公约》及有关问题

《联合国气候变化框架公约》（United Nations Framework Convention on Climate Change, UNFCCC）是 1992 年 5 月 22 日联合国政府间谈判委员会就气候变化问题达成的公约,于 1992 年 6 月 4 日在巴西里约热内卢举行的联合国环境发展大会上通过。UNFCCC 是世界上第一个为全面控制二氧化碳等温室气体排放,以应对全球气候变暖给人类经济和社会带来不利影响的国际公约,也是国际社会在应对全球气候变化问题上进行国家合作的一个基本框架。公约于 1994 年 3 月 21 日正式生效。

由于 UNFCCC 只是一项框架公约,没有规定具体的减排指标,缺乏可操作性,为此于 1997 年在日本京都召开的 UNFCCC 第三次缔约方大会上,通过了《京都议定书》。议定书规定发达国家在 2008—2012 年内要将其温室气体排放量在 1990 年的水平上平均减少 5.2%,而对发展中国家未规定减排义务。《京都议定书》就减排途径提出了三种灵活机制,即清洁发展机制（clean development mechanism, CDM）、联合履行（joint implementation, JI）和排放贸易（emissions trading, ET）。中国于 2002 年正式批准签署了《京都议定书》。《京都议定书》在 2005 年 2 月 16 日正式生效。

阅读材料 87:气候变化的国际谈判

■ 1988 年,联合国大会授权世界气象组织（WMO）和联合国环境规划署（UNEP）成立政府间气候变化专门委员会（IPCC）,目的是为应对全球气候变化提供科学建议。经验证明,每一次 IPCC 评估报告,都对全球气候谈判产生了巨大的推动力。

■ 1988 年 12 月，第 43 届联合国大会通过《为人类当代和后代保护全球气候》的 43/53 号决议，决定在全球范围内对气候变化问题采取必要和及时的行动。

■ 从 1991 年 2 月到 1992 年 5 月，IPCC 经过历时 15 个月的 5 轮艰苦谈判，起草了《联合国气候变化框架公约》以下简称《公约》，在 1992 年 7 月里约热内卢地球峰会上，153 个国家和欧洲共同体签署了该公约。

● 《公约》的设计包括每年召开一次缔约方会议（COP），使谈判的结果具有一个合法的地位，为全球应对气候变化的行动定下了重要的原则，其中包括耳熟能详的"共同但有区别的责任"、"可持续发展"等。

● 为了提高谈判的效率，参加谈判的缔约方根据自己的利益和国情分成了不同的集团，集团内部达成共识后，再在全体的谈判中共同进退。其中发达国家的集团包括了美、俄、加、日、澳等组成的"伞形集团"以及欧盟；发展中国家的集团主要是 G77 加中国，这个集团内部又分成一些小集团，例如小岛国，最不发达国家等。

■ 1995 年的 COP1 上，围绕一个让缔约方可以操作的、具有法律约束力的协定开始谈判。

■ 1997 年在日本京都 COP3 上通过了《京都议定书》（以下简称《议定书》）。《议定书》规定了附件一国家即发达国家和附件二国家即转型国家的减排义务和管理机制。

● 从《议定书》通过到生效的 6 年间，谈判一直在艰苦地进行。

■ 2005 年《议定书》生效，《公约》COP11 暨《议定书》的第一次会议（MOP1）在蒙特利尔召开。

■ 2007 年号称"气候变化大年"，当年度诺贝尔和平奖授予美国前副总统戈尔与 IPCC 专家组，以表彰他们在改善气候变化问题上做出的贡献。戈尔参与制作的环保纪录片《难以忽视的真相》还获得了当年奥斯卡最佳纪录片奖。同年 COP13/MOP3 正式启动了一个旨在 COP15 上完成对 2012 年以后国际气候制度的谈判，这就是著名的《巴厘路线图》。

■ 2009 年间，各个国家竞相公布自己的最新立场，民间的气候保护运动更是风起云涌，哥本哈根大会被环保组织们称为"拯救地球的最后一次机会"，但谈判并不顺利，由于各国立场之间的差距巨大无法弥合，导致京都国际气候协议的努力宣告失败。

■ 2010 年，墨西哥坎昆的 COP16 和 MOP6 通过了《公约》和《议定书》。

会议在认可《议定书》第二承诺期的存在、适应、技术转让、资金和能力建设方面取得了一些进展,也部分重建了哥本哈根会议后人们对对话和多边机制逐渐丧失的信心。

　　气候谈判一路走来,十分艰难。总体而言,是主流科学和客观事实推动公众意识,公众意识推动政治意愿,政治意愿再推动谈判前进。现在,虽然人们未必同意哥本哈根就是拯救地球的最后一次机会,但有一点已在大多数人心中达成共识,即"行动越晚,代价越大"。

(三)《巴塞尔公约》和《伦敦准则》

国际社会注意到危险废物越境转移的发展趋势和潜在的危害,因而在 UNEP 赞助下于 1989 年 3 月在瑞士巴塞尔举行了有 116 国家参加的专门的会议,并由 32 个国家代表和欧洲委员会共同起草了《巴塞尔公约》。

《巴塞尔公约》的要点包括:各缔约国有权禁止有害废物的过境和进口;建立预先通知制度,即在进行有害废物越境转移前,必须将有关危险废物的详细资料通报进口国主管部门,以便有关部门对转移的风险进行评判;只有在得到进口国和过境国主管部门书面答复同意后,才能允许进行危险废物的越境转移;如果进出口国没有能力对有害废物进行环境安全处置,出口国主管当局有责任禁止有害废物的出口;对于已合法进口的有害废物,则有责任将其运回或以安全的方式妥当善后处理;有害物质的非法越境转移视为犯罪行为。

有害化学物质越境转移的另一种方式,是化学物品的国际贸易和有毒化学品的异地生产。针对化学品在国际贸易中的环境问题,UNEP 于 1989 年通过了关于化学品国际贸易中信息交换的《伦敦准则》及其修正。

伦敦准则确立了预先通知和同意制度,以帮助进口化学品的国家了解出口国对有关化学品采取的禁止和限制使用的规定,从而决定是否允许这些化学品的进口和使用。

(四)《联合国生物多样化公约》

关于物种保护方面的公约和协定多达几十个,它们对保护一些重要物种和自然地域起到很好的作用。例如,1973 年签订的《濒危野生动物物种国际贸易公约》主要用以控制非法贸易,同时列出禁止和控制贸易的物种约两万种。

在所有公约中,最具代表性的是 1992 年 6 月在联合国环境和发展大会上签署的《联合国生物多样化公约》。该公约是一项有法律约束性的公约,旨在保护濒临灭绝的植物和动物,最大限度地保护地球上的生物资源,以造福于当代和子孙后代。公约规定,发达国家将以馈赠或转让的方式向发展中国家提供新的补充资金,以补偿它们为保护生物资源而日益增加的费用,应以更实惠的方式向发展中国家转让技术,从而为保护世界上的生物资源提供便利;签约国应为本国境内的植物和野生动物编目造册,制定计划保护濒危的动植物;建立金融机构以帮助发展中国家实施清点和保护动植物的计划;使用另一个国家自然资源的国家要与该国分享研究成果、盈利和技术。

四、全球环境管理行为效果的检查与监督

全球环境保护既涉及各国管辖内的环境因素的评价,又涉及国际共有环境和资源的保护,因而对全球环境管理行为效果的检查和监督非常困难。为此,国际社会已创造出多种监督机构和监督途径,以确保所制定的全球环境保护措施得以贯彻和实施。这方面的内容较多,在此仅就有关各国在全球环境中的责任义务的履行情况进行监督的方法作一概述。

（一）对特定环境状况的检查

这是最重要、最基本的监督形式。例如,1974 年《防治陆源物质污染海洋公约》建立的委员会的责任之一就是全面检查公约所适用的区域内的情况。这一规定十分重要,不少条约都包含了类似的规定。1973 年《捕捞及保护波罗的海及其海峡生物资源公约》对检查问题规定得相当具体。

（二）审查缔约国的报告和材料

这是对国家实施国际义务进行监督的主要方法之一,是由特别组织机构——缔约国大会或其他类型专门机构进行监督的。这个特别组织有权分析研究缔约国递交的有关缔约国承担义务的手段和方法的报告材料。如《濒危野生动植物物种国际贸易公约》第十二条第二款规定:"……秘书处的职责为……研究缔约国提出的报告,如认为有必要,则要求他们提供进一步的情况,以保证公约的执行。"

几乎所有条约都包含了关于缔约国必须提交报告和提供材料的规定,但有的时候,这种规定的效果并不明显,原因在于,环境保护的条约通常既没有规定监督机构在检查报告和材料方面应当适用的程序,也没有规定如果报告和所交材料表明其缔约国并没有履行条约义务时,监督机构应如何采取行动。

（三）国家的直接监督

有时在国家管辖范围内对条约实施实行国际监督受到极大限制。为了使条约得到有效实施,在国际上常采用一种方法,即在没有国际机构行使特定职能来实施国际法规定的情况下,让国家机构代替国际机构,并以国际性组织的资格行事。

这种方式也适用于在国家领土内实施国际环境法律规范,即由国内机构行

使国际环境条约规范所授予的权力。例如,附于 1976 年《保护地中海免受污染公约》的《在紧急情况下合作控制地中海石油和其他有害物质造成污染的议定书》,对于这种监督方式规定得更为清楚、具体。在该议定书附件中,还详细列举出每项报告通常应有和特别应有的内容,在可能的范围内,每项报告应写明弃置或可能弃置的有害物质的类别与物理形状和进行运输的船舶的种类。所准备的报告材料可以直接通知根据巴塞罗那会议通过的决议而建立的国际区域中心。这样,就可以对外国船舶引起的污染进行直接监督,并向国际机构直接报告污染。

第三节 中国关于解决全球环境问题的立场与态度

一、中国对国际环境活动的积极参与

全球范围内的生态环境退化是整个人类面临的共同挑战,中国作为国际社会中一个拥有世界约 1/5 人口的国家,充分意识到自己在保护全球环境中负有的责任和可以发挥的重要作用。因此,中国以积极、认真、负责的态度参与国际环境事务。

中国参与国际环境事务包括两个方面,一方面是努力做好本国的环境保护工作;另一方面,中国以积极、务实的态度参加环境领域的国际活动。

(一) 中国参加的国际环境保护协定

1972 年 6 月,中国政府派代表团出席了第一次联合国人类环境会议。此后,中国参与的国际环境活动越来越多。目前,中国十分重视和积极参与联合国主持的有关环境与发展问题的讨论,并签署了多项国际公约和协议。截止到 2012 年,中国已经缔约或签署的国际环境公约有危险废物控制、危险化学品国际贸易的事先知情同意程序、化学品的安全使用和环境管理、臭氧层保护、气候变化、生物多样性保护、湿地保护和荒漠化防治、物种国际贸易、海洋环境保护、海洋渔业资源保护、核污染防治、南极保护、自然和文化遗产保护和环境权的国际法规定等 14 类 100 多项。

中国政府不仅签署和批准了多项公约,而且积极履行公约规定的义务。例如,在签署了《生物多样性公约》后,中国不仅成立了高层次的履约协调小组,而且在中国国际环境与发展委员会中还专门设立了生物多样性工作组;中国还是少数几个最先制定"国家生物多样性行动计划"的国家之一。

中国与 UNEP 以及联合国开发计划署、全球环境基金、世界银行、亚洲开发银行、国际自然保护同盟、WWF 等 10 余个国际组织、非政府组织及许多国家在环境领域中进行了卓有成效的合作。

（二）中国参与解决全球环境问题的基本主张

立足于国情,从维护国家权益、维护发展中国家利益和合理要求,以及维护人类长远和共同利益出发,中国解决全球环境问题的基本主张和原则立场是:

1. 正确处理环境保护与经济发展的关系

保护环境和促进发展是同一重大问题的两个方面。对许多发展中国家来说,发展经济、消除贫穷是当前的首要任务。在解决全球环境问题时,应充分考虑发展中国家的这种合理需要,我们的最终目的是让包括子孙后代在内的全人类在美好的环境中享受美好的生活。不能因为经济发展带来了某些环境问题而因噎废食,消极地为保护环境而放弃经济社会发展。

2. 充分考虑发展中国家的特殊情况和需要

这主要包括两方面。第一,对于经济发展尚处于初级阶段,面临着满足人民基本生活需要的许多发展中国家来讲,需要保持适度经济增长,消除贫困,增强其保护自身环境并积极参加国际环境保护合作的能力。因此,有必要按照公平原则在南北合作的大框架内来探讨国际环境合作,建立起一个有利于各国,尤其是发展中国家实现可持续发展的国际经济新次序。第二,对于许多发展中国家,沙漠化、水旱灾害、淡水质量差与供应不足等长期未得到有效解决的环境问题,已成为严重制约经济发展的障碍,比气候变化、臭氧层耗竭等全球性环境问题显得更为现实和迫切,要优先解决。

3. 应明确主要责任和治理义务

自从产业革命以来,发达国家在实现工业化的过程中,不顾后果地向环境索取和掠夺资源。目前存在的环境问题主要是这种行为的累积恶果。广大发展中国家在很大程度上是受害者。目前,发达国家仍是世界有限资源的主要消费者和污染者。因此,国际环境保护合作必须遵循"共同的但有区别的责任"的原则,发达国家有义务率先在采取有关环境保护措施的同时,为国际合作做出更多的切实贡献。

4. 应充分尊重各国主权,互不干涉内政

当今世界上,各国国情不同,经济模式各异,各国只能根据自己的具体国情,结合其经济、社会发展现实来选择、确定保护自身环境并有效参加国际合作的最佳途径,不能把保护环境方面的考虑作为提供发展援助的附加条件,更不能以保护环境为由干涉他国内政或将某种社会、经济模式或价值观强加于人。任何此类干涉内政的做法都是违背公认的国际法准则的,并将从根本上损害国际社会在环境保护领域中的合作。

5. 应确保发展中国家的广泛、有效参与

在国际环境保护领域中,存在着发展中国家有效参与不足、声音得不到充分反映的倾向。国际社会对此应有充分的重视,并采取切实措施改变这种情况。离开了占世界人口绝大多数的发展中国家的有效参与,治理、保护地球生态环境的目标是无法实现的。

二、中国在几个重要全球环境问题上的原则立场

(一)中国在有关全球气候变化活动中的立场

① 对国际社会为保护全球气候所作的努力表示赞赏。对世界气象组织和 UNEP 所设立的政府间气候变化委员会的工作给予积极评价,同时希望政府间气候变化委员会要为发展中国家更广泛参与创造积极有利的条件。

② 发达国家与发展中国家情况不同,应给予差别对待。发达国家在长期的工业化过程中,累积和过量排放温室气体是引起全球气候变化的主要因素,而受全球气候变化影响最严重的是广大发展中国家。因此,发达国家对造成全球气候变化负主要责任,他们应当做出特殊贡献,应率先在国内采取行动,限制和减少温室气体排放。同时,应向为防止全球气候变化和适应这种变化而造成额外负担的发展中国家提供额外的援助资金,并建立技术转让机制,以无偿或最优惠条件向发展中国家转让技术,这应作为公约的一个重要内容。

发展中国家经济发展水平和人均能源消耗量都很低,与发达国家相比有明显的差距。国际社会为保护全球气候而酝酿实行的削减二氧化碳排放量的限制,要以保证发展中国家合理的能源消耗为前提,任何有关公约的限制性条款都不应损害发展中国家的经济发展。

中国是一个发展中国家,随着经济的发展,能源的需求量增长,二氧化碳的排放量不可避免地还要增加。在相当长一段时间,中国的人均能源消耗水平与发达国家相比虽然很低,但为保护全球气候,我们仍然愿意努力减少二氧化碳的排放。我们将通过提高能源利用效率、节约能源、调整能源结构、开发替代能源等措施来实现这一目标。

③ 气候变化公约的制定必须建立在科学理论的基础上。目前对气候变化和全球变暖的现象和机理尚未探明,而限制二氧化碳和其他温室气体的排放关系到各国能源结构和利用方式的调整,是影响整个社会经济发展的重大决策。因此,对公约要求的限制性条款不宜过早地决定。

④ 中国提倡保护和发展森林资源,扩大绿色植被来增加地球对二氧化碳的吸收能力,这是中国对控制全球气候变化所采取的积极行动。

（二）中国在对臭氧层保护的国际行动中的原则立场

①《保护臭氧层公约》和《蒙特利尔议定书》的宗旨和原则是积极的,中国赞同国际社会为保护臭氧层所做出的积极努力。

② 臭氧层破坏主要是由发达国家造成的,受害者主要是发展中国家,在进行臭氧层保护的国际行动中,不应当将保护臭氧层的额外负担转嫁给发展中国家,限制他们的经济发展,影响其人民生活水平的提高。为此,应建立国际特别基金和援助机制,并确保向发展中国家转让技术。

（三）中国在参与生物多样性保护的国际行动中的原则立场

① 生物多样性的保护和合理利用,对于全人类的生存和发展是一个至关重要的方面,中国政府支持国际社会为保护生物多样性制定国际法律条文的努力,希望这种努力对生物多样性保护和生物资源的永续利用产生积极的影响和作用。中国将积极努力,为实现这一目标做出贡献。

② 生物多样性是所在国家自然资源不可分割的一部分,任何国家都对其境内的生物物种资源拥有主权。

③ 生物多样性保护对全人类都有巨大而长远的效益,任何国家和地区的生物多样性保护都应得到国际社会的支持和帮助。

④ 国际法律条文的制定要特别注意处理好发展中国家的经济发展与生物多样性保护之间的关系。发展中国家为保护生物多样性而造成的负担应当得到国际社会的补偿;发达国家应为发展中国家保护生物多样性的行动提供经济援助和技术转让,并在人员培训、公众教育等方面与发展中国家合作。

⑤ 生物多样性的维持和实施行动计划成功与否,一定程度上取决于当地居民的理解和积极参与。因此,在制定和实施行动计划时,必须充分考虑当地人民的福利和发展。

（四）中国对国际控制有害化学物质越境转移的《巴塞尔公约》和《伦敦准则》所持的原则立场

①《巴塞尔公约》和《伦敦准则》的措施是积极的,对于严格控制和最终消除有害废物越境转移和污染扩散是一个良好的开端。

② 根据当前的实际情况,发达国家除应处理好自己的有害废物外,有责任对发展中国家提供必要的经济援助和技术支持,帮助发展中国家建立监测和管理有害废物的机构,开发有关鉴别、分析、评价有害废物的技术和装备,以及发展无害环境、无废和低废技术,增强他们管理和处理有害废物的能力。

③ 中国实行对外开放政策,欢迎国外投资者来华兴办企业或开展贸易往来。但同时,中国也十分关注有毒有害化学品的转移和污染。对于外资企业和合资企业的建设,中国将实行严格的环境影响评价制度,不允许建设可能产生和

引发严重污染环境的项目,同时要求建设项目有完善的环保措施。

④ 我们不仅禁止将境外有害废物转移到中国国内,而且将严格控制有害物质出境转移。中国将从建立管理体制,发布有害废物名录,建立有害废物出入境申报、通知、检查、审核、批准制度及完善立法来全面控制有害化学物质的转移和污染。

⑤ 在控制有害废物方面,根本的途径和首要的政策目标应当是减少废物的产生量,大力发展和推广无废、低废技术,促进废物回收和再利用,使更多废物变为可利用和再生资源,为此,应在技术交流、人员培训等方面开展广泛的国际合作。

主要概念回顾

全球环境问题	资源管理	世界自然保护基金	巴塞尔公约
环境外交	联合国环境规划署	保护臭氧层公约	伦敦准则
污染控制管理	经济合作发展组织	气候变化框架公约	生物多样化公约

思考与讨论题

1. 1993 年已经对中国酸性物漂移跟踪研究了 6 年的日本电力研究中央所公布了自己的研究结论:日本大气中的酸性物有一半来自中国。由此,日本开始了对中国酸性物质漂移的极大关注,而且通过许多不同途径强烈要求同中国解决酸性物质输送到日本境内问题。你认为这个问题该如何妥善的解决?

2. 在应对全球环境问题时,发达国家和发展中国家会有双边的交流和合作。发达国家会给予发展中国家资金和技术上的支持,帮助他们解决环境问题。你是否认为这是一种合理的机制? 在这个过程中发展中国家付出的是什么? 请思考。

3. 《波士顿环球报》的一篇评论文章指出,"人们意识到哪些行为可以保护环境,但这并不意味着人们会照此去做","研究表明,即便人们采取与环境为善的习惯,这些习惯也持续不了多长时间",往往几周后就故态复萌。因此,有人说,渺小的个人在远超个人能力的全球环境问题上,产生不了任何效果。你是否同意这种说法? 你认为个人行为对于全球环境问题会有什么影响?

练习与实践题

1. 每年的 6 月 5 日为"世界环境日",查找相关资料,了解从 1974 年联合国人类环境会议以来至今每年"世界环境日"的主题,从这些主题的演变你能得到什么结论? 请试着总结。

2. 1972年的斯德哥尔摩人类环境会议可以说是世界环境外交的开始,也是中国环境外交的起步。近年来中国环境外交活动都有哪些?收效如何?请查阅相关资料并作总结。

3. 自1992年《联合国气候变化框架公约》诞生以来,各国围绕应对气候变化进行了一系列谈判,然而各国对各自利益的追逐又常常使气候谈判陷入僵局,发展中国家和发达国家在气候谈判中的立场有何不同?如果你作为中国气候谈判代表团的一员,你会极力为中国争取利益还是尽量寻求合作?请说明理由。

4. 联合国环境规划署、经济合作与发展组织环境委员会、世界自然保护基金是否都有与中国合作的项目?请查阅相关资料,找出已进行的或正在洽谈的合作项目。除了这三个机构,当前全球环境管理的主要机构还有哪些,它们对于解决全球环境问题都做了哪些工作?请查找资料并总结整理。

5. 你是否支持中国在几个重要全球环境问题上的原则立场?为了坚持立场,中国在全球环境问题谈判及环境外交方面都做了哪些工作?在国内采取的相关行动,制定的相关政策有哪些?请列举一二。

主要参考文献

[1] 雷切尔·卡逊.寂静的春天.北京:科学出版社,1979.

[2] 世界环境与发展委员会.我们共同的未来.长春:吉林人民出版社,1997.

[3] 刘培桐.环境学概论.第 2 版.北京:高等教育出版社,1995.

[4] 左玉辉.环境学.第 2 版.北京:高等教育出版社,2008.

[5] 钱易,唐孝炎.环境保护与可持续发展.第 2 版.北京:高等教育出版社,2010.

[6] 阿诺德·汤因比.人类与大地母亲.上海:上海人民出版社,2001.

[7] 冯友兰.中国哲学简史.北京:北京大学出版社,1996.

[8] 曲格平.我们需要一场变革.长春:吉林人民出版社,1997.

[9] 叶文虎.可持续发展之路.北京:北京大学出版社,1994.

[10] 格里高利·曼昆.经济学原理.第 5 版.北京:北京大学出版社,2009.

[11] 斯蒂芬·罗宾斯.管理学.第 9 版.北京:中国人民大学出版社,2010.

[12] 周三多.管理学.第 5 版.上海:复旦大学出版社,2009.

[13] 陈晓萍,徐淑英,樊景立.组织与管理研究的实证方法.第 2 版.北京:北京大学出版社,2012.

[14] 风笑天.社会学研究方法.第 3 版.北京:中国人民大学出版社,2009.

[15] Russo M V. environmental management:readings and cases. 2rd University of Oregon,2009.

[16] 赖斯.环境管理.北京:中国环境科学出版社,1996.

[17] 伦纳德·奥托兰诺.环境管理与影响评价.北京:化学工业出版社,2004.

[18] 左玉辉.环境社会学.北京:高等教育出版社,2003.

[19] 张明顺.环境管理.第 2 版.北京:中国环境科学出版社,2005.

[20] 张承中.环境规划与管理.北京:高等教育出版社,2010.

[21] 沈洪艳,任洪强.环境管理学.北京:清华大学出版社,2010.

[22] 王远等.环境管理.南京:南京大学出版社,2009.

[23] 吕永龙.现代环境管理学.北京:中国人民大学出版社,2009.

［24］邹润莉.环境管理.北京:科学出版社,2010.

［25］尚金城.环境规划与管理.第2版.北京:科学出版社,2009.

［26］曾思育.环境管理与环境社会科学研究方法.北京:清华大学出版社,2004.

［27］保罗·霍肯.商业生态学.上海:上海世纪出版股份有限公司,2007.

［28］金原达夫·金子慎治.环境经营分析.北京:中国政法大学出版社,2011.

［29］朱晓林,郭彬,张本越,等.环境经营学.北京:清华大学出版社,2012.

［30］中国环境保护部环境规划院,环境与发展比较:中国与印度.北京:中国环境科学出版社,2010.

［31］马天南.中国环境保护倡导指南.北京:知识产权出版社,2011.